高职院校“双高”特色教材建设项目

食品药品
微生物检验技术

王海霞 主编

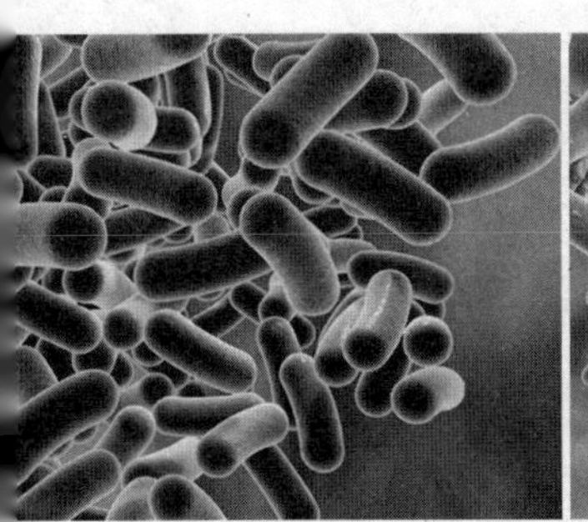
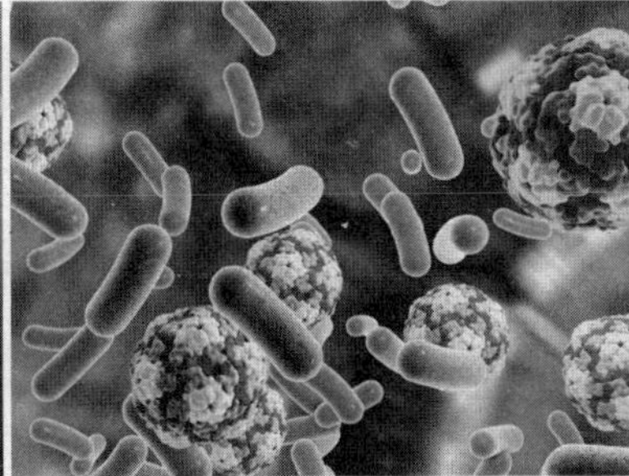
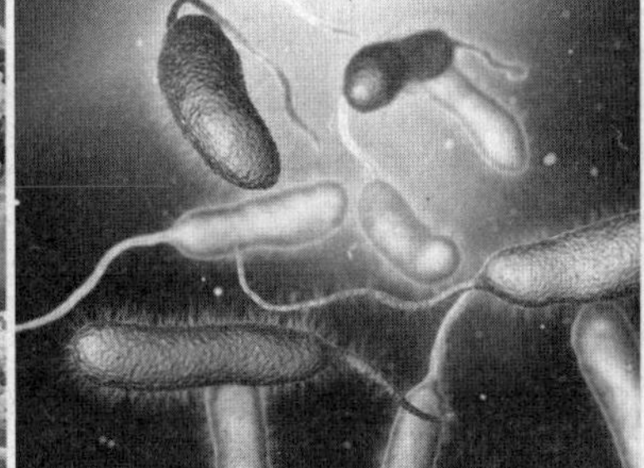
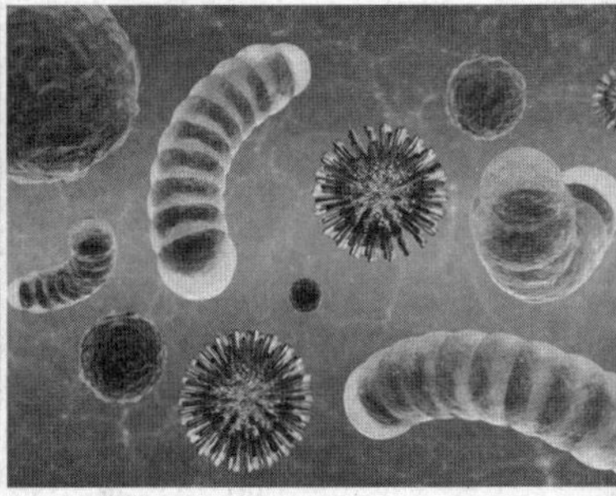

黑龙江科学技术出版社
HEILONGJIANG SCIENCE AND TECHNOLOGY PRESS

图书在版编目（CIP）数据

食品药品微生物检验技术 / 王海霞主编. -- 哈尔滨：黑龙江科学技术出版社，2020.8（2024.1 重印）
ISBN 978-7-5719-0649-8

Ⅰ. ①食… Ⅱ. ①王… Ⅲ. ①食品检验－微生物检定－高等职业教育－教材②药品检定－微生物检定－高等职业教育－教材 Ⅳ. ①TS207.4②R927.1

中国版本图书馆 CIP 数据核字(2020)第 150200 号

食品药品微生物检验技术
SHIPIN YAOPIN WEISHENGWU JIANYAN JISHU
王海霞　主编

责任编辑　闫海波
封面设计　林　子
出　　版　黑龙江科学技术出版社
地址：哈尔滨市南岗区公安街 70-2 号　邮编：150007
电话：（0451）53642106　传真：（0451）53642143
网址：www.lkcbs.cn
发　　行　全国新华书店
印　　刷　三河市铭诚印务有限公司
开　　本　889 mm×1194 mm　1/16
印　　张　16.25
字　　数　520 千字
版　　次　2020 年 8 月第 1 版
印　　次　2024 年 1 月第 2 次印刷
书　　号　ISBN 978-7-5719-0649-8
定　　价　125.00 元

《食品药品微生物检验技术》编委会

主　编　王海霞（黑龙江林业职业技术学院）

副主编　张晓旭（长春中医药大学）

刘伟强（黑龙江林业职业技术学院）

吕晓晶（黑龙江林业职业技术学院）

编　委　李　悦（牡丹江家和食品有限公司）

张宏涛（广东中科英海科技有限公司）

付一鸣（宜都东阳光实业有限公司）

前　言

“民以食为天，药以安为先”，这句话深刻阐明了食品药品安全对人类生存发展的重要性。食品药品安全不仅关系人民群众的身体健康和生命安全，而且还事关经济发展和社会大局稳定，关系政府的自身形象。经济越发展，社会越进步，人民群众对食品药品安全的要求和期盼就越高，食品药品安全就更会引起社会各界的广泛关注。

当前，我国已进入经济转轨和社会转型的关键时期，食品药品安全问题形势依然严峻，微生物污染问题突出，每年的食品药品安全事件发生数量、受害人数、死亡人数，以及造成的经济损失都非常大。不仅我国如此，发达国家同样也深受其害。因此，掌握好食品药品微生物检验技术是食品药品从业人员和食品药品卫生监督工作者的神圣职责，是贯彻执行卫生法、提高食品药品质量必不可少的技术保证，是保证食品药品安全卫生的重要手段。

高等职业教育面向生产和服务第一线，培养实用型的高级专门人才。本教材在编写过程中，突出了专业课程的技术性、实用性。以学生职业能力培养为主线，以工作过程为导向，采用项目化教学设计，以实际工作任务为教学内容，构建新的课程体系。同时，以新的《中华人民共和国食品安全法》《食品安全国家标准——食品微生物学检验标准汇编 GB4 789 系列》（2 010 版）和《中华人民共和药典》（2015 版）为依据，注重微生物学基础实验与专业实验的有机衔接和微生物学检验原理与技能的兼容。学生修完本课程后，可独立完成微生物基础实验和符合相关国家标准要求的微生物检测方案设计、采样与处理、检验与分析、数据记录与报告等。

在教材编写体例上，努力做到体现以学生为本的思想，发挥学生学习的主动性，通过教、学、做一体的学习方式，在完成项目任务的过程中，使学生最大可能地实现学习与岗位工作的“对接”。

本教材内容包括微生物检验基础知识、食品微生物检验技术、药品微生物检验技术、微生物检验综合技能实训 4 个教学模块，共 14 个教学项目。

本教材由王海霞担任主编，张晓旭、刘伟强、吕晓晶担任副主编。其中，王海霞编写绪论、项目一、项目三、项目四、项目八、项目十四和附录部分，张晓旭编写项目十、项目十一、项目十二、项目十三部分，刘伟强编写项目五、项目六、项目七部分，吕晓晶编写项目二和项目九部分。

本教材在编写过程中，得到了牡丹江家和食品有限公司、广东中科英海科技有限公司、宜都东阳光实业有限公司等企业微生物检验技术人员的悉心指导和帮助。得到了有关专家、同仁的大力支持，在此表示感谢。并且，我们在编写时参阅了大量书籍。由于编者水平有限，书中疏漏之处在所难免，敬请广大师生和专家、读者提出宝贵意见和建议，便于今后进一步补充和完善。

本书编写组

2020 年 1 月

目　录

模块三 药品微生物检验技术

模块四 微生物检验综合技能实训

绪　论

【知识目标】

（1）了解微生物的主要类群，掌握微生物的主要特点。

（2）掌握微生物检验的任务及意义。

（3）了解微生物检验的对象。

（4）了解微生物检验的发展趋势。

【能力目标】

（1）理解自然界中微生物分布的广泛性，并具有认识、分析产品中微生物可能来源的能力。

（2）树立在产品的原料、生产、包装、运输、储藏、销售等各环节都需要进行微生物控制的产品质量意识。

（3）能够正确认识微生物检验工作的重要性。

【素质目标】

培养学生对微观事物科学、实事求是、认真细致的学习和工作态度。

【案例导入】

微生物是星球上最早出现的生命有机体，生命存在的任何一个角落都有微生物的踪迹，而且其数量比任何动植物的数量都多，可能是地球上生物总量的最大组成部分。微生物与人类社会和文明的发展有着极为密切的关系。中国劳动人民在史前就利用微生物酿酒，积累了极为丰富的酿酒理论与经验，创造了人类利用微生物实践的辉煌。早在2000多年前，祖先就用长在豆腐上的霉菌来治疗疮疖等疾病。荷兰安东尼·列文虎克（1632–1723）被称为“显微镜之父”，他的伟大发现缘于他对显微镜的喜爱。列文虎克于1674年用自制的放大系数约为270倍的显微镜观察一滴水时，发现水滴内有一个完全意想不到的富有生命的世界。他看到水滴内有各种各样的不停扭动的“非常小的动物”。这就是偶然发现的“微生物”。1928年，英国的科学家弗莱明等人发现了青霉素，从此揭示了微生物产生抗生素的奥秘，其后应用于临床，效果非常显著，开辟了世界医疗史上的新纪元。

一、什么是微生物

1. 概念

生物除了日常所见到的动物、植物以外，还有一大群形体非常微小、单细胞或个体结构较为简单的多细胞，甚至无细胞结构的、肉眼看不见的低等生物，只能在显微镜下放大几千倍、几万倍，甚至几十万倍才能看清。人们把这些微小的生物称为微生物。

这些微小的生物包括无细胞结构、不能独立生活的病毒、亚病毒（类病毒、拟病毒和朊病毒），原核细胞结构的真细菌、古细菌和有真核细胞结构的真菌（酵母、霉菌等）以及原生动物和某些藻类。在这些微小的生物体中，大多数是我们用肉眼不可见的，尤其是病毒等生物体，即使在普通的光学显微镜下也不能看到，必须在电子显微镜下才能观察到。

2. 微生物的种类

（1）原核类：细菌、放线菌等。

（2）真核类：酵母菌、霉菌。

（3）非细胞类：病毒、类病毒、拟病毒、朊病毒。

（4）原生生物类：单细胞藻类、原生动物。

二、微生物的特点

微生物虽然个体小、结构简单，但它们具有与高等生物相同的基本生物学特性。遗传信息都是由DNA链上的基因所携带的，除少数特例外；微生物的初级代谢途径，如蛋白质、核酸、多糖、脂肪酸等大分子物质的合成途径基本相同；微生物的能量代谢都以ATP作为能量载体。微生物作为生物的一大类，除了与其他生物存在共有的特点外，还具有其本身的特点及其独特的生物多样性：种类多、数量大、分布广、繁殖快、代谢能力强等，是自然界中其他任何生物不可比拟的，而且这些特性归根结底与微生物体积小、结构简单有关。

1. 代谢活力强

微生物体积虽小，但有极大的比表面积，如大肠杆菌的比表面积可达30万 m^2/g。因而，微生物能与环境之间迅速进行物质交换，吸收营养和排泄废物，而且有最大的代谢速率。从单位重量来看，微生物的代谢强度比高等生物大几千倍到几万倍。如在适宜环境下，大肠杆菌每小时可消耗的糖类相当于其自身重量的2000倍。以同等体积计，一个细菌在1 h内所消耗的糖类即可相当于人在500年内所消耗的粮食。

微生物的这个特性为它们的高速生长繁殖和产生大量代谢产物提供了充分的物质基础，从而使微生物有可能更好地发挥“活的化工厂”的作用。

2. 繁殖快

微生物繁殖快、易培养，是其他生物不能比拟的。如在适宜条件下，大肠杆菌在37℃时的世代时间为18 min，每24 h可分裂80次，每24 h的增殖数为 1.2×10^{24} 个。枯草芽孢杆菌在30℃时的世代时间为31 min，每24 h可分裂46次，增殖数为 7.0×10^{13} 个。

事实上，由于种种客观条件的限制，细菌的指数分裂速度只能维持数小时，因而在液体培养中，细菌的浓度一般仅能达到每毫升 10^8 ～ 10^9 个。

3. 种类多，分布广

微生物在自然界是一个十分庞杂的生物类群。迄今为止，我们所知道的微生物达近10万种，现在仍然以每年发现几百至上千个新种的趋势在增加。它们具有各种生活方式和营养类型，大多数是以有机物为营养物质，还有些是寄生类型。微生物的生理代谢类型之多，是动植物所不及的。分解地球上贮量最丰富的初级有机物——天然气、石油、纤维素、木质素的能力，属微生物专有。

4. 适应性强，易变异

微生物对外界环境适应能力特强，这都是为了保存自己，是生物进化的结果。有些微生物体外附着一层保护层，如荚膜等，一是可以营养供给，二是可以抵御吞噬细胞对它的吞噬。细菌的休眠芽孢、放线菌的分子孢子等对外界的抵抗力比其繁殖体要强很多倍，有些极端微生物都有相应特殊结构的蛋白质、酶和其他物质，使之能适应恶劣环境。

由于微生物表面积和体积的比值大，与外界环境的接触面大，因而受环境影响也大。一旦环境变化，不适于微生物生长时，很多的微生物即死亡，少数个体发生变异而存活下来。利用微生物易变异的特性，在微生物工业生产中进行诱变育种，可获得高产优质的菌种，以提高产品产量和质量。

三、微生物的分类及命名

1. 微生物在生物学分类中的地位

现代生物学的观点认为：生物界首先要按有无细胞结构分为细胞生物和非细胞生物两大类。而自然界存在的细胞生物，按其细胞核的结构特点，又可分为原核生物和真核生物两大类型：一种是没有真正的核结构，称为原核，其细胞不具核膜，只有一团裸露的核物质；另一种是由核膜、核仁及染色体组成的真正的核结构，称为真核。动物界、植物界及原生生物界中的大部分藻类、原生动物和真菌是真核生物，而细菌、蓝细菌则是原核生物。真核生物和原核生物不仅细胞核的结构不同，而且其性状也有差别。

原核微生物是指一大类没有核膜，无细胞核，仅含一个由裸露的DNA分子构成的原始核区的单细胞生物。原核微生物细胞核的分化程度低，没有明显的细胞器，仅细胞膜大量内陷折皱到细胞质中，形成管状、层状结构，称为中间体，具有代替细胞器部分功能的作用，是许多代谢作用的场所，细胞质中无细胞器。细胞繁殖仅以二分裂方式，少数种类偶尔通过原始的接合作用产生接合子。原核微生物主要包括细菌、放线菌、古细菌、蓝细菌、立克次体、衣原体、支原体和螺旋体等类群。

真核微生物是指细胞核有核仁和核膜，能进行有丝分裂，细胞质中存在线粒体和内质网等细胞器的微生物。真核微生物主要包括真菌（酵母菌、霉菌和担子菌）、微型藻类和原生动物等。

2. 微生物的分类单位

分类是人类认识微生物、进而利用和改造微生物的一种手段，微生物工作者只有在掌握了分类学知识的基础上，才能对纷繁的微生物类群有清晰的轮廓，了解其亲缘关系与演化关系，为人类开发利用微生物资源提供依据。

微生物的主要分类单位依次为界、门、纲、目、科、属、种。其中，种是最基本的分类单位。具有完全或极多相同特点的有机体构成同种，性质相似、相互有关的各种组成属，相近似的属合并为科，近似的科合并为目，近似的目归纳为纲，综合各纲成为门，由此构成一个完整的分类系统。

另外，每个分类单位都有亚级，即在两个主要分类单位之间，可添加“亚门”“亚纲”“亚目”“亚科”等次要分类单位。在种以下还可以分为亚种、变种、型、菌株等。

（1）种（species）：关于微生物“种”的概念，各个分类学家的看法不一。例如：伯杰氏（Bergey）给种的定义是：“凡是与典型培养菌密切相同的其他培养菌统一起来，区分成为细菌的一个种。”因此，它是以某个“标准菌株”为代表的十分类似的菌株的总体。种是以群体形式存在的，有着不同的定义，在微生物学中较常见有生物学种（BS）、进化种（ES）和系统发育种（PS）等不同的物种概念。

（2）变种（varieties）：变种即同一菌种之间有一定差异的一群个体。凡一个微生物的某种特性出现了明显改变，与“典型种”所描述的某一特性不同，而其余特性又完全符合，若这一变异特性又是较稳定的，则这种变异了的菌种称变种。例如：有一种芽孢杆菌，除了在酪氨酸培养基上产生黑色素这一特性不同于典型的枯草芽孢杆菌（*Bacillus subtilis*）外，其余特性完全符合。那么这种芽孢杆菌，即称为枯草芽孢杆菌黑色变种（*Bacillus subtilis var.niger*）。

（3）小种或亚种（subspecies）：在种内，有些菌株如果在遗传特性上关系密切，而且在表型上存在较小的某些差异，一个种可分为两个或两个以上小的分类单位，称为亚种。它们是细菌分类中具有正式分类地位的最低等级。

（4）型（types）：常被用于变种以下的细分类。例如：在细菌分类中，以生物变型表示特殊的生化或生理特征，血清变型结构的不同，致病变型表示某些寄主的专一致病性，噬菌变型表示对噬菌体的特异性反应，形态变型表示特殊的形态特征。

（5）菌株或品系（strains）：这是微生物学中常碰到的一个名词，它主要是指同种微生物不同来源的纯培养物。从自然界分离纯化所得到的纯培养的后代，经过鉴定属于某个种，但由于来自不同的地区、土壤和其他生活环境，它们总会出现一些细微的差异。这些单个分离物的纯培养的后代称为菌株。菌株常以数目、字母、人名或地名表示。那些得到分离纯化而未经鉴定的纯培养的后代，则称为分离物。

（6）群（group）：微生物学中还常常用到“群”这个词，这只是为了科研或鉴定工作方便，首先按其形态或结合少量的生理生化、生态学特征，将近似的种和介于种间的菌株归纳为若干个类群。为了筛选抗生素工作的方便，中国科学院微生物研究所根据形态和培养特征，把放线菌中的链霉菌属归纳为12个类群。

3. 微生物的命名

微生物的名称有两种：一种是俗名或代号；另一种为学名，即国际名称。前者反映了同一种微生物在不同地区或国家有不同的名字，即使在同一国家也可以有许多不同的名字，因此极易造成混乱，不利于国际学术的交流。而后者是国际统一采用的。它是按瑞典生物学家林耐（Linnaeus）于1953年所创立的“双名法”（属名在前，种名在后）来定名的。由两个拉丁字或希腊字，或者拉丁化的其他文字组成。有时在种名后还附有命名者的姓，用以消除出现“同物异名”或“同名异物”之类的误解。属名是拉丁字的名词，首字母要大写，用以描述微生物的主要特征。种名用的是一个拉丁字形容词或名称所有格，用以描述次要特征，但有时属名或种名也用人名或地名表示。在学名之后有时还要附命名人的姓和年代。例如：金黄色葡萄球菌的学名 *Staphylococcus aureus* Rosenbach 1939。*Staphylococcus* 是属名，即葡萄球菌属，*aureus* 是一个拉丁字的形容词，是金黄色的意思，Rosenbach 是命名人的姓。有时只泛指某一属的微生物而不是特指某一具体种或没有种名时，可在属名后面加 *sp.*（*species* 的单数）或 *spp.*（复数）表示。如果当初所定的学名，后来经人改过，则在学名后括号内注明首先发现该菌的人，然后将改正人的姓写在后面。例如：枯草（芽孢）杆菌应写为 *Bacillus subyilis*（Ehrenbery）Cohn1872。为了简明，一般允许只写学名，而将人名、年代省略。在印刷时，属及以下学名要用斜体字。

四、微生物与人类的关系

微生物是星球上最早出现的生命有机体，生命存在的任何一个角落都有微生物的踪迹，而且其数量比任何动植物的数量都多，可能是地球上生物总量的最大组成部分。微生物与人类社会和文明的发展有着极为密切的关系。我国劳动人民在史前就利用微生物酿酒，4 000多年前已十分普遍，几千年积累了极为丰富的酿酒理论与经验，创造了人类利用微生物的辉煌实践。古埃及人会利用微生物烘制面包和配制果酒。早在2 000多年前，人类祖先就用长在豆腐上的霉菌来治疗疮疖等疾病。1928年，英国的科学家弗莱明等发现了青霉素，从此揭开了微生物产生抗生素的奥秘，其后应用于临床，效果非常显著，开辟了世界医疗史上的新纪元。

微生物与我们的生活也密不可分。当今的人类社会，生活已难以离开微生物的直接或间接贡献。食品中的面包、奶酪、酸乳、酸菜，各种发酵饮料，如啤酒，酱油、醋、味精等调味品；各种抗生素、维生素和其他微生物药品，各种微生物保健品；由微生物产生的各种药物，微生物对人类疾病的控制与治疗等。在人类生产中，也离不开微生物的作用，例如：目前全球迅速发展的可再生性资源——微生物生产燃料酒精，环境中动植物病原菌的生物防治剂，生物杀虫剂代替化学农药，环境的微生物污染和污染环境的微生物治理与修复；用生物固氮代替化肥，世界许多国家用硫化细菌采矿等，都与微生物的作用或其代谢产物有关。微生物是人类生存环境的清道夫和物质转化必不可少的重要成员，推动着地球上物质生物化学循环，使得地球上的物质循环得以正常进行。很难想象，如果没有微生物的作用，地球将是什么样。无疑所有的生命都将无法生存与繁衍，更不用说如今的现代文明。从此意义上讲，微生物对人类的生存和发展起着巨大的作用。

微生物有时也会给人类带来危害。14世纪中叶，鼠疫耶尔森菌引起的瘟疫导致了欧洲总人数约1/3的人死亡。新中国成立前，我国也经历了类似的灾难。即使是现在，人类社会仍然遭受着微生物病原菌引起的疾病灾难威胁。艾滋病、肺结核、疟疾、霍乱正在卷土重来和大规模传播，还有正在不断出现的新的疾病，如疯牛病、军团病、埃博拉病毒病、大肠杆菌0157、霍乱0139新致病菌株，2003年春的SARS病毒、西尼罗河病毒，2004年、2013年发生的禽流感病毒，死灰复燃的脑膜炎、鼠疫等，有时还在威胁着我们，给人类带来新的疾病与灾难。目前还存在的食源性病毒和食物中毒，由此引发的食品安全问题，也是一个巨大的不断扩大的全球性的公共卫生问题。

五、微生物检验的目的、意义和任务

近年来，食品质量安全问题日益突出，已经成为一大社会问题，有人甚至将食品安全列为资源、环境、人口之后的第四大社会问题。食品安全方面的恶性、突发性事件屡屡发生，食源性疾病造成的死亡人数逐年上升，食品安全问题已经成为国际组织、各国政府和广大消费者关注的焦点。根据世界卫生组织（WHO）的估计，全球每年发生食源性疾病约10亿人次。在食源性疾病危害因素中，微生物性食物中毒仍是首要危害。沙门氏菌是世界上引发食源性疾病最常见的病原菌，也是全球报告最多的、公认的食源性疾病的首要病原菌。根据FAO/WHO微生物危险性评估专家组织报告的资料，沙门氏菌在各国发病率分别为：澳大利亚每10万人中有38例，德国每10万人中有120例，日本每10万人中有73例，荷兰每10万人中有16例，美国每10万人中有14例。而近年来空肠弯曲菌引起疾病的危险性在国际范围内受到广泛关注，很多发达国家，如美国、丹麦、芬兰、爱尔兰、荷兰、瑞典、瑞士、英国等，都有空肠弯曲菌病流行的报道。在我国沿海地区和大部分内地省区，副溶血性弧菌引起的食物中毒已跃居沙门氏菌之上，其次是葡萄球菌肠毒素、变形杆菌、蜡样芽孢杆菌、致病性大肠埃希氏菌等。

药品是特殊商品，药品质量直接关系到用药者的安全和疗效。药品的生物测定是药品质量的重要组成部分，药品污染微生物不仅直接影响药品的有效性，而且更有可能危及用药人的生命安全。近几年，我国出现了很多药品安全问题，许多都与微生物安全指标有关。对药品的生物测定可以反映药品生产工艺的科学性、合理性及质量管理水平。

1. 微生物检验的定义

微生物检验是基于微生物学的基本理论，利用微生物检验技术，根据各类产品卫生标准的要求，研究产品中微生物的种类、性质、活动规律等，用以判断产品卫生质量的一门应用技术。

2. 微生物检验的目的

微生物检验的目的是为生产安全、卫生、合格、符合标准的食品药品提供科学依据。

3. 微生物检验的意义

食品与药品是人类赖以生存所必需物质的一部分，可保证人类生存和身体健康的基本要求。随着人们生活水平的提高，食品药品安全逐渐成为政府和民众关注的焦点。食品药品微生物检验是食品安全监测必不可少的重要组成部分，在众多食品药品安全相关项目中，微生物及其产生的各类毒素引发的污染备受重视。在食品药品加工过程中，微生物常常会随原料的生产、成品的加工、包装与制品贮运进入食品药品中，造成食品药品污染，影响消费者与患者的安全。如果微生物超标，食品就会在短期内变质，失去食用价值，严重的还可能产生毒素，对人体造成伤害。药品污染会带来严重后果：若注射了被微生物污染了的针剂，会导致局部感染、菌血症或败血症；若使用了受污染的软膏或乳膏，会引起皮肤和黏膜感染；若服用了受沙门氏菌等致病菌污染的制剂，会导致肠道传染病的发生和流行。甚至发生化学和物理变化而变质，使药品失效或产生毒副作用。因此，食品药品微生物检验工作就成为保证食品药品安全可靠的重要手段。

（1）食品药品微生物检验既是衡量食品和药品卫生质量的重要指标，又是判定被检食品或药品能否使用的科学依据。

（2）食品药品微生物检验有助于判断食品和药品加工原料、生产环境卫生情况，以及对成品被污染的程度做出正确的评价，为卫生管理工作提供科学依据。

（3）微生物检验贯彻“预防为主”的卫生方针，可以有效地防止或减少食物中毒、药品毒害、人畜共患病的发生，保障人民的身体健康。

（4）对原材料、生产过程、产品环境等各个环节进行监测，在保证产品的质量、避免经济损失、保证出口等方面具有重要意义。

4. 微生物检验的基本任务

（1）研究各类产品的样品采集、运送、保存及预处理方法，提高检出率。

（2）根据各类产品的卫生标准要求，选择适合不同产品、针对不同检测目标的最佳检测方法，探讨影响产品卫生质量的有关微生物的检测、鉴定程序以及相关质量控制措施；利用微生物检验技术，正确进行各类样品的检验。

（3）正确、快速检测影响产品卫生质量的有关微生物，正确使用自动化仪器，并认真分析检验结果，评价试验方法。

（4）及时对检验结果进行统计、分析、处理，并及时准确地进行结果报告。

（5）对影响产品卫生质量及人类健康的相关环境的微生物进行调查、分析与质量控制。

5. 检验对象

（1）食品的微生物学检验。

我国原卫生部颁布的食品微生物指标有菌落总数、大肠菌群和致病菌3项。

（2）化妆品的微生物学检验。

目前，我国规定对进出口化妆品一律按《化妆品卫生规范》进行检验。

（3）药品的微生物学检验。

药品的微生物检验包括药品无菌检查、微生物限度检查，采用《中华人民共和国药典》规定的方法进行检测。

（4）一次性用品及其他生活用品的微生物学检验。

检测项目包括菌落总数、真菌总数、大肠菌群和致病菌的检测。

（5）应实施检疫的出口动物产品的微生物学检验。

（6）环境的微生物学检测。

（7）有关国际条约或其他法律、法规规定的强制性卫生检验的进出口商品，应按要求进行相关微生物学检验。

模块一　微生物检验基本技术

项目一　常用玻璃器皿的准备和消毒灭菌

【知识目标】

（1）掌握消毒、灭菌等概念。

（2）掌握不同消毒灭菌方法的工作原理及适用范围。

（3）掌握玻璃器皿的洗涤与包扎方法。

【能力目标】

（1）能进行微生物检验前的玻璃器皿等物品准备。

（2）能够根据工作目标选择合理的消毒灭菌方法。

（3）能够熟练掌握几种常用的消毒灭菌技术，完成工作任务。

【素质目标】

能够根据处理对象和处理目的选择合理的消毒灭菌方法，增强实验室安全意识，正确、规范地使用仪器设备。

【案例导入】

1998年4月至5月，×× 市妇儿医院发生了严重的医院感染暴发事件，给患者带来痛苦和损害，造成重大经济损失，引起社会各界和国内外的强烈反响。现将有关情况通报如下：

该院1998年4月3日至5月27日，共计手术292例，截至8月20日，发生感染166例，切口感染率为56.85%。事件发生后，×× 市妇儿医院未及时向上级卫生行政部门报告，在自行控制措施未果、感染人数多达30余人的情况下，才于5月25日报告 ×× 市卫生局。×× 市卫生局指示停止手术，查找原因。

经 ×× 市卫生局、×× 省卫生厅组织国内外有关专家的积极治疗，大部分患者伤口闭合，对其余患者的治疗和对全部手术病的患者进行后续追踪观察。×× 市卫生局对有关责任人进行了严肃处理，院长 ×× 被免去院长职务，直接责任人主管药师 ×× 被开除公职，其他有关人员由医院进行处理。

此次感染是以龟型分枝杆菌为主的混合感染，感染原因是浸泡刀片和剪刀的戊二醛因配制错误未达到灭菌效果。该院长期以来，在医院感染管理和控制方面存在着严重漏洞。这是这次感染人数多、后果严重的医院感染暴发事件发生的根本原因。

任务1　常用玻璃器皿的清洗、包扎

一、任务目标

（1）学会玻璃器皿的无害化处理、洗涤、包扎、灭菌等准备工作。

（2）掌握玻璃器皿的洗涤方法。

（3）掌握微生物接种所用的接种工具种类。

（4）熟悉玻璃器皿灭菌的原理及方法。

二、任务相关知识

（一）玻璃器皿的循环使用过程（见图 1–1）

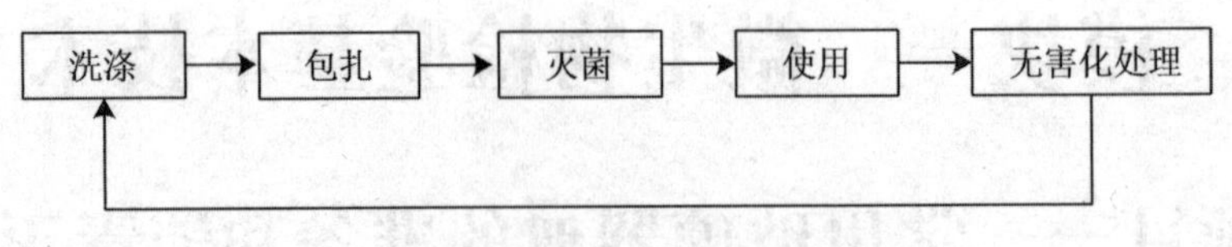

图 1-1 玻璃器皿的循环使用过程

（二）玻璃器皿的清洗

清洁的玻璃器皿是实验得到正确结果的先决条件。因此，玻璃器皿的清洗是实验前的一项重要准备工作。清洗方法需根据实验目的、器皿的种类、所盛放的物品、洗涤剂的类别和污染程度等的不同而有所不同。

1. 新玻璃器皿的洗涤方法

新购置的玻璃器皿含游离碱较多，应在酸溶液内先浸泡 2 ~ 3 h。酸溶液一般用 2% 的盐酸溶液或洗涤液。浸泡后，用自来水冲洗干净。

2. 使用过的玻璃器皿的洗涤方法

（1）试管、培养皿、三角烧瓶、烧杯等。

可用瓶刷或海绵蘸上肥皂、洗衣粉或去污粉等洗涤剂刷洗，然后用自来水充分冲洗干净。热的肥皂水去污能力更强，可有效地洗去器皿上的油污。洗衣粉和去污粉较难冲洗干净，而常在器壁上附着一层微小粒子，故要用水多次甚至十次以上充分冲洗，也可用稀盐酸摇洗 1 次，再用水冲洗，然后倒置于铁丝筐内或有空心格子的木架上，在室内晾干。急用时，可盛于筐内或搪瓷盘上，放烘箱烘干。

玻璃器皿经洗涤后，若内壁的水均匀分布成一薄层，表示油垢完全洗净，若挂有水珠，则还需用洗涤液浸泡数小时，然后再充分冲洗。

装有固体培养基的器皿应先将其刮去，然后洗涤。带菌的器皿在洗涤前，先浸在 2% 来苏水或 0.25% 新洁尔灭消毒液内 24 h 或煮沸 0.5 h 后，再用上述方法洗涤。带病原菌的培养物一定先行高压蒸汽灭菌，然后将培养物倒去，再进行洗涤。

盛放一般培养基用的器皿经上法洗涤后，即可使用；若需精确配制化学药品，或做科研用的精确实验，要求自来水冲洗干净后，再用蒸馏水淋洗 3 次，晾干或烘干后备用。

（2）吸过血液、血清、糖溶液或染料溶液等的玻璃吸管（包括毛细吸管）。

使用后，应立即投入盛有自来水的量筒或标本瓶内，以免干燥后难以冲洗干净。量筒或标本瓶底部应垫以脱脂棉花，否则吸管投入时容易破损。待实验完毕，再集中冲洗。若吸管顶部塞有棉花，则冲洗前先将吸管尖端与装在水龙头上的橡皮管连接，用水将棉花冲出，然后再装入吸管自动洗涤器内冲洗。没有吸管自动洗涤器的实验室，可用冲出棉花的方法多冲洗几次。必要时再用蒸馏水淋洗。洗净后，放搪瓷盘中晾干，若要加速干燥，可放烘箱内烘干。

吸过含有微生物培养物的吸管，亦应立即投入盛有 2% 来苏水或 0.25% 新洁尔灭消毒液的量筒或标本瓶内，24 h 后方可取出冲洗。

吸管的内壁如果有油垢，同样应先在洗涤液内浸泡数小时，然后再行冲洗。

（3）用过的载玻片与盖玻片。

如载玻片或盖玻片滴有香柏油，要先用皱纹纸擦去或浸在二甲苯内摇晃几次，使油垢溶解，再在肥皂水中煮沸 5 ~ 10 min，用软布或脱脂棉花擦拭，立即用自来水冲洗，然后在稀洗涤液中浸泡 0.5 ~ 2.0 h，自来水冲去洗涤液，最后用蒸馏水换洗数次，待干后，浸于 95% 酒精中保存备用。使用时，在火焰上烧去酒精。用此法洗涤和保存的载玻片和盖玻片清洁透亮，没有水珠。

检查过活菌的载玻片或盖玻片，应先在 2% 来苏水或 0.25% 新洁尔灭溶液中浸泡 24 h，然后按上法洗涤与保存。

（三）洗涤液的配制与使用

1. 洗涤液的配制

洗涤液分为浓溶液与稀溶液两种，配方如下：

（1）浓溶液：重铬酸钠或重铬酸钾（工业用）50 g，自来水 150 mL，浓硫酸（工业用）800 mL。

（2）稀溶液：重铬酸钠或重铬酸钾（工业用）50 g，自来水 850 mL，浓硫酸（工业用）100 mL。

配法都是将重铬酸钠或重铬酸钾先溶解于自来水中，可慢慢加温，使之溶解，冷却后缓缓加入浓硫酸，边加边搅动。

配好的洗涤液应是棕红色或橘红色。贮存于有盖容器内。

2. 原理

重铬酸钠或重铬酸钾与硫酸作用后形成铬酸，酪酸的氧化能力极强，因而此液具有极强的去污能力。

3. 使用注意事项

（1）洗涤液中的硫酸具有强腐蚀作用，玻璃器皿浸泡时间太长，会使玻璃变质，因此，切忌忘记按时将器皿取出冲洗。

（2）洗涤液若沾污衣服和皮肤，应立即用水洗，再用苏打水或氨液洗。

（3）如果溅在桌椅上，应立即用水洗去或湿布抹去。

（4）玻璃器皿投入前，应尽量干燥，避免造成洗涤液稀释。

（5）此液的使用仅限于玻璃和瓷质器皿，不适用于金属和塑料器皿。

（6）附着有大量有机质的器皿应先行擦洗，然后再用洗涤液，这是因为有机质过多，会加快洗涤液失效。

（7）洗涤液虽为强去污剂，但不是所有的污迹都可清除。

（8）盛洗涤液的容器应始终加盖，以防氧化变质。

（9）洗涤液可反复使用，但当其变为墨绿色时即已失效，不能再用。

三、任务所需器材

（1）仪器：烘箱、电热鼓风干燥箱。

（2）玻璃器皿：培养皿（Φ90 mm）、试管（180 mm × 18 mm）、小导管、移液管（1 mL 和 10 mL）、锥形瓶（250 mL）、广口试剂瓶（250 mL）等。

（3）其他物品：量杯、记号笔、纱布、全脂棉花、棉线、报纸（或牛皮纸）等。

以上器材均是为细菌菌落总数、总大肠菌群、耐热大肠菌群、大肠埃希氏菌等项目的检测做准备，数量根据所测样品数确定。

四、任务技能训练

微生物检验中的各种玻璃器皿常常需要做灭菌处理，为了使其灭菌后仍能保持无菌状态，在灭菌之前必须对需灭菌的器皿进行包扎。

（一）培养皿的包扎

培养皿常用牛皮纸（可用旧报纸代替）包紧，一般以 5 ~ 8 套培养皿作一包。少于 5 套则总的工作量太大，多于 8 套则不易操作。包好后进行干热灭菌。若将培养皿放入铜筒内进行干热灭菌，则不必用纸包，铜筒有一圆筒形的带盖外筒，里面放一装培养皿的带底框架（图 1–2）。此框架可自圆筒内提出，以便装取培养皿。包装后的培养皿须经过灭菌后才能使用，而灭菌后的培养皿，应在使用时才打开牛皮纸，以免微生物再次污染。

（二）吸管的包扎

准备好干燥的吸管，在距其粗头顶端约 0.5 cm 处，塞一小段约 1.5 cm 长的棉花，以免使用时将杂菌吹入其中，或不慎将微生物吸出管外。棉花要塞得松紧恰当，如果过紧，则吹吸液体太费力；如果过松，吹气时棉花就会下滑。然后分别将每支吸管尖端斜放在报纸条的近左端，与报纸约呈 45° 角（图 1–3），并将左端多余的一段纸覆折在吸管上，再将整根吸管卷入报纸，右端多余的报纸打一个小结。如此包好的多根吸管可再用一张报纸包好，进行干热灭菌。

如果有装吸管的铜筒，亦可将分别包好的吸管一起装入铜筒，进行干热灭菌。若预计一筒灭菌的吸管可一次用完，亦可不用纸包而直接装入铜筒灭菌，但要求将吸管的尖端插入筒底，粗端在筒口，使用时，铜筒卧放在桌上，用手持粗端拔出。

（三）试管和三角烧瓶等的包扎

试管管口和三角烧瓶瓶口塞以棉花塞，然后在棉花塞与管口和瓶口的外面用两层牛皮纸（不可用油纸）包好，再用细线扎好，进行干热灭菌。试管塞好棉花塞后，也可一起装在铁丝篓中，用大张牛皮纸将一篓试管口做一次包扎，包纸的目的在于保存期避免灰尘侵入。

空的玻璃器皿一般用干热灭菌，若需湿热灭菌，则要多用几层报纸包扎，外面最好再加一层牛皮纸。如果试管盖是铝质的，则不必包纸，可直接干热灭菌。若用塑料帽，则宜湿热灭菌。

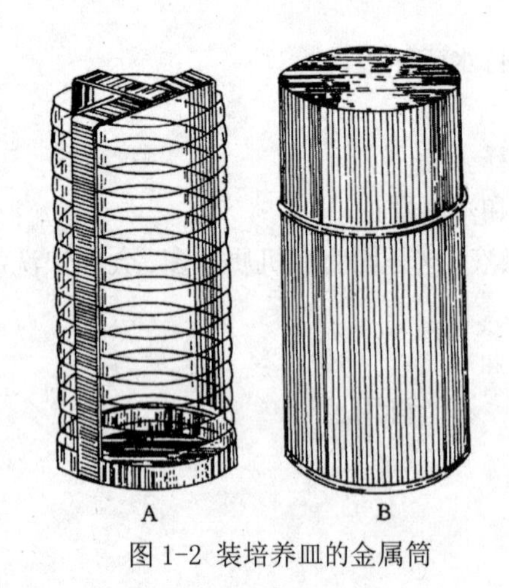

图 1-2 装培养皿的金属筒

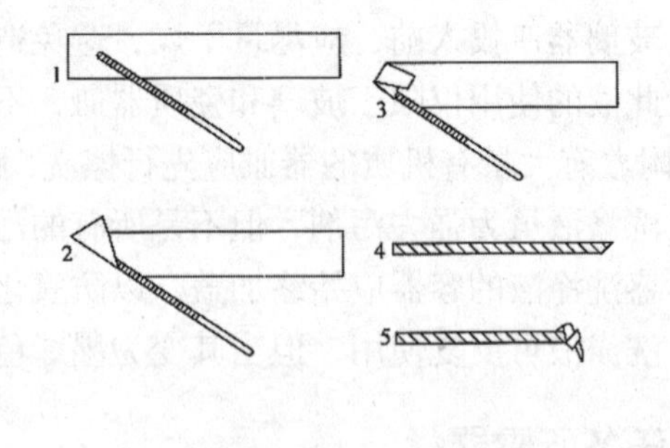

图 1-3 吸管包扎的步骤和方法

（四）棉塞制作

为了培养好气性微生物，需提供优良的通气条件，同时防止杂菌污染，必须对通入试管或锥形瓶内空气预先进行过滤除菌。常用方法是在试管及锥形瓶口加上棉塞等。

制作棉塞时，应选用一块大小、厚薄适中的棉花，用折叠卷塞法制作棉塞（图 1–4）。

按管口及瓶口大小制作的棉塞，应紧贴管壁和瓶壁，不留缝隙，以防空气中的微生物沿缝隙侵入。棉塞塞得不宜过松或过紧，以手提棉塞时器皿不掉为准。棉塞的 2/3 应在管内或瓶内，1/3 露在口外，以便拔塞。塞好棉塞后，在棉塞外包一层报纸或牛皮纸（避免灭菌时冷凝水淋湿棉塞），并用细棉线捆扎好。

目前也可采用金属或塑料试管帽代替棉塞，直接盖在试管口上，灭菌待用。

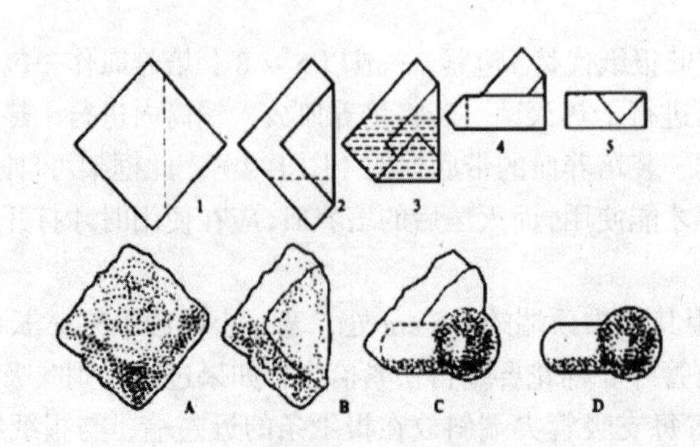

图 1-4 棉塞的制作过程

五、任务考核指标

器皿包扎及棉塞制作的考核表见表 1-1。

表 1-1 器皿包扎及棉塞制作考核表

考核内容	考核指标	分值
移液管包扎	移液管包扎方向是否正确	10
	移液管包扎是否紧凑	
平皿包扎	平皿方向是否一致	40
	平皿包扎方法是否正确	
	平皿包扎后是否出现暴露部分	
	平皿包扎后是否紧凑	
试管包扎	试管包扎方法是否正确	20
	试管捆扎方法是否正确	
	试管包扎效果	
棉塞制作	棉花铺底是否均匀	30
	棉塞卷曲制作过程是否正确	
	棉塞捆扎是否规范	
	棉塞制作效果	
合计		100

任务 2　干燥箱和高压蒸汽灭菌锅的使用

一、任务目标

（1）了解干热灭菌和高压蒸汽灭菌技术的原理。
（2）掌握操作流程和技术要点。
（3）学会使用干热灭菌箱和高压蒸汽灭菌器。

二、任务相关知识

能使动物、植物、人和其他微生物致病的微生物通称为病原微生物或致病性微生物。空气、水体、土壤、生物均可作为病原微生物驻留的场所与传播媒介。

借助不同的消毒和灭菌技术手段，可不同程度地减少或完全杀灭环境中的微生物，这是从事微生物工作的基础。例如：通过高温灭菌以杀死培养基内和所用器皿中的一切微生物，是分离和获得微生物纯培养物的必要条件；借助紫外线的杀菌作用，可进行工作室、接种室的空气消毒；许多化学药剂对微生物有毒害和致死作用，常用作灭菌剂及消毒剂等。可以说，消毒灭菌技术是控制微生物最基本的技术之一。控制微生物的措施归纳如下：

（一）利用高温技术进行消毒灭菌

利用高温技术进行灭菌、消毒或防腐，是最常用而又方便有效的方法。

高温，是指高于微生物最适温度的温度。当温度超过微生物的最高生长温度时，微生物就不能存活。因为高温可引起细胞中的大分子物质，如蛋白质、核酸和其他细胞组分的结构发生不可逆的改变，从而丧失参与生化反应的功能（如鸡蛋煮熟后不能孵化出鸡雏）。同时，高温使细胞膜中的脂类融化，使膜产生小孔，引起细胞内含物外溢，导致微生物死亡。

利用高温来杀灭微生物的方法有干热灭菌法和湿热灭菌法两大类。

1. 干热灭菌法

干热灭菌法的种类很多，包括火焰灼烧和电热干燥灭菌器（常用的烘箱、热烤箱、干燥箱等）的灭菌。

（1）灼烧灭菌法。

利用火焰直接把微生物烧死。此法彻底可靠，灭菌迅速，但易焚毁物品，所以使用范围有限。在实验室内常用酒精灯火焰或煤气灯火焰来灼烧接种环、接种针、试管口、瓶口、镊子等工具或物品以灭菌，使其满足无菌操作的要求，确保纯培养物免受污染。此法还适于试验动物尸体等的灭菌。

（2）干热空气灭菌法。

干热灭菌是在烘箱或烤箱内利用热空气进行灭菌。将待灭菌的物品用牛皮纸、布袋或金属桶包装好后放入烘箱内，由于微生物细胞内蛋白质在无水时于160℃开始凝固，所以在烘箱内进行干热灭菌时，需加热到160 ~ 170℃，维持1 ~ 2 h，才能够达到完全灭菌的效果。此法适用于玻璃器皿、金属用具等耐热物品的灭菌，而培养基、橡胶制品、塑料制品等都不适合干热灭菌。

干热空气灭菌时要注意：灭菌温度不能超过170℃；灭菌物品上不能有水；灭菌物品不能直接放入电烤箱的底板上；灭菌物品不要堆放太满、太紧；灭菌后，待电烤箱内温度降至60℃方可取出灭菌物品。

2. 湿热灭菌法

在同样温度下，湿热灭菌的效果比干热灭菌的效果好。这是因为一方面细胞内蛋白质含水量高，容易变性；另一方面高温水蒸气对蛋白质有极高的穿透力，从而加速蛋白质变性，使菌体迅速死亡。

因温度、处理时间及方式的不同，湿热法可分为以下几种：

（1）巴氏消毒法。

有些食物高温消毒会破坏营养成分或影响质量，如牛奶、酱油、啤酒等，所以只能用较低的温度来杀死其中的病原微生物，这样既能保持食物的营养和风味，又能消毒、保证食品卫生。巴氏消毒法杀菌温度在水沸点以下，普通使用范围为60 ~ 90℃，应用温度必须与时间相适应。温度高则时间短，温度低则时间长。一般62℃、30 min即可达到消毒目的。此法为法国微生物学家巴斯德首创，故称为巴氏消毒法。

对果汁等易受热变质的食品在高温下短时间杀菌的方法称高温短时杀菌，由巴氏消毒法演变而来。主要目的除了杀灭微生物营养体外，还需钝化果胶酶及过氧化物酶，两者的钝化温度分别是88℃和90℃，故常用的杀菌温度不得低于88℃或90℃，如柑橘汁常用93.3℃、30 s。

（2）煮沸消毒法。

直接将要消毒的物品放入清水中，煮沸15 min，即可杀死细菌的全部营养体和部分芽孢。若在清水中加入1%碳酸钠或2%的苯酚（石碳酸），则效果更好。此法适用于注射器、毛巾及解剖用具的消毒。

（3）间歇灭菌法。

在常压下，巴氏消毒法和煮沸消毒法只能起到消毒作用，很难实现完全无菌。若采用间歇灭菌的方法，就能杀灭物品中所有的微生物。具体做法是：将待灭菌的物品加热至80 ~ 100℃、15 ~ 60 min，杀死其中的营养体。然后冷却，放入37℃恒温箱中过夜，让残留的芽孢萌发成营养体。次日再重复上述步骤，如此连续重复3次，即可达到灭菌的目的。此法不需加压灭菌锅，适于推广，但操作麻烦，所需时间长。适合于不耐高压的培养基灭菌。例如：培养硫细菌的含硫培养基就必须用间歇灭菌法灭菌，因为其中的硫元素在高压灭菌时会发生融化。

（4）高压蒸汽灭菌法。

一般情况下，微生物的营养细胞在水中煮沸后即可被杀死，但细菌的芽孢有较强的抗热性，开水中煮沸10 min，甚至1 ~ 2 h，也不能完全杀死。因此，有效、彻底地灭菌则需要更高的温度，并要求能在较短的时间内达到灭菌的目的。高压蒸汽灭菌是最简便、最有效的湿热灭菌方法，可以一次达到完全灭菌的目的。它适用于各种耐热、体积大的培养基的灭菌，也适用于玻璃器皿、工作服等物品的灭菌。

（二）利用辐射技术进行消毒灭菌

有非电离辐射与电离辐射两种：前者有紫外线、红外线和微波，后者包括两种射线的高能电子束（阴极射线）。利用辐射进行灭菌消毒，可以避免高温灭菌或化学药剂消毒的缺点，所以应用越来越广。目前主要应用在以下几个方面。

1. 紫外线

紫外线是一种杀菌率较强的物理因素，波长 240 ~ 300 nm 的紫外线都具有杀菌能力，其中以 265 nm 波长的杀菌力最强。

紫外线灭菌是用紫外灯进行的，常采用超剂量辐射去处理待灭菌的物品或材料。紫外线的杀菌效率与强度和时间的乘积成正比，即与所用紫外灯的功率、照射距离和照射时间有关。当紫外灯和照射距离固定时，其杀菌效果与照射时间的长短呈线性关系，即照射时间越长，其照射范围内的微生物细胞所接受的辐射剂量越高，杀菌率也越高。一般的无菌操作室，一支 30 W 紫外线灯管，照射 20 ~ 30 min 就能杀死空气中的微生物。

（1）紫外线杀菌的机制。

目前认为，紫外线杀菌的机理是：诱导同链 DNA 的相邻嘧啶形成嘧啶二聚体，减弱双链间氢键的作用，引起双链结构扭曲变形，影响 DNA 的复制和转录，从而引起突变或死亡。此外，紫外线辐射能使空气中的 O_2 变成 O_3，或使 H_2O 氧化生成 H_2O_3，由 O_3 和 H_2O_2 发挥杀菌作用。

（2）紫外线杀菌的特点：

①穿透性差。紫外线的杀菌力虽强，但穿透性很差，300 nm 以下者不能透过 2 mm 厚的普通玻璃。因此只有表面杀菌能力。

②光复活作用。把紫外线照射后的微生物立即暴露在可见光下时，可明显降低其死亡率，这种现象称为光复活作用。这是因为含有胸腺嘧啶二聚体的 DNA 分子结合有光激活酶，此酶获得光能后可使胸腺嘧啶二聚体分解成单体。光复活的程度与暴露于可见光下的时间、强度和温度有关。因此，经紫外线灭菌后的物品不应立即暴露在可见光之下，就是为防止受损伤的细菌因光复活作用又恢复正常活力。因为一般的微生物都有光复活的可能，所以在利用紫外线诱变育种时，只能在红光下照射及处理照射后的菌液。

③暗复活作用。暗复活作用又称切除修复，是一些活细胞内修复被紫外线等诱变剂损伤的 DNA 的机制，通常是一些在暗处发挥作用的修复酶。与光复活作用不同，这种修复作用与光全然无关。目前认为，在修复过程中，有 4 种酶参与：内切核酸酶在嘧啶二聚体聚合部位的一侧打开缺口；外切核酸酶将嘧啶二聚体聚合部分切除；DNA 聚合酶利用互补链为模板重新合成缺失的部分；DNA 连接酶将新合成的部分与原链连接，形成正常的 DNA，从而完成了修复作用。因此，用紫外线处理微生物时，只有当它引起的损伤超过修复能力时，才能使微生物死亡。

（3）紫外线的应用：

在波长一定的条件下，紫外辐射的杀菌效率与强度和时间的乘积成正比。紫外线对不同种微生物照射的致死量不一样。革兰阳性杆菌对紫外线较敏感，革兰阴性球菌、芽孢、病毒对紫外线抵抗力较强。对紫外线的耐受力以真菌孢子最强，细菌芽孢次之，细菌繁殖体最弱，仅少数例外。在紫外线照射下，一般细菌 5 min 死亡，而芽孢需 10 min。

①空气消毒。无菌室、无菌箱、医院手术室均装有紫外辐射杀菌灯进行空气消毒。一般无菌室内紫外辐射杀菌灯的功率为 30 W，无菌箱内紫外辐射杀菌灯的功率为 15 W，照射 20 ~ 30 min 即可杀死空气中微生物。要注意的是紫外线会损伤皮肤和眼结膜，所以在有人员操作时就要关掉紫外线灯。空气中的尘埃及相对湿度高可降低其杀菌效果。对水的穿透力会随深度加深和浊度加大而降低。

②表面消毒。对不能用加热或化学药品消毒的器具（如胶质的离心管、药瓶、牛奶瓶等），可在距离物品 1 m 高度处，用 30 W 紫外辐射杀菌灯照射 20 ~ 30 min 消毒。

③诱变育种。用低于死亡剂量的紫外线照射可引起微生物某些特性或性状的改变，称为紫外线诱变。

紫外线照射人体会致皮肤红斑、紫外线眼炎和臭氧中毒等，故使用时，人应避开紫外线，或采取相应的保护措施。

2. 其他射线

X射线和 γ 射线均能使被照射的物体产生电离作用，故称为电离辐射。它们的穿透力很强。低剂量照射，会促进微生物生长或引起微生物变异；高剂量照射，对微生物有致死作用，原因是辐射引起水分解，产生游离的 H^+，进而与溶解氧生成 H_2O_2 等强氧化剂，使酶蛋白的 ^-SH 氧化，导致细胞各种病理变化。

3. 微波和超声波的影响

微波对微生物的杀灭作用是通过热效应进行的。微波产生热效应的特点是加热均匀，加热时间短。一般认为，微波杀菌的原理是：在微波作用下，微生物体内的极性分子发生振动，内摩擦产生高热，高热导致微生物死亡。此外，微波可以加速分子运动，形成冲击性破坏而致微生物死亡。

超声波具有强烈的生物学作用，几乎所有的菌体都会被其破坏，只是敏感程度不一。超声波的杀菌效果与超声波的频率、作用时间以及微生物的大小、形状有关，频率高杀菌效果好。杆菌比球菌易被杀死，大杆菌比小杆菌易被杀死。

（三）利用生物技术进行灭菌防腐

除了环境因素会影响微生物外，其他微生物和各类更高级生物也会影响我们所研究的微生物，即形成所谓生物间的相互关系。一般认为，生物间的相互关系有共生关系、互生关系、拮抗关系、寄生关系 4 种。可以利用生物间的拮抗关系、寄生关系来抑制或杀死有害微生物。

1. 拮抗关系

一种微生物的某些代谢物质对另一种（或一类）微生物产生抑制或杀灭作用，叫拮抗关系。拮抗关系可分为非特异性拮抗关系和特异性拮抗关系两种。

非特异性拮抗关系是无选择性的。如乳酸菌代谢物乳酸会使环境的 pH 值下降，较低的 pH 值能抑制腐败细菌生长。特异性拮抗关系是某种微生物产生的特殊化学物质对别种微生物的生长有抑制或致死作用。如青霉分泌的青霉素能破坏革兰阳性菌细胞壁，使菌体失去保护而死。

生物之间的捕食关系也属于拮抗关系。在生物处理中，原生动物吞食细菌、真菌、藻类，大原生动物吞食小原生动物，微型原生动物吞食原生动物、细菌、真菌、藻类等。原生动物、微型原生动物的捕食作用使处理后的出水中的游离菌数量大大降低，对提高出水水质很有益。

2. 寄生关系

一种生物从另一种生物体内或体表摄取营养得以生长繁殖，称为寄生关系。前者为寄生物，后者为寄主或宿主。如噬菌体与细菌、真菌、放线菌、藻类之间就存在寄生关系。寄生物一般对寄主不利，会引起寄主的损伤或死亡。

三、任务所需器材

电烘箱、牛皮纸、线绳、高压蒸汽灭菌锅等。

四、任务技能训练

（一）物品的干热灭菌

1. 装入待灭菌物品

将包装好的待灭菌物品放入电烘箱内。常用的干热灭菌烘箱（见图 1-5）是金属制的长方形箱体，双层壁的箱体间含有石棉，以防热散失；箱顶设有排气装置与插温度计的小孔；箱内底部夹层内装有通电加温的电热丝；箱内有放置灭菌物品的隔板和温控调节及鼓风等装置。

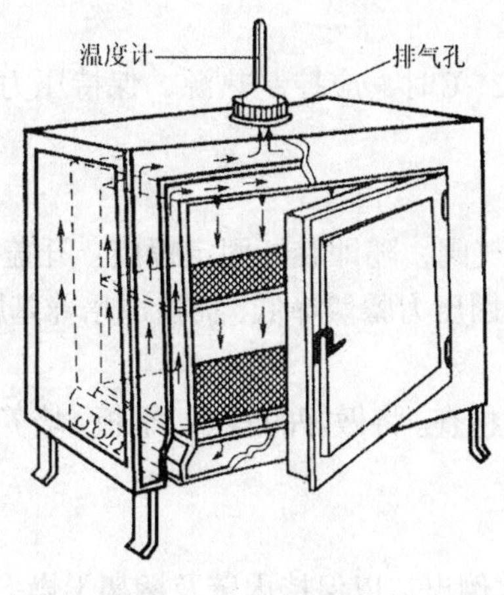

图 1-5　干热灭菌烘箱

物品不要摆得太挤，一般不能超过总容量的 2/3，灭菌物之间应稍留间隙，以免妨碍热空气流通，影响温度均匀上升。同时，灭菌物品也不要与电烘箱内壁的铁板接触，因为铁板温度一般高于箱内空气温度（温度计指示温度），触及则易烘焦着火。

2. 升温

关好电烘箱门，插上电源插头，拨动开关，旋动恒温调节器至红灯亮，让温度逐渐上升。如果红灯熄灭、绿灯亮，表示箱内已停止加温，此时如果还未达到所需的 160 ~ 170℃，则需转动调节器使红灯再亮，如此反复调节，直至达到所需温度。

升温或灭菌物有水分需要迅速蒸发时，可旋转调气阀（位于干燥箱顶部或背面），打开通气孔，排除箱内冷空气和水汽，待温度升至所需温度后，将通气孔关闭，使箱内温度一致。

3. 恒温

当温度升到 160 ~ 170℃时，借恒温调节器的自动控制，保持此温度 2 h。

灭菌温度以控制在 165℃维持 2 h 为宜。超过 170℃，包装纸即变黄；超过 180℃，纸或棉花等就会烤焦甚至燃烧，酿成意外事故。如因不慎或其他原因导致烘箱内发生烤焦或燃烧事故时，应立即关闭电源，将通气孔关闭，待其自然降温至 60℃以下时才能打开箱门进行处理，切勿在未切断电源前打开箱门。

4. 降温

切断电源，自然降温。

5. 开箱取物

待电烘箱内温度降到 60℃以下后，打开箱门，取出灭菌物品。注意电烘箱内温度未降到 60℃以前，切勿自行打开箱门，以免玻璃器皿炸裂。

灭菌后的物品，使用时再从包装内取出。

（二）高压蒸汽灭菌技术

1. 加水

使用前在外层锅内加入适量的水，水量与三角搁架相平为宜，不可过少，否则易将灭菌锅烧干，引发爆炸事故。

2. 装锅、加盖

将内锅放在三角搁架上。将待灭菌的物品放在内锅里，放置不要过满，以免妨碍蒸汽流而影响灭菌效果。盖锅盖时，将盖上的排气软管插到内锅的排气槽内，然后将锅四周的固定螺旋以两两对称的方式旋紧，打开排气阀。

3. 加热排气

加热并同时打开排气阀，待锅内沸腾并有大量蒸汽自排气阀冒出时，维持 5 min 以上，以排除锅内冷空气，然后将排气阀关闭。如灭菌物品较大或不易透气，应适当延长排气时间，务必使冷空气充分排除。

4. 保温保压

当压力升至 0.1 MPa、温度达到 121℃时，应控制热源、保持压力，维持 20 ~ 30 min 后，切断电源，让灭菌锅自然降温。

5. 出锅

当压力表降至“0”处后，打开排气阀，随即旋开固定螺旋，开盖，取出灭菌物。注意：切勿在锅内压力尚在“0”以上时开启排气阀，否则会因压力骤然降低，而造成培养基剧烈沸腾冲出管口或瓶口，污染棉塞，以后培养时引起杂菌污染。

灭菌后的培养基，一般需进行无菌检查。将做好的斜面、平板、培养基等置于37℃恒温箱中培养 1 ~ 2 d，确定无菌后方可使用。

6. 高压灭菌锅保养

灭菌完毕取出物品后，将锅内余水倒出，以保持内壁及搁架干燥，盖好锅盖。

五、任务考核指标

灭菌技能的考核见表 1–2。

表 1–2 灭菌技能考核表

考核内容	考核指标	分值
干法灭菌	物品放置	35
	温度调节	
	接通电源	
	保温控制及保温时间	
	开箱取物条件	
高压灭菌	加水量	50
	物品装锅	
	加盖	
	接通电源	
	排气	
	保温控制及保温时间	
	出锅条件	
	高压灭菌锅保养	
简答题	干热灭菌完毕后，在什么情况下才能开箱取物，为什么？	15
	高压蒸汽灭菌锅开始前，为什么要将锅内冷空气排尽？	
	在使用高压蒸汽灭菌锅灭菌时，怎样杜绝一切不安全的因素？	
合计	——	100

任务 3 环境的消毒和灭菌

一、任务目标

（1）掌握消毒技术中常用的化学试剂操作流程和技术要点。

（2）学会于不同场合采用不同化学试剂消毒。

二、任务相关知识

（一）化学消毒技术

化学物质对微生物的影响非常复杂，一种化学物质在极低浓度时，可能刺激微生物的生长发育；浓度略高时，可能抑菌；浓度极高时，可能有杀菌作用。而不同的微生物种类，对化学物质的敏感性也不同。化学物质抑菌或杀菌，主要是造成微生物大分子结构的变化，包括损伤细胞壁、使蛋白质变性失活、诱发核酸改变。

根据对病原体蛋白质的不同作用，可分为以下几类。

1. 凝固蛋白消毒剂

包括酚类、酸类和醇类。

（1）酚类。

酚类主要有酚、来苏水、六氯酚等。具有特殊气味，杀菌力有限。可使纺织品变色、橡胶类物品变脆，对皮肤有一定的刺激，故除来苏水外，应用者较少。

①酚（石炭酸）：无色结晶，有特殊臭味，受潮呈粉红色，但消毒力不减。其为细胞原浆毒，对细菌繁殖型 1∶（80 ~ 110）溶液，20℃保持 30 min 可杀死，但不能杀灭芽孢和抵抗力强的病毒。加肥皂可皂化脂肪，溶解蛋白质，促进其渗透，加强消毒效应，但毒性较大，对皮肤有刺激性，具有恶臭，不能用于皮肤消毒。

②来苏水（甲酚皂液）：以 47.5% 甲酚和钾皂配成。红褐色，易溶于水，有去污作用，杀菌力较石炭酚强 2 ~ 5 倍。常用为 2% ~ 5% 水溶液，可用于喷洒、擦拭、浸泡容器、洗手等。细菌繁殖型 10 ~ 15 min 可杀灭，对芽孢效果较差。

③六氯酚：六氯酚为双酚化合物，微溶于水，易溶于醇、酯、醚，加碱或肥皂可促进溶解，毒性和刺激性较少，但杀菌力较强。主要用于皮肤消毒。以 2.5% ~ 3.0% 六氯酚肥皂洗手，可减少皮肤细菌 80% ~ 90%，产生神经损害，故不宜长期使用。

（2）酸类。

酸类对细菌繁殖体及芽孢均有杀灭作用。但易损伤物品，故一般不用于居室消毒。5% 盐酸可消毒洗涤食具和水果，加 15% 食盐于 2.5% 盐酸溶液可消毒皮毛及皮革。乳酸常用于空气消毒，100 m^3 空间用 10 g 乳酸熏蒸 30 min，即可杀死葡萄球菌及流感病毒。

（3）醇类。

乙醇（酒精）：75% 浓度可迅速杀灭细菌繁殖型，对一般病毒作用较慢，对肝炎病毒作用不肯定，对真菌孢子有一定杀灭作用，对芽孢无作用。用于皮肤消毒和体温计浸泡消毒。因不能杀灭芽孢，故不能用于手术器械浸泡消毒。异丙醇对细菌杀灭能力大于乙醇，经肺吸收可导致麻醉，但对皮肤无损害，可代替乙醇应用。

2. 溶解蛋白消毒剂。

主要为碱性药物，常用的有氢氧化钠、石灰等。

（1）氯氧化钠。

白色结晶，易溶于水，杀菌力强，2% ~ 4% 溶液能杀灭病毒及细菌繁殖型，10% 溶液能杀灭结核杆菌，30% 溶液能于 10 min 杀灭芽孢，因腐蚀性强，故极少使用，仅用于消灭炭疽菌芽孢。

（2）石灰。

石灰遇水可产生高温并溶解蛋白质，杀灭病原体。常用 10% ~ 20% 石灰乳消毒排泄物，用量须是排泄物的 2 倍，搅拌后作用 4 ~ 5 h。20% 石灰乳用于消毒炭疽菌污染场所，每 4 ~ 6 h 喷洒 1 次，连续 2 ~ 3 次。刷墙 2 次可杀灭结核芽孢杆菌。因性质不稳定，故应用时应新鲜配制。

3. 氧化蛋白类消毒剂

氧化蛋白类消毒剂包括含氯消毒剂和过氧化物类消毒剂。因消毒力强，故目前在医疗防疫工作中应用最广。

（1）漂白粉。

漂白粉应用最广。主要成分为次氯酸钙 [$Ca(ClO_3)_2$]，含有效成分 25% ~ 30%，性质不稳定，可被光、热、潮湿及 CO_2 所分解。故应密闭保存于阴暗干燥处，时间不超过 1 年。有效成分次氯酸可渗入细胞内，氧化细胞酶的 -SH，破坏胞质代谢。酸性环境中杀菌力强而迅速，高浓度能杀死芽孢。粉剂用于粪、痰、脓液等器皿的消毒。每升水加干粉 200 g，搅拌均匀，放置 1 ~ 2 h 即可。10% ~ 20% 乳剂除消毒排泄物和分泌物的器皿外，可用以喷洒厕所和污染的车辆等。如存放日久，应测实际有效氯含量，校正配制用量。漂白粉精的粉剂和片剂含有效氯可达 60% ~ 70%，使用时可按比例减量。

（2）氯胺 -T。

氯胺 -T 为有机氯消毒剂，含有效氯 24% ~ 26%，性能较稳定，密闭保持 1 年，仅丧失有效氯 0.1%。微溶于水（12%），刺激性和腐蚀性较小，作用较次氯酸缓慢。0.2% 的浓度 1 h 可杀灭细菌繁殖型，5% 的浓度 2 h 可杀灭结核杆菌，杀灭芽孢需 10 h 以上。各种铵盐可促进其杀菌作用。1.0% ~ 2.5% 溶液对肝炎病毒亦有作用。活性液体用前 1 ~ 2 h 配制，时间过久，杀菌作用降低。

（3）二氯异氰尿酸钠。

二氯异氰尿酸钠又名优氯净，为应用较广的有机氯消毒剂，含氯 60% ~ 64.5%，具有高效、广谱、稳定、溶解度高、毒性低等优点。水溶液可用于喷洒、浸泡、擦抹，亦可用干粉直接消毒污染物，处理粪便等排泄物，用法同漂白粉。直接喷洒地面，剂量为 10 ~ 20 g/m^2。与多聚甲醛干粉混合点燃，气体可用熏蒸消毒，可与 92 号混凝剂（羟基氯化铝为基础加铁粉、硫酸、过氧化氢等合成）以 1 ∶ 4 混合成为“遇水清”，作饮水消毒用。并可与磺酸钠配制成各种消毒洗涤液，如涤静美、优氯净等。对肝炎病毒有杀灭作用。

此外，与氯化磷酸三钠、氯溴二氰尿酸等效用相同。

（4）过氧乙酸。

过氧乙酸又名过氧醋酸，为无色透明液体，易挥发，有刺激性酸味，是一种高效速效消毒剂，易溶于水和乙醇等有机溶剂，具有漂白和腐蚀作用，性能不稳定，遇热、有机物、重金属离子、强碱等易分解。0.01% ~ 0.5% 保持 0.5 ~ 10 min 可杀灭细菌繁殖体，1% 浓度 5 min 可杀灭芽孢，常用浓度为 0.5% ~ 2%，可通过浸泡、喷洒、擦抹等方法进行消毒，在密闭条件下进行气雾（5% 浓度，2.5 mL/m^2）和熏蒸（0.75 ~ 1.0 g/m^3）消毒。

（5）过氧化氯。

过氧化氯 3% ~ 6% 溶液，10 min 可以消毒。10% ~ 25% 浓度，保持 60 min 可以灭菌，用于不耐热的塑料制品、餐具、服装等消毒。10% 过氧化氨气溶胶喷雾消毒室内污染表面，180 ~ 200 mL/m^3 保持 30 min 能杀灭细菌繁殖体，400 mL/m^3 保持 60 min 可杀灭芽孢。

（6）高锰酸钾。

高锰酸钾 1% ~ 5% 浓度浸泡 15 min，能杀死细菌繁殖体，常用于食具、瓜果消毒。

4. 阳离子表面活性剂

阳离子表面活性剂主要有季铵盐类，高浓度凝固蛋白，低浓度抑制细菌代谢。杀菌浓度小，毒性和刺激性小，无漂白及腐蚀作用，无臭、稳定、水溶性好。但杀菌力不强，尤其对芽孢效果不佳，受有机物影响较大，禁忌较多。国内生产有新洁尔灭、消毒宁（度米苍）和消毒净，以消毒宁杀菌力较强，常用浓度为 0.5‰ ~ 1.0‰，可用于皮肤、金属器械、餐具等消毒，不宜作排泄物及分泌物消毒用。

5. 烷基化消毒剂

（1）福尔马林。

福尔马林为 34% ~ 40% 甲醛溶液，有较强杀菌作用。1% ~ 3% 溶液可杀死细菌繁殖型；5% 溶液 90 min 或杀死芽孢；室内熏蒸消毒一般用 20 mL/m^3 加等量水，持续 10 h；消除芽孢污染，则需 80 mL/m^3、24 h，适用于皮毛、人造纤维、丝织品等不耐热物品。因其穿透力差、刺激性大，故消毒物品应摊开，房屋需密闭。

（2）戊二醛。

戊二醛的作用似甲醛。在酸性溶液中较稳定，但杀菌效果差。在碱性液中能保持 2 周，但若需提高杀菌效果，通常在 2% 戊醛内加 0.3% 碳酸氢钠溶液，校正 pH 为化合物（杀菌效果增强，可保持稳定性 18 个月）。具有无腐蚀性、广谱、速效、高热、低毒等优点，可广泛用于细菌、芽孢和病毒消毒。不宜用作皮肤、黏膜消毒。

（3）环氧乙烷。

低温时为无色液体，沸点10.8℃，故常温下为气体灭菌剂。其作用为通过烷基化，破坏微生物的蛋白质代谢。一般应用是：在15℃时0.4 ~ 0.7 kg/m^2，持续12 ~ 48 h。温度升高10℃，杀菌力可增强1倍以上，相对湿度30%灭菌效果最佳。具有活性高、穿透力强、不损伤物品、不留残毒等优点，可用于纸张、书籍、布、皮毛、塑料、人造纤维、金属品的消毒。因穿透力强，故需在密闭容器中进行消毒。同时，需避开明火以防爆，消毒后通风防止吸入。

6. 其他

（1）碘。

通过卤化作用，干扰蛋白质代谢。作用迅速而持久，无毒性，受有机物影响小。常有碘酒、碘附（碘与表面活性剂为不定型结合物）。常用于皮肤黏膜消毒、医疗器械应急处理。

（2）氯已定。

氯已定为双胍类化合物。对细菌有较强的消毒作用。可用于手、皮肤、医疗器械、衣物等的消毒，常用浓度为0.2 ~ 1.0‰。常用的消毒剂见表1-3。

表1-3 常用的消毒剂

类别	实例	常用浓度	应用范围
醇类	乙醇	70%-75%	皮肤及器械消毒
酸类	乳酸	0.33 ～ 1 mol/L	空气消毒（喷雾或熏蒸）
	食醋	3 ～ 5 mL/m^3	熏蒸空气消毒，可预防感冒
碱类	石灰水	1% ～ 3%	地面消毒、粪便消毒等
酚类	石炭酸	5%	空气消毒、地面或器皿消毒
	来苏水	2% ～ 5%	空气消毒、皮肤消毒
醛类	甲醛（福尔马林）	40%溶液或2 ～ 6 mL/m^3	接种室、接种箱或器皿消毒
重金属离子	升汞	0.05% ～ 0.1%	非金属器皿消毒，不能与碘酒同时使用
	红汞	2%	皮肤黏膜小创伤消毒，不能与碘酒同时使用
	硫柳汞	0.01% ～ 0.1%	生物制品防腐，皮肤、手术部位消毒
氧化剂	高锰酸钾	0.1%	皮肤尿道消毒，蔬菜水果消毒，需新鲜配制
	过氧化氢	3%	口腔黏膜消毒，冲洗伤口，防止厌氧菌感染
	过氧乙酸	0.1% ～ 0.5%	塑料、玻璃、人造纤维、皮毛、食具消毒，原液有腐蚀性
	氯气	0.2 ～ 0.5 mg/L	饮水及游泳池消毒，对金属有腐蚀性
	漂白粉	10% ～ 20%	地面、厕所及排泄物消毒，饮水消毒
染料	甲紫	2% ～ 4%	浅表创伤消毒，对葡萄球菌作用强
表面活性剂	新洁尔灭	1 ∶ 20水溶液	皮肤及不能遇热器皿的消毒
季铵盐类	度米芬（消毒宁）	0.05% ～ 0.1%	皮肤创伤冲洗，棉织品、塑料、橡胶物品的消毒
烷基化合物	环氧乙烷	50 mg/100 mL	手术器械、敷料、搪瓷类物品的灭菌
金属螯合物	8-羟喹啉硫酸盐	0.1% ～ 0.2%	外用清洗消毒

（二）防腐技术

1. 低温

一般而言，温度降低，微生物的代谢水平下降，可处于休眠状态。

中温微生物通常在低于5℃时停止生长但不死亡，一旦获得适宜温度，即可恢复活性，以正常的速度生长繁殖。实验室用冰箱在4℃左右保存菌种就是利用这个特性。

嗜冷微生物能在低温环境中生长，只有冻结才能抑制微生物的生长。因此，在低温下冷藏的肉、牛奶、蔬菜、水果等仍有可能因被嗜冷微生物污染而变质，甚至腐烂。频繁结冰和解冻过程，会使细胞破坏而致微生物死亡。

2. 干燥

水分是微生物生命活动的必需条件，对活细胞而言，水分的重要性表现为：缺水干燥诱导休眠，水分运动调节渗透压。

缺水干燥诱导休眠，但不同微生物对干燥的抵抗能力不同。一般没有荚膜、芽孢的细菌对干燥比较敏感；而具有芽孢的细菌、藻类和真菌的孢子，以及原生动物的胞囊都具有很强的抗干燥能力，如果没有高热和其他不利条件的影响，它们在干燥的环境中可以保持休眠状态达几十年，一旦环境变湿润，即可萌发复活。

由于在极度干燥的环境中微生物不生长，因而人们广泛运用干燥法来贮藏食物，防止食品腐败。

3. 高渗透压

微生物细胞的细胞膜是一种半透膜，能满足细胞内外渗透压平衡调节的需要，而水分在膜两侧的运动是渗透压变化的主要原因，对微生物在不同环境中的生存至关重要。

质量浓度为 5.0 ~ 8.5 g/L 的 NaCl 溶液为等渗溶液。在等渗溶液中，微生物形态及大小均不变，且生长良好。

高于上述浓度的溶液，称高渗溶液。在高渗环境中，微生物体内的水分子向细胞外渗出，使细胞出现"生理干燥"，严重时细胞发生质壁分离，造成细胞活动呈抑制状态，甚至死亡。

在生活或食品加工业中，常用高渗溶液保存食品，以防止腐败。例如：用质量浓度为 50 ~ 300 g/L 的食盐溶液浸渍鱼、肉，用质量浓度为 300 ~ 800 g/L 的糖溶液制作蜜饯。但也有微生物可在质量浓度为 150 ~ 300 g/L 的盐溶液中生活，这样的微生物可以用于处理高浓度含盐废水。

4. 真空包装

真空包装的主要作用是除氧，以利于防止食品变质，其原理也比较简单，因食品霉腐变质主要由微生物活动造成，而大多数微生物（如霉菌和酵母菌）生存是需要氧气的，而真空包装就是运用这个原理，把包装袋内和食品细胞内的氧气抽掉，使微生物失去生存的环境。实验证明：当包装袋内的氧气浓度 ≤ 1% 时，微生物的生长和繁殖速度就急剧下降，氧气浓度 ≤ 0.5% 时，大多数微生物生长将受到抑制而停止繁殖。但真空包装不能抑制厌氧菌的繁殖和酶反应引起的食品变质和变色，因此还需与其他辅助方法结合保藏食品，如冷藏、速冻、脱水、高温杀菌、辐照灭菌、微波杀菌、盐腌制等。

（三）病毒的杀灭技术

病毒的存活受物理因素和化学因素的影响。

1. 物理因素

温度是影响病毒存活的重要因素。在高温下蛋白质与核酸会变性失活，因此病毒不耐高温。一般情况下，60℃加热 30 min 可使大多数病毒失活，但也有少数病毒的耐热性强，如乙肝病毒要在 100℃高温下加热 10 min 才失去传染性，低温不能使病毒死亡。此外，紫外线、X 射线、γ 射线等的照射可破坏病毒核酸，使其死亡。使用沉淀、吸附、过滤等方法可以从水中除去病毒，但不能杀死病毒。

2. 化学因素

病毒的最适 pH 值是 5 ~ 9，强酸、强碱均可使病毒失活；石灰、乙醇、甲醛等消毒剂可以杀灭某些病毒；病毒通常对氧化剂敏感，故高锰酸钾、过氧化氢、漂白粉、二氧化氯等都可用来灭活病毒。病毒对常见的抗生素不敏感。

某些病毒在水中可存活较长时间，如脊髓灰质炎病毒，因此净化水时应重视病毒的去除，沉淀法最多可除去 50% 的病毒，二级处理可去除 60% ~ 90% 的病毒。某些环境中的病毒含量会很高，如活性污泥法的剩余污泥中的病毒含量比原废水中的病毒含量高 10 ~ 100 倍，故如果不加处理地将这些污泥用作肥料，将起到散布病毒的作用。厌氧消化可以灭活污泥中的病毒，特别是 50 ~ 60℃下的高温消化，几乎可以杀灭全部病毒和致病菌。

（四）病原微生物及消毒技术

1. 空气中的病原微生物及防治措施

空气中的病原微生物是指存在于空气中或可通过空气传播引起疾病的病原微生物。空气中的病原微生物有绿脓杆菌、结核分枝杆菌、破伤风杆菌、百日咳杆菌、白喉杆菌、溶血链球菌、金黄色葡萄球菌、肺炎杆菌、脑膜炎球菌、感冒病毒、流行性感冒病毒、麻疹病毒等。

空气中病原微生物多以寄生方式生活，不能在空气中繁殖，加上大气稀释、空气流动和日光照射等影响，病原微生物数量较少。

（1）空气中病原微生物的传播途径：

①附着于尘埃上。较大的尘埃颗粒可迅速落到地面，随清扫或通风而传播；直径在 10 μm 以下的较小的尘埃，可较长时间悬浮于空气中。

②附着于飞沫小滴上。人们咳嗽与打喷嚏时，可有无数细小飞沫喷出，其直径小于 5 μm 的占 90% 以上，可长期漂浮于空气中。

③附着于飞沫核上。较小的飞沫喷出后，水分迅速蒸发而形成飞沫核。飞沫核比飞沫小滴更小，因而所含细菌较少，但扩散距离更远。

病原微生物在飞沫核或飞沫小滴内的存活时间及数量，受飞沫中的营养物及外界因素，如温度、湿度等的影响。温度高则存活率低，这一点与经空气飞沫传播的传染病在寒冷季节发病较多相符。

④附着于污水喷灌产生的气溶胶上。如果污水中存在病原微生物，在喷灌时所形成的气溶胶中可以带菌，污染空气，传播疾病。

（2）防止空气中病原微生物传播的措施：

①加强通风换气。开启门窗后，由于空气的流通稀释，室内空气中的细菌数可以显著减少。对于人口密集的公共场所，如影剧院、舞厅等，采用此种方法简便易行，可收到良好的效果。

②空气过滤。空气过滤在微生物学上又称生物洁净技术，是指采用多级过滤器除尘以达到除菌、创造“生物洁净室”的目的。滤床以撞击吸附、微孔拦截等方式除去气流中的尘粒，末级过滤器常采用玻璃纤维或玻璃纤维制品为滤料，除菌效率极高。

空气过滤在对空气质量有特殊要求的部门和场所（如制药、食品、生物、电子、钟表、宇航等行业和医院手术室、婴儿室、无菌操作室）广泛使用。生物洁净室需要经常进行室内微生物的检验和消毒。

③空气消毒。

●物理学方法：通常是指紫外线照射，适用于手术室、病房、无菌实验室等处的灭菌，用市售的波长为 250 nm 紫外线灭菌灯即可。强烈直射的日光因含有紫外线，也具有较好的杀菌作用。

●化学方法：即常说的空气药品消毒。常用的空气消毒药品是过氧乙酸，对细菌及其芽孢、病毒、真菌等都有杀灭作用。其优点是分解产物乙酸、过氧化氢、水与氧等，对人体无害；其缺点是稀释的过氧乙酸易分解，故需现用现配。此外，高浓度的过氧乙酸溶液对金属和纺织物有一定的腐蚀作用。

化学方法消毒空气可采用两种方式：喷雾法和熏蒸法。喷雾法利用过氧乙酸在常温下挥发的特点，用 5% ~ 10% 过氧乙酸，按 100 ~ 200 mL/80 m^3 进行喷雾，喷雾后密闭 1 h 即可。熏蒸法按 0.75 ~ 18 g/m^3 的用量将过氧乙酸水溶液置于耐腐蚀的容器中加热，产生过氧乙酸蒸汽和水蒸气，进行空气消毒，药品全部蒸发后密闭 1 h 即可。由于过氧乙酸及其分解物有刺激性，因此消毒时人不宜留在室内，消毒后须经通风换气，人才能进入室内。

（3）传染性非典型肺炎的预防措施：

①选择合理的消毒剂和器械。针对“非典”疫区内广泛大剂量、长时间、连续性消毒，需要集中投入大量化学消毒剂，不仅要注意消毒效果，还应考虑到长期环境污染问题。所以，在确保消毒效果的基础上，首选消毒效果好、作用快、消毒剂本身及其分解产物不会给环境造成长期污染的消毒剂。根据各类化学消毒剂的化学性质和消毒效果，针对疫情的实际情况选择以下消毒剂：

●过氧化物类消毒剂。过氧乙酸、过氧化氢和臭氧为过氧化物类消毒剂的主要品种，因其均为强氧化剂，分子量小，化学性质不稳定，可迅速分解成无害物质而不会造成环境污染。研究和应用证明，杀菌效果可靠，尤其对空气消毒有其独特的优越性，应作为首选的消毒剂。臭氧可以在准确控制下，用于空气消毒。此外，臭氧水可用于水果、蔬菜的消毒。

●二氧化氯消毒剂。二氧化氯属于高效消毒剂之一，杀菌效果可靠，可杀灭各种微生物，化学性质活泼，不稳定、容易分解，即使排放到水中也不会产生很多有害物质，现广泛应用于各种消毒实践中。目前，二氧化氯消毒剂有各种各样的稳定型制剂，有液体和固体制剂。

●含氯消毒剂。含氯消毒剂是目前使用最广泛的一类，杀菌效果可靠，品种多，剂型多，平时使用不会造成很大问题。但如果超大剂量使用，应考虑到其排放到地下水源或地面水中形成对人体有害的氯甲烷类物质，造成长远影响。

●乙醇－氯已定制剂。乙醇－氯已定复方制剂（一般为体积分数 50% ~ 70% 乙醇或异丙醇）内含 3 000 ~ 5 000 mg/L 氯已定广泛用于皮肤消毒，对除细菌芽孢以外的多数细菌和病毒具有良好的杀灭效果。目前，不仅适用于医护人员的手及皮肤消毒，亦可广泛用于各行各业人员的手卫生消毒，对预防疾病接触传播有很好的作用。

②消毒处理技术。

消毒处理技术主要有以下用途：

●室内空气消毒。预防性空气消毒，适用于没有明确传染源活动或接触的环境内空气，如医院门诊大厅、候诊室、病房、过道、教室等。可用 1 000 mg/L 过氧乙酸或 15 000 mg/L 过氧化氢水溶液，也可用 500 mg/L 二氧化氯水溶液，均按 20 ~ 40 mL/m³ 用液量，用气溶胶喷雾器进行喷雾。常温下密闭作用 60 min 即可。喷雾方法：采用气溶胶空气喷雾法，由里到外、从上至下顺序喷雾，使喷雾场所形成浓雾。无人条件下的密闭空间，也可用 20 mg/m³ 的臭氧气体熏蒸 30 min 消毒。

●对疫源地室内表面－空间联合消毒。疫源地指存在或曾经存在传染源的场所。对疫源地必须进行终末消毒，适用于有传染源即患者居住或接触过的场所，如病房、病家及其接触过的环境和救护车等交通工具的消毒处理，处理措施应同时兼顾表面和空气消毒。可用 5 000 ~ 8 000 mg/L 过氧乙酸或 60 000 mg/L 过氧化氢水溶液，也可用 1 000 mg/L 二氧化氯水溶液，按 20 ~ 40 mL/m³ 用液量，用气溶胶喷雾器进行喷雾，常温下密闭作用 60 min 即可。喷雾方法可采用表面－空间喷雾法，首先从入口处地面向里喷湿一条通道，然后由里到外，先向物体表面作定向喷雾，喷雾距离 1.5 ~ 2.0 m，使之获得足够的喷雾量，形成浓雾。

●地面及粗糙表面喷洒消毒。对疫源地内污染地面、粗糙墙面及特殊吸湿性物体表面，可用 5 000 mg/L 过氧乙酸水溶液或 10 000 mg/L。二氧化氯水溶液，也可用含有效氯 5 000 mg/L 的含氯消毒剂直接喷雾或喷洒，喷雾距离应在 1.5 ~ 2.0 m，用液量 100 ~ 200 mL/m²，即喷湿为止，作用时间 >30 min。可使用气溶胶喷雾器，也可使用普通喷雾器。喷雾方法是：先从入口处地面间内喷出一条通道，然后再由自上而下、从左到右、由内向外的顺序喷雾，均匀喷湿但不流水。

●表面擦拭消毒。对疫源地内物体表面进行擦拭消毒，适用于各种场所内喷雾不易喷到的处所或不可作喷雾消毒的物品。可以用 2 000 mg/L 过氧乙酸水溶液或 500 ~ 1 000 mg/L 有效氯的含氯清洗消毒剂擦拭两遍，并保持作用时间 >10 min。

●对患者衣物及其他怕热物品的消毒。“非典”患者入院后换下的衣物需要进行消毒处理，常用方法是：经过 >90℃加热洗涤，然后烘干熨烫即可；也可用含有效氯 250 mg/L 含氯清洗消毒剂浸泡 30 min，然后清洗烘干熨烫；对于已沾染患者分泌物或排泄物的衣物，应进行更严格消毒，如压力蒸汽灭菌或煮沸 > 10 min。对于污染的书籍、文件等怕热物品，无须保留者作焚烧处理，必须保留者只能用环氧乙烷熏蒸消毒。

●污染废物消毒处理。对于患者用过的医疗性废弃物应收集到专用防渗漏垃圾袋内，按危险垃圾进行专门处理，如在隔离区内经压力蒸汽灭菌处理，在确保安全的条件下送焚化炉焚烧。患者的排泄物、分泌物、胸腹水等收集后，在严格防护条件下，直接加入 20 000 mg/L 有效氯的优氯净或漂白粉混合搅拌均匀，作用时间 > 120 min 即可。

●医护人员的手卫生消毒。在隔离区域内的医护人员应按全封闭隔离措施，应戴隔离手套；在非隔离区人员的手必须消毒时，可用 2 000 mg/L 过氧乙酸水溶液浸泡 1 min 消毒，也可以使用自动或半自动瓶装乙醇 - 氯己定复方消毒剂擦拭消毒；门诊医护人员在诊治每个患者之后，均可采用乙醇 - 氯己定复方消毒剂擦手两遍消毒，比较符合门诊实际情况。

●应注意的几个问题。配制过氧乙酸和过氧化氢时，应注意皮肤和眼睛的防护，若不慎将浓溶液溅到皮肤上，应立即用清水冲洗；过氧乙酸浓度 > 2 000 mg/L，不可用在大理石面上，亦不可用于手消毒；作室内气溶胶喷雾时，应将精密仪器用布单或塑料膜罩上，以防止腐蚀损坏；化学消毒剂喷雾多数情况下均为无人条件，只有用 1 000 mg/L 过氧乙酸或 15 000 mg/L 过氧化氢水溶液气溶胶喷雾可以有人在，但老人、儿童及有呼吸道疾病的患者不宜在场。

2. 水中的病原微生物及防治措施

随垃圾、人畜粪便及某些工农业废弃物进入水体的病原菌，有些因不适应于水环境而逐渐死亡，也有一部分可在水环境中生活较长时间。水中常见的病原体有伤寒杆菌、痢疾杆菌、致病性大肠杆菌、鼠疫杆菌、霍乱弧菌、脊髓灰质炎病毒、甲型肝炎病毒等。

（1）污水的处理。

污水排放前，应加氯消毒或加明矾、石灰、铁盐等絮凝剂后再砂滤，以除去大部分的病毒及病原菌。

（2）做好水源的卫生防护。

围绕水源确定防护地带，建立相应的卫生制度，使水源、水处理设施、输水总管等不受污染，从而保证生活饮用水的质量。

（3）生活饮用水的消毒。

饮用水的消毒是防止肠道传染病的一个重要环节。饮用水的消毒方法很多，物理法有煮沸、紫外线照射等，化学法有加氯、加臭氧等。

①加氯消毒。加氯消毒是较有效和经济的消毒方法，常用液氮、漂白粉、二氧化氮等。水中加氯后，生成具有氧化能力的 HOCl。HOCl 是中性分子，易渗入细菌体内，氧化破坏酸类，使细菌死亡。安全消毒的要求是：氮加入水中接触 30 ~ 60 min 后，水中应保持游离性余氮 0.3 ~ 0.5 mg/L，配水管网末梢的游离性余氮也不能低于 0.05 mg/L。但水中存在某些微量的有机物可与氯化物形成致突变作用的卤代物。

②臭氧消毒。因不会产生致突变物而受欢迎。臭氧为强氧化剂，加入水中后可放出具强氧化能力的新生氧，氧化水中有机物并杀死细菌及芽孢，还可除去水中的色、嗅、味。臭氧用量为 1 ~ 3 mg/L，与水接触时间需 10 ~ 15 min。但臭氧无持续杀菌作用，且成本较高。

③紫外线消毒。紫外线消毒是适用于少量清水的消毒方法，利用紫外灯进行即可。经过消毒的水化学性质不变，不会产生臭味和有害健康的产物，但因悬浮物和有机物的干扰会使杀菌效果不强，且费用较高。

除上述方法外，在一些特殊场所还使用微电解法、过氧化氢法、高锰酸钾法、加溴或碘等消毒方法。

3. 土壤中的病原微生物及防治措施

土壤中的病原微生物是指存在于土壤中或可通过土壤而传播引起疾病的病原微生物。土壤中除有病原微生物外，还有寄生虫卵。

土壤中的病原微生物有粪链球菌、沙门氏菌、志贺氏菌、结核杆菌、霍乱弧菌、致病性大肠杆菌、炭疽杆菌、破伤风杆菌、肠道病毒等。

（1）土壤中的病原微生物的来源：

①用未经彻底无害化处理的人畜粪便施肥。

②用未经处理的生活污水、医院污水和含有病原体的工业废水进行农田灌溉或利用其污泥施肥。

③病畜尸体处理不当。

（2）防止土壤生物性污染的主要措施：

先将人畜粪便、污水及污泥无害化处理后，再施加于土壤中。粪便、污水及污泥的无害化方法有高温堆肥法、化粪池、药物灭菌法、沼气发酵法等。

三、任务所需器材

需要 3% ～ 5% 石炭酸溶液、2% ～ 3% 来苏水等。

四、任务技能训练

无菌室消毒处理常采用以下方法。

（一）石炭酸喷洒消毒

常用 3% ～ 5% 的石炭酸溶液进行空气的喷雾消毒。喷洒时，用手推喷雾器在房间内由自上而下、由里至外的顺序进行喷雾，最后退出房间、关门，作用几小时就可使用了。需要注意的是：石炭酸对皮肤有强烈的毒害作用，使用时不要接触皮肤。喷洒石炭酸可与紫外线杀菌结合使用，这样可增加其杀菌效果。

（二）甲醛熏蒸消毒

先将室内打扫干净，打开进气孔和排气窗通风干燥后，重新关闭，进行熏蒸灭菌。

1. 加热熏蒸

常用的灭菌药剂为福尔马林（含 37% ～ 40% 甲醛的水溶液），按 6 ～ 10 mL/m^3 的标准计算用量，取出后，盛在小铁筒内，用铁架支好，在酒精灯内注入适量酒精（估计能蒸干甲醛溶液所需的量，不要超过太多）。将室内各种物品准备妥当后，点燃酒精，关闭门窗，任甲醛溶液煮沸挥发。酒精灯最好能在甲醛溶液蒸完后即自行熄灭。

2. 氧化熏蒸

称取高锰酸钾（甲醛用量的 1/2）于一瓷碗或玻璃容器内，再量取定量的甲醛溶液。室内准备妥当后，把甲醛溶液倒在盛有高锰酸钾的器皿内，立即关门。几秒钟后，甲醛溶液即沸腾而挥发。高锰酸钾是一种强氧化剂，与一部分甲醛溶液作用时，由氧化作用产生的热可使其余的甲醛溶液挥发为气体。

甲醛液熏蒸后关门密闭应保持 12 h 以上。甲醛对人的眼、鼻有强烈的刺激作用，在相当时间内不能入室工作。为减弱甲醛对人的刺激作用，在使用无菌室前 1 ～ 2 h，在一搪瓷盘内加入与所用甲醛溶液等量的氨水，迅速放入室内，使其挥发中和甲醛，同时敞开门窗以放出剩余有刺激性气体。

五、任务考核指标

消毒技能的考核见表 1–4。

表 1–4 消毒技能考核表

考核内容	考核指标	分值
石炭酸喷洒消毒	浓度	40
	喷洒顺序	
	封闭时间	
甲醛熏蒸消毒	浓度	40
	用药剂量	
	封闭时间	
简答题	可采用哪些方法对无菌室进行处置	20
	对通过空气传播的病原菌如何消毒	
合计	——	100

[学习拓展]

一、微生物实验室的生物安全及规章制度

致病微生物是影响食品安全各要素中危害最大的一类，食品微生物污染是涉及面最广、影响最大、问题最多的一类污染，而且未来这种现象还将继续下去。据世界卫生组织（WHO）估计，全世界每分钟就会有 10 名儿童死于腹泻病，再加上其他的食源性疾病，如霍乱、伤寒等，在全世界范围内受到食源性疾病侵

害的人数更令人震惊。

近年来，国内食品行业在微生物实验室建设方面采取了许多措施，使我国在食品微生物检测方面已经有了很大进步，但是由于全国从事食品微生物检测的实验室数量多、技术水平不同，2004 年以前我国一直没有微生物实验室建设的规范和标准，缺乏科学性和合理性，致使食品微生物实验室还存在许多严重影响检验结果准确性、溯源性和权威性的问题。值得欣慰的是，《实验室生物安全通用要求》(GB19489-2008)、《病原微生物实验室安全条例》、《生物安全实验室建筑技术规范》(GB50346-2011) 等有关生物实验室的相关管理条例和强制性技术规范的出台，从多个方面规范了生物安全实验室的设计、建造、检测、验收的整个过程，从根本上改变了我国缺乏食品微生物实验室建筑技术规范和评价体系，以及食品微生物实验室统一管理规范的现状，把涉及生物安全的实验室建设和管理纳入标准化、法制化、实用和安全的轨道。

依据实验室所处理感染性食品致病微生物的生物危险程度，可把食品微生物实验室分为与致病微生物的生物危险程度相对应的四级食品微生物实验室。其中，一级对生物安全隔离的要求最低，四级要求最高。不同级别食品微生物实验室的规划建设和配套环境设施不同。食品微生物实验室所检测微生物的生物危害等级大部分为生物安全二级，少数为生物安全三级和四级。

微生物实验室是一个独特的工作环境，工作人员受到意外感染的报道很多，其原因主要是对潜在的生物危害认识不足、防范意识不强、不合理的物理隔离和防护、人为过错和不规范的检验操作。与此同时，随着应用微生物学的不断发展、微生物产业规模日益扩大，一些原先被认为是非病源性且有工业价值的微生物的孢子和有关产物所散发的气溶胶，也会使产业人员发生不同程度的过敏症状，甚至影响到周围环境，造成难以挽回的损失。微生物实验室生物危害的受害者不仅限于实验者本人，同时还会殃及周围同事。事实上还要考虑到，被感染者本人也是一种生物危害，作为带菌者，也可能污染其他菌株、生物剂，同时又是生物危害的传播者，这种现象必须引起高度重视。由此可见，微生物学实验室的生物危害值得高度警惕，其危害程度远远超过一般公害。控制致病微生物污染是解决食品污染问题的主要内容之一。一方面，要建立从源头治理到最终消费的监控体系；另一方面，应加强对致病性微生物的检测。食品微生物检测是食品安全监控的重要组成部分，但由于微生物的特殊生物学特性，对致病性微生物的检测必须在特定的食品微生物实验室进行，不仅关系到食品微生物的检测质量，而且关系到个人安全和环境安全。

（一）微生物实验室的生物安全

1. 规范微生物安全操作技术

样品容器可以是玻璃的，但最好是塑料制品；运输样品时，应使用两层容器，避免泄漏或溢出；应采用机械移液器，禁止用口移，注射器不能用于吸取液体；在微生物操作中释放的大颗粒物质很容易在工作台台面及手上附着，应该带一次性手套，最好每小时更换 1 次，避免接触口、眼及脸部；鉴定可疑微生物时，各个防护设备应与生物安全柜及其他设施同时使用；工作结束，必须用有效的消毒剂处理工作区域。

2. 重视废弃物的处理

所用包含微生物及病毒的培养基，为了防止泄漏和扩散，必须放在生物医疗废物盒内，经过去污染、灭菌后才能丢弃；所有污染的非可燃的废物在丢弃前，必须放在生物医疗废物盒内；所有液体废物在排入下水道前，必须经过消毒处理；碎玻璃在放入生物医疗废物盒之前，必须放在纸板容器或其他的防穿透的容器内；其他的锐利器具、所有的针头及注射器组合要放在抗穿透的容器内丢弃，针头不能折弯、摘下或者打碎，锐利器具的容器应放在生物医疗废物盒中。

3. 意外事故的处置及控制溢出

（1）意外事故的处置方案：

在操作及保存二类、三类及四类危害微生物的实验室，一份详细的处理意外事故的《应急预案》是必需的。《应急预案》要与所有的人员沟通。实验室管理层、上一级安全管理层、单位护卫、医院及救护电话都应张贴在所有的电话附近。应配备医疗箱、担架及灭火器。

（2）生物安全柜溢出事件的控制：

为了防止微生物外溢，应立即启动去污染程序，用有效的消毒剂擦洗墙壁、工作台面及设备；用消毒剂喷洒工作台面、排水盘、盆子并停留 20 min；用海绵将多余的消毒剂擦去。

（二）食品药品微生物学实验规章制度

（1）每次实验前，必须对实验内容进行充分预习，了解实验的目的、原理和方法，做到心中有数、思路清楚，做好项目任务设计。

（2）认真及时做好实验记录，对于当时不能得到结果而需要连续观察的实验，则需记下每次观察的现象和结果，以便分析。

（3）实验室内应保持整洁，勿高声谈话和随便走动，保持室内安静。

（4）实验时应小心仔细，全部操作应严格按操作规程进行，万一遇有盛菌的试管或瓶不慎打破、皮肤破伤或菌液吸入口中等意外情况发生时，应立即报告指导教师，及时处理，切勿隐瞒。

（5）实验过程中，切勿使酒精、乙醚、丙酮等易燃药品接近火焰。如遇火险，应先关掉火源，再用湿布或沙土掩盖灭火。必要时用灭火器。

（6）使用显微镜或其他贵重仪器时，要细心操作、特别爱护。对消耗材料和药品等，要力求节约，用毕放回原处。

（7）每次实验完毕后，必须把所用仪器洗净放好，将实验室收拾整齐，擦净桌面，如有菌液污染桌面或其他地方时，可用3%来苏水液或5%石炭酸液覆盖其上0.5 h后擦去，如系芽孢杆菌，应适当延长消毒时间。凡带菌的工具（如吸管、玻璃刮棒等），在洗涤前必须浸泡在3%来苏水液中进行消毒。

（8）每次实验需进行培养的材料，应标明自己的组别及处理方法，放于教师指定的地点进行培养。实验室中的菌种和物品等，未经教师许可，不得带出室外。

（9）每次实验的结果，应以实事求是的科学态度填入报告表格中，力求简明准确，并连同思考题及时汇交教师批阅。

（10）离开实验室前，应将手洗净，关闭门窗、灯、火、煤气等。

微生物实验室的安全问题要高度关注，多参考相关组织机构出台的涉及实验室建设规范、生物安全标准、评价体系、标准操作规范、生物安全管理规范，以及废弃物处理、实验动物饲养、安全防护、安全培训标准化和规范化体系，从制度上消除实验室生物安全隐患。

食品微生物学实验的目的是：训练学生掌握微生物学最基本的操作技能；了解微生物学的基本知识；加深理解课堂讲授的食品微生物学理论；通过实验，培养学生观察、思考、分析问题和解决问题的能力；培养学生实事求是、严肃认真的科学态度以及勤俭节约、爱护公物的优良作风。

二、微生物检测实验室的设施与设备

微生物检测实验室的设施与设备是开展微生物检测的物质基础和保证。因此开展微生物检测实验，离不开实验室设施与设备。微生物检测实验室的设施与设备主要包括以下方面。

（一）保证检测用无菌环境的仪器设备

生物安全柜和超净工作台是用于实验室的主要隔离设备。生物安全柜 [图 1–6（a）] 可有效防止有害悬浮微粒的扩散，为操作者、样品以及环境提供相对无菌的安全保护；超净工作台 [图 1–6（b）] 是基于层流设计原理，通过高效过滤器，以获得在操作台的上部空间，形成局部无菌、洁净的区域。与生物安全柜相比，超净工作台具有结构简单、成本低廉、运用广泛的特点。

生物安全柜是为操作原代培养物、菌毒株及诊断性标本等具有感染性的实验材料时，用来保护操作者本人、实验室环境以及实验材料，使其避免暴露于上述操作过程中可能产生的感染性气溶胶和溅出物而设计的。因此，GB19489–2008《实验室生物安全通用要求》中明确要求，生物安全二级实验室应在实验室内配备生物安全柜。

生物安全柜常使用一次性接种环或电热式接种环灭菌器。电热式接种环灭菌器配有硼硅酸玻璃或陶瓷保护罩，可减少接种环灭菌时感染性物质的飞溅和散布，但电热式接种环灭菌器会扰乱气流，因此应置于生物安全柜中靠近工作表面后缘的地方。

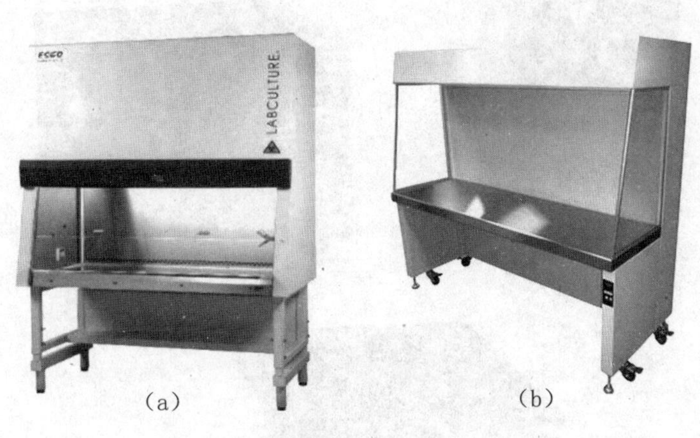

(a)　(b)

(a) 生物安全柜　(b) 超净工作台

图 1-6

（二）保证检测用实验用品与用具无菌（灭菌）的仪器设备

在食品微生物实验室中，用于灭菌的设备通常为高压蒸汽灭菌器或用于干热灭菌的干燥箱。

高压蒸汽灭菌器 [图 1-7（a）] 是应用最广、效果最好的灭菌器，广泛用于培养基、生理盐水、废弃培养物等物品的灭菌。其种类有手提式、立式、卧式等，目前大部分高压蒸汽灭菌器具有自动过程控制。

干燥箱 [图 1-7（b）] 主要用于金属、玻璃器皿的干热灭菌。而离子辐射和环己烷灭菌设备由于具有较大的毒性，通常只用于对热敏感物质的灭菌。

接种环的灭菌通常使用酒精灯，但红外线加热灭菌器或灭菌喷灯等设备由于具有使用安全的特点，为接种环的灭菌带来了更多的便利，无疑将是酒精灯的替代品。

(a)　(b)

(a) 高压蒸汽灭菌器　(b) 干燥箱

图 1-7

（三）满足微生物恒温生长培养的仪器设备

微生物培养的设备为培养箱、摇床和水浴锅等。

其中，培养箱是微生物培养的主要设备，分为恒温培养箱、恒温恒湿培养箱 [图 1-8（a）]、低温培养箱、高温培养箱、微需氧培养箱和厌氧培养箱等。根据使用需要，实验室可以设定不同温度专用培养箱，如 37℃、30℃、25℃等。

摇床 [图 1-8（b）] 可提供一定的培养温度和培养转速，主要用于好氧菌的增菌培养。

水浴锅 [图 1-8（c）] 是培养设备的补充，但需要注意水浴锅内水的液面要高于培养瓶或培养试管中增菌液的液面。

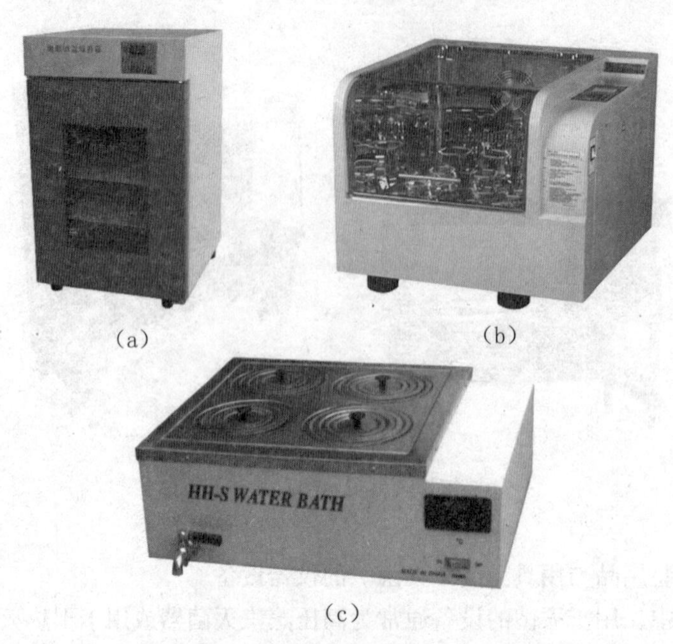

（a）恒温培养箱（b）摇床（c）水浴锅

图 1-8

（四）样品处理的仪器设备

样品处理的仪器设备可分为样品保存用和制备用仪器设备。

样品保存用设备主要为冰箱和冰柜。温度范围为 2 ~ 8℃的冷藏箱，可用于微生物样品的解冻，解冻时间不超过 18 h；如果样品无法及时处理，可将样品放于 -20℃的冰柜中保存。

样品制备用设备包括天平、均质器、振荡器、磁力搅拌器等。其中均质器可分为拍击式均质器（图 1-9）和旋片式均质器。水质检测采用滤膜法时，可用到抽滤系统和膜过滤系统。此外，移液器、玻璃吸管等都是样品处理时所使用的设备。

图 1-9 拍击式均质器

（五）标准物质、血清、试剂等保存用仪器设备

标准物质、血清、试剂等保存用仪器设备主要为冰箱和冰柜。冰箱冷藏温度 2 ~ 8℃，可保存培养基、血清、菌种、某些试剂、药品等；冰柜冷冻温度一般在 -20℃以下，可用于菌种、某些试剂的保存。此外，超低温冰箱的温度可以达到 -70℃以下，亦可用于菌种的保存。

标准物质可采用冷冻干燥的方式进行保存，其中冻干机是常用于标准菌株、标准物质以及标准品冻干保存的设备。真空冷冻干燥法保藏菌种和标准物质克服了简单保藏方法的不足，有利于菌种、标准物质保藏，使微生物始终处于低温、干燥和缺氧的条件，因而是迄今为止最有效的菌种保藏法之一。

（六）目标微生物筛选和鉴定用的仪器设备

20 世纪 70 年代以来，化学分析检测自动化的发展使得开发自动化微生物鉴定系统成为可能，自动化微生物鉴定系统开始出现，并逐渐被广泛应用到食品微生物检测方面。食品微生物实验室检测的微生物主要属于肠道菌、非发酵菌、厌氧菌、芽孢杆菌和真菌等。各种自动微生物鉴定系统多是针对它们开发的不同的数据库。

微生物筛选用仪器设备主要包括 VIDAS 筛选仪、PCR 仪、荧光 PCR 仪等。微生物鉴定用仪器设备主要包括 VITEK 自动鉴定和药敏系统、Phoenix 自动微生物系统、Biolog 系统、Msm 系统、Sire 光系统、ATB 鉴定系统、PASCO 系统、Sherlock 微生物鉴定系统、BAX 系统和 Ribo Printer 微生物鉴定系统等。

随着新技术的不断应用，一些新的仪器设备包括基因芯片仪、焦磷酸测序仪、生物传感器、变性高效液相色谱和飞行时间质谱仪等，也在微生物鉴定中得到了应用。

各种鉴定系统的数据库覆盖范围差异较大，自产品开发成功以来都经历过数次更新，发展水平很不一致。此外，微生物的分类也是不断变化的。随着研究的不断深入、新技术的不断应用和新分类手段的不断出现，细菌种类的增加非常迅速，如原先的某种菌被并入另一种已知菌或者菌种名称发生改变，那么鉴定系统的生产商就必须跟上并做出相应的调整。当然，这并不是说产品数据库更新得越快越好，如果不根据增加的新种类改进已有的生化鉴定项目，那么单纯性增加数据库中的分类条目并不能提高鉴定系统的准确度。由于改进生化项目同时增加数据库条目的成本非常高，所以生产商在产品更新和成本之间做出的权衡都很慎重。鉴于上述这些情况，用户们很难在这些产品之间进行精确的比较并做出优劣的评判，食品微生物实验室只能根据自己实验室检测微生物项目的情况选择适宜的鉴定用仪器设备。

（七）其他常用的仪器设备

1. 显微镜

显微镜主要有普通光学显微镜、荧光显微镜、相差显微镜等。一般在观察细菌、酵母菌、霉菌和放线菌等较大微生物的形态和运动性时，可应用普通光学显微镜，最常用的放大倍数为 1 000 ~ 1 500 倍。荧光显微镜主要用于观察带有荧光物质的微小物体或经荧光染料染色后的微小物体。相差显微镜主要用于观察活的微生物细胞结构，如鞭毛运动等。

2. 天平

常用天平有托盘天平和电子天平。托盘天平往往是在对称量要求不严格的情况下使用。而电子天平则对称量要求相对精确，常用于培养基的称量和样品制备时的称量。由于电子天平准确可靠、显示快速清晰，并且具有自动检测系统、简便的自动校准装置以及超载保护等装置，应用比较广泛，目前托盘天平的使用已逐渐减少。电子天平及其分类按电子天平的精度可分为以下几类：

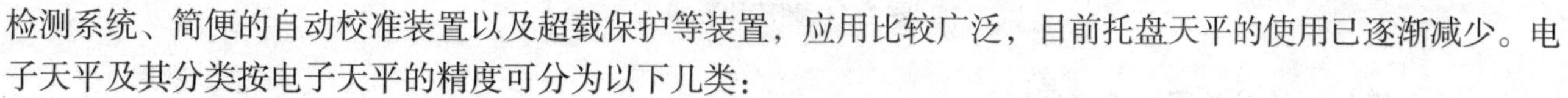

（1）超微量电子天平：最大称量是 2 ~ 5 g，其标尺分度值小于（最大）称量的 10 ~ 6，如 Mettler 的 UMT2 型电子天平等属于超微量电子天平。

（2）微量天平：微量天平的称量一般在 3 ~ 50 g，其分度值小于（最大）称量的 10 ~ 5，如 Mettler 的 AT21 型电子天平以及 Sartoruis 的 S4 型电子天平。

（3）半微量天平：半微量天平的称量一般在 20 ~ 100 g，其分度值小于（最大）称量的 10 ~ 5，如 Mettler 的 AE50 型电子天平和 Sartoruis 的 M25 D 型电子天平等均属于此类。

（4）常量电子天平：此种天平的最大称量一般在 100 ~ 200 g，其分度值小于（最大）称量的 10 ~ 5，如 Mettler 的 AE200 型电子天平和 Sartoruis 的 A120S、A200S 型电子天平均属于常量电子天平。

（5）电子分析天平：电子分析天平是常量天平、半微量天平、微量天平和超微量天平的总称。

（6）精密电子天平：这类电子天平是准确度级别为Ⅱ级的电子天平的统称。

3. 温度计

温度计主要用于温控设备的温度测量和校准。根据使用目的的不同，已设计制造出多种温度计。其设计的依据有：利用固体、液体、气体受温度的影响而热胀冷缩的现象；在定容条件下，气体（或蒸汽）的压强因不同温度而变化；热电效应的作用；电阻随温度的变化而变化；热辐射的影响等。

4.pH 计

图 1-10 超纯水器

pH 计主要用于培养基和诊断试剂酸碱度的测量。pH 计是利用原电池的原理工作的，原电池的两个电极间的电动势依据能斯特定律，既与电极的自身属性有关，还与溶液里的氢离子浓度有关。原电池的电动势和氢离子浓度之间存在对应关系，氢离子浓度的负对数即为 pH 值。pH 计是一种常见的分析仪器，广泛应用在农业、环保和工业等领域。土壤 pH 值是土壤重要的基本性质之一。在 pH 测定过程中，应考虑待测溶液温度及离子强度等因素。

5. 纯水器

纯水器主要用于试验用水的制备。采用预处理、反渗透技术、超纯化处理以及紫外杀菌处理等方法,将水中的导电介质几乎完全去除,又将水中不离解的胶体物质、气体及有机物均去除至很低程度的水处理设备（图 1-10）。

6. 菌落计数器

菌落计数器是一种数字显示式自动细菌检验仪器（图 1-11）。由计数器、探笔、计数池等部分组成，计数器采用 CMOS 集成电路精心设计，LED 数码管显示，字高 13 mm，清晰明亮，配合专用探笔，计数灵敏准确。黑色背景式记数池内，荧光灯照明，菌落对比清楚，便于观察。本仪器可减轻实验人员的劳动强度，提高工效，提高工作质量，广泛用于食品、饮料、药品、生物制品、化妆品、卫生用品、饮用水、生活污水、工业废水、临床标本中细菌数的检验。是各级隆重防疫站、环境监测站、食品卫生监督检验所、医院、生物制品所、药检所、商检局、食品厂、饮料厂、化妆品厂、日化厂及大专院校、科研单位实验室的必备仪器。

图 1-11 菌落计数器

（八）微生物检验常用的玻璃器皿

食品微生物检验所用的玻璃器皿，大多数要先进行消毒、灭菌之后再用来培养微生物，因此对其质量、洗涤和包扎方法均有一定的要求。一般玻璃器皿要求是硬质玻璃的，这样才能承受高温和烧灼而不致破损；器皿的游离碱含量要少，否则会影响培养基的酸碱度；对玻璃器皿的包扎方法的要求，以能防止污染杂菌为准；洗涤方法要恰当，否则也会影响实验结果。

1. 试管

食品微生物检验室所用玻璃试管的形状要求没有翻口［图 1-12（A）］，以防止微生物从棉塞与管口的缝隙间进入试管而造成污染。此外，还有以铝制或塑料制的试管帽代替棉塞的［图 1-12（B、C）］，若用翻口试管也不便于盖试管帽。有的实验要求尽量减低试管内水分的蒸发，则需使用螺口试管［图 1-12（D）］，盖以螺口胶木或塑料帽，目前常用的是胶塞［图 1-12（E）］。

试管的大小可根据用途的不同，准备下列三种型号：

（1）大试管（约 18 mm × 180 mm）：可盛倒培养皿用的培养基，亦可作制备琼脂斜面用（需要大量菌体时用）。

（2）中试管 [(13 ～ 15 mm) × (100 ～ 150 mm)]：盛液体培养基或做琼脂斜面用，亦可用于样品等的稀释。

（3）小试管 [(10 ～ 12 mm) × 100 mm]：一般用于糖发酵试验，和其他需要节省材料的试验。

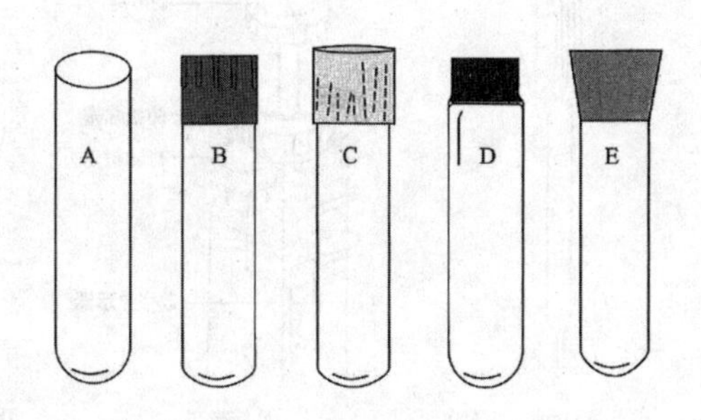

图 1-12　试管与试管帽（塞）
A- 细菌学试管；B- 塑料帽试管；C- 金属帽试管；D- 螺母试管；E- 胶塞试管

2. 杜氏试管

观察细菌在糖发酵培养基内的产气情况时，一般在小试管内再套一倒置的小套管（约 6 mm × 36 mm）（图 1–13），此小套管即为杜氏试管，又称发酵小套管。

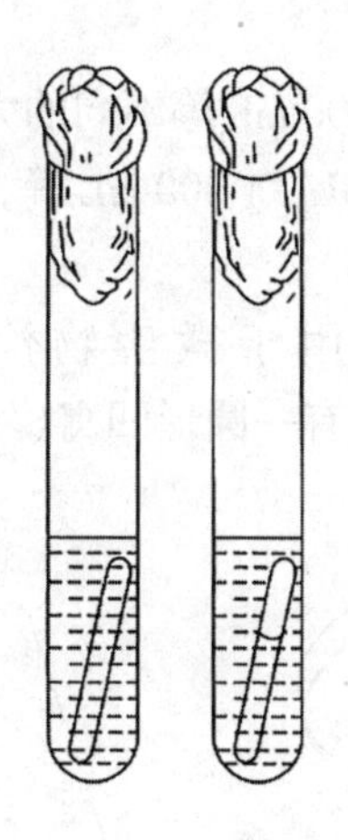
图 1-13　杜氏试管

3. 吸管（又称刻度吸管）

（1）玻璃吸管。

食品微生物检验室一般要准备 1 mL、5 mL、10 mL 规格的刻度玻璃吸管 [图 l–14(a)]。其刻度指示的容量往往包括管尖的液体体积，亦即使用时要注意将所吸液体吹尽，有时称为"吹出"吸管。市售细菌学用吸管，有的在吸管上端刻有"吹"字。除有刻度的吸管外，有时需用不计量的毛细吸管，又称滴管 [图 1–14(b)]，来吸取动物体液和离心上清液以及滴加少量抗原、抗体等。

（2）微量吸管。

微量吸管又称微量加样器，主要用来吸取微量液体，规格型号很多，图 1–15 表示其中一种型号。每个微量吸管在一定范围内可调节几个体积，并都标有使用范围，如 0.5 ~ 10 μL、2 ~ 10 μL、10 ~ 100 μL、100 ~ 1 000 μL 等。

使用时，将合适的塑料嘴牢固地套在微量吸管的下端；旋转调节键 [图 l–15(a)]，使数字显示器上显示出所需要吸取的体积；用大拇指按下调节键 [图 l–15(b)]，并将吸嘴插入液体中；缓慢放松调节键，使液体进入吸嘴，并将其移至接收试管中；按下调节键，使液体进入接收管；按下排除键，以去掉用过的空吸嘴或直接用手取下吸嘴。除了可调的微量吸管外，也有不可调的，即一个吸管只固定一种体积。因应用范围受到限制，所以一般用得较少。

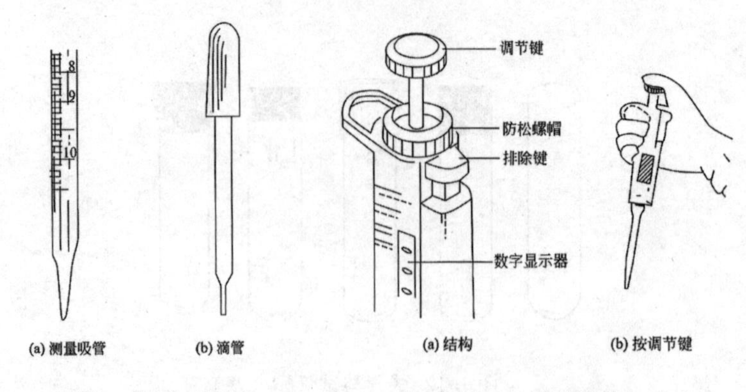

图 1-14 玻璃吸管　　图 1-15 微量吸管

4. 培养皿

常用的培养皿（图 1–16），皿底直径 90 mm，高 15 mm。培养皿一般均为玻璃皿盖。当有特殊需要时，可使用陶器皿盖，因其能吸收水分，使培养基表面干燥。如测定抗生素生物效价时，培养皿不能倒置培养，则用陶器皿盖为好。在培养皿内倒入适量固体培养基制成平板，用于分离、纯化、鉴定菌种、微生物计数以及测定抗生素效价等。

5. 三角烧瓶与烧杯

三角烧瓶有 100 mL、250 mL、500 mL、1 000 mL 等不同的大小，常用来盛无菌水、培养基和摇瓶发酵等。常用的烧杯有 50 mL、100 mL、250 mL、500 mL、1 000 mL 等，用来配制培养基与药品。

6. 载玻片与盖玻片

普通载玻片大小为 75 mm × 25 mm，用于微生物涂片、染色，作形态观察等。盖玻片为 18 mm × 18 mm。凹玻片是在一块厚玻片的当中有一圆形凹窝（图 1–17），作悬滴观察活细菌以及微室培养用。

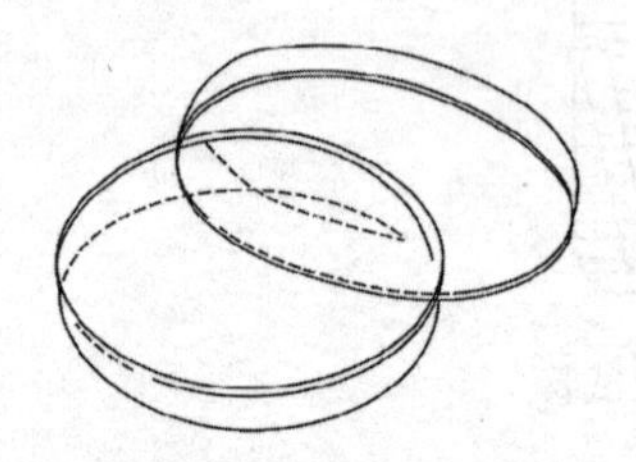

图 1-16 培养皿

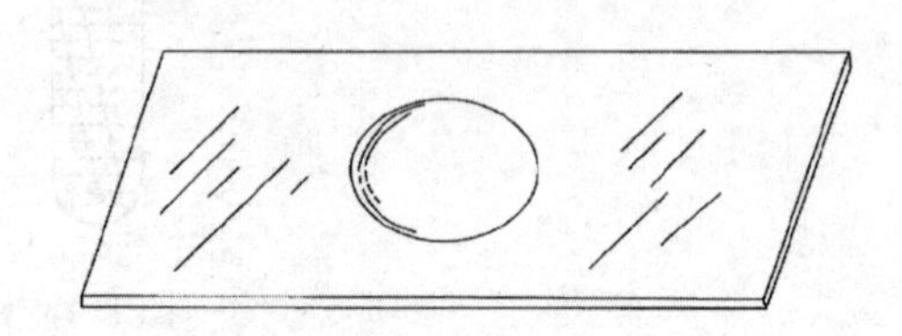

图 1-17 凹玻片

7. 双层瓶

双层瓶由内外两个玻璃瓶组成（图 1–18），内层小锥形瓶盛放香柏油，供油镜头观察微生物时使用，外层瓶盛放二甲苯，用来擦净油镜头。

8. 滴瓶

滴瓶用来装各种染料、生理盐水等（图 1–19）。

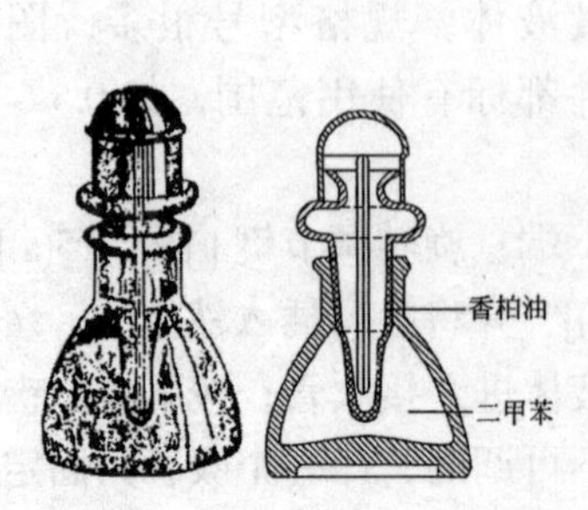

图 1-18 双层瓶

图 1-19 滴瓶

9. 接种工具

接种工具有接种环、接种针、接种钩、接种铲、玻璃涂布器等（图 1-20）。制造环、针、钩、铲的金属可用铂或镍，其软硬适度，能经受火焰反复烧灼，又易冷却。

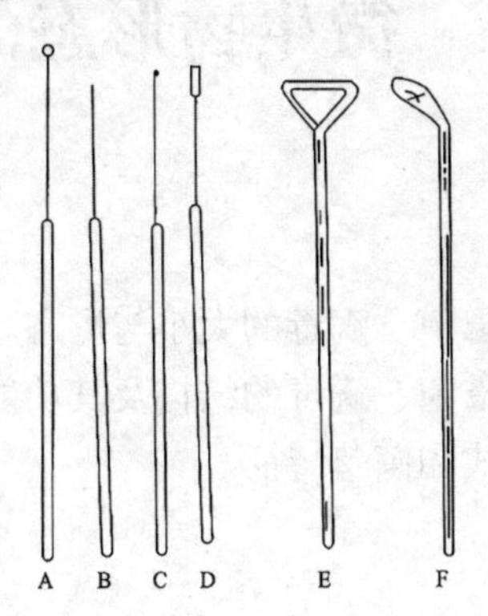

图 1-20 接种工具

A- 接种环；B- 接种针；C- 接种钩；D- 接种铲；E、F- 玻璃涂布器

接种细菌和酵母菌用接种环和接种针，其铂丝或镍丝的直径以 0.5 mm 为适当，环的内径约 2 mm，环面应平整，图 1-21 表示一个简易的制作接种环的方法。

接种某些不易和培养基分离的放线菌和真菌。有时用接种钩或接种铲，其丝的直径要求粗一些，约 1 mm。用涂布法在琼脂平板上分离单个菌落时需用的玻璃涂布器，是将玻璃棒弯曲或将玻璃棒一端烧红后压扁而成（图 1-22）。

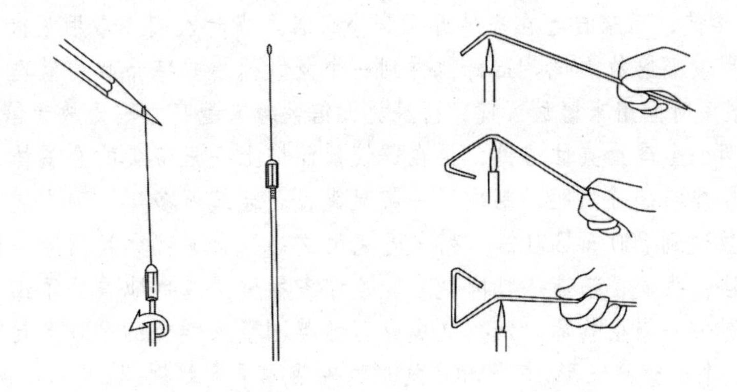

图 1-21 制作接种环图 1-22 制作玻璃涂棒

[习题]

1. 微生物检验常用的玻璃器皿有哪些？
2. 常用玻璃器皿的用途及使用注意事项有哪些？
3. 包扎玻璃器皿所用的材料有哪些？它们的作用是什么？
4. 干热灭菌的方法包括哪些？它们的条件是什么？
5. 高压蒸汽灭菌锅的使用方法及注意事项有哪些？
6. 灭菌、消毒、商业灭菌、防腐、无菌的概念是什么？
7. 湿热灭菌包括哪几种？每一种灭菌的具体条件及适用范围是什么？

项目二　微生物形态的观察

【知识目标】

（1）熟知细菌、放线菌、酵母菌、霉菌、病毒的大小与形态。
（2）掌握细菌、放线菌、酵母菌、霉菌、病毒的结构及其功能。
（3）掌握几类主要微生物的繁殖方式和菌落特征。

【能力目标】

（1）根据微生物的结构特点理解其功能特点，理解结构与功能的对应性。
（2）能够以微生物形态、结构、培养特征的理论知识为基础，具有识别、区分产品中几类主要微生物的能力。

【素质目标】

通过了解显微技术的发展，认识工具对微生物学研究的重要性，培养通过实验验证微小事物存在的素质。

【案例导入】

安东·列文虎克（Antonyvan leeuwenhoek，1632-1723）出生在荷兰东部一个名叫德尔福特的小城市，16岁便在一家布店里当学徒，后来自己在当地开了家小布店。当时人们经常用放大镜检查纺织品的质量，列文虎克从小就迷上了用玻璃磨放大镜。正好他得到一个兼做德尔福特市政府管理员的差事，这是一份很清闲的工作，所以他有很多时间用来磨放大镜，而且放大倍数越来越高。因为放大倍数越高，透镜就越小，为了用起来方便，他用两个金属片夹住透镜，再在透镜前面按上一根带尖的金属棒，把要观察的东西放在尖上观察，并且用一个螺旋钮调节焦距，制成了一架显微镜。连续好多年，列文虎克先后制作了400多架显微镜，最高的放大倍数达到200～300倍。列文虎克用这些显微镜观察过雨水、污水、血液、辣椒水、腐败了的物质、酒、黄油、头发、精液、肌肉、牙垢等许多物质，清楚地看见了细菌和原生动物。首次揭示了一个崭新的生物世界——微生物界。从列文虎克写给英国皇家学会的200多封附有图画的信里，人们可以断定他是全世界第一个观察到球形、杆状和螺旋形的细菌和原生动物，以及第一次描绘了细菌运动的人。

列文虎克活到91岁。直到逝世，他除了用自己制作的显微镜观察和描绘观察结果外，别无爱好。虽然他活着的时候就看到人们承认了他的发现，但要等到100多年以后，当人们在用效率更高的显微镜重新观察列文虎克描述的形形色色的"小动物"，并知道它们会引发人类严重疾病和产生许多有用物质时，才真正认识到列文虎克对人类认识世界所做出的伟大贡献。列文虎克是微生物学的开拓者。

任务1　微生物形态特征及普通光学显微镜的使用

一、任务目标

（1）掌握普通光学显微镜的基本构造，了解普通光学显微镜的原理。
（2）掌握光学显微镜的使用。
（3）掌握光学显微镜观察样品的制备。

二、任务相关知识

微生物种类繁多，根据有无细胞及细胞结构的差异，可将微生物分成非细胞型微生物、原核微生物、真核微生物三大类群。原核微生物的细胞核发育不完全，没有核仁，没有核膜包裹核物质，核物质与细胞质没有明显的界线，细胞内其他结构的分化水平低；真核微生物细胞内具有发育完好的细胞核，有核膜包裹核物质，其他细胞器高度分化。

（一）细菌

细菌（bacteria）是一类个体微小、形态结构简单的单细胞原核微生物。在自然界中，细菌分布最广、数量最多，细菌几乎可以在地球上的各种环境下生存，一般每克土壤中含有的细菌数可达数十万个到数千万个。又因为细菌菌体的营养和代谢类型极为多样，所以它们在自然界的物质循环中，在食品及发酵工业、医药工业、农业、环境保护中都发挥着极为重要的作用。如用醋酸杆菌酿造食醋、生产葡萄糖酸和山梨糖，用乳酸菌做酸奶。另一方面，不少细菌是人类和动植物的病原菌，有的致病菌产生毒素引起寄主患病，如肉毒梭菌，在灭菌不彻底的罐头中厌氧生长产生剧毒的肉毒毒素（1 g 足以杀死 100 万人）；有的细菌，如肺炎链球菌虽不产生任何毒素，但能在肺组织中大量繁殖，导致肺功能障碍，严重时引起寄主死亡。

1. 细菌的形态

（1）细菌的形态（见图 2–1）：

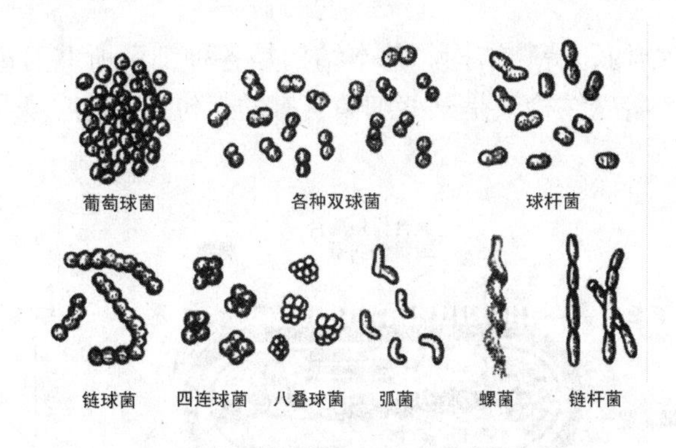

图 2-1　各种细菌得形态和排列

细菌种类繁多，就单个菌体而言，细菌有三种基本形态：球状、杆状、螺旋状，分别称球菌、杆菌、螺旋菌。其中以杆菌最为常见，球菌次之，螺旋菌较少。在一定条件下，各种细菌通常保持其各自特定的形态，可作为分类鉴定的依据。

①球菌（*coccus*）。

菌体呈球形或近似球形（豆形、肾形等），根据球菌分裂的平面及分裂后排列方式不同，将球菌分为：

a. 双球菌：细菌在一个平面分裂，分裂后两个菌细胞成双排列，如肺炎链球菌、淋病奈瑟球菌。

b. 链球菌：细菌在一个平面上分裂后多个菌体排列成链状，如溶血性链球菌。

c. 葡萄球菌：细菌在多个不规则的平面上分裂，分裂后菌体聚集在一起，似葡萄串状，如金黄色葡萄球菌。

此外还有在两个相互垂直的平面上，分裂为四个菌体、排列成正方形的称四联球菌。在 3 个相互垂直平面上，分裂成八个菌体排列在一起称八叠球菌。

②杆菌（*bacillus*）。

杆菌呈杆状，多数为直杆状，也有稍弯的。不同杆菌的长短、粗细差异很大。根据杆菌形态上的差异，可把杆菌分为：a. 粗大杆菌，如炭疽芽孢杆菌［（1 ~ 1.5）μm×（3 ~ 10）μm］；b. 细长杆菌，如破伤风芽孢梭菌［（0.3 ~ 0.5）μm×（3 ~ 8）μm］；c. 中等杆菌，如大肠埃希菌［（0.4 ~ 0.7）μm×（2 ~ 3 μm）］；d. 短小杆菌，如流感嗜血杆菌［（0.3 ~ 0.4）μm×（1 ~ 1.5)μm］；e. 球杆菌，如布鲁菌近于椭圆形；f. 棒状杆菌，菌体一端或两端膨大，如白喉棒状杆菌；g. 分枝杆菌，常有分支生长趋势，如结核分枝杆菌；h. 双歧杆菌，末端常呈分叉状；i. 链杆菌，常呈链状排列，如炭疽芽孢杆菌等。杆菌菌体两端多呈钝圆形，少数末端平齐（如炭疽芽孢杆菌）或两端尖细（如梭杆菌）。

③螺形菌（*spirillar bacterium*）。

指菌体有弯曲的细菌。螺形菌又依据菌体的弯曲程度分为：a. 弧菌，菌体仅有一个弯曲，呈弧形的细菌，如霍乱弧菌、副溶血性弧菌等；b. 螺菌，菌体有多个弯曲呈螺旋形的细菌，如鼠咬热螺菌；c. 弯曲菌与螺杆菌，菌体细长弯曲呈 S 形、螺旋形或海鸥展翅形的细菌，如空肠弯曲菌、胎儿弯曲菌、幽门螺杆菌等。

细菌的形态受温度、pH、培养基成分和培养实践等因素的影响。在适宜细菌生长繁殖的环境下，培养 8 ~ 18 h，可出现比较典型的形态；在不利的环境或菌龄老化时，常出现梨形、气球状或丝状等不规则的多形性。在机体感染部位，细菌受药物以及体液中溶菌酶、抗体、补体等因素的作用，其形态和性状常发生改变。因此，在临床实验室做直接涂片染色镜检时应予以注意。

（2）细菌细胞的大小。

细菌的个体通常很小，常用微米（μm）作为测量其长度、宽度和直径的单位。由于细菌的形态和大小受培养条件的影响，因此测量菌体大小应以最适培养条件下培养的细菌为准。多数球菌的直径为 0.5 ~ 2.0 μm；杆菌的大小（长 × 宽）为（0.5 ~ 1.0）μm×（1 ~ 5）μm；螺旋菌的大小（宽 × 长）为（0.25 ~ 1.7）μm×（2 ~ 60）μm。螺旋菌的长度是菌体两端点间的距离，不是其实际的长度，所以说螺旋菌的长度时仅指其两端的空间距离。在进行形态鉴定时，其真正的长度按螺旋的直径和圈数来计算。

2. 细菌细胞的结构与功能

细菌细胞的结构包括基本结构和特殊结构。基本结构是各种细菌所共有的，包括细胞壁、细胞膜、细胞质和内含物、拟核及核糖体。特殊结构只是某些细菌具有的，包括芽孢、荚膜、鞭毛等。细菌细胞的结构如图 2–2 所示。

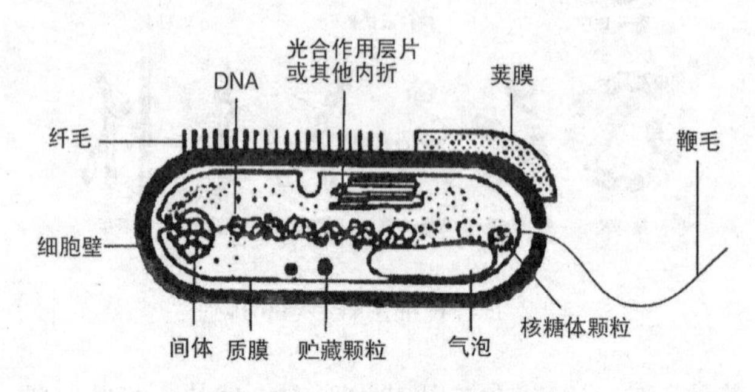

图 2-2　细菌细胞结构

（1）细胞壁。

细胞壁是包围在细胞最外面的一层坚韧且略具弹性的结构层。它约占菌体干重的 10% ~ 25%。细胞壁的主要功能是：维持细胞形状；提高机械强度，保护细胞免受机械性或其他破坏；阻拦酶蛋白和某些抗生素等大分子物质进入细胞，保护细胞免受溶菌酶、消化酶等有害物质的损伤等。其厚度因菌种不同而有差异，平均为 15 ~ 30 mm。细菌细胞壁的构成比较复杂，革兰阳性（G^+）菌和革兰阴性（G^-）菌的细胞壁结构存在显著的差异，细胞壁化学组成，既有相同又有不同的成分。

①肽聚糖：又称黏肽或糖肽。为革兰阳性菌和革兰阴性菌细胞壁的共同成分。凡能破坏肽聚糖结构或抑制其合成的物质都能损伤细胞壁，使细菌破裂或变形。肽聚糖的结构由聚糖骨架、四肽侧链和五肽交联桥三部分组成（革兰阴性菌的肽聚糖无交联桥）。

只要能破坏肽聚糖结构或抑制其合成的物质，都有杀菌或抑菌的作用。例如：溶菌酶能水解聚糖骨架中的糖苷键，磷霉素、环丝氨酸可抑制聚糖骨架的合成，青霉素、头孢霉素可抑制五肽交联桥与四肽侧链末端第四位 D– 丙氨酸的连接，万古霉素、杆菌肽可抑制四连侧链的连接。人体细胞无细胞壁、也无肽聚糖，故这些物质对人体细胞无破坏作用。

②磷壁酸：为革兰阳性菌细胞壁特殊成分，分为壁磷壁酸和膜磷壁酸两种。壁磷壁酸结合在聚糖骨架的胞壁酸分子上；膜磷壁酸结合在细胞膜上。多个磷壁酸分子组成长链穿插于肽聚糖中，并延伸至细胞壁外。

磷壁酸有很强的抗原性，是革兰阳性菌重要的表面抗原，某些细菌的磷壁酸能够黏附到宿主细胞上，与其致病性有关。例如：人类口腔黏膜、淋巴细胞、血小板、红细胞等细胞表面具有膜磷壁酸的受体，A 族溶血性链球菌的膜磷壁酸可与之结合而导致疾病。

③外膜层：为革兰阴性菌细胞壁特殊成分。位于细胞壁肽聚糖的外侧，由脂多糖、脂质双层（磷脂）、脂蛋白三部分组成。外膜比细胞质膜的磷脂质含量低，但脂多糖的含量则比较高。外膜的蛋白质与细胞质膜不同，主要部分为数种蛋白质所构成。其主要蛋白质的部分与特异的内面的肽葡聚糖以共价键结合。脂多糖存在于外膜的最外层。在外膜中仅知有磷脂酶，在细胞与外界的联系中，已看到有许多功能的蛋白质，即有各种噬菌体、维生素 B_{12}、大肠杆菌素等的受体存在，而其一部分蛋白质则与 DNA 的复制、细胞分裂有关。此外，外膜对水溶性低分子物质容易透过，但对抗菌物质则是透过的屏障，它对革兰阴性菌间的透过性带来很大的差异。

细胞壁具有很多功能：①维持细胞的固有形态；②保护细菌，承受细菌胞质内高浓度物质产生的高渗透压（505 ~ 2 020 kPa，为 5 ~ 20 个大气压），使细菌在低渗透环境中不破裂不变形；③控制物质交换，细胞壁具有许多微孔，允许水和可溶性的物质自由通过，与细胞膜共同完成细菌细胞内外物质的交换；④具有免疫原性，用于细菌的鉴定；⑤某些细胞壁成分是细菌的主要致病物质，如 G– 的 LPS、结合分枝杆菌的脂类成分等。

革兰氏染色法是 1884 年丹麦病理学家 Christain Gram 发明的一种细菌鉴别方法，也是细菌学中最常用、最重要的一种鉴别染色法，染色过程如下：

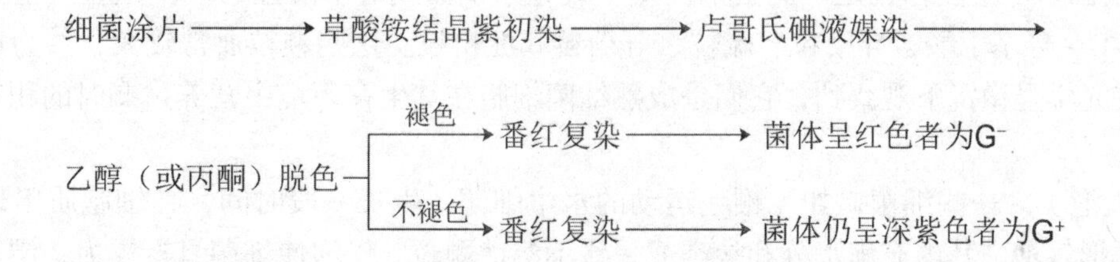

革兰氏染色的机理。关于革兰氏染色的机理有许多学说，目前一般认为与细菌细胞壁的化学组成、结构和渗透性有关。在革兰氏染色过程中，细胞内形成了深紫色的结晶紫 - 碘的复合物，这种复合物可被酒精（或丙酮）等脱色剂从革兰阴性菌细胞内浸出，而革兰阳性菌则不易被浸出。这是由于革兰阳性菌的细胞壁较厚，肽聚糖含量高且网格结构紧密，脂类含量极低，当用酒精（或丙酮）脱色时，引起肽聚糖层脱水，使网格结构的孔径缩小，导致细胞壁的通透性降低，从而使结晶紫 - 碘的复合物不易被洗脱而保留在细胞内，使菌体仍呈深紫色。反之，革兰阴性菌因其细胞壁肽聚糖层薄且网格结构疏松，脂类含量又高，当酒精（或丙酮）脱色时，脂类物质溶解，细胞壁通透性增大，使结晶紫 - 碘复合物较易被洗脱出来。所以，菌体经番红复染后呈红色。

（2）细胞膜。

细胞膜又称细胞质膜、内膜或原生质膜，是外侧紧贴细胞壁、内侧包围细胞质的一层柔软而富有弹性的半透性薄膜，厚度一般为 7 ~ 8 nm。其基本结构为双层单位膜：内外两层磷脂分子，含量为 20% ~ 30%；蛋白质有些穿透磷脂层，有些位于表面，含量为 60% ~ 70%；另外有少量多糖（约 2%）。细胞膜的基本结构如图 2–3 所示。

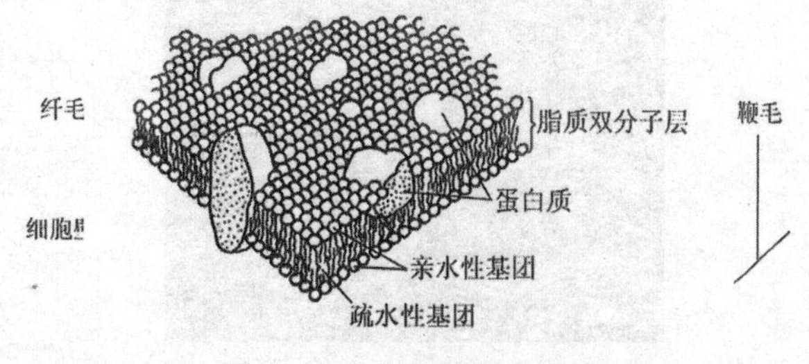

图 2–3　细胞膜的基本结构

细胞膜是具有高度选择性的半透膜，含有丰富的酶系和多种膜蛋白。具有重要的生理功能，主要有：①选择渗透性。在细胞膜上镶嵌有大量的渗透蛋白（渗透酶）控制营养物质和代谢产物的进出，并维持着细胞内正常的渗透压。②参与细胞壁各种组分及糖等的生物合成。③参与产能代谢。在细菌中，电子传递和ATP合成酶均位于细胞膜上。

（3）细胞质及内含物。

①细胞质。细胞质是细胞膜以内，核以外的无色透明、黏稠的复杂胶体，亦称原生质。其主要成分为蛋白质、核酸、多糖、脂类、水分和少量无机盐类。细胞质中含有许多的酶系，是细菌新陈代谢的主要场所。细胞质中无真核细胞所具有的细胞器，但含有许多内含物，主要有核糖体、液泡和贮藏性颗粒。由于含有较多的核糖核酸（特别在幼龄和生长期含量更高），所以呈现较强的嗜碱性，易被碱性和中性染料染色。

②核糖体。在1953年由Ribinson和Broun用电镜观察植物细胞时发现胞质中存在一种颗粒物质。1955年，Palade在动物细胞中也看到同样的颗粒，进一步研究了这些颗粒的化学成分和结构。1958年，Roberts根据化学成分命名为核糖核蛋白体，简称核糖体，又称核蛋白体。核糖体除哺乳类成熟的红细胞外，一切活细胞（真核细胞、原核细胞）中均有，是分散在细胞质中沉降系数为70S的亚显微颗粒物质，它是进行蛋白质合成的重要细胞器，在快速增殖、分泌功能旺盛的细胞中尤其多。核糖体无膜结构，主要由蛋白质（40%）和RNA（60%）构成。细菌等原核生物及叶绿体基质中核糖体的沉降系数为70S，按沉降系数分为两种亚基，一类50S大亚基，另一类30S小亚基。真核细胞的核糖体沉降系数为80S，按沉降系数也分为两种亚基，一类60S大亚基，一类40S小亚基。

③贮藏性颗粒。贮藏性颗粒是一类由不同化学成分累积而成的不溶性的沉淀颗粒。主要功能是贮藏营养物质，如聚-β-羟基丁酸、异染粒、硫粒、肝糖粒和淀粉粒。这些颗粒通常较大，并为单层膜所包围，经适当染色可在光学显微镜下观察到，它们是成熟细菌细胞在其生存环境中营养过剩时的积累，营养缺乏时又可被利用。

④液泡（气泡）。一些细菌，如无鞭毛运动的水生细菌，生长一段时间，在细胞质出现几个甚至更多的圆柱形或纺锤形气泡。其内充满水分和盐类或一些不溶性颗粒。气泡使细菌具有浮力，漂浮于水面，以便吸收空气中的氧气供代谢需要。

（4）原核（拟核）。

细菌细胞核因无核仁和核膜，故称为原核或拟核。它是由一条环状双链的DNA分子（脱氧核糖核酸）高度折叠缠绕而形成。每个细胞所含的核区数与该细菌的生长速度有关，生长迅速的细胞在核分裂后往往来不及分裂，一般在细胞中含有1～4个核区。以大肠杆菌为例，菌体长度仅1～2 μm，而它的DNA长度可达1 100 μm，相当于菌体长度的1 000倍。原核是重要的遗传物质，携带着细菌的全部遗传信息。它的主要功能是决定细菌的遗传性状和传递遗传信息。

（5）荚膜。

荚膜（*capsule*）是某些细菌表面的特殊结构，是位于细胞壁表面的一层松散的黏液物质，荚膜的成分因不同菌种而异，主要是由葡萄糖与葡萄糖醛酸组成的聚合物，也有含多肽与脂质的（见图2-4）。一般厚约200 nm，在固体培养基上形成光滑型菌落。

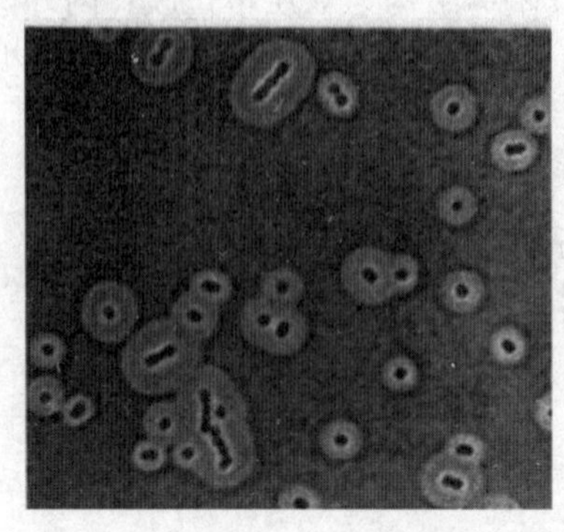

图2-4　细菌荚膜

荚膜对细菌的生存具有重要意义，细菌不仅可利用荚膜抵御不良环境、保护自身不受白细胞吞噬，而且能有选择地黏附到特定细胞的表面上，表现出对靶细胞的专一攻击能力，如伤寒沙门杆菌能专一性地侵犯肠道淋巴组织。细菌荚膜的纤丝还能把细菌分泌的消化酶贮存起来，以备攻击靶细胞之用。

（6）芽孢。

某些细菌（如芽孢杆菌、梭状芽孢杆菌、少数球菌等）在其生长发育后期，在细胞内形成的一个圆形或椭圆形，厚壁，含水量低，抗逆性强的休眠体构造，称为芽孢（见图 2-5）。

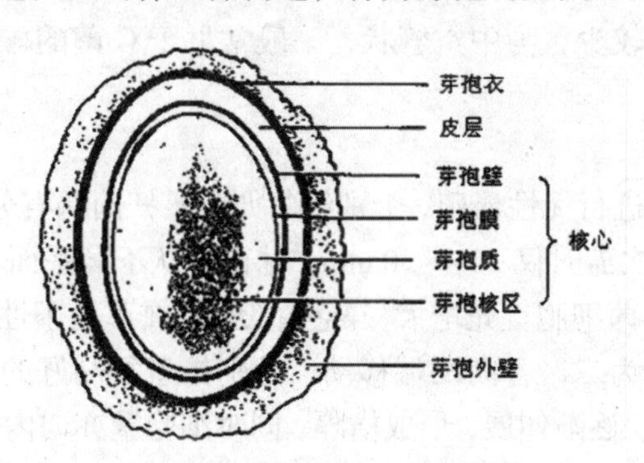

图 2-5 细菌芽孢结构示意图

在不同细菌中，芽孢所处的位置不同，有的在中部，有的在偏端，有的在顶端。芽孢一般呈圆形、椭圆形、圆柱形。在有些细菌中，芽孢的直径小于菌体直径。

芽孢杆菌为好氧细菌。在另一些细菌中，芽孢的直径大于菌体直径，使整个菌体呈梭形或鼓塑形，这些细菌称为梭状芽孢杆菌，为厌氧菌，梭状芽孢杆菌的芽孢位于菌体中间。破伤风杆菌的芽孢位于菌体的一端，使菌体呈鼓槌状。好氧芽孢杆菌属（*Bacillus*）和厌氧的梭状芽孢杆菌属（*Clostridium*）的所有细菌都具有芽孢。在球菌和螺菌中，只有少数种类有芽孢，球菌中只有芽孢八叠菌（*Sporosarcina*）属产芽孢。弧菌中只有芽孢弧菌属（*Sporovibrio*）产芽孢。芽孢具有极强的抗热、抗辐射、抗化学药物、抗静水压等特性。如一般细菌的营养细胞在 70 ~ 80℃时，10 min 就死亡，而在沸水中，枯草芽孢杆菌的芽孢可存活 1 h，破伤风芽孢杆菌的芽孢可存活 3 h，肉毒梭菌的芽孢可忍受 6 h。一般在 121℃条件下，需 15 ~ 20 min 才能杀死芽孢。

芽孢的形成在结构上主要经历以下几个阶段：①核物质融合成轴丝状（杆状）。②在细胞中央或一端，细胞膜内陷形成隔膜包围核物质，产生一个小细胞。③小细胞被原来的细胞膜包围，生成前孢子。前孢子实质上是一个被两层同心膜包围着的原生质体。在光学显微镜下观察未染色的活细菌，可以看到前孢子是一个清亮的、与菌体其他部分明显不同的区域。④前孢子再被多层膜包围，如皮层、孢子衣等，最后成为成熟的芽孢，由于细胞壁的溃溶而释放出来。

由于芽孢在结构和化学成分上均有别于营养细胞，所以芽孢也就具有了许多不同于营养细胞的特性。芽孢最主要的特点就是抗性强，对高温、紫外线、干燥、电离辐射和很多有毒的化学物质都有很强的抗性。同时，芽孢还有很强的折光性。在显微镜下观察染色的芽孢细菌涂片时，可以很容易地将芽孢与营养细胞区别开，因为营养细胞染上了颜色，而芽孢因抗染料且折光性强，表现出透明而无色的外观。研究表明，芽孢对不良环境因子的抗性主要由于其含水量低（40%）。且含有耐热的小分子酶类，富含大量特殊的吡啶二羧酸钙和带有二硫键的蛋白质，以及具有多层次厚而致密的芽孢壁等原因。

（7）鞭毛。

鞭毛是细菌的特殊结构，是某些运动细菌菌体表面着生的一根或数根由细胞内生出的细长而呈波状弯曲的丝状结构。鞭毛起源于细胞膜内侧，直径 12 ~ 18 nm，长度可超过菌体数倍到几十倍。

鞭毛在细胞表面的着生方式多样，主要有单端鞭毛菌、端生丛毛菌、两端鞭毛菌和周毛菌等。

鞭毛有三种运动方式：在液体中泳动，在固体表面上滑行，在液体中旋转梭动。细菌依靠鞭毛泳动。

鞭毛是从细胞膜上一个基点生出的穿过细胞壁和黏液层的细长丝状物，其长度可以是菌体长度的几倍。大多数球菌无鞭毛，有些杆菌生有鞭毛，螺旋菌都生有鞭毛。由于鞭毛很细，只有用特殊的染色法，才能用光学显微镜观察到。

（8）纤毛。

纤毛又称菌毛、伞毛、须毛等，是某些革兰阴性菌和少数革兰阳性菌细胞上长出的数目较多、短而直的蛋白质丝或细管，分布于整个菌体，不是细菌的运动器官。有纤毛的细菌，以革兰阴性致病菌居多。纤毛有两种：一种是普通纤毛，能使细菌黏附在某物质上或液面上形成菌膜；另一种是性纤毛，又称性菌毛（F 菌毛），它比普通菌毛长，数目较少，为中空管状，一般常见于 G 菌的雄性菌株中，其功能是细菌在接合作用时向雌性菌株传递遗传物质。

3. 细菌的繁殖

细菌一般以简单的二分裂法进行无性繁殖，个别细菌如结核杆菌偶有分枝繁殖的方式。在适宜条件下，多数细菌繁殖速度极快，分裂一次需时仅 20 ~ 30 min。球菌可从不同平面分裂，分裂后形成不同方式排列。杆菌则沿横轴分裂。细菌分裂时，菌细胞首先增大，染色体复制。在革兰阳性菌中，细菌染色体与中介体相连，当染色体复制时，中介体亦一分为二，各向两端移动，分别拉着复制好的一根染色体移到细胞的侧。接着细胞中部的细胞膜由外向内陷入，逐渐伸展，形成横隔。同时细胞壁亦向内生长，成为两个子代细胞的胞壁，最后由于肽聚糖水解酶的作用，使细胞壁肽聚糖的共价键断裂，全裂成为两个细胞。革兰阴性菌无中介体，染色体直接连接在细胞膜上。复制产生的新染色体则附着在邻近的一点上，在两点之间形成新的细胞膜，将两团染色体分离在两侧。最后，细胞壁沿横膈内陷，整个细胞分裂成两个子代细胞（见图 2-6）。

细菌的繁殖需要满足一定的条件：

（1）充足的营养：必须有充足的营养物质才能为细菌的新陈代谢及生长繁殖提供必需的原料和足够的能量。

（2）适宜的温度：细胞生长的温度极限为 −7 ~ 90℃。各类细菌对温度的要求不同，可分为：嗜冷菌（*Psychrophiles*），最适生长温度为（10 ~ 20℃）；嗜温菌（*Mesophiles*），20 ~ 40℃；嗜热菌（*Thermophiles*），在高至 56 ~ 60℃生长最好。病原菌均为嗜温菌，最适温度为人体的体温，即 37℃，故实验室一般采用 37℃培养细菌。

有些嗜温菌在低温下也可生长繁殖，如 5℃冰箱内，金黄色葡萄球菌缓慢生长释放毒素，故食用过夜冰箱冷存食物，可致食物中毒。

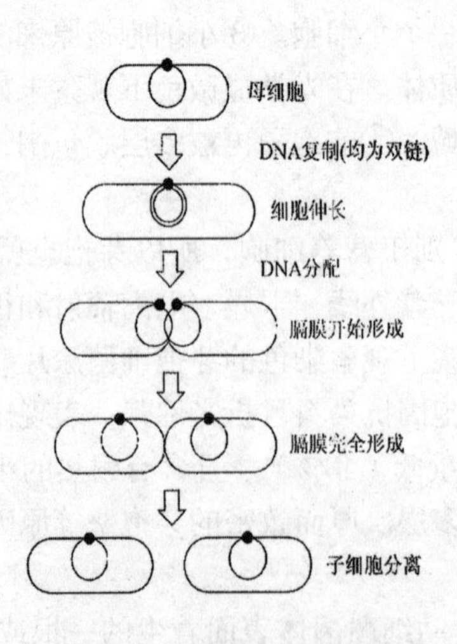

图 2-6 杆菌二分裂过程模式

（3）合适的酸碱度：在细菌的新陈代谢过程中，酶的活性在一定的 pH 范围才能发挥。多数病原菌最适 pH 为中性或弱碱性（pH 值为 7.2 ~ 7.6）。人类血液、组织液 pH 值为 7.4，细菌极易生存。胃液偏酸，绝大多数细菌可被杀死。个别细菌在碱性条件下生长良好，如霍乱弧菌在 pH 值为 8.4 ~ 9.2 时生长最好；也有的细菌最适 pH 偏酸，如结核杆菌（pH 值为 6.5 ~ 6.8）、乳本乡杆菌（pH 值为 5.5）。细菌代谢过程中分解糖产酸，pH 下降，影响细菌生长，所以培养基中应加入缓冲剂，保持 pH 稳定。

（4）必要的气体环境：氧的存在与否和生长有关，有些细菌仅能在有氧条件下生长，有的只能在无氧环境下生长，而大多数病原菌在有氧及无氧的条件下均能生存。一般细菌代谢中都需 CO_2，但大多数细菌自身代谢所产生的 CO_2 即可满足需要。有些细菌，如脑膜炎双球菌在初次分离时需要较高浓度的 CO_2（5% ~ 10%），否则生长很差甚至不能生长。

4. 细菌菌落的形成及其特征

将分散的细胞接种到培养基上，如果条件适宜，便迅速生长繁殖，由于细胞受到固体培养基表面或深层的限制，繁殖的菌体常以母细胞为中心聚集在一起，形成一个肉眼可见的、具有一定形态结构的子细菌群体，称为菌落。或者说，生长在固体培养基上、来源于一个细胞、肉眼可见的细胞群体叫作菌落。

细菌菌落常表现为湿润、黏稠、光滑、较透明、易挑取、质地均匀、菌落正反面或边缘与中央部位颜色一致等。细菌的菌落特征因种而异。各种细菌，在一定条件下形成的菌落特征具有一定的稳定性和专一性，这是衡量菌种纯度、辨认和鉴定菌种的重要依据。菌落特征包括大小、形态（圆形、假根状、不规则状等）、隆起程度（扩展、台状、低凸、凸面、乳头状等）、边缘情况（整齐、波状、裂叶状、锯齿状等）、表面状态（光滑、皱褶、颗粒状、龟裂状、同心环状等）、表面光泽（闪光、金属光泽、无光泽等）、质地（油脂状、膜状、黏、脆等）、颜色、透明程度等（见图 2-7）。

细胞形态是菌落形态的基础，菌落形态是细胞形态在群体集聚时的反映。细菌是原核微生物，故形成的菌落也小；细菌个体之间充满水分，所以整个菌落显得湿润，易被接种环挑起；球菌形成隆起的菌落；有鞭毛细菌常形成边缘不规则的菌落；具有荚膜的菌落表面较透明，边缘光滑整齐；有芽孢的菌落表面干燥皱褶；有些能产生色素的细菌菌落还显出鲜艳的颜色，较难挑起。

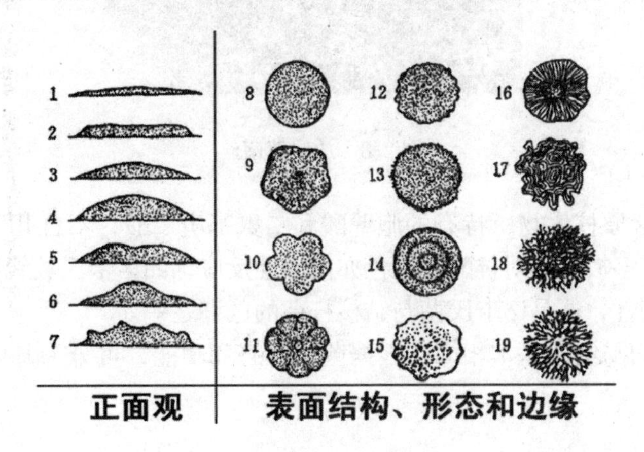

图 2-7　常见细菌菌落的特征

（二）放线菌

放线菌是介于细菌与丝状真菌之间而又接近于细菌的一类丝状原核生物（有人认为它是细菌的一类），因菌落呈放射状而得名。1877 年由合兹（Harz）首先发现一种寄生于牛体的厌气性牛型放线菌，从此便引用了 Actinom yces 这个属名，后来又发现了好气性腐生的种类，也叫放线菌。1984 年，美国学者瓦克斯曼（*Wzksman*）把好气性腐生放线菌另立为链霉菌属，以与放线菌属相区别，而将厌气性寄生的种类仍保留原名——放线菌属（*Actinom yces*）。我国现在也采用此分类系统。苏联学者拉西里尼科夫则将两者均归入放线菌属，这种系统只有苏联和东欧一些国家采用。

放线菌多为腐生，少数寄生，广泛分布在人类生存的环境中，特别是在有机质丰富的微碱性土壤中含量最多。放线菌与人类的关系极为密切，是主要的抗生素产生菌。到目前为止，在 6 000 多种抗生素中，约有 4 000 多种是由放线菌产生的。腐生型在自然界物质循环中起着相当重要的作用，而寄生型可引起人、动物、植物的疾病。这些疾病可分为两大类：一类是放线菌病，由一些放线菌引起，如马铃薯疮痂病、动物皮肤病、肺部感染、脑膜炎等；另一类为诺卡氏菌病，由诺卡氏菌引起的人畜疾病，如皮肤病、肺部感染、足菌病等。此外，放线菌具有特殊的土霉味，易使水和食品变味。有的能破坏棉毛织品、纸张等，给人类造成经济损失。只要掌握了有关放线菌的知识，充分了解其特性，就可控制、利用和改造它们，使之更好地为人类服务。

放线菌最突出的特性之一是能产生大量的、种类繁多的抗生素。人们在寻找、生产抗生素的过程中，逐步积累了有关放线菌的生态、形态、分类、生理特性及其代谢等方面的知识。据估计，全世界共发现4 000多种抗生素，其中绝大多数由放线菌产生，这是其他生物难以比拟的。抗生素是主要的化学疗剂，现在临床所用的抗生素种类，如井冈霉素、庆丰霉素，我国用的菌肥“5406”也是由泾阳链霉菌制成；有的放线菌还用于生产维生素、酶制剂。此外，在甾体转化、石油脱蜡、烃类发酵、污水处理等方面也有应用，在理论研究中也有重要意义。因此，近30多年来，放线菌在微生物中特别受到重视。

1. 放线菌的形态与结构

放线菌菌体为单细胞，大多由分枝发达的菌丝组成，最简单的为杆状或具原始菌丝。菌丝直径与杆状细菌差不多，大约1 μm（见图2-8）。

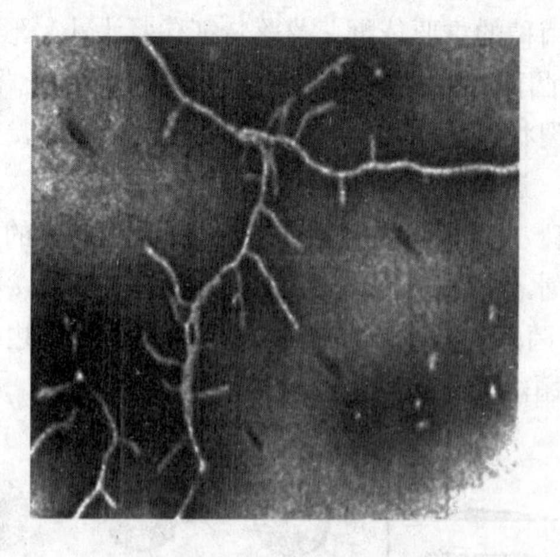

图2-8 放线菌菌丝

细胞壁化学组成中亦含原核生物所特有的胞壁酸和二氨基庚二酸，不含几丁质或纤维素。革兰氏染色阳性反应，极少阴性。有许多放线菌对抗酸性染色亦呈阳性反应，如诺卡氏放线菌。它与结核杆菌相比，如果褪色时间太长也可成为阴性，这是诺卡氏菌与结核杆菌的区别之一。

放线菌菌丝细胞的结构与细菌基本相同。根据菌丝形态和功能，可分为基内菌丝、气生丝和孢子丝三种（见图2-9）。

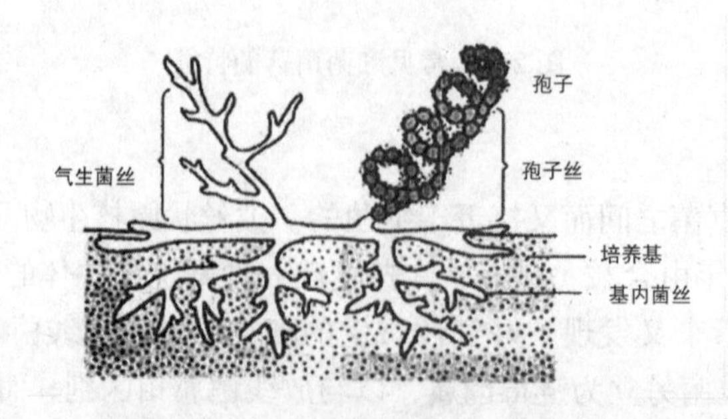

图2-9 放线菌分化后的菌丝

（1）基内菌丝：基内菌丝是放线菌的孢子萌发后，伸入培养基内摄取营养的菌丝，又称营养菌丝。

（2）气生菌丝：气生菌丝是由基内菌丝长出培养基，外伸向空间的菌丝。

（3）孢子丝：孢子丝是气生菌丝生长发育到一定阶段，在其上部分化出可形成孢子的菌丝。孢子丝的形状和着生方式因种而异，形状有直形、波曲形和螺旋形之分，着生方式也可分成互生、丛生、轮生等方式（见图 2-10）。孢子丝生长到一定阶段后，断裂为孢子。放线菌孢子丝的形态、孢子的形状和颜色等特征均为菌种鉴定的依据。

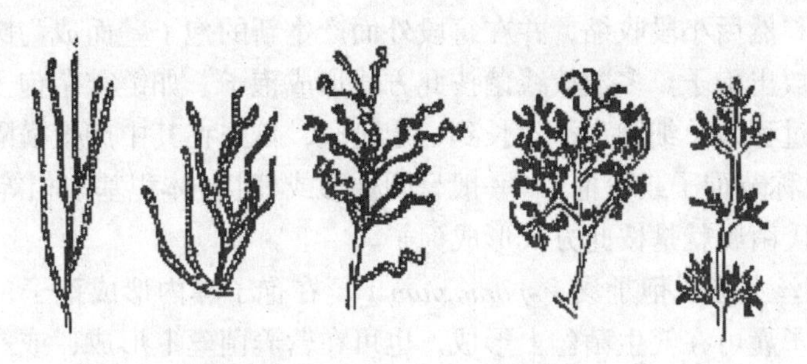

图 2-10 放线菌孢子丝形态图

2. 放线菌的菌落特征

放线菌的气生菌丝较细，生长缓慢，分枝的菌丝互相交错缠绕，因而形成的菌落小且质地致密，表面呈紧密的绒状或坚实、干燥、多皱（见图 2-11）。由于放线菌的基内菌丝长在培养基内，故菌落一般与培养基结合紧密，不易挑起，或整个菌落被挑起而不致破碎。放线菌中的诺卡菌，其菌丝体生长 15 ~ 48 h，菌丝将产生横隔膜，分枝的菌丝体全部断裂成杆状、球状或带杈的杆状，这时的菌落质地松散，易被挑取。幼龄菌落因气生菌丝尚未分化成孢子丝，故菌落表面与细菌菌落相似而不易区分。当产生的大量孢子布满菌落表面时，就形成外观呈绒状、粉末状或颗粒状的典型放线菌菌落。此外，由于放线菌菌丝及孢子常具有不同的色素，可使菌落的正面与背面呈现不同颜色。其中的水溶性色素可扩散到培养基中，脂溶性色素则不能扩散。

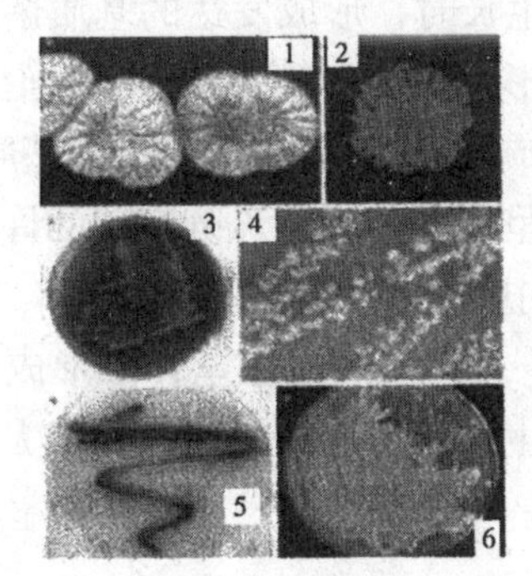

(a)放线菌的菌落特征

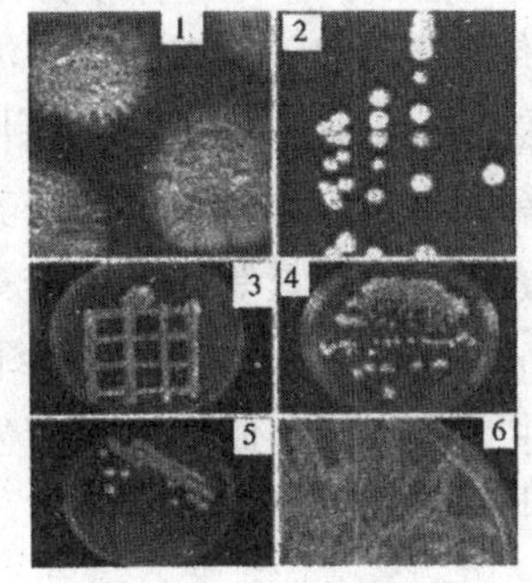

(b)产抗菌素的放线菌的菌落特征

图 2-11　菌落特征

3. 放线菌的繁殖方式

放线菌主要通过形成无性孢子的方式进行繁殖，也可借菌丝断裂成片段来繁殖。放线菌产生的无性孢子主要有：分生孢子、节孢子和孢子囊孢子（见图 2-12）。

图 2-12　放线菌产生的无性孢子

放线菌主要通过形成无性孢子的方式进行繁殖，也可借菌体为裂片段繁殖。放线菌长到一定阶段，一部分气生菌丝形成孢子丝，孢子丝成熟便分化形成许多孢子，称为分生孢子。孢子的产生有以下几种方式：①凝聚分裂形成凝聚孢子。其过程是孢子丝孢壁内的原生质围绕核物质，从顶端向基部逐渐凝聚成一串体积相等或大小相似的小段，然后小段收缩，并在每段外面产生新的孢子壁而成为圆形或椭圆形的孢子。孢子成熟后，孢子丝壁破裂释放出孢子。多数放线菌按此方式形成孢子，如链霉菌孢子的形成多属此类型。②横隔分裂形成横隔孢子。其过程是单细胞孢子丝长到一定阶段，首先在其中产生横隔膜，然后在横隔膜处断裂形成孢子，称横隔孢子，也称节孢子或粉孢子。一般呈圆柱形或杆状，体积基本相等，大小相似，约（0.7 ~ 0.8）×（1 ~ 2.5）μm。诺卡氏菌属就是按此方式形成孢子。

有些放线菌首先在菌丝上形成孢子囊（*sporangium*），在孢子囊内形成孢子，孢子囊成熟后，破裂，释放出大量的孢囊孢子。孢子囊可在气生菌丝上形成，也可在营养菌丝上形成，或二者均可生成。孢子囊可由孢子丝盘绕形成，有的由孢子囊柄顶端膨大形成。孢囊孢子的形成过程：小单孢菌科中多数种的孢子形成是在营养菌线上作单轴分枝，基上再生出直而短（5 ~ 10 μm）的特殊分枝，分枝还可再分枝杈，每个枝杈顶端形成一个球形、椭圆形或长圆形孢子，它们聚集在一起，很像一串葡萄，这些孢子亦称分生孢子。

某些放线菌偶尔也产生厚壁孢子。放线菌孢子具有较是的耐干燥能力，但不耐高温，60 ~ 65℃处理10 ~ 15 min即失去生活能力。放线菌也可借菌丝断裂的片断形成亲的菌体，这种繁殖方式常见于液体培养基中。工业化发酵生产抗生素时，放线菌就以此方式大量繁殖。如果静置培养，培养物表面往往形成菌膜，膜上也可产生出孢子。

3. 常见放线菌代表种

（1）诺卡菌属（*Nocardia*）：在固体培养基上生长时，只有基质菌丝，没有气生菌丝或只有很薄的一层气生菌丝，靠菌丝断裂进行繁殖。该属产生多种抗生素，对结核分枝杆菌和麻风分枝杆菌有特效的利福霉素就是由该属菌产生的。

（2）链霉菌属（*Streptomyces*）：在固体培养基上生长时，形成发达的基质菌丝和气生菌丝。气生菌丝生长到一定时候分化产生孢子丝，孢子丝有直形、波曲形、螺旋形等各种形态。孢子有球形、椭圆、杆状等各种形态，并且有的孢子表面还有刺、疣、毛等各种纹饰。链霉菌的气生菌丝和基质菌丝有各种不同的颜色，有的菌丝还产生可溶性色素分泌到培养基中，使培养基呈现各种颜色。链霉菌的许多种类可产生对人类有益的抗生素，如链霉素、红霉素、四环素等都是由链霉菌中的一些种产生的。

（3）小单孢菌属（*Micromonspora*）：菌丝体纤细，只形成基质菌丝，不形成气生菌丝，在基质菌丝上长出许多小分枝，顶端着生一个孢子。此属也是产生抗生素较多的一个属，如庆大霉素就是由该属的绛红小单孢菌和棘孢小单孢菌产生的。

（三）显微镜的构造

普通光学显微镜由机械和光学两大部分组成。机械部分包括镜座、镜臂、载物台、物镜转换器、镜筒和调节器等；光学部分包括目镜、物镜、聚光器、虹彩光圈及反光镜。显微镜结构的各部分，如图2-13所示。

1. 镜筒

镜筒上端装目镜，下端接转换器。镜筒有单筒和双筒两种。单筒有直立式和后倾式两种。双筒全是倾斜式的，其中一个筒有屈光度调节装置，以备两眼视力不同者调节使用。两筒之间可调距离，以适应两眼宽度不同者调节使用。

2. 物镜转换器

转换器装在镜筒的下方，其上有3个孔，有的有4个或5个孔，用于安装不同规格的物镜。

3. 载物台

载物台又称镜台，是放置标本的地方，多数为方形和圆形的平台，中央有一个通光孔；载物台上有移动器，作用是夹住和移动标本，转动螺旋可使标本前后和左右移动，其上的刻度标尺可指明标本所在位置。

4. 镜臂

镜臂支撑镜筒、载物台、聚光器和调节器。镜臂有固定式和活动式（可改变倾斜度）两种。

5. 镜座

镜座连接镜臂，支撑整台显微镜，其上有反光镜。

6. 调焦装置

调焦装置是指调节物镜和被观察物体之间距离的机件。有镜臂调节器和镜台调节器两种，前者通过升降镜臂来调焦距，后者通过升降载物台来调焦距。包括大、小螺旋调节器各1个，前者又称粗调节器，后者也叫微调节器。通过调节器调焦，可清晰地观察到标本。

7. 物镜

物镜是接近被观察物品（标本）的镜头，也称接物镜。根据物镜的放大倍数和使用方法的不同，分为低倍物镜、高倍物镜和油镜三种。低倍物镜有4×、10×、20×，高倍物镜有40×和45×，油镜有90×、95×、100×。数字越大，放大倍数越高。

8. 目镜

目镜是接近观察者的眼睛的镜头，也称接目镜。把经物镜放大的实像再放大一次，并映入观察者的眼中。通常有5×、10×、16× 等规格。

9. 聚光器

聚光器安装在载物台下，能将平行的光线聚焦于标本，增强照明度。聚光器可以升降，升高时增强聚光，下降时减弱聚光。聚光器内部附有虹彩光圈，可开大或缩小，以调节进入镜头的光线的强弱。光圈大小应适当，能得到更清晰的物像。

10. 反光镜

反光镜是普通光学显微镜的取光设备，使光线射向聚光镜，分平、凹两面。用低倍镜和高倍镜观察或光源光较强时，使用平面镜；用油镜观察或光源光线较弱时，使用凹面镜。

11. 内光源

内光源是较好的光学显微镜自身带有的照明装置，安装在镜座内部，由强光灯泡发出光线，通过安装在镜座的集光镜射入聚光镜。

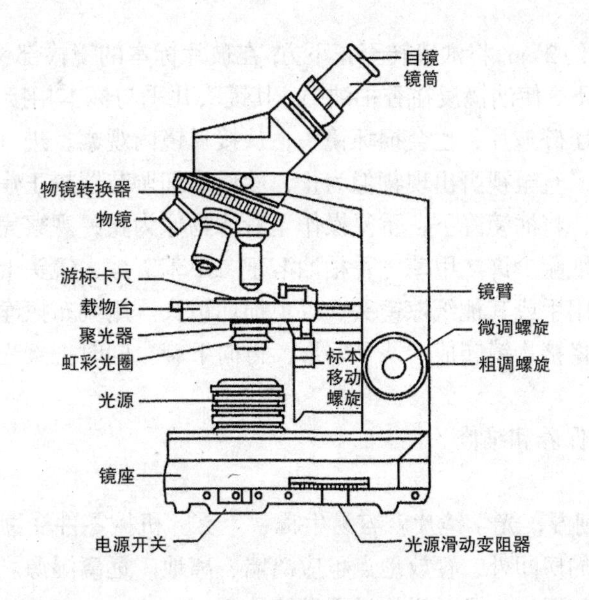

图2-13　普通光学显微镜

三、任务所需器材

（1）仪器：显微镜、载玻片、盖玻片等。

（2）擦镜纸、香柏油、二甲苯、吸水纸等。

（3）大肠杆菌或其他细菌的染色玻片标本。

四、任务技能训练

（一）显微镜的使用

1. 观察前的准备

置显微镜于平稳的实验台上，镜座距实验台边沿 3 ～ 4 cm。镜检者姿势要正确，一般用左眼观察，右眼便于绘图或记录，两眼必须同时睁开，以减少疲劳。亦可通过练习使左右眼均能观察。

调节光源，对光时应避免直射光源。因直射光源影响物像的清晰，损坏光源装置和镜头，并刺激眼睛。如阴暗天气，可用日光灯或显微镜灯照明。

调节光源时，先将光圈完全开放，升高聚光镜至与载物台同样高，否则使用油镜时光线较暗。然后转下低倍镜观察光源强弱，调节反光镜，光线较强的天然光源宜用平面镜；光线较弱的天然光源或人工光源宜用凹面镜。在对光时，要使全视野内亮度均匀。凡检查染色标本时，光线应强；检查未染色标本时，光线不宜太强。可通过扩大或缩小光圈、升降聚光器、旋转反光镜调节光线。

2. 低倍镜观察

检查的标本需先用低倍镜观察，因为低倍镜视野较大，易发现目标和确定检查的位置。

将大肠杆菌染色标本置于镜台上，用标本夹夹住，移动推动器，使观察对象处在物镜正下方，转动粗调节器，使物镜降至距标本约 0.5 cm 处。由目镜观察，此时可适当地缩小光圈，否则视野中只见光亮一片，难见到目的物。同时，用粗调节器慢慢升起镜筒，直至物像出现后再用细调节器调节到物像清楚时为止，然后移动标本，认真观察标本各部位，找到合适的目的物，并将其移至视野中心，准备用高倍镜观察。

3. 高倍镜观察

将高倍镜转至正下方，在转换物镜时，需用眼睛在侧面观察，避免镜头与玻片相撞。然后由目镜观察，并仔细调节光圈，使光线的明亮度适宜。同时，用粗调节器慢慢升起镜筒至物像出现后，再用细调节器调节至物像清晰为止，找到最适宜观察的部位后，将此部位移至视野中心，准备用油镜观察。

4. 油镜观察

用粗调节器将镜筒提起约 2 cm，将油镜转至正下方；在玻片标本的镜检部位滴上 1 滴香柏油；从侧面注视，用粗调节器将镜筒小心地降下，使油镜浸在香柏油中，其镜头几乎与标本相接，应特别注意不能压在标本上，更不可用力过猛，否则不仅压碎玻片，也会损坏镜头；从接目镜内观察，进一步调节光线，使光线明亮，再用粗调节器将镜筒徐徐提起，直至视野出现物像为止，然后用细调节器校正焦距。如油镜已离开油面而仍未见物像，必须再从侧面观察，将油镜降下，重复操作至看清物像为止；观察完毕，上旋镜筒。先用擦镜纸拭去镜头上的油，然后用擦镜纸蘸少许二甲苯（香柏油溶于二甲苯）擦去镜头上残留油迹，最后再用干净擦镜纸擦去残留的二甲苯。切忌用手或其他纸擦镜头，以免损坏镜头。用绸布擦净显微镜的金属部件；将各部分还原，反光镜垂直于镜座，将接物镜转成“八”字形，再向下旋。同时把聚光镜降下，以免接物镜与聚光镜发生碰撞。

（二）显微镜的维护、保养和维修

1. 日常防护

（1）防潮。如果室内潮湿，光学镜片就容易生霉、生雾。机械零件受潮后，容易生锈。为了防潮，存放显微镜时，除了选择干燥的房间外，存放地点也应离墙、离地、远离湿源。显微镜箱内应放置 1 ～ 2 袋硅胶作干燥剂，在其颜色变粉红后，应及时烘烤后再继续使用。

（2）防尘。光学元件表面落入灰尘，不仅影响光线通过，而且经光学系统放大后，会生成很大的污斑，影响观察。灰尘、沙粒落入机械部分，引起运动受阻，还会增加磨损。因此，闲置时必须罩上显微镜罩，经常保持显微镜的清洁。

（3）防腐蚀。显微镜不能和具有腐蚀性的化学试剂放在一起，如硫酸、盐酸、强碱等。

（4）防热。应避免热胀冷缩引起镜片的开胶与脱落。

2. 使用注意事项

使用时，一定要正确操作，小心谨慎。操作粗心或操作方法错误会引起仪器的损坏。在使用中，下述各项一定引起足够的重视。

（1）微调是显微镜机械装置中较精细而又容易损坏的元件，拧到限位以后就拧不动了。此时，决不能强拧，否则必然造成损坏。调节焦距时，遇到这种情况，应将微调退回 3 ~ 5 圈，重用粗调调焦，待初见物像后，再改用微调。

（2）使用高倍镜观察液体标本时，一定要加盖玻片。否则，不仅清晰度下降，而且试液容易浸入高倍镜的镜头内，使镜片遭受污染和腐蚀。

（3）油镜使用后，一定要擦拭干净。香柏油在空气中暴露时间过长，就会变稠和干涸，很难擦拭。镜片上留有油渍，清晰度必然下降。

（4）机器出了故障，不要勉强使用。否则，可能引起更大的故障和不良后果。例如：在粗调旋钮不灵活时，如果强行旋动，会使齿轮、齿条变形或损坏。

3. 光学系统的擦拭

平时，对显微镜的各光学部分的表面用干净的毛刷清扫或用擦镜纸擦拭干净即可。在镜片上有抹不掉的污物、油渍、手指印时，或镜片生霉、生雾以及长期停用后复用时，都需要先进行擦拭再使用。

（1）擦拭范围：目镜和聚光镜允许拆开擦拭。物镜因结构复杂，装配时又要专门的仪器来校正才能恢复原有的精度，故严禁拆开擦拭，拆卸目镜和聚光镜时，要注意三点：一是要小心谨慎。二是拆卸时，要标记各元件的相对位置、相对顺序和镜片的正反面，以防重装时弄错。三是操作环境应保持清洁、干燥。拆卸目镜时，只要从两端旋出上下两块透镜即可。目镜内的视场光栏不能移动，否则会使视场界线模糊。聚光镜旋开后，严禁进一步分解其上透镜。因其上透镜是油浸的，出厂时经过良好的密封，再分解会破坏其密封性能而致损坏。

（2）擦拭方法：先用干净的毛刷或洗耳球除去镜片表面的灰尘，然后再用干净的绒布从镜片中心开始向边缘作螺旋形单向运动。擦完 1 次，把绒布换一个地方再擦，直至擦净为止。如果镜片上有油渍、污物或指印等擦不掉时，可用棉签蘸取少量酒精和乙醚混合擦拭。如果有较重的霉点或霉斑无法除去时，可用棉签蘸水润湿后，蘸上碳酸钙粉进行擦拭。擦拭后，应将粉末清除干净。镜片是否擦净，可用镜片上的反射光线进行观察检验。要注意的是，擦拭前一定要将灰尘除净，否则灰尘中的砂粒会将镜面划出沟纹。不准用毛巾、手帕、衣服等擦拭镜片。酒精－乙醚混合液不可用得太多，以免液体进入镜片的粘接部位使镜片脱胶。镜片表面有一层紫蓝色的透光膜，不可误作污物而将其擦去。

4. 机械部分的擦拭

表面涂漆部分可用布擦拭，不能使用酒精、乙醚等有机溶剂擦，以免脱漆。没有涂漆的部分若有锈，可用布蘸汽油擦去。擦净后，重新上好防护油脂即可。

5. 闲置显微镜的处理

当显微镜长时间不使用时，要用塑料罩盖好，并存放在干燥的地方，防尘防霉。将物镜和目镜保存在干燥器之类的容器中，并放些干燥剂。

6. 定期检查

为了保护显微镜的性能稳定，要定期进行检查和保养。

总之，显微镜在保养和使用中应注意：不准擅自拆卸显微镜的任何部件，以免损坏；镜面只能用擦镜纸擦，不能用手指或粗布擦，以保证光洁度；观察标本时，必须依次用低、中、高倍镜，最后用油镜。当目视接目镜时，特别在使用油镜时，切不可使用粗调节器，以免压碎玻片或损伤镜面；观察时，两眼睁开，养成两眼能够轮换观察的习惯，以免眼睛疲劳，并且能够在左眼观察时，右眼注视绘图；拿显微镜时，一定要右手拿镜臂，左手托镜座，不可单手拿，更不可倾斜拿；显微镜应存放在阴凉干燥处，以免镜片滋生霉菌而腐蚀镜片。

五、任务考核指标

显微镜使用技能的考核见表 2-1。

表 2-1 显微镜使用技能考核表

考核内容	考核指标	分值
显微镜的取用与放置	取用	10
	放置	
显微镜的使用	标本放置	70
	低倍镜观察	
	高倍镜观察	
	油镜观察	
	显微镜使用完毕后的处理	
显微镜的维护和保养	卫生保洁	20
合计		100

任务 2　细菌的简单染色和革兰氏染色

一、任务目标

（1）学习微生物涂片、染色的基本技术。

（2）了解革兰氏染色的原理及其在细菌分类鉴定中的重要性。

（3）初步认识细菌的形态特征。

（4）掌握细菌的简单染色和革兰氏染色。

二、任务相关知识

染色是细菌学上的一个重要而基本的操作技术。因细菌个体很小、含水量较高，在油镜下观察细胞几乎与背景无反差，所以在观察细菌形态和结构时，都采用染色法，其目的是使细菌细胞吸附染料而带有颜色，易于观察。

细菌的简单染色法，是用一种染料处理菌体。此方法简单，易于掌握，适用于细菌的一般观察。常用碱性染料进行简单染色。这是因为：在中性、碱性或弱碱性溶液中，细菌细胞通常带负电荷，而碱性染料在电离时，其分子的染色部分带正电荷。因此，碱性染料的染色部分很容易与细菌结合，使细菌着色。经染色后的细菌，细胞与背景形成鲜明的对比，在显微镜下易于识别。常用作简单染色的染料有亚甲蓝、结晶紫、碱性复红等。若细菌在 pH 比等电点低的溶液中，则应用酸性染料进行染色。

革兰氏染色反应是细菌分类和鉴定的重要性状。革兰氏染色需用四种不同的溶液：碱性染料（basic dye）初染液、媒染剂（mordant）、脱色剂（decolorizing agent）和复染液（counterstain）。碱性染料初染液的作用像在细菌的单染色法基本原理中所述的那样，而用于革兰氏染色的初染液一般是结晶紫（crystal violet），媒染剂的作用是增加染料和细胞之间的亲和性或附着力，即以某种方式帮助染料固定在细胞上，使之不易脱落。碘（iodine）是常用的媒染剂。脱色剂是将被染色的细胞进行脱色，不同类型的细胞脱色反应不同，有的能被脱色，有的则不能。脱色剂常用 95% 的酒精（ethanol）。复染液也是一种碱性染料，其颜色不同于初染液，复染的目的是使被脱色的细胞染上不同于初染液的颜色，而未被脱色的细胞仍然保持初染的颜色，从而将细胞区分成 G^+ 和 G^- 两大类群。常用的复染液是番红。

三、任务所需器材

（1）菌种：大肠杆菌、枯草芽孢杆菌、金黄色葡萄球菌。

（2）其他：革兰氏染色液、载玻片、显微镜、盖玻片、吸水纸、接种环。

四、任务技能训练

1. 简单染色法

（1）涂片。

将培养 14 ~ 16 h 的枯草芽孢杆菌和培养 24 h 的大肠杆菌，用接种环以无菌操作法（见图 2-14）从试管培养液中取一环菌，于载玻片中央涂成薄层即可，或滴一小滴生理盐水于载玻片中央，用接种环从斜面上挑出少许菌体，与水滴混合均匀，涂成极薄的菌膜。注意滴的水滴要小，取菌要少。

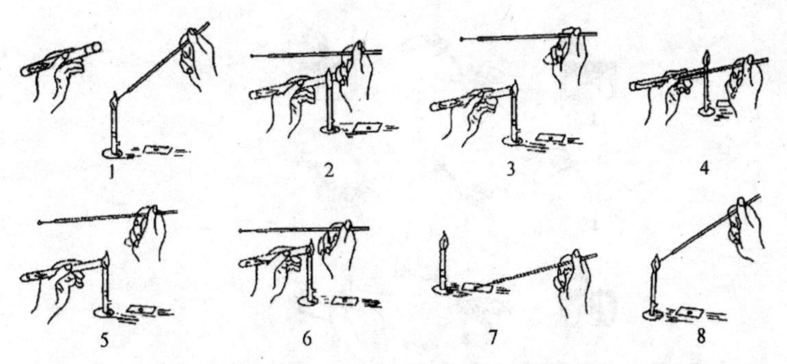

图 2-14　无菌操作过程

（2）干燥。

涂片后，在室温下自然干燥。也可在酒精灯上略微加热，使之迅速干燥。

（3）固定。

手持载玻片一端，标本面朝上，在酒精灯的火焰外侧快速来回移动 3 ~ 4 次，要求载玻片温度不超过 60℃，以玻片背面触及手背皮肤不觉过烫为宜（见图 2-15）。

（4）染色。

滴加结晶紫或其他染色液，覆盖玻片涂菌部分，染色 1 min。

（5）水洗。

斜置玻片，倒去染料，用细小的缓水流自标本的上端流下，洗去多余的染料，勿使过急的水流直接冲洗涂菌处，直到流下的水无色为止。

（6）干燥。

将标本置于桌上风干，也可用吸水纸轻轻地吸去水分，或稍微加热以加快干燥速度。

（7）镜检。

镜检顺序由低倍镜到高倍镜，最后用油镜观察。

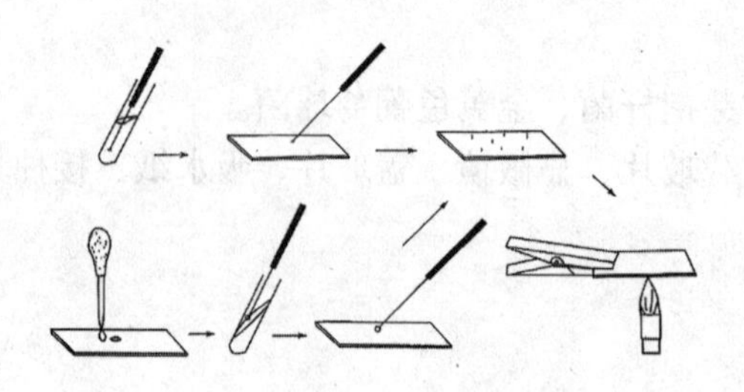

图 2-15　涂片、干燥和热固定

2. 革兰氏染色法

操作过程：涂片→干燥→固定→草酸铵结晶紫初染→卢哥氏碘液媒染→ 95% 乙醇脱色→番红复染→干燥→镜检。操作顺序如图 2-16 所示。

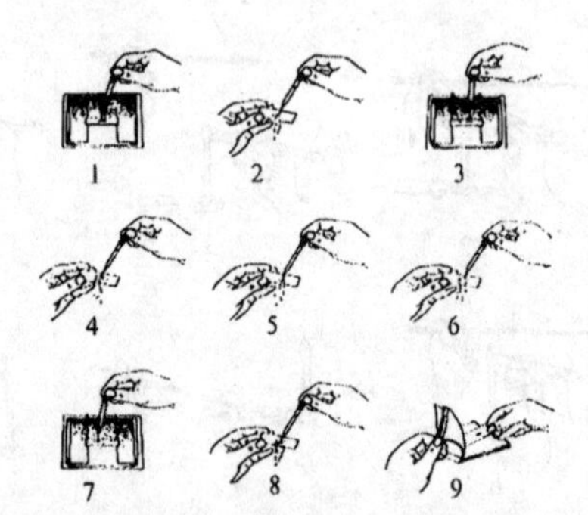

图 2-16　革兰氏染色顺序

（1）制片。

取要观察的菌体进行常规涂片、干燥、固定。

（2）初染。

在菌膜上覆盖草酸铵结晶紫，染色 1 ~ 2 min，水洗。

（3）媒染。

用卢哥氏碘液冲去残水，并用卢哥氏碘液覆盖 1 min，水洗。

（4）脱色。

用滴管流加 95% 的乙醇脱色，直到流下的乙醇无紫色为止，时间为 20 ~ 30 s，水洗。乙醇的浓度、用量及涂片厚度都会影响脱色速度。脱色是革兰氏染色中关键的一步，如果脱色不足，阴性菌液就会被误染成阳性菌；如果脱色过度，阳性菌则会被误染成阴性菌。

（5）复染。

用番红液染 1 ~ 2 min，水洗。

（6）镜检。

干燥后，由低倍镜到高位镜，再用油镜观察。革兰阴性菌呈红色，革兰阳性菌呈紫色。

注意：①以分散开的细菌的革兰氏染色反应为准，过于密集的细菌，常常呈假阳性。②革兰氏染色的关键在于严格掌握酒精脱色程度。此外，菌龄也影响染色结果，如阳性菌培养时间过长，或已死亡及部分菌自行溶解了，通常呈阴性反应。

五、任务考核指标

革兰氏染色技能的考核见表 2-2。

表 2-2 革兰氏染色技能考核表

考核内容		考核指标	分值
准备及显微镜放置	手部消毒	未用酒精棉球消毒	3
	显微镜放置	显微镜放置位置不当	
		书、操作设备放置不当	
涂片 没点酒精灯		接种环未消毒	10
晾干 火燃晾干方法不对		未晾干直接染色	5
固定 火燃固定方法不对		未固定直接染色	10
结晶紫染色 染液没有全部覆盖菌液 染色时间不对		染液使用不对	10
水洗 水洗时间太长		水流柱过大	5
媒染 媒染时间不当		未用鲁戈氏碘液媒染	10
水洗 水洗时间过长		水流柱过大	5
脱色 脱色不够 脱色过度		未用 95% 乙醇脱色	10
复染 复染时间不当		未用番红复染	5
水洗 水洗时间过长		水流柱过大	5
晾干 火燃晾干方法不对		没有晾干直接染色	5
镜检 显微镜使用后没有切断电源		显微镜使用不当	15
合计		——	100

任务 3　酵母菌的形态结构观察

一、任务目标

（1）观察酵母菌的细胞形态及出芽生殖方式。

（2）观察酵母菌的菌落特征。

（3）学习掌握区分酵母菌死、活细胞的染色方法。

二、任务相关知识

酵母菌（*yeast*）是一群单细胞的真核微生物。这个术语是无分类学意义的普通名称。通常用于以芽殖或裂殖来进行无性繁殖的单细胞真菌，以便与霉菌区分开。极少数种可产生子囊孢子进行有性繁殖。

酵母菌应用很广，它在与人类密切相关的酿造、食品、医药等行业和工业废水的处理方面都起着重要的作用。我们可以利用酵母菌酿酒、制造美味可口的饮料和营养丰富的食品（面包、馒头），生产多种药品（核酸、辅酶 A、细胞色素 C、维生素 B 族、酶制剂等），进行石油脱蜡、降低石油的凝固点和生产各种有机酸。由于酵母菌细胞的蛋白质含量很高（一般大于细胞干重的 50%），且含有多种维生素、矿物质和核酸等，所以，人类在利用拟酵母、热带假丝酵母、白色假丝酵母、黏红酵母等酵母菌处理各种食品工业废水时，还可以获得营养丰富的菌体蛋白。

当然，也有少数酵母菌（约25种）是有害的。如鲁氏酵母（*Saccharom yces rouxii*）、蜂蜜酵母（*Saccharom yces mellzs*）等能使蜂蜜、果酱变质，有些酵母菌是发酵工业污染菌，使发酵产量降低或产生不良气味，影响产品质量；白假丝酵母（*Candicla albicans*），又称白色念珠菌，可引起皮肤、黏膜、呼吸道、消化道、泌尿系统等多种疾病；新型隐球酵母（*Cryptococcusneo formans*）可引起慢性脑膜炎、肺炎等。

1. 酵母菌的形态结构

大多数酵母菌为单细胞，一般呈卵圆形、圆形、圆柱形或柠檬形。大小约（1 ~ 5）μm×（5 ~ 30）μm,最长的可达100 μm。各种酵母菌有其一定的大小和形态,但也因菌龄及环境条件而异。即使在纯培养中,各个细胞的形状、大小亦有差别。有些酵母菌细胞与其子代细胞连在一起成为链状，称为假丝酵母。

酵母菌的细胞与细菌的细胞一样，有细胞壁、细胞膜、细胞质等基本结构，还有核糖体等细胞器。此外，酵母菌细胞还具有一些真核细胞特有的结构和细胞器，如细胞核有核仁和核膜，DNA与蛋白质结合形成染色体，能进行有丝分裂，细胞质中有线粒体（能量代谢的中心）、中心体、内质网、高尔基体等细胞器，以及多糖、脂类等储藏物质（见图2–17）。细胞壁的组成成分主要是葡聚糖和甘露聚糖。

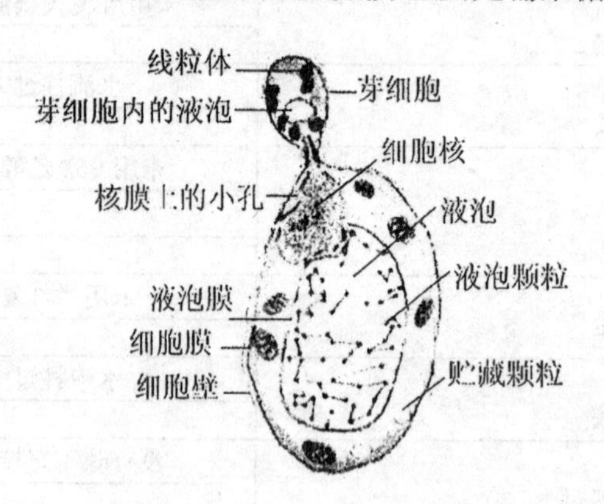

图2–17　酵母细胞结构

2. 酵母菌的菌落特征

大多数酵母菌在适宜培养基上形成的菌落与细菌相似，但较细菌菌落大且厚，菌落表面湿润、黏稠、易被挑起。有些种因培养时间太长,使菌落表面皱缩。其颜色多为乳白,少数呈红色,如红酵母、掷孢酵母筹。菌落的颜色、光泽、质地、表面和边缘特征，均为酵母菌菌种鉴定的依据。

在液体培养基中，有的长在培养基底部并产生沉淀；有的在培养基中均匀生长；有的在培养基表面生长并形成菌膜或菌醭，其厚薄因种而异，有的甚至干而皱。菌醭的形成及特征具有分类意义。以上生长情况，与它们同氧的关系相关。

3. 酵母菌的繁殖方式

酵母菌的繁殖方式有无性繁殖和有性繁殖两种。

（1）无性繁殖。

无性繁殖是指不经过性细胞，由母细胞直接产生子代的繁殖方式。

芽殖是酵母菌无性繁殖的主要方式。芽殖开始时，成熟的酵母菌细胞液泡产生一根小管，同时在细胞表面向外突出形成一个小突起，小管穿过细胞壁进入小突起内；接着母细胞的细胞核分裂成两个子核，一个随母细胞的部分原生质进入小突起内，小突起逐渐变大成为芽体；当芽体长大到母细胞大小的一半时，两者相连部分收缩，在芽体与母细胞之间形成横隔壁，然后，脱离母细胞，成为独立的新个体（见图2–18）。芽体脱落时，在母细胞表面留下的痕迹，称为芽痕。大多数酵母菌可在母细胞的各个方向进行出芽，称为多边芽殖；有的在细胞两端出芽，称为两端芽殖；极少数可在三端出芽，细胞呈三角形。一个成熟的酵母细胞在其一生中通过芽殖可产生9 ~ 43个子细胞，平均可产生24个子细胞。

在良好的环境中，酵母菌生长繁殖旺盛，芽殖形成的子细胞不脱离母细胞，又可进行出芽繁殖，形成成串的细胞群，像霉菌的菌丝，因此称之为假菌丝（见图 2-19）。

①裂殖。这是少数酵母菌借助细胞的横分裂而繁殖的方式。细胞长大后，核复制后分裂为二，然后在细胞中产生一隔膜，将细胞一分为二。这种繁殖方式称为裂殖。

②无性孢子繁殖。有些酵母菌可形成一些无性孢子进行繁殖。这些无性孢子有掷孢子、厚垣孢子和节孢子。如掷孢酵母属（*Sporobolomyces*）等少数酵母菌产生掷孢子，其外形呈肾状、镰刀形或豆形，这种孢子是在卵圆形的营养细胞生出的小梗上形成的。孢子成熟后，通过一种特有的喷射机制将孢子射出。此外，有的酵母菌还能在假菌丝的顶端产生厚垣孢子，如白色念珠菌（*Candida albicans*）等。

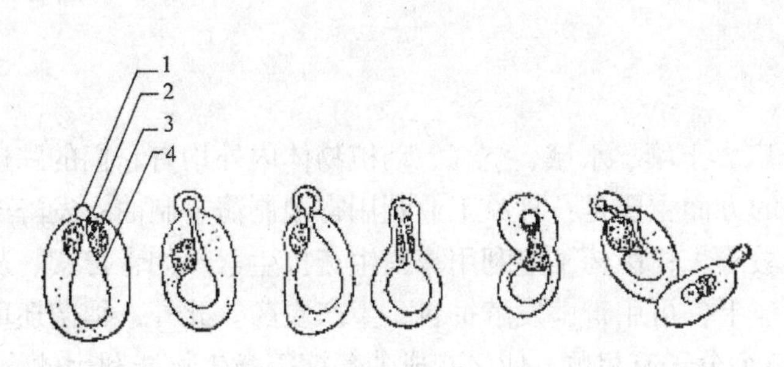

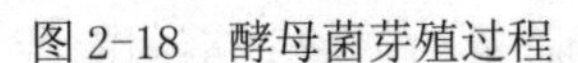
1. 突起；2. 小管；3. 细胞核；4. 液泡

图 2-18　酵母菌芽殖过程

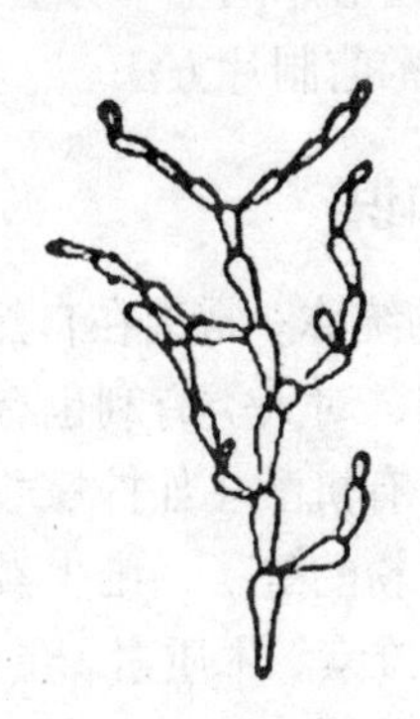

图 2-19　酵母细胞的假菌丝

（2）有性繁殖。

有性繁殖是指通过两个具有性差异的细胞相互接合形成新个体的繁殖方式。有性繁殖过程一般分为 3 个阶段，即质配、核配和减数分裂。

质配是两个配偶细胞的原生质融合在同一细胞中，而两个细胞核并不结合，每个核的染色体数都是单倍的。核配即两个核结合成 1 个双倍体的核。减数分裂则使细胞核中的染色体数目又恢复到原来的单倍体。

三、任务所需器材

（1）活材料：酿酒酵母斜面菌种（*Saccharom yces calsbergensis*）2 ~ 3 d 培养物。

（2）染液：吕氏碱性亚甲蓝染液。

（3）器材：显微镜、载玻片、盖玻片等。

四、任务技能训练

1. 酵母菌落形态观察并记录

用划线分离的方法接种酵母在平板上，28 ~ 30℃培养 3 d，观察菌落表面干燥或湿润、隆起形状、边缘整齐度、大小、颜色等，并用接种环挑菌，注意与培养基结合是否紧密。取斜面的菌种观察菌苔特征。

2. 亚甲蓝浸片观察

（1）在载玻片中央加 1 滴碱性亚甲蓝染液，液滴不可过多或过少，以免盖上盖玻片时，溢出或留有气泡。然后按无菌操作法，取斜面上培养 2 ~ 3 d 的酿酒酵母少许，放在碱性亚甲蓝染液中，使菌体与染液均匀混合。

（2）取盖玻片 1 块，小心地盖在液滴上。盖片时应注意，不能将盖玻片平放下去，应先将盖玻片的一边与液滴接触，然后将整个盖玻片慢慢放下，这样可以避免产生气泡。

（3）将制好的水浸片放置 3 min 后镜检。先用低倍镜观察，然后换用高倍镜观察酿酒酵母的形态和出芽情况，同时可以根据是否染上颜色来区别死、活细胞。

3. 水 - 碘液浸片观察

在载玻片中央加 1 滴革兰氏染色用碘液，然后在其上加 3 滴蒸馏水，取酿酒酵母少许，放在水 - 碘液滴中，使菌体与之混匀，盖上盖玻片后镜检。可以适当将光圈缩小观察。

任务 4　霉菌的形态结构观察

一、任务目标

（1）掌握观察霉菌形态的基本方法，并观察其形态特征。

（2）掌握常用的霉菌制片方法。

二、任务相关知识

霉菌是丝状真菌的统称。霉菌在自然界分布极广，土壤、水域、空气、动植物体内外均有它们的踪迹。霉菌与人类的关系密切，对人类有利也有害。有利的方面主要是：食品工业利用霉菌制酱、制曲；发酵工业则用霉菌来生产酒精、有机酸（如柠檬酸、葡萄糖酸等）；医药工业利用霉菌生产抗生素（如青霉素、灰黄霉素等）、酶制剂（淀粉酶等）、维生素等；在农业上，可用霉菌发酵饲料、生产农药。此外，霉菌还可分解自然界中的淀粉、纤维素、木质素、蛋白质等复杂大分子有机物，使之变成葡萄糖等微生物能利用的物质，从而保证生态系统中的物质得以不断循环。霉菌对人类有害的方面主要是：使食品、粮食发生霉变，使纤维制品腐烂。据统计，全世界每年因霉变造成的粮食损失达（占生产总量的）2%；霉菌能产生 100 多种毒素，许多毒素的毒性大、致癌力强，即使食入少量也会对人畜有害。

1. 霉菌的形态结构

霉菌菌体由分枝或不分枝的菌丝构成。菌丝是组成霉菌营养体的基本单位。许多菌丝缠绕、交织在一起所构成的形态称为菌丝体。菌丝直径一般为 2 ~ 10 μm，是细菌和放线菌菌丝的几倍到几十倍，与酵母菌差不多。霉菌菌丝的构造与酵母菌类似，也是由细胞壁、细胞膜、细胞质、细胞核及其内含物构成，并且含有线粒体、核糖体等细胞器，在老龄的细胞中还含有液泡（见图 2–20）。

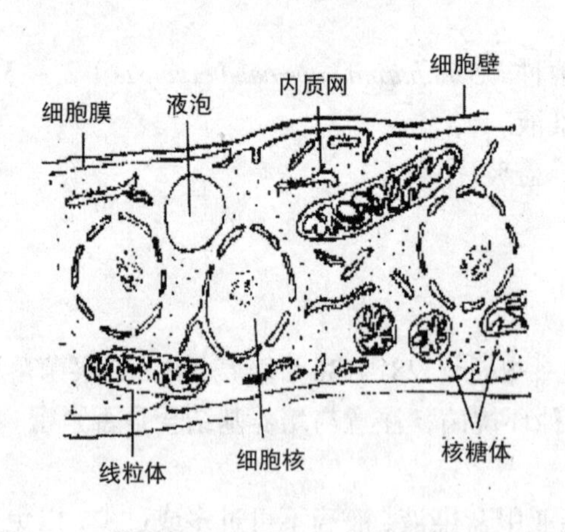

图 2-20　霉菌细胞结构

除少数水生霉菌的细胞壁中含有纤维素外，其他大部分主要是由几丁质构成。霉菌原生质体的制备可以采用蜗牛消化酶来消化霉菌的细胞壁；土壤中有些细菌体内含有分解霉菌细胞壁的酶。霉菌的细胞膜、细胞质、细胞核、细胞器等结构与酵母菌基本相同。

根据菌丝有无隔膜，可分成无隔菌丝和有隔菌丝两类（见图 2–21）。无隔菌丝就是整个菌丝为长管状的单细胞，一般细胞内含多个细胞核，如毛霉属和根霉属；有隔菌丝是由膈膜分隔成许多细胞，细胞内含有一个或多个细胞核，大多数霉菌属于多细胞，如曲霉属和青霉属。

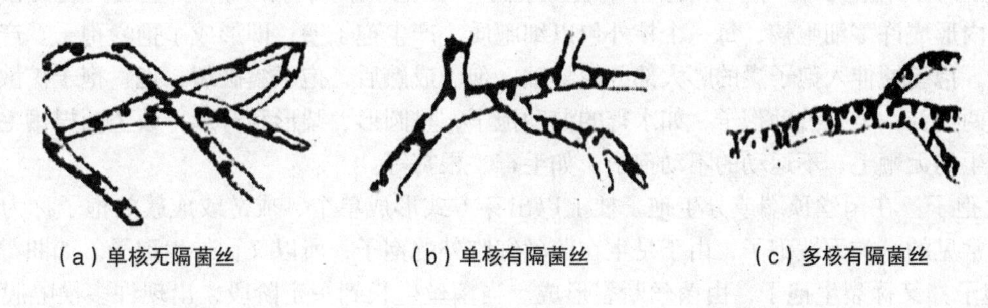

图 2-21　霉菌菌丝

通过载片培养等技术，在显微镜下可以清楚地观察到菌丝的形态和构造。根据霉菌菌丝在培养基上生长部位的不同，又可分为营养菌丝和气生菌丝两类。营养菌丝伸入培养基表层内吸取营养物质，而气生菌丝则伸展到空气中，其顶端可形成各种孢子，故又称繁殖菌丝。

有些气生菌丝会聚集成团，构成一种坚硬的休眠体，即菌核。菌核对外界不良环境有较强的抵抗力，当条件适宜时，它便萌发出菌丝。

2. 霉菌的菌落特征

霉菌菌落和放线菌一样，都是由分枝状菌丝组成。由于霉菌菌丝较粗且长，故形成的菌落较疏松，常呈绒毛状、絮状或蜘蛛网状。它们的菌落是细菌和放线菌的几倍到几十倍，并且较放线菌的菌落易于挑取。菌落表面常呈现出肉眼可见的不同结构和色泽特征，这是因为霉菌形成的孢子有不同形状、构造和颜色，有的水溶性色素可分泌到培养基中，使菌落背面呈现不同颜色；一些生长较快的霉菌菌落，处于菌落中心的菌丝菌龄较大，位于边缘的则较年幼。同一种霉菌，在不同成分的培养基上形成的菌落特征可能有变化。但各种霉菌，在一定培养基上形成的菌落大小、形状、颜色等却相对稳定。故菌落特征也是鉴定霉菌的重要依据之一。

3. 霉菌的繁殖

霉菌的繁殖能力一般都很强，繁殖方式复杂多样，有的霉菌可以通过菌丝断片来形成新菌丝，也可以通过核分裂而细胞不分裂的方式进行繁殖。但是，霉菌主要还是通过无性繁殖和有性繁殖来完成生命的传递。

（1）无性繁殖。

霉菌的无性繁殖主要是通过产生无性孢子的方式来实现的。无性孢子繁殖不经两性细胞的结合，只是通过营养细胞的分裂或营养菌丝的分化形成同种新个体。霉菌产生的无性孢子主要有孢囊孢子、分生孢子、节孢子、厚垣孢子和芽孢子。常见的霉菌无性孢子类型见图 2-22。

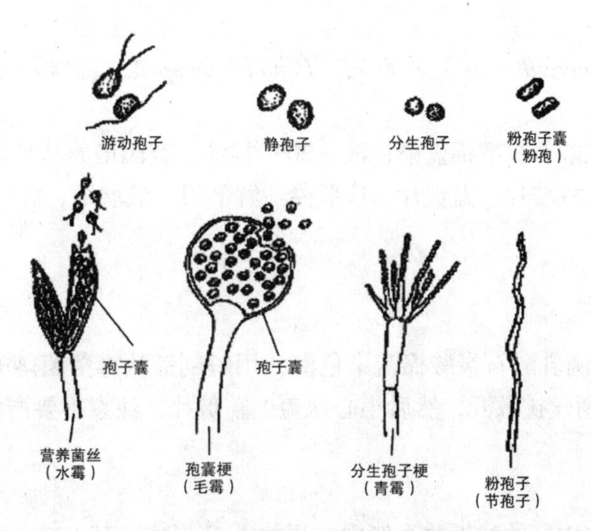

图 2-22 常见霉菌无性孢子的类型

①孢囊孢子：在孢子囊内产生的孢子称孢囊孢子。在孢子形成前，气生菌丝或孢囊梗顶端膨大，形成孢子囊，囊内形成许多细胞核，每一个核外包以细胞质，产生孢子壁，即形成了孢囊孢子。产生孢子囊的菌丝叫孢囊梗，孢囊梗伸入孢子囊的膨大部分叫囊轴。孢子成熟后，孢子囊破裂，孢囊孢子扩散。孢囊孢子按运动性分为两类：一类是游动孢子，如水霉的游动孢子，呈圆形、梨形和肾形，顶生两根鞭毛；另一类是陆生霉菌所产生的无鞭毛、不运动的不动孢子，如毛霉、根霉等。

②分生孢子：在菌丝顶端或分生孢子梗上以出芽方式形成单个、成链或成簇的孢子称为分生孢子。它是霉菌中最常见的一类无性孢子，由于是生在菌丝细胞外的孢子，所以又称外生孢子。如曲霉、青霉等。

③节孢子：又称裂生孢子，由菌丝断裂形成。当菌丝生长到一定阶段，出现许多横隔膜，然后从横隔膜处断裂，产生许多单个的孢子，孢子形态多呈圆柱形。如白地霉。

④厚垣孢子：又称厚壁孢子，是由菌丝的顶端或中间部分细胞的原生质浓缩变圆，细胞壁变厚而形成球形、纺锤形或长方形的休眠孢子。对不良环境有很强的抵抗力。若菌丝遇到不良的环境死亡，而厚垣孢子则常能继续存活，一旦环境条件好转，便萌发形成新的菌丝体。如总状毛霉、地雹等。

⑤芽孢子：菌丝细胞像发芽一样产生小突起，经过细胞壁紧缩而成的一种球形的小芽体。如毛霉、根霉在液体培养基中形成的酵母型细胞属芽孢子。

（2）有性繁殖。

经过两性细胞结合而形成的孢子称为有性孢子。有性孢子的产生不如无性孢子那么频繁和丰富，它们常常只在一些特殊的条件下产生。常见的有卵孢子、接合孢子和子囊孢子。

由于霉菌的孢子特别是无性孢子具有小、轻、干、多，以及形态色泽各异、休眠期长和抗逆性强等特点，每个个体所产生的孢子数经常是成千上万的，有时竟达几百亿、几千亿甚至更多。因此，霉菌在自然界中可以随处散播而且有极强的繁殖能力。对人类来说，孢子的这些特点有利于接种、扩大培养、菌种选育、保藏和鉴定等工作，对人类的不利之处则是容易造成污染、霉变和导致动植物的病害。

4. 霉菌形态观察的基本原理

霉菌菌丝较粗大，细胞易收缩变形，而且孢子很容易飞散，所以制标本时常用乳酸石炭酸棉篮染色液。此染色液制成的霉菌标本片的特点是：细胞不变形；具有杀菌防腐作用，且不易干燥，能保持较长时间；溶液本身呈蓝色，有一定染色效果。

霉菌自然生长状态下的形态，常用载玻片观察，此法是接种霉菌孢子于载玻片上的适宜培养基上，培养后用显微镜观察。此外，为了得到清晰、完整、保持自然状态的霉菌形态，还可利用玻璃纸透析培养法进行观察。此法是利用玻璃纸的半透膜特性及透光性，将霉菌生长在覆盖于琼脂培养基表面的玻璃纸上，然后剪取一小片长菌的玻璃纸，将其贴在载玻片上用显微镜观察。

三、任务所需器材

（1）菌种。曲霉（*Aspergillus sp.*）、青霉（*Penicillium sp.*）、根霉（*Rhizopus sp.*）、毛霉（*Mucor sp.*）。

（2）染色液和试剂。乳酸石炭酸棉蓝染色液、20% 甘油、查氏培养基平板、马铃薯培养基。

（3）器材。无菌吸管、载玻片、盖玻片、U 形棒、解剖刀、玻璃纸、滤纸等。

四、任务技能训练

1. 一般观察法

于洁净载玻片上，滴一滴乳酸石炭酸棉蓝染色液，用解剖针从霉菌菌落的边缘处取少量带有孢子的菌丝置染色液中，再细心地将菌丝挑散开，然后小心地盖上盖玻片，注意不要产生气泡。置显微镜下先用低倍镜观察，必要时再换高倍镜。

2. 载玻片观察法

（1）将略小于培养皿底内径的滤纸放入皿内，再放上 U 形棒，其上放一个洁净的载玻片，然后将两个盖玻片分别斜立在载玻片的两端，盖上皿盖，把数套（根据需要而定）如此装置的培养皿叠起，包扎好，用 1.05 kg/cm²、121.3℃灭菌 20 min 或干热灭菌，备用。

（2）将 6 ~ 7 mL 灭菌的马铃薯葡萄糖培养基倒入直径为 9 cm 的灭菌平皿中，待凝固后，用无菌解剖刀切成 0.5 ~ 1 cm² 的琼脂块，用刀尖铲起琼脂块，放在已灭菌的培养皿内的载玻片上，每片上放置 2 块。

（3）用灭菌的尖细接种针或装有柄的缝衣针，取（肉眼方能看见的）一点霉菌孢子，轻轻点在琼脂块的边缘上，用无菌镊子夹着立在载玻片旁的盖玻片盖在琼脂块上，再盖上皿盖。

（4）在培养皿的滤纸上，加无菌的 20% 甘油数毫升，至滤纸湿润即可停加。将培养皿置 28℃培养一定时间后，取出载玻片置显微镜下观察。

3. 玻璃纸透析培养观察法

（1）向霉菌斜面试管中加入 5 mL 无菌水，洗下孢子，制成孢子悬液。

（2）用无菌镊子将已灭菌的、直径与培养皿相同的圆形玻璃纸覆盖于查氏培养基平板上。

（3）用 1 mL 无菌吸管吸取 0.2 mL 孢子悬液于上述玻璃纸平板上，并用无菌玻璃刮棒涂抹均匀。

（4）置 28℃温室培养 48 h 后，取出培养皿，打开皿盖，用镊子将玻璃纸与培养基分开，再用剪刀剪取一小片玻璃纸置载玻片上，用显微镜观察。

[学习拓展]

一、显微镜的种类

绝大多数微生物的大小都远远低于肉眼的观察极限，因此，一般均需借助显微镜放大系统的作用才能看到它们的个体形态和内部构造。除了放大系统外，决定显微观察效果的还有两个重要的因素，即分辨率和反差。分辨率是指能辨别两点之间最小距离的能力，而反差是指样品区别于背景的程度，他们与显微镜的自身特点有关，但也取决于进行显微观察时对显微镜的正确使用及良好的标本制作和观察技术，这就是显微技术。而现代的显微技术，不仅是观察物体的形态、结构，而且发展到对物体的组成成分定性和定量，特别是与计算科学技术的结合出现的图像分析、模拟仿真等技术，为探索微生物的奥秘增添了强大武器。

（一）普通光学显微镜

现代普通光学显微镜利用目镜和物镜两组透镜系统来放大成像，故又常被称为复式显微镜。光学显微镜在使用最短波长的可见光作为光源时，在油镜下可以达到其最大分辨率 0.18 μm。由于肉眼的正常分辨能力一般为 0.25 mm 左右，因此光学显微镜有效的最高总放大倍数只能达到 1 000 ~ 1 500 倍。

（二）暗视野显微镜

明视野显微镜的照明光线直接进入视野，属透射照明。生活的细菌在明视野显微镜下观察是透明的，不易看清。而暗视野显微镜则利用特殊的聚光器实现斜射照明，给样品照明的光不直接穿过物镜，而是由样品反射或折射后再进入物镜。因此，整个视野是暗的，而样品是明亮的。正如我们在白天看不到的星辰却可在黑暗的夜空中清楚地显现一样，在暗视野显微镜中，由于样品与背景之间的反差增大，可以清晰地观察到在明视野显微镜中不易看清的活菌体等透明的微小颗粒。而且，即使所观察微粒的尺寸小于显微镜的分辨率，依然可以通过它们散射的光而发现其存在。因此，暗视野法主要用于观察生活细菌的运动性。

（三）相差显微镜

光线通过比较透明的标本时，光的波长（颜色）和振幅（亮度）都没有明显的变化。因此，用普通光学显微镜观察未经染色的标本（如活的细胞）时，其形态和内部结构往往难以分辨。然而，由于细胞各部分的折射率和厚度的不同，光线通过这种标本时，直射光和衍射光的光程就会有差别。随着光程的增加或减少，加快或落后的光波的相位会发生改变（产生相位差）。人的肉眼感觉不到光的相位差，但相差显微镜配备有特殊的光学装置——环状光阑和相差板，利用光的干涉现象，能将光的相位差转变为人眼可以察觉的振幅差（明暗差），从而使原来透明的物体表现出明显的明暗差异，对比度增强。由于样品的这种反差是以不同部位的密度差别为基础形成的，因此，相差显微镜使人们能在不染色的情况下，比较清楚地观察到在普通光学显微镜和暗视野显微镜下都看不到或看不清的活细胞及细胞内的某些细微结构，是显微技术的一大突破。

（四）荧光显微镜

有些化合物（荧光素）可以吸收紫外线并转放出一部分为光波较长的可见光，这种现象称为荧光。因此，在紫外线的照射下，发荧光的物体会在黑暗的背景下表现为光亮的有色物体，这就是荧光显微技术的原理。由于不同荧光素的激发波长范围不同，因此同一样品可以同时用两种以上的荧光素标记，他们在荧光显微镜下，经过一定波长的光激发发射出不同颜色的光。荧光显微技术在免疫学、环境微生物学、分子生物学中应用十分普遍。

（五）透射电子显微镜

由于显微镜的分辨率取决于所用光的波长，人们从 20 世纪初开始就尝试用波长更短的电磁波取代可见光来放大成像，以制造分辨本领更高的显微镜。其工作原理和光学显微镜十分相似。但由于光源的不同，又决定了它与光学显微镜的一系列差异，主要表现在：在电子的运行中，如遇到游离的气体分子，会因碰撞而发生偏转，导致物象散乱不清，因此电镜镜筒中要求高度真空；电子是带电荷的粒子，因此电镜是用电磁圈来使“光线”汇聚、聚焦；人的肉眼看不到电子像，需用荧光屏来显示或感光胶片作记录。

（六）扫描电子显微镜

扫描电子显微镜与光学显微镜和透射电镜不同，他的工作原理类似于电视或电传真照片。电子枪发出的电子束被磁透镜汇聚成极细的电子“探针”，在样品表面进行“扫描”，电子束扫到的地方就可激发样品表面放出二次电子（同时也有一些其他信号）。二次电子产生的多少与电子束入射角度有关。与此同时，在观察用的荧光屏上，另一个电子束也做同步的扫描。二次电子由探测器收集，并在那里被闪烁器变成光信号，再经光电倍增管和放大器又变成电压信号，来控制荧光屏上电子束的强度。这样，样品上产生二次电子多的地方，在荧光屏上相应的部位就亮，就能得到一幅放大的样品的立体图像。

（七）扫描隧道显微镜

在光学显微镜和电子显微镜的结构和性能得到不断完善的同时，基于其他各种原理的显微镜也不断相继问世，使人们认识微观世界的能力和手段得到不断提高。其中，20 世纪 80 年代才出现的扫描隧道显微镜是显微镜领域的新成员，主要原理是利用了量子力学中的隧道效应。扫描隧道显微镜有 1 个半径极小的金属探针，其针尖通常小到只有 1 个原子，可利用压电陶瓷将其推进到待测样品表面很近的距离（0.5 ~ 2.0 nm）进行扫描。用于对不具导电性，或导电能力较差的样品进行观察。

二、显微观察样品的制备

样品制备是显微技术的一个重要环节，直接影响着显微观察效果的好坏。一般来说，在利用显微镜观察、研究生物样品时，除要根据所用显微镜使用的特点采用合适的制样方法外，还应考虑生物样品的特点，尽可能地使被观察样品的生理结构保持稳定，并通过各种手段提高其反差。

（一）光学显微镜的制样

光学显微镜是微生物学研究的最常用工具，有活体直接观察和染色观察两种基本使用方法。

1. 活体观察

可采用压滴法、悬滴法及菌丝埋片法等，在明视野、暗视野或相差显微镜下对微生物活体进行直接观察。其特点是可以避免一般染色制样时的固定作用对微生物细胞结构的破坏，并可用于专门研究微生物的运动能力、摄食特性及生长过程中的形态变化，如细胞分裂、芽孢萌发等动态过程。

（1）压滴法：将菌悬液滴于载玻片上，加盖盖玻片后立即进行显微镜观察。

（2）悬滴法：在盖玻片中央加一小滴菌悬液后，反转置于特制的凹玻载片上后进行显微镜观察。为防止液滴蒸发变干，一般还应在盖玻片四周加封凡士林。

（3）菌丝埋片法：将无菌的小块玻璃纸铺于平板表面，涂布放线菌或霉菌孢子悬液，经培养，取下玻璃纸置于载玻片上，用显微镜对菌丝的形态进行观察。

2. 染色观察

一般微生物菌体小而无色透明，在光学显微镜下，细胞体液及结构的折射率与其背景相差很小，因此用压滴法或悬滴法进行观察时，只能看到其大体形态和运动情况。若要在光学显微镜下观察其细致形态和主要结构，一般都需要对它们进行染色，从而借助颜色的反衬作用提高样品不同部位的反差。

染色前，必须先对涂在载玻片上的样品进行固定，一是杀死细菌并使菌体附着于玻片上，二是增加其对染料的亲和力。常用酒精灯火焰加热和化学固定两种方法。固定时应注意尽量保持细胞原有形态，防止细胞膨胀和收缩。

（二）电子显微镜的制样

生物样品在进行电镜观察前必须进行固定和干燥，否则镜筒中的高真空会导致其严重脱水，失去样品原有的空间构型。此外，由于构成生物样品的主要元素对电子的散射与吸收的能力均较弱，在制样时一般都需要采用重金属盐染色或喷镀，以提高其在电镜下的反差，以形成明暗清晰的电子图像。

三、其他原核微生物

1. 古细菌

在过去很长一段时间里，由于微生物研究技术和手段落后，对古细菌的了解甚少。一直将古细菌划分为细菌范畴。1977 年以后，科学家改进了研究方法，对细菌进行深入研究后发现，在细菌中有一类在细胞形态、化学组成及生活环境等方面都很特殊的微生物。为了区分这类独特的微生物类群，将其命名为古细菌，简称古菌。古细菌的细胞薄而扁平，形态独特多样。如叶片状（嗜热硫化叶菌）、棍棒状（热棒菌）、盘状（富盐菌）、球状、丝状等。细胞壁大多不含肽聚糖。古细菌大多生活在厌氧、高盐或高热等极端环境中。根据古细菌的生活习性和生理特性的不同，可将其分成三大类群：产甲烷菌、嗜热嗜酸菌、极端嗜盐菌。下面仅对产甲烷菌群进行简单介绍。

古细菌的常见类群——产甲烷菌。早在大约150年前，人们就认识了产甲烷菌，并对其产生了极大的兴趣，原因是产甲烷菌在处理有机废物时能产生清洁的生物能源物质——甲烷。随着对产甲烷菌研究的深入，产甲烷菌新种不断被发现，截至 1992 年产甲烷菌已发现有 70 余种。产甲烷菌在形态上具有多样性，从已分离的产甲烷菌就有球形、八叠球状、短杆状、长杆状、丝状和盘状。产甲烷菌是严格的厌氧菌，只能生活在与氧气隔绝的水底、沼泽、水稻田、厌氧处理装置，以及动物的消化道特别是反刍动物的瘤胃中，产甲烷菌是化能有机营养型或化能无机营养型。

2. 蓝细菌

蓝细菌是一类含有叶绿素 a、能进行放氧性光合作用的原核生物。蓝细菌过去归入藻类植物，称为蓝藻或蓝绿藻，因其细胞具原始核、只有叶绿素、没有叶绿体、革兰染色阴性等特点而归为原核微生物中的一个特殊类群，故称为蓝细菌。蓝细菌约有 2 000 种，在自然界分布广泛，无论在淡水、海水、潮湿土壤、树皮和岩石表面，还是在沙漠的岩石缝隙里或是在温泉（70 ~ 73℃）等极端环境中都能生长。有些蓝细菌还能与真菌、苔藓、蕨类、种子植物、珊瑚和一些无脊椎动物共生。蓝细菌与人类的关系密切，它们中有的种类富含营养，可供人类食用；有的种类能固氮，可增加水体和土壤的氮素营养；有的种类在富营养的湖泊或水库中大量繁殖，形成水华，污染水体，其中有些还产生毒素，通过食物危害人类健康。蓝细菌形态差异大，有单细胞体、群体和丝状体。蓝细菌的营养类型为光能自养型。光合色素为叶绿素 a 和独特的藻胆素（包括藻蓝素、藻红素与藻黄素）。菌体通常呈蓝色或蓝绿色（藻蓝素占优势），少数呈红、紫、褐等颜色，通过光合作用产氧；有异形胞的蓝细菌能固氮。异形胞较营养细胞稍大、壁厚、色浅，内含固氮酶，具有固定大气中游离氮的功能，目前已知的固氮蓝细菌有 120 多种；细胞壁外常有胶被或胶鞘。胶被和胶鞘厚度不等，无色或有各种颜色；繁殖方式主要为无性繁殖的二分裂法；丝状蓝细菌还可通过丝状体断裂形成短片状的段殖体，每个段殖体可长成新的个体。

3. 支原体

支原体又称类菌质体，是一类介于细菌与立克次体之间、能独立生活的最小原核微生物。广泛分布于污水、土壤和动物体内，多数致病，如可引起人、畜和禽类的呼吸系统、尿道以及生殖系统（输卵管和附睾）的炎症。常引起植物黄化病、矮缩病等的支原体通常又称类支原体，体形微小，直径为 150 ~ 300 nm，一般为 250 nm 左右，在显微镜下，勉强可见；无细胞壁，细胞柔软而形态多变；在含血清等营养丰富的培养基上形成"油煎蛋形"的小菌落，直径为 10 ~ 600 μm。

4. 立克次体

立克次体是一类只能寄生在真核细胞内的革兰阴性原核微生物。1909 年，美国医生 H.T.Ricketts 首次发现斑疹伤寒的病原体，并在 1910 年因研究该病原体不幸感染而殉职，为表示纪念，将斑疹伤寒等这类病原体命名为立克次体。细胞呈球状、杆状或丝状，细胞大小一般为（0.3 ~ 0.7）μm×（1 ~ 2）μm，光学显微镜下可见；有细胞壁，革兰染色阴性；在真核细胞内营专性寄生（个别例外），其宿主一般为虱、蚤、蜱、螨等节肢动物，并可传至人或其他脊椎动物；以二分裂方式繁殖；不能在人工培养基上生长，可用鸡胚、敏感动物或合适的组织培养物培养。

5. 衣原体

衣原体是一类能通过细菌过滤器在真核细胞内营专性能量寄生的原核微生物。细胞为球形或椭圆形，直径 0.2 ~ 0.7 μm，大的可达 1.5 μm；有细胞壁，革兰染色阴性；有不完整酶系统，尤其缺乏能代谢的酶系统，所以必须依靠寄生细胞提供能量，进行严格的细胞内寄生；核酸为 DNA 和 RNA，以二分裂方式繁殖；传播途径不需媒介，而是直接由空气传染给鸟类、哺乳动物和人类，引起沙眼、结膜炎、肺炎、多发性关节炎、肠炎等；在宿主细胞内的发育阶段，存在原基体和始体两种细胞形态，即由细胞壁厚而坚韧且具感染性的原基体，变成细胞较大壁厚的非传染性的始体，然后再形成致密的具传染性的原基体。

6. 螺旋体

螺旋体是一类介于细菌与原生动物之间的单细胞原核微生物，形态结构和运动方式独特。其特点：菌体细长 [(0.1 ~ 3.0) μm×(3 ~ 500) μm]、极柔软、易弯曲、无鞭毛，在液体培养基中运动时能做特殊的弯曲、卷曲或像蛇一样扭动。螺旋体广泛分布于各种水体环境和动物体内，如哺乳动物肠道、睫毛表面、白蚁和石斑鱼的肠道、软体动物躯体和反刍动物瘤胃中。在这些螺旋体中，有些是动物体内固有的正常微生物，对动物有利，但有些则引发人、畜疾病，如梅毒、回归热、钩端螺旋体病等。

四、非细胞型微生物

非细胞型微生物包括病毒和亚病毒，后者又包括类病毒、卫星病毒和朊病毒。

病毒是一类超显微的非细胞型微生物，每一种病毒只含有一种核酸（DNA 或 RNA）；它们只能在活细胞内营专性寄生，依靠其宿主的代谢系统进行增殖，它们在离体条件下，能以无生命的化学大分子状态长期存在并保持侵染活性。病毒分布极为广泛，几乎可以感染所有的生物，包括各类微生物、植物、昆虫、鱼类、禽类、哺乳动物和人类。据统计，80% 的人类传染病由病毒引起，约有 15% 的恶性肿瘤是由于病毒的感染而诱发的。许多动植物的疾病与病毒有关。

（一）病毒的形态与大小

病毒形态多种多样，有球形、卵圆形、砖形、杆状、子弹状、丝状和蝌蚪状等，但以近似球形的多面体和杆状的种类为多。植物病毒大多呈杆状（如烟草花叶病毒），少数呈丝状（如甜菜黄化病毒），还有一些呈球状（如花椰菜花叶病毒等）。动物病毒多呈球形（如口蹄疫病毒、脊髓灰质类病毒和腺病毒等），有的呈砖形或卵圆形（如痘病毒），少数呈子弹状（如狂犬病毒）；细菌病毒则多为蝌蚪形，也有球状和丝状等（见图 2-23）。

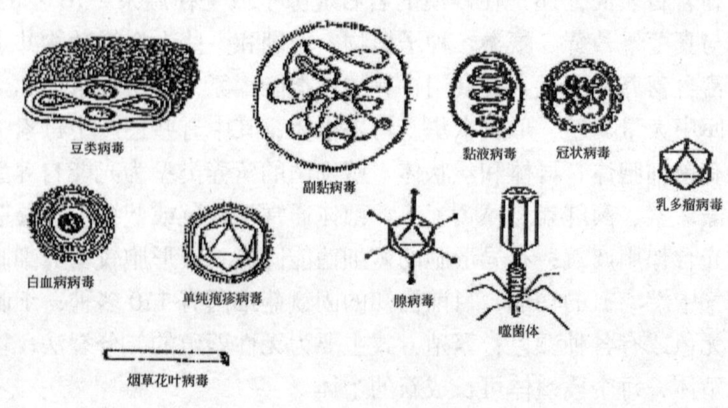

图 2-23 常见病毒形态

病毒的形体极微小，常用纳米表示（$1\ nm=1\times10^{-6}\ mm=1\times10^{-9}\ m$）。病毒种类不同，其大小相差悬殊，直径在 10 ~ 300 nm，通常为 100 nm 左右，能通过细菌滤器，必须借助电子显微镜才能观察到。

（二）病毒的化学组成与结构

病毒的基本化学组成是蛋白质和核酸，而且每种病毒只含 RNA 或 DNA 一种核酸。有些较大病毒除含核酸和蛋白质外，还含有类脂质和多糖等成分。病毒的基本结构如图 2-24 所示。

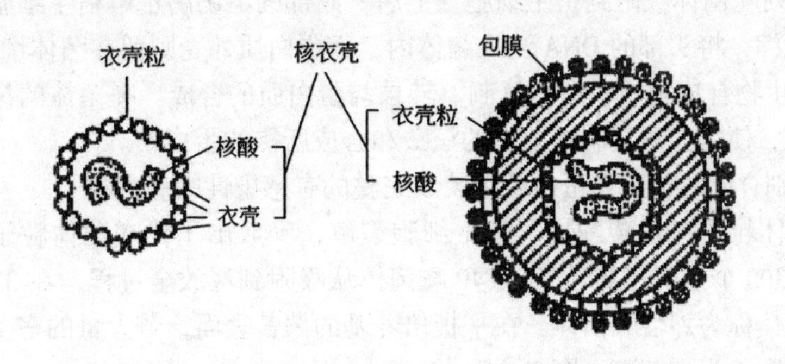

图 2-24 病毒的基本结构

位于病毒中心的核酸称核髓，是病毒繁殖、遗传变异与感染性的重要物质基础，包在核髓外的是蛋白质外壳，称衣壳。衣壳由衣壳粒构成，衣壳粒则由一种或几种多肽链折叠而成的蛋白质亚单位构成。衣壳呈对称结构排列，主要作用在于保护核酸免受外界核酸酶及其他理化因子的破坏，它决定病毒感染的特异性和抗原性。核髓和衣壳构成核衣壳后，即成为具有感染性的病毒粒子。有些较大型的病毒，在它们的核衣壳外还有一层包被物，称为包膜或囊膜。包膜外常有刺突，是多糖与蛋白质的复合物。刺突因病毒的种类不同而异，可作为鉴定的依据。这些有包膜结构复杂的大病毒，多数含有一些酶类。但因病毒酶系极不完全，所以一旦离开宿主细胞就不能进行独立代谢和繁殖。

（三）病毒的主要类群

自从 1892 年伊万诺夫斯基发现病毒以来，迄今已发现了 5 000 余种病毒。虽然很多病毒学家对病毒的分类做了不懈的努力，探索了很多种分类方法，提出了大量方案，但目前仍还不成熟、不完善，还没有一个公众的病毒分类系统。因此，为了实际应用和叙述的方便，人们习惯按病毒感染的宿主种类，将病毒分为微生物病毒、植物病毒、脊椎动物病毒和昆虫病毒。

（四）病毒的增殖

病毒的增殖又称为病毒的复制，是病毒在活细胞中的繁殖过程。各类病毒的增殖过程基本相似，现以大肠杆菌 T4 噬菌体为例（图 2-25）介绍其繁殖过程，该过程包括吸附、侵入、生物合成、装配和释放等阶段。

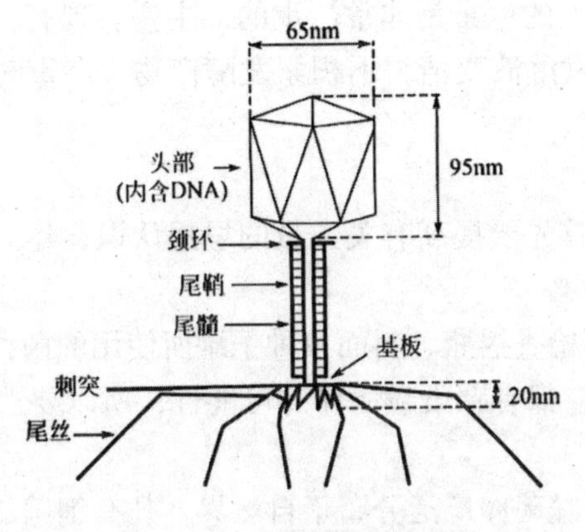

图 2-25　T_4 噬菌体形态结构

（1）吸附：吸附是指在病毒表面蛋白质与宿主细胞的特异接受位点上发生特异性结合。大肠杆菌T系列噬菌体是通过尾丝末端蛋白质吸附在大肠杆菌的细胞壁上的。不同噬菌体吸附的接受位点不同。例如：T_3、T_4、T吸附于脂多糖，枯草杆菌噬菌体吸附于磷壁酸，沙门菌X噬菌体吸附于鞭毛上，还有的吸附于荚膜上。吸附过程受环境因素的影响。二价和一价阳离子可以促进噬菌体的吸附，三价阳离子可以引起失活；pH值为7时呈现出最大吸附速度，pH值小于5或大于10时则很少吸附；温度对吸附也有影响。

（2）侵入：T系列噬菌体吸附到宿主细胞壁上后，尾部的溶菌酶水解宿主细胞壁的肽聚糖，使之形成小孔，然后通过尾鞘收缩，将头部的DNA注入菌体内，而蛋白质外壳则留在菌体细胞外。

（3）生物合成：生物合成包括核酸的复制、转录与蛋白质的合成。噬菌体的核酸进入宿主细胞后，操纵宿主细胞的代谢机能，使之大量复制噬菌体的核酸和合成所需的蛋白质。

（4）装配：将分别合成的核酸和蛋白质组装成完整的有感染性的病毒粒子。

（5）释放：噬菌体粒子完成装配后，宿主细胞裂解，释放出子代噬菌体粒子。1个宿主细胞可释放10 ~ 10 000个（平均300个）噬菌体粒子。T40噬菌体从吸附到释放全过程，在37℃时只需22 min。这种使宿主细胞裂解的噬菌体称为烈性噬菌体。在平板培养基的菌苔表面，若大量的宿主细胞裂解后，会产生数个的透明圈，这些透明圈称为噬菌斑（图2–26）。

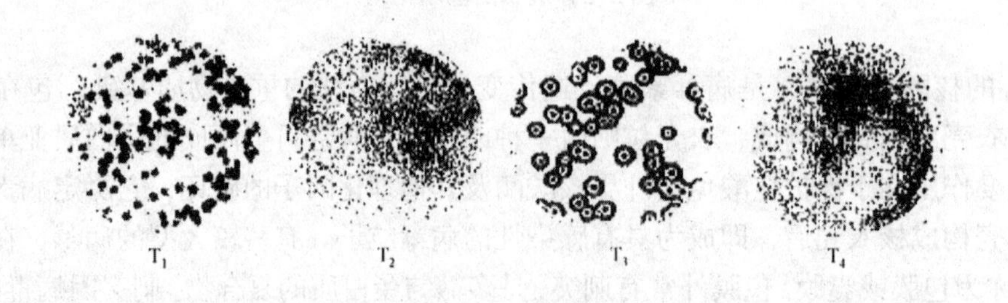

图2-26 不同大肠杆菌噬菌体的噬菌斑形态

如果在细菌的培养液中，细菌被噬菌体感染，导致细菌裂解，混浊的菌液就会变成透明的裂解溶液。而有一些噬菌体侵染宿主细胞后，并不立即在侵染的细胞内增殖，而是将侵入的核酸整合到宿主细胞的基因组中，与其一起同步复制，这种不导致宿主细胞裂解并使之能正常分裂的噬菌体称为温和噬菌体或溶源性噬菌体。含有温和噬菌体的宿主细胞称为溶原细胞，而在溶原细胞内的温和噬菌体核酸称为原噬菌体。温和噬菌体侵染细菌后不裂解细菌，与之共存的特性称为溶原性。溶原性是遗传的，溶原性细菌的后代也是溶原性的。但在特定条件下，温和噬菌体可能会发生自发突变或诱发突变，从细菌核酸上脱离，恢复复制能力，从而转化成烈性噬菌体，引起细菌裂解。

（五）噬菌体的危害与防治

1. 噬菌体的危害

噬菌体在发酵工业和食品工业上的危害是非常严重的，主要表现有：使发酵周期明显延长，并影响产品的产量和质量；污染生产菌种，发酵液变清，不积累发酵产物。严重时，发酵无法继续，发酵液全部废弃甚至使工厂被迫停产。

2. 噬菌体的防治

要防治噬菌体对生产的危害，首先要提高有关人员的思想认识，建立“防重于治”的观念。预防的措施主要有以下几种：

（1）决不可使用可疑菌种认真检查摇瓶、斜面及种子罐所使用的菌种，坚决废弃可疑菌种。这是因为几乎所有的菌种都可能是溶原性的，都有感染噬菌体的可能性，所以要严防因菌种本身不纯而携带或混有噬菌体的情况。

（2）严格保持环境卫生。由于噬菌体广泛分布于自然界，凡有细菌的地方几乎都有噬菌体。因此，保持发酵工厂内外的环境卫生是消除或减少噬菌体和杂菌污染的基本措施之一。

（3）决不排放或丢弃活菌液，需对活菌液进行严格消毒或灭菌后才能排放。

（4）注意通气质量。空气过滤器要保证质量并经常灭菌，空气压缩机的取风口应设在 30 ~ 40 m 的高空。

（5）加强管道和发酵罐的灭菌。

（6）不断筛选抗性菌种，并经常轮换生产菌种。

五、微生物大小的测定方法

（一）基本原理

微生物细胞大小是微生物的基本形态特征之一，也是分类鉴定的依据之一。由于菌体很小，只能在显微镜下测量。用来测量微生物细胞大小的工具有目镜测微尺和镜台测微尺（图 2–27）。

镜台测微尺（图 2–27A）是中央部分刻有精确等分线的载玻片。一般将 1 mm 等分为 100 格（或 2 mm 等分为 200 格），每格长度等于 0.01 mm（即 10 μm），是专用于校正目镜测微尺每格的相对长度。

目镜测微尺（图 2–27B）是一块可放在接目镜内的隔板上的圆形小玻片，其中央刻有精确的刻度，有等分 50 小格或 100 小格两种，每 5 小格间有一长线相隔。由于所用接目镜放大倍数和接物镜放大倍数的不同，目镜测微尺每小格所代表的实际长度也就不同。因此，目镜测微尺不能直接用来测量微生物的大小，在使用前必须用镜台测微尺进行校正，以求得在一定放大倍数的接目镜和接物镜下该目镜测微尺每小格所代表的相对长度，然后根据微生物细胞相当于目镜测微尺的格数，即可计算出细胞的实际大小。球菌用直径来表示其大小，杆菌则用宽和长的范围来表示。如金黄色葡萄球菌直径约为 0.8 μm，枯草芽孢杆菌大小为（0.7 ~ 0.8）μm×（2 ~ 3）μm。

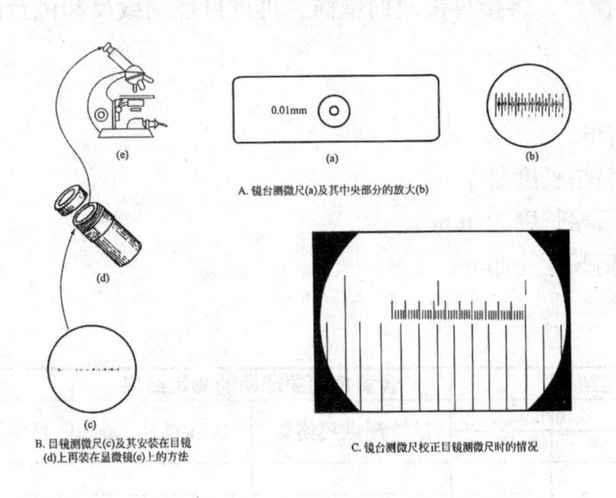

图 2-27 测微尺及其安装和校正

（二）器材

（1）菌种：金黄色葡萄球菌、大肠杆菌的玻片标本，酿酒酵母 24 h 马铃薯斜面培养物。

（2）仪器或其他用具：显微镜、目镜测微尺、镜台测微尺、载玻片、盖玻片、擦镜纸、香柏油等。

（三）操作步骤

1. 装目镜测微尺

取出接目镜，把目镜上的透镜旋下，将目镜测微尺的刻度朝下放在接目镜筒内的隔板上，然后旋上目镜透镜，最后将此接目镜插入镜筒内（图 2–27B）。

2. 目镜测微尺的校正

（1）放置镜台测微尺。将镜台测微尺置于显微镜的载物台上，使刻度面朝上。

（2）校正。先用低倍镜观察，将镜台测微尺有刻度的部分移至视野中央，调节焦距，当看清镜台测微尺的刻度后，转动目镜使目镜测微尺的刻度与镜台测微尺的刻度平行，移动推动器，使目镜测微尺和镜台测微尺的某一区间的两对刻度线完全重合，然后分别数出两重合线之间镜台测微尺和目镜测微尺所占的格数（图 2–27C）。同法校正在高倍镜和油镜下目镜测微尺每小格所代表的长度。观察时，光线不宜过强，否则难以找到镜台测微尺的刻度；换高倍镜和油镜校正时，务必十分细心，防止接物镜压坏镜台测微尺和损坏镜头。

3. 计算

由于已知镜台测微尺每格长 10 μm，根据计数得到的目镜测微尺和镜台测微尺重合线之间各自所占的格数，通过如下公式换算出目镜测微尺每小格所代表的实际长度。

$$\text{目镜测微尺每小格长度}(\mu m)=\frac{\text{两条重合线间镜台测微尺格数}\times 10}{\text{两条重合线间目镜测微尺格数}}$$

菌体大小的测定：目镜测微尺校正后，移去镜台测微尺，换上细菌染色玻片标本。先用低倍镜和高倍镜找到标本后，换油镜校正焦距使菌体清晰，测定细菌的大小。测定时，通过转动目镜测微尺（或转动染色标本），测出杆菌的长和宽（或球菌的直径）各占几小格，将测得的格数乘以目镜测微尺每小格所代表的长度，即可换算出此单个菌体的大小值。在同一涂片上需测定 10 ~ 20 个菌体，求出其平均值，才能代表该菌的大小，而且一般是用对数生长期的菌体来进行测定。测定酵母菌时，先将酵母培养物制成水浸片，然后用高倍镜测出宽和长各占目镜测微尺的格数，最后将测得的格数乘上目镜测微尺（用高倍镜时）每格所代表的长度，即为酵母菌的实际大小。

测定完毕，取出目镜测微尺，将接目镜放回镜筒，再将目镜测微尺和镜台测微尺分别用擦镜纸擦拭干净后，放回盒内保存。

4. 实验报告

（1）目镜测微尺标定结果。

低倍镜下倍目镜测微尺每格长度是 μm。

高倍镜下倍目镜测微尺每格长度为 μm。

油镜下倍目镜测微尺每格长度是 μm。

（2）菌体大小测定结果。

菌号	大肠杆菌的测定结果				金黄色葡萄球菌的测定结果		酵母菌的测定结果	
	目镜测微尺格数		实际长度		目镜测微尺格数	实际直径 /μm	目镜测微尺格数	实际直径 /μm
	宽	长	宽	长				
1								
2								
3								
4								
5								
6								
7								
8								
9								
10								
均值								

[习题]

1. 比较放线菌的三种培养及观察方法的优缺点。
2. 玻璃纸培养和观察法是否还可以用于其他类群微生物的培养和观察？为什么？
3. 镜检时，如何区分放线菌的基内菌丝和气生菌丝？

4. 放线菌、菌丝体、营养菌丝、气生菌丝的概念是什么？
5. 根据形态与功能的不同，放线菌的菌丝分为哪几类？其功能分别是什么？
6. 放线菌菌落的特征是什么？
7. 什么是原核微生物？包括哪些微生物？其特点是什么？
8. 在显微镜下，酵母菌区别于一般细菌有哪些突出的特征？
9. 在显微镜下，细菌、放线菌、酵母菌和霉菌形态上的主要区别是什么？
10. 革兰氏染色的原理及步骤是什么？
11. 试述酵母细胞的主要特征。
12. 试述酵母菌的菌落特征。
13. 简述霉菌的细胞结构特征。
14. 简述霉菌的菌落特征。

项目三　微生物培养基的配制

【知识目标】

（1）掌握微生物营养物质种类及微生物营养类型。
（2）掌握培养基配制方法和综合利用原则。

【能力目标】

（1）培养具备常见培养基的制备和灭菌能力。
（2）培养实践操作技能和动手能力。

【素质目标】

培养学生对微观事物科学的、实事求是的、认真细致的学习和工作态度。

【案例导入】

中国3 000多万学生享受“营养餐”

营养餐，有几种意思。一是目前各级政府、教育机构为解决农村、农民工子女中小学生在校（住校）期间的营养问题，专项拨款，特设专项资金，购买食物，合理搭配，制作午餐，以提高学生身体素质。二是指由糙米粉、麦片、麦芽精、玉米、黄豆、薏仁、莲子、螺旋藻等组成，含有全面的、科学的、均衡的自然植物或天然物质营养。据教育部原副部长鲁昕在“农村义务教育学生营养改善计划2013年春季视频调度会议”上介绍，国家试点已覆盖699个集中连片特困县（含新疆生产建设兵团19个团场）、近10万所学校，惠及约2 300万名学生。同时，还有15个省份的483个县开展了地方试点，覆盖3万多所学校，惠及900多万名学生。全国有超过1/3的县实施了营养改善计划，超过1/4的农村义务教育学生享受营养补助政策。

任务1　微生物生长的营养条件

一、任务目标

（1）掌握微生物的营养物质。
（2）掌握微生物生长的营养类型。

二、任务相关知识

微生物同其他生物一样都是具有生命的，需要从它的生活环境中吸收所需的各种的营养物质，来合成细胞物质和提供机体进行各种生理代谢所需的能量，使机体能进行生长与繁殖。微生物从环境中吸收营养物质并加以利用的过程即称为微生物的营养，营养物质是微生物进行各种生理活动的物质基础。

（一）微生物的基本营养

根据对各类微生物细胞物质成分的分析，发现微生物细胞的化学组成和其他生物相比较，没有本质上的差别。微生物细胞平均含水分80%左右，其余20%左右为干物质，在干物质中有蛋白质、核酸、糖类、脂类和矿物质等。这些干物质是由碳、氢、氧、氮、磷、硫、钾、钙、镁、铁等主要化学元素组成，其中碳、氢、氧、氮是组成有机物质的四大元素，占干物质的90% ~ 97%。其余的3% ~ 10%是矿物质元素（表3–1）。

除上述磷、硫、钾、钙、镁、铁外，还有一些含量极微的钼、锌、锰、硼、钴、碘、镍、钒等微量元素。这些矿质元素对微生物的生长也起着重要的作用。

表 3–1　微生物细胞中主要化学元素的含量（干物质量）

微生物种类	元素 /%			
	C	N	H	O
细菌	50	15	8	20
酵母菌	50	12	7	31
霉菌	48	5	7	40

组成微生物细胞的化学元素来自微生物生存所需要的营养物质，即微生物生长所需的营养物质应该包含组成细胞的各种化学元素。营养物质按照他们在机体中的生理作用不同，可分成水、碳源、氮源、无机盐和生长因子五大类。

1. 水

水分是微生物细胞的主要组成成分，占鲜重的 70% ~ 90%。不同种类微生物细胞含水量不同。同种微生物处于发育的不同时期或不同的环境，其水分含量也有差异，幼龄菌含水量较多，衰老和休眠体含水量较少（表 3–2）。微生物所含水分以游离水和结合水两种状态存在，两者的生理作用不同。结合水不具有一般水的特性，不能流动、不易蒸发、不冻结、不能作为溶剂、不能渗透。游离水则与之相反，具有一般水的特性，能流动，容易从细胞中排出，并能作为溶剂，帮助水溶性物质进出细胞。微生物细胞游离态的水同结合态的水的平均比大约是 4 ： 1。

表 3–2　各类微生物细胞中的含水量

微生物类型	细菌	霉菌	酵母菌	芽孢	孢子
水分含量 /%	75 ～ 85	85 ～ 90	75 ～ 80	40	38

微生物细胞中的结合态水约束于原生质的胶体系统之中，成为细胞物质的组成成分，是微生物细胞生活的必要条件。游离态的水是细胞吸收营养物质和排出代谢产物的溶剂及生化反应的介质；一定量的水分又是维持细胞渗透压的必要条件。由于水的比热高，故能有效地吸收代谢过程中产生的热量，使细胞温度不致骤然升高，能有效地调节细胞内的温度。微生物如果缺乏水分，则会影响代谢作用的进行。

2. 碳源

凡是可以被微生物用来构成细胞物质或代谢产物中碳素来源的物质通称碳源。碳源通过机体内一系列复杂的化学变化，被用来构成细胞物质或提供机体完成整个生理活动所需要的能量。因此，碳源通常也是机体生长的能源。能作为微生物生长的碳源种类极其广泛，既有简单的无机含碳化合物 CO_2 和碳酸盐等，也有复杂的天然的有机含碳化合物，它们是糖和糖的衍生物、脂类、醇类、有机酸、烃类、芳香族化合物以及各种含碳的化合物。但是微生物不同，利用这些含碳化合物的能力也不相同。

目前在微生物发酵工业中，常根据不同微生物的需要，利用各种农副产品，如玉米粉、米糠、麦麸、马铃薯、甘薯以及各种野生植物的淀粉，作为微生物生产的廉价碳源。

3. 氮源

微生物细胞中含氮 5% ~ 15%，它是微生物细胞蛋白质和核酸的主要成分。微生物利用它在细胞内合成氨基酸，并进一步合成蛋白质、核酸等细胞成分。因此，氮素对微生物的生长发育有着重要的意义。无机氮源一般不用作能源，只有少数化能自养细菌能利用铵盐、硝酸盐作为机体生长的氮源与能源。

对于许多微生物来说，通常可以利用无机含氮化合物作为氮源，也可以利用有机含氮化合物作为氮源。许多腐生型细菌、肠道菌、动植物致病菌一般都能利用铵盐或硝酸盐作为氮源。例如：大肠杆菌、产气杆菌、枯草杆菌、铜绿假单胞菌等都可以利用硫酸铵、硝酸铵作为氮源，放线菌可以利用硝酸钾作为氮源，霉菌可以利用硝酸钠作为氮源等。

在实验室和发酵工业中，常用的有机氮源有牛肉膏、蛋白胨、酵母膏、鱼粉、黄豆饼粉、花生饼粉、玉米浆等。

4. 无机盐

无机盐是微生物生长必不可少的一类营养物质，也是构成微生物细胞结构物质不可缺少的成分。许多无机矿物质元素在机体中的生理作用有参与酶的合成或酶的激活剂，并具有调节细胞的渗透压，控制细胞的氧化还原电位和作为有些自养型微生物生长的能源物质等。根据微生物对矿物质元素需要量的不同，将其分为大量元素和微量元素。

大量矿物质元素是磷、硫、钾、钠、钙、镁、铁等。磷和硫的需要量最大，磷在微生物生长与繁殖过程中起着重要的作用。它既是合成核酸、核蛋白、磷脂与其他含磷化合物的重要元素，也是许多酶与辅酶的重要元素。硫是胱氨酸、半胱氨酸、甲硫氨酸的组成元素之一，因而它也是构成蛋白质的主要元素之一。钠、钙、镁等是细胞中某些酶的激活剂。

微量元素是锌、钼、锰、钴、硼、碘、镍、铜、钒等，这些元素一般是参与酶蛋白的组成，或者能使许多酶活化，它们的存在会大大提高机体的代谢能力，如果微生物在生长过程中，缺乏这些元素，会导致机体生理活性降低或导致生长过程停止。微量元素通常混杂存在其他营养物质中，如果没有特殊原因，在配制培养基的过程中没有必要另外加入，过量的微量元素反而会对微生物起到毒害作用。

5. 生长因子

生长因子通常是指那些微生物生长所必需而且需要量很小的，是微生物维持正常生命活动所不可缺少的、微量的特殊有机营养物，这些物质在微生物自身不能合成，必须在培养基中加入。如果缺少这些生长因子，新陈代谢就不能正常进行。

生长因子是指维生素、氨基酸、嘌呤、嘧啶等特殊有机营养物。而狭义的生长因子仅指维生素。这些微量营养物质被微生物吸收后，一般不被分解，而是直接参与或调节代谢反应。

（二）微生物生长与繁殖

微生物在适宜的条件下，不断从周围环境中吸收营养物质，并转化为细胞物质的组分和结构。同化作用的速度超过了异化作用，使个体细胞质量和体积增加，称为生长。单细胞微生物，如细菌个体细胞增大是有限的，体积增大到一定程度就会分裂，分裂成两个大小相似的子细胞，子细胞又重复上述过程，使细胞数目增加，称为繁殖。单细胞微生物的生长实际是以群体细胞数目的增加为标志的。霉菌和放线菌等丝状微生物的生长主要表现为菌丝的伸长和分枝，其细胞数目的增加并不伴随着个体数目的增多而增加。因此，其生长通常以菌丝的长度、体积及重量的增加来衡量，只有通过形成无性孢子或有性孢子使其个体数目增加才叫繁殖。

（三）微生物生长量的测定方法

研究微生物生长的对象是群体，测定微生物生长繁殖的方法既可以选择测定细胞数量，也可以选择测定细胞生物量。

1. 细胞数量的测定

（1）稀释平板菌落计数法。

该方法是一种最常用的活菌计数法。在大多数的研究和生产活动中，人们往往更需要了解活菌的生长情况。从理论上讲，在高度稀释条件下，每一个活的单细胞均能繁殖成一个菌落，因而可以用培养的方法使每个活细胞生长成一个单独的菌落，并通过长出的菌落数去推算菌悬液中的活菌数，因此菌落数就是待测样品所含的活菌数。此法所得到的数值往往比直接法测定的数字小。

（2）血细胞计数板法。

血细胞计数板是一块特制的载玻片，计数是在计数室内进行的，即将一定稀释度的细胞悬液加到固定体积的计数器小室内，在显微镜下观测小室内细胞的个数，计算出样品中细胞的浓度，稀释浓度以记数室中的小格含有 4 ~ 5 个细胞为宜。由于计数室的体积是一定的（0.1 mL），这样可根据计数得到数字，算出单位体积菌液内的菌体总数。一般情况下，要取一定数量的计数室进行计数，在算出计数室的平均菌数后，再进行计算。这种方法的特点是测定简便、直接、快速，但测定的对象有一定的局限性，只适合于个体较大的微生物种类，如酵母菌、霉菌的孢子等。此外，测定结果是微生物个体的总数。

（3）液体稀释培养法。

对未知菌样做连续 10 倍系列稀释。根据估计数，从最适宜的 3 个连续 10 倍稀释液中各取 5 mL 试样，接种到 3 组共 15 支装有培养液的试管中（每管接入 1 mL）。经培养后，记录每个稀释度出现生长的试管数，然后查 MPN（most probable number）表，再根据样品的稀释倍数就可以算出其中的活菌量。该法常用于食品中微生物的检测，如饮用水和牛奶的微生物限量检查。

（4）比浊法。

在细菌培养生长过程中，由于细胞数量的增加，会引起培养物混浊度的增高，使光线透过量降低。在一定浓度范围内，悬液中细胞的数量与透光量成反比，与光密度成正比。

2. 细胞生物量的测定

（1）称干重法：该法用于测定单位体积的培养物中细菌的干质量。该法要求培养物中没有除菌体外的固体颗粒，对单细胞及多细胞均适用。可用离心法或过滤法测定，一般菌体干重为湿重的 10% ~ 20%。在离心法中，将待测培养液放入离心管中，用清水离心洗涤 1 ~ 5 次后，进行干燥。干燥温度可采用 100℃、105℃或红外线烘干，也可在较低的温度（80℃或 40℃）下进行真空干燥，然后称干重。

（2）总氮量测定：大多数细菌的含氮量为其干重的 12.5%，酵母菌为 7.5%，霉菌为 6.0%。根据其含氮量再乘以 6.25（蛋白质系数），即可测得粗蛋白的含量（其中包括杂环氮和氧化型氮），然后再换算成生物量。

（3）代谢活动法：从细胞代谢产物来估算，在有氧发酵中，CO_2 是细胞代谢的产物，它与微生物生长密切相关。在全自动发酵罐中，大多采用红外线气体分析仪来测定发酵产生的 CO_2 量，进而估算出微生物的生长量。

（四）微生物生长规律

1. 微生物群体的生长规律

根据对某些单细胞微生物在封闭式容器中进行分批（纯）培养的研究发现，在适宜条件下，不同微生物的细胞生长繁殖有严格的规律性。将少量单细胞微生物纯菌种接种到新鲜的液体培养基中，在最适条件下培养，在培养过程中定时测定细胞数量，以细胞数的对数为纵坐标，时间为横坐标，可以画出一条有规律的曲线，这就是微生物的生长曲线（growth curve）。严格地说，生长曲线应称为繁殖曲线，因为单细胞微生物，如细菌等都以细菌数增加作为生长指标。这条曲线代表了细菌在新的适宜环境中生长、繁殖直至衰老死亡的动态变化。根据细菌生长繁殖速度的不同，可将其分为四个时期（图 3-1）。

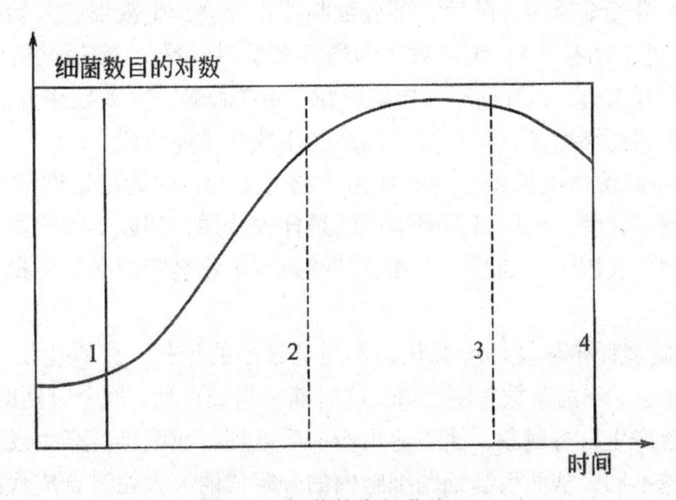

图 3-1　细菌的生长曲线

1- 适应期；2- 对数生长期；3- 稳定期；4- 衰亡期

（1）适应期（延滞期）。

微生物接种到新的培养基中，一般不立即进行繁殖，生长速率常数为零，需要经一段时间自身调整，诱导合成必要的酶、辅酶或合成某些中间代谢产物。此时，细胞重量增加、体积增大，但不分裂繁殖，细胞长轴伸长、细胞质均匀、DNA 含量高，对外界不良条件的反应敏感。

适应期的出现，可能是微生物刚被接种到新鲜培养基中，一时还缺乏分解或催化有关底物的酶，或是缺乏充足的中间代谢产物，为产生诱导或合成有关的中间代谢物，就需要有一个适应过程，于是就出现了生长的延滞。

（2）对数生长期（指数生长期）。

对数生长期是指在生长曲线中，紧接着延滞期后的一段时期。此时的菌体通过对新的环境适应后，细胞代谢活性最强、生长旺盛，分裂速度按几何级数增加，群体形态与生理特征最一致，抵抗不良环境的能力最强。其生长曲线表现为一条上升的直线。

在对数生长期，每一种微生物的传代时间（细胞每分裂一次所需要的时间）是一定的，这是微生物菌种的一个重要特征。不同微生物菌体其对数生长期中的传代时间不同，同一种微生物在不同培养基组分和不同环境条件下，如不同培养温度、培养基 pH 值、营养物性质等，传代时间也不同。但每种微生物在一定条件下，其传代时间是相对稳定的。繁殖最快的传代时间只有 9.8 min 左右，最慢的传代时间长达 33 h，多数种类传代时间为 20 ～ 30 min（见表 3–3）。

表 3–3 几种细菌在最适条件下生长的传代时间

细菌	培养基	温度 /℃	传代时间 /min
漂浮假单胞菌（*Pseudomonas natriegenes*）	肉汤	27	9.8
大肠杆菌（*Escherichia coli*）	肉汤	37	17
乳酸链球菌（*Streptococcus lactis*）	牛乳	37	26
金黄色葡萄球菌（*Staphylococcus aureus*）	肉汤	37	27 ～ 30
枯草芽孢杆菌（*Bacillus subtilis*）	肉汤	25	26 ～ 32
嗜酸乳杆菌（*Lactobacillus acidophilus*）	牛乳	37	66 ～ 87
嗜热芽孢杆菌（*Bacillus thermophilus*）	肉汤	55	18.3
大豆根瘤菌（*Rhizobium japonicum*）	葡萄糖	25	344 ～ 461

影响微生物对数期传代时间的因素很多，主要有菌种、营养成分、营养物浓度、培养温度。

（3）稳定期（最高生长期）。

在一定溶剂的培养基中，由于微生物经对数生长期的旺盛生长后，某些营养物质被消耗，有害代谢产物积累以及 pH 值、氧化还原电位、无机离子浓度等变化，限制了菌体继续高速度增殖，初期细菌分裂间隔的时间开始延长，曲线上升逐渐缓慢。随后，部分细胞停止分裂，少数细胞开始死亡，使新增殖的细胞数与老细胞死亡数几乎相等，处于动态平衡，细菌数达到最高水平，接着死亡数超过新增殖数，曲线出现下降趋势。这时，细胞内开始积累贮藏物质，如肝糖原、异染颗粒、脂肪粒等，大多数芽孢细菌在此时形成芽孢。同时，发酵液中细菌的产物的积累逐渐增多，是发酵目的产物生成的重要阶段。

稳定期是以生产菌体或菌体生长相平行的代谢产物为主的。因为稳定期的微生物在数量上达到了最高水平，产物的积累也达到了高峰，所以是发酵生产的最佳收获期，如以单细胞蛋白、乳酸等为目的一些发酵生产。稳定期也是对某些生长因子，如维生素和氨基酸进行生物测定的必要前提。

（4）衰亡期。

稳定期后，营养物质消耗殆尽及环境恶化，不适合细菌的生长，细胞生活力衰退，死亡率增加，以致细胞死亡数大大超过新生数，细菌总数急剧下降，这时期称为衰亡期。这个时期的细胞常出现畸形以及液泡，有许多菌在衰亡期后期常产生自溶现象，使工业生产中后处理过滤困难。产生衰亡期的原因主要是外界环境对继续生长的细菌越来越不利，从而引起细菌细胞内的分解代谢大大超过合成代谢，导致菌体死亡。

2. 影响微生物生长的环境因素

影响微生物生长的外界因素很多，除了营养物质外，还有许多物理因素、化学因素。当环境条件的改变在一定限度内，可引起微生物形态、生理、生长、繁殖等特征的改变；当环境条件的变化超过一定极限时，则导致微生物的死亡。研究环境条件与微生物之间的相互关系，有助于了解微生物在自然界的分布与作用，也可指导人们在食品加工过程中有效地控制微生物的生命活动，保证食品的安全性，延长食品的货架期。影响微生物生长的环境因素主要是温度、水、pH 值、氧气等。

（1）温度。

温度是影响微生物生长繁殖最重要的因素之一。在一定温度范围内，机体的代谢活动与生长繁殖随着温度的上升而增加，当温度上升到一定程度，开始对机体产生不利的影响，如再继续升高，则细胞功能急剧下降以致死亡。与其他生物一样，任何微生物的生长温度尽管有高有低，但总有最低生长温度、最适生长温度和最高生长温度三个重要指标，这就是生长温度的三个基本点。

微生物按其生长温度范围，可分为低温型微生物、中温型微生物和高温型微生物三类（见表 3-4）。

表 3-4　不同温型微生物的生长温度范围

微生物类型 最低		生长温度范围 /℃			分布的主要处所
		最适	最高		
低温型	专性嗜冷	-12	5 ～ 15	15 ～ 20	两极地区
	兼性嗜冷	-5 ～ 0	10 ～ 20	25 ～ 30	海水及冷藏食品上
中温型	室温	10 ～ 20	20 ～ 35	40 ～ 45	腐生环境
	体温	10 ～ 20	35 ～ 40	40 ～ 45	寄生环境
高温型		25 ～ 45	50 ～ 60	70 ～ 95	温泉、堆肥、土壤

（2）水分活度与渗透压。

水是微生物营养物质的溶剂，水分对维持微生物的正常生命活动是必不可少的。

水分活度（Aw）是用来表示微生物在天然环境或人为环境中实际利用游离水的含量，是指在相同条件下、密闭容器内该溶液的蒸汽压（p）与纯水蒸气压（$p0$）之比，即 $Aw=p/p0$。纯水的 Aw=l，各种微生物在 Aw 为 0.63 ~ 0.99 的培养条件下生长。

微生物必须在较高的 Aw 环境中生长繁殖，Aw 太低时，微生物生长迟缓、代谢停止，甚至死亡。但不同的微生物，其生长的最适 Aw 不同，即最低的水分活度不同。如细菌的最低水分活度值见表 3-5。

表 3-5　一些微生物生长的最低水分活度值

微生物类群	最低水活度值	最低水活度值	最低水活度值	最低水活度值	最低水活度值
细菌		霉菌		酵母菌	
大肠杆菌	0.935 ～ 0.960	黑曲霉	0.88	假丝酵母菌	0.94
沙门杆菌	0.945	灰绿曲菌	0.78	裂殖酵母	0.93
谷草芽孢杆菌	0.950				
盐杆菌	0.750				

细胞内溶质浓度与胞外溶质浓度相等时的状态，称为等渗状态；溶液的溶质浓度高于胞内溶质浓度，则称为高渗溶液；能在此环境中生长的微生物，称为耐高渗微生物。当溶质浓度很高时，细胞就会脱水，发生质壁分离，甚至死亡。盐渍（5% ~ 30% 食盐）和蜜饯（30% ~ 80% 糖）可以抑制或杀死微生物，这是一些常用食品保存法的依据；若溶液的溶质浓度低于胞内溶质浓度，则称为低渗溶液，微生物在低渗溶液中，水分向胞内转移，细胞膨胀，甚至胀破。干燥环境条件下，多数微生物代谢停止，处于休眠状态，严重时引起脱水，蛋白质变性，甚至死亡，这是干燥条件能保存食品和物品、防止腐败和霉变的原理。同时，这也是微生物菌体保藏技术的依据之一。

（3）pH 值。

微生物生长的 pH 值范围极广，一般 pH 值在 2 ~ 8，有少数种类还可超出这一范围。事实上，绝大多数种类都生长在 pH 值为 5 ~ 9。

不同的微生物都有其最适生长 pH 值和一定的 pH 值范围，即最高、最适与最低三个数值。在最适 pH

值范围内，微生物生长繁殖速度快；在最低或最高 pH 值的环境中，微生物虽然能生存和生长，但生长非常缓慢而且容易死亡。一般霉菌能适应的 pH 值范围最大，酵母菌适应的范围较小，细菌最小。在发酵工业中，及时地调整发酵液的 pH 值，有利于积累代谢产物，是生产中一项重要措施。pH 值低时，加氢氧化钠、碳酸钠等碱中和；pH 值高时，加硫酸、盐酸等中和。

（4）氧气。

氧气对微生物的生命活动有着重要影响。按照微生物与氧气的关系，可分成好氧菌和厌氧菌两大类。

绝大多数微生物都是好氧菌或兼性厌氧菌。厌氧菌的种类相对较少，但近年来已发现越来越多的厌氧菌。关于厌氧菌的氧毒害机理曾有学者提出过，直到 1971 年在 McCord 和 Fridovich 提出 SOD 的学说后，有了进一步的认识。他们认为，厌氧菌缺乏 SOD，因此易被生物体内产生的超氧物阴离子自由基毒害致死。

任务 2　培养基的配制方法

一、任务目标

（1）掌握培养基的分类、配制原则。

（2）掌握培养基的配制方法。

二、任务相关知识

培养基是供微生物生长、繁殖、代谢的混合养料。由于微生物具有不同的营养类型，对营养物质的要求也各不相同，加之实验和研究的目的不同，所以培养基的种类很多，使用的原料也各有差异。从营养角度分析，培养基中一般含有微生物所必需的碳源、氮源、无机盐、生长素、水分等。但是，不同的微生物对营养物质的需求是不一样的。因此在配制培养基时，首先要考虑不同微生物的营养需求。如果是自养型的微生物，则主要考虑无机碳源；异养型的微生物主要提供有机碳源外，还要考虑加入适量的无机矿物质元素；有些微生物在培养时还需加入一定的生长因子，如在培养乳酸细菌时，要求在培养基中加入一些氨基酸和维生素等，才能使其很好地生长。因此，必须视具体情况，根据微生物的特性和培养目标选择营养物质。

（一）培养基类型及应用

培养基种类繁多，根据其成分、物理状态和用途，可将培养基分成多种类型。

1. 根据培养基成分划分

根据对培养基成分的了解，可将培养基分为天然培养基、合成培养基和复合培养基。

（1）天然培养基。

天然培养基是利用动植物或微生物体或其提取物制成的培养基，其成分复杂且难以确定。常用的天然有机物有牛肉膏、蛋白胨、酵母膏、麦芽汁、玉米粉、牛奶等。天然培养基的优点是取材方便、营养丰富、种类多样、配制方便；缺点是成分不稳定也不甚清楚，因而在做精细的科学实验时，会引起数据不稳定。因此，天然培养基只适合配制实验室用的各种基本培养基及扩大生产中的种子培养基或发酵培养基之用。

（2）合成培养基。

合成培养基用多种高纯度化学试剂配制而成的、各成分的量都确切知道的培养基，如葡萄糖铵盐培养基、高氏一号培养基和蔡氏培养基。合成培养基的优点是成分精确、重复性高，缺点是价格较贵、配制较麻烦。因此，一般仅用于作营养、代谢、生理、生化、遗传、育种、菌种鉴定和生物测定等定量要求较高的研究工作。

（3）复合培养基。

复合培养基是既含有天然成分又含有高纯度化学试剂的培养基。如培养真菌用的马铃薯蔗糖培养基等。严格地说，凡是含有未经特殊处理的琼脂的任何合成培养基，实质上都只能看作是一种复合培养基。

2. 根据培养基外观的物理状态划分

根据培养基外观的物理状态，可将培养基分为固体培养基、半固体培养基和液体培养基 3 种类型。

（1）固体培养基。

在培养液中加入一定量的凝固剂，使之凝固成为固体状态，即为固体培养基。目前，实验室用的凝固剂种类有琼脂、明胶和硅胶。

硅胶是由无机的硅酸钠（Na_2SiO_3）及硅酸钾（K_2SiO_3）被盐酸及硫酸中和时凝聚而成的胶体。硅胶因不含有机物，适用于配制培养自养型微生物的培养基。

明胶是最早用作凝固剂的物质，但由于其凝固点太低，且易被一些细菌和许多真菌液化，目前已较少作为凝固剂。

对绝大多数微生物而言，琼脂是最理想的凝固剂。琼脂是海藻的提取物，其主要化学成分为聚半乳糖硫酸酯，溶点为 96℃，凝固温度为 40℃，绝大多数微生物不能分解琼脂，但在 pH 值 < 4 时能被水解，具很强的耐加压灭菌能力，常用浓度 1.5% ~ 2%。固体培养基常用来进行菌种的分离、鉴定、菌落计数与菌种等。此外，麸皮、米糠、木屑、纤维、稻草等天然固体状基质也可以直接制成培养基。

（2）半固体培养基。

在液体培养基中加入少量琼脂（一般为 0.2% ~ 0.7%）的培养基为半固体培养基。半固体培养基常用来观察细菌的运动能力、鉴定微生物呼吸方式、保藏菌种等。

（3）液体培养基。

液体培养基是指常温下呈液体状态的培养基，主要用来进行各种生理、代谢研究和获取大量菌体。在生产实践上，绝大多数发酵培养基都采用液体培养基。

3. 根据培养基的用途划分

根据培养基的用途，可将培养基分为基础培养基、加富培养基、选择培养基和鉴别培养基。

（1）基础培养基。

尽管不同生物的营养需求各不相同，但大多数微生物所需的基本营养物质是相同的。基础培养基是含有一般微生物生长繁殖所需的基本营养物质的培养基，牛肉膏、蛋白胨培养基是最常用的基础培养基。

（2）加富培养基。

在基础培养基中加入某些特殊营养物质，以促使一些营养要求苛刻的微生物快速生长而配制的培养基。这些特殊营养物质包括血液、血清、酵母浸膏、动植物提取液、土壤浸出液等。

（3）选择培养基。

选择培养基是根据某种微生物的特殊营养要求或其对某化学因素、物理因素的抗性而设计的培养基，其功能是使混合菌样中的劣势菌变成优势菌，从而提高该菌的筛选效率。例如：以纤维素为唯一碳源的培养基，可以从混杂的微生物群体中分离出分解纤维素的微生物；用缺乏氮源的培养基，可分离固氮微生物；用加入青霉素、四环素的培养基，抑制细菌、放线菌，可分离出酵母菌和霉菌等。

（4）鉴别培养基。

鉴别培养基是用于鉴别不同类型微生物的培养基。微生物在培养基中生长所产生的某种代谢物，可与加入培养基中的特定试剂或药品反应，产生明显的特征性变化。根据这种特征性变化，可将该种微生物与其他微生物区分开来。鉴别培养基主要用于微生物的快速分类鉴定，以及分离和筛选某种代谢物的微生物菌种。

例如：最常见的鉴别培养基是伊红亚甲蓝（EMB）培养基，其中的伊红和亚甲蓝两种苯胺染料可抑制革兰氏阳性细菌和一些难培养的革兰氏阴性细菌。在低酸度时，这两种染料结合形成沉淀，起着产酸指示剂的作用。多种肠道菌会在伊红亚甲蓝培养基上产生相互易区分的特征菌落，因而易于辨认。尤其是大肠杆菌，可分解乳糖产生大量的混合酸，使菌体带 H^+，故可染上酸性染料伊红，又因伊红与亚甲蓝结合，所以菌落呈深紫红色，从菌落表面的反射光中可看到绿色金属光泽；肠杆菌属、沙雷氏菌属、克雷伯氏菌属虽能发酵乳糖，但产酸力弱，菌落呈棕色；变形杆菌、沙门氏菌属、志贺氏菌属不能发酵乳糖、不产酸，菌落无色透明。

以上关于选择培养基和鉴别培养基的区分也只是人为的、理论上的，在实际应用时，这两种功能常结合在一种培养基中。上述 EMB 培养基除有鉴别不同菌落的作用外，同时还有抑制革兰阳性细菌和选择革兰阴性细菌的作用。

（二）培养基的配制原则

1. 选择适宜的营养物质

根据不同微生物的营养需要，配制不同的培养基。如配制自养型微生物的培养基，完全可以由简单的无机物组成。而配制异养型微生物的培养基，则至少有一种有机物。例如：培养化能异养型细菌可采用牛肉膏蛋白胨培养基，培养放线菌可采用高氏一号合成培养基，培养酵母菌采用麦芽汁培养基，培养霉菌可采用蔡氏合成培养基。

2. 营养物质浓度及配比合适

培养基中营养物质浓度合适时，微生物才能生长良好。营养物质浓度过低时，不能满足微生物正常生长所需；浓度过高时，则可能对微生物生长起抑制作用。例如：高浓度糖类物质、无机盐、重金属离子等不仅不能维持和促进微生物的生长，反而起到抑菌或杀菌的作用。另外，培养基中营养物质间的浓度配比，特别是碳与氮或碳、氮、磷比例要恰当。如利用微生物进行谷氨酸发酵，C ∶ N=4 ∶ 1 时，菌体大量增殖；C ∶ N=3 ∶ 1 时，菌体繁殖受抑制，而谷氨酸大量增加。

3. 控制 pH 条件

各类微生物一般都有它们适合的生长 pH 值范围，故培养基的 pH 值必须控制在一定的范围内。培养细菌与放线菌的 pH 值在 7.0 ~ 8.0，培养酵母菌的 pH 值则在 3.6 ~ 6.0，培养霉菌 pH 值在 4.0 ~ 5.8。由于在培养微生物的过程中会产生有机酸、CO_2 和 NH_3，前两者为酸性物质，后者为碱性物质，它们会改变培养基的 pH 值。所以，在连续培养中需加入缓冲剂，如 K_2HPO_4、KH_2PO_4、$CaCO_3$、Na_2CO_3、$NaHCO_3$ 等，它们可在培养过程中调整 pH 的改变。

4. 经济节约

经济节约主要是指在设计生产实践中，需使用大量培养基质时应遵循的原则。这方面的潜力是极大的，配制培养基时，应尽量利用廉价且易获得的原料作为培养基的成分。特别是在发酵工业中，培养基用量大，选择培养基的原料时，除了必须考虑容易被微生物利用以及满足工艺要求外，还应考虑经济价值。尤其是应尽量减少主粮的利用，采用以副产品代用原材料的方法。如微生物单细胞蛋白的生产中，主要是以纤维水解物、废糖蜜等代替淀粉、葡萄糖等。大量的农副产品，如麸皮、米糠、花生饼、豆饼、酒糟、酵母浸膏等，都是常用的发酵工业培养基的原料。

三、任务所需器材

1. 试剂

待配制各种培养基的组成成分，如牛肉膏、蛋白胨、NaCl、琼脂、10%HC1 溶液、10%NaOH 溶液、蒸馏水等。

2. 仪器

天平、电炉、高压蒸汽灭菌锅、电烘箱、电冰箱等。

3. 玻璃器皿

试管（180 mm × 18 mm）、锥形瓶（250 mL）、烧杯、培养皿、量筒、玻璃棒、漏斗等。

4. 其他物品

药匙、称量纸、pH 试纸（6.4 ~ 8.4）、记号笔、纱布、棉塞、棉花、报纸（或牛皮纸）、麻绳、吸管、试管架、分装器、注射器、镊子等。

四、任务技能训练

（一）培养基制备的基本方法和注意事项

1. 培养基配方的选定

同一种培养基的配方在不同著作中常会有所差别。因此，除所用的标准方法应严格按其规定进行配制外，一般均应尽量收集有关资料，加以比较核对，再依据自己的使用目的加以选用，并记录其来源。

2. 培养基的制备记录

每次制备培养基应有记录，包括培养基名称、配方及其来源，各种成分的牌号，最终 pH 值，消毒的温度和时间，制备的日期、制备者等。记录应复制 1 份，原记录保存备查，复制记录和制好的培养基一同存放，以防混淆。

3. 培养基成分的称取

培养基的各种成分必须精确称取，并注意防止错乱，最好 1 次完成，不要中断。可将配方置于旁侧，每称完一种成分，即在配方处做出记号，并将所需称取的药品 1 次取齐，置于左侧，每种称取完毕后，即移放于右侧。完全称取完毕后，还应进行 1 次检查。

4. 培养基各成分的混合和融化

培养基所用化学药品均应是纯的，使用的蒸煮锅不能为铜锅或铁锅，以防有微量铜和铁混入培养基中，使细菌不易生长。最好使用不锈钢锅加热融化，可放入大烧杯或大烧瓶中，置高压蒸汽灭菌器或流动蒸汽消毒器中蒸煮融化。在锅中融化时，可先用温水加热并随时搅动，以防焦化，如发现有焦化现象，该培养基即不能使用，应重新制备。待大部分固体成分融化后，再用较小火力使所有成分完全融化，直至煮沸。

如为琼脂培养基，则将琼脂单独融化 30 min。用一部分水融化其他成分，然后将两溶液充分混合。在加热融化过程中，因蒸发而丢失的水分，最后必须加以补足。

5. 培养基 pH 值的初步调整

因培养基在加热消毒过程中，pH 值会有所改变，培养基各成分充分溶解后，应进行 pH 值的初步调整。例如：牛肉浸液 pH 值约可降低 0.2，而肠浸液 pH 值却会有显著的升高。因此，对这个步骤，操作者应随时注意探索经验，掌握培养基的最终 pH 值，保证培养基的质量。pH 值调整后，还应将培养基煮沸数分钟，以利于沉淀物的析出。

6. 培养基的过滤澄清

液体培养基必须绝对澄清，琼脂培养基也应透明无显著沉淀，因此需要采用过滤或其他澄清方法，以达到此项要求。一般液体培养基可用滤纸过滤法，滤纸应折叠成折扇或漏斗形，以避免因液压不均匀而引起滤纸破裂。

琼脂培养基可用清洁的白色薄绒布趁热过滤。亦可用中间夹有薄层吸水棉的双层纱布过滤。新制肉、肝、血、土豆等浸液时，则须先用绒布将碎渣滤去，再用滤纸反复过滤。如过滤法不能达到澄清要求，则需用蛋清澄清法，即将冷却至 55 ~ 60℃的培养基放入大的三角瓶内，装入量不得超过烧瓶容量的 1/2，每 1 000 mL 培养基加入 1 ~ 2 个鸡蛋的蛋白，强力振摇 3 ~ 5 min，置高压蒸汽灭菌器中，121℃加热 20 min，取出趁热用绒布过滤即可。

7. 培养基的分装

培养基应按使用的目的和要求分装于试管、烧瓶等适当容器内。分装量不得超过容器装盛量的 2/3。分装时，最好能使用半自动或电动的定量分装器。分装琼脂斜面培养基时，分装量应以能形成 2/3 底层和 1/3 斜面的量为恰当。

分装容器应预先清洗干净并经干烤消毒，以利于培养基的彻底灭菌。每批培养基应另外分装 20 mL 于小玻璃瓶中，随该批培养基同时灭菌，为测定该批培养基最终 pH 值之用。

8. 培养基的灭菌

一般培养基可采用 121℃高压蒸汽灭菌 15 min 的方法。在各种培养基制备方法中，如无特殊规定，即可用此法灭菌。琼脂斜面培养基应在灭菌后，冷却至 55 ~ 60℃时，摆置形成适当斜面，待其自然凝固。

9. 培养基的质量测试

每批培养基制备好后，应仔细检查一遍，如发现破裂、水分浸入、色泽异常、棉塞被培养基沾染等情况，均应挑出弃去，并测定其最终 pH 值。将全部培养基放入恒温培养箱［（36 ± 1）℃］过夜，如发现有菌生长，即弃去。用有关的标准菌株接种 1 ~ 2 管（瓶）培养基，如培养 24 ~ 48 h，如无菌生长或生长不好，应追查原因并重复接种 1 次，如结果仍同前，则该批培养基应弃去，不能使用。

10. 培养基的保存

培养基应存放于冷暗处，最好能放于普通冰箱内。放置时间不宜超过 1 周，倾注的平板培养基不宜超过 3 d。每批培养基均必须附有该批培养基制备记录附页或明显标签。

（二）培养基的配制流程

（1）按需要量计算并称取各种营养物质，放入蒸馏水中，加热溶解。

（2）培养基在沸腾状态下，小火保持 30 min，溶解过程注意不断地搅拌和补足蒸发的水分。

（3）溶解完以后，用 10%NaOH 溶液和 10%HCl 溶液调整 pH 值。

（4）分装入锥形瓶中，注意用玻璃棒引流，以免污染瓶口。

（5）塞上棉塞，包扎后待灭菌。

五、任务考核指标

培养基配制技能的考核见表 3-6。

表 3-6 培养基配制技能考核表

考核内容	考核指标	分值
称量	托盘不洁净	25
	未检查天平是否平衡	
	称量操作不对	
	读书错误	
	读书与记录不准确	
	称量后，砝码不归位	
	称量后，托盘不进行清洁	
加热融化	加水时，未用量筒校对刻度	40
	加热时，长时间不搅拌	
	煮沸后，未调小火导致培养基外溢	
	加热过程中，未进行补水	
	加热过程中，补水刻度不正确	
pH 调节	加热后直接进行分装，未进行 pH 值调节	15
	pH 值判断错误	
	加 NaOH 溶液或 1%HCl 溶液过量	
分装	未用玻璃棒引流	10
	分装时瓶口沾有培养基	
包装	未加棉塞或未用纸包装好	10
	未标明培养基名称及相关信息	
合计	—	100

[学习拓展]

由于各种微生物的生活环境和对不同营养物质的利用能力不同，他们的营养需要和代谢方式也不尽相同。根据微生物对所需碳源的要求不同（无机碳化合物或有机碳化合物），可以将他们分为自养微生物和异养微生物两大类。自养微生物一般都以 CO_2 为唯一的碳源，能够在完全无机的环境中生长。而异养微生物的生长则至少需要有一种有机物存在，它们不能以 CO_2 作为唯一的碳源。

根据微生物所利用的能源不同，又可将微生物分为两种能量代谢类型：一种是吸收光能来维持其生命活动的，称为光能微生物；另一类是用吸收的营养物质降解产生化学能，称为化能微生物。将以上两种分类方法结合起来，可以把微生物的营养类型归纳为光能自养型、化能自养型、光能异养型和化能异养型四种类型。

一、光能自养型微生物

这类微生物利用光作为生长所需要的能源，以 CO_2 作为碳源。光能自养微生物都含有光合色素，能够进行光合作用。但是必须注意，光合细菌的光合作用与高等绿色植物的光合作用有所区别。在高等绿色植物的光合作用中，水是同化 CO_2 时的还原剂，同时释放出氧。而在光合细菌中，则是以 H_2S、$Na_2S_2O_3$ 等无机化合物作为供氢体来还原 CO_2，从而合成细胞有机物的。例如：绿硫细菌以 H_2S 为供氢体，它们的光合作用可以概括为：

$$CO_2+2H_2S\xrightarrow[\text{细胞叶绿素}]{\text{光能}}[CH_2O]+2S+H_2O$$

二、化能自养型微生物

这类微生物的能源来自无机物氧化所产生的化学能。碳源是 CO_2 或碳酸盐。常见的化能自养微生物有硫化细菌、硝化细菌、氢细菌、铁细菌、一氧化碳细菌和甲烷氧化细菌等，它们分别以硫和还原态硫化物、氨和亚硝酸、氢、二价铁、一氧化碳和甲烷作为能源。

硝化细菌在自然界的氮素循环中起着重要作用，他们使自然界中的氨转化为亚硝酸、硝酸，提高了土壤的肥力。硫化细菌可用来处理矿石，浸出一些金属矿物。这样的处理方法被叫作湿法冶金。在农业上，硫化细菌则被用来改造碱性土壤。

化能自养微生物一般需消耗 ATP，促使电子沿电子传递链逆向传递，以取得固定 CO_2 时所必需的 NADH 与 H^+。因此，这类菌的生长较为缓慢。

3. 光能异养型微生物

这类微生物利用光作为能源。不能在完全无机的环境中生长，需利用有机化合物作为供氢体来还原 CO_2，合成细胞有机物质。例如：红螺细菌利用异丙醇作为供氢体，进行光合作用，并积累丙酮酸。

4. 化能异养型微生物

这类微生物所需要的能源来自有机物氧化所产生的化学能，它们只能利用有机化合物。如淀粉、糖类、纤维素、有机酸等。因此，有机碳化物对这类微生物来说，既是碳源也是能源。他们的氮素营养可以是有机物（如蛋白质），也可以是无机物（如硝酸铵等）。化能异养微生物又可分为腐生的和寄生的两类。前者利用无生命的有机物，而后者则寄生在活的有机体内，从寄主体内获得营养物质。在腐生和寄生之间存在着不同程度的既可腐生又可寄生的中间类型，称为兼性腐生或兼性寄生。

化能异养微生物的种类和数量很多，包括绝大多数细菌、放线菌和几乎全部真菌。因此，它们与人类的关系也异常密切，对它们的研究和应用也最多。

以上四大营养类型的划分在自然界中并不是绝对的，存在着许多过渡类型，在实践中要全面分析。

[习题]

1. 什么叫生长因子？包括哪些？
2. 微生物的营养类型包括哪些？
3. 微生物吸收营养的方式有哪些？
4. 什么叫微生物的生长曲线？
5. 微生物生长分哪几个时期？每个时期的特点是什么？
6. 微生物连续培养法和恒浊连续培养法的不同点是什么？
7. 培养基的概念是什么？
8. 详细介绍培养基的类型包括哪些？
9. 配制培养基的原则有哪些？
10. 简述培养基的配制过程。

11. 培养基分装的要求有哪些?

12. 斜面培养基的制作要求有哪些?

13. 影响微生物生长的环境因素主要有哪些?

项目四　微生物的分离、纯化、培养和保藏

【知识目标】

（1）掌握无菌操作技术的原理和方法。

（2）掌握菌种纯化分离的基本原理和方法。

（3）掌握菌种保藏方法的基本原理，学习几种菌种保藏的方法。

【能力目标】

（1）能够熟练地进行无菌操作。

（2）能够熟练地进行微生物的分离、纯化和培养。

（3）能够选用合适的方法保存菌种，能够进行实验室保存菌种的基本操作。

【素质目标】

树立无菌观念，培养熟练的操作技术和强烈的责任心，养成细心稳重的习惯。

【案例导入】

在自然界中，各种微生物之间并不是离群索居、彼此老死不相往来的。在任何天然环境中，都有多种微生物共同生活。土壤是微生物的大本营，1 g普通的菜园土中就有数百种微生物，个体数量可能超过1亿。连人的口腔中也有几十种细菌。由于巴斯德对葡萄酒变质的研究，人们认识到某种微生物和物质的某种化学变化有直接关系，酵母菌可以把葡萄酒里的葡萄糖变成酒精，醋酸细菌可以使葡萄酒变酸。

巴斯德和其他一些学者的工作又证明，传染病是由某些微生物感染所致。既然每种微生物有不同的形态和生理特征，它们在自然界的作用和对人类的影响也必然有差异。我们要了解某种微生物对于人类有害还是有益，或者目前与人类还没有什么特别密切的关系，就必须单独把这种微生物分离出来研究。这就是在无菌技术的基础上微生物学的另一项基本技术——纯种分离技术。

真正解决问题的纯种分离方法，是著名的德国医生、伟大的微生物学奠基人之一科赫和他的研究小组建立起来的。科赫在明胶中加上一些营养物质（如肉质），加热融化后，倒在一片灭过菌的玻璃片上，待其凝固后，用在火焰上烧红，因而没有污染任何微生物的白金丝（因为白金丝烧红后很快便会冷却，现在我们用电炉丝代替，价格便宜多了）沾上一点要分离的样品，在凝固的明胶上轻轻划动，使样品中的很少量微生物沾在明胶上，然后用玻璃罩盖上玻璃片，以防空气中的杂菌落下污染，几天后，明胶板上便长出菌落。这种方法叫作划线分离法。由于明胶是透明的，所以很容易观察。后来，科赫的助手又发现用洋菜（学名叫琼脂，一种做果酱的植物胶）代替明胶，可以克服明胶在37℃会融化的缺点；另一位助手又设计了一种圆形的有边的、可以对着盖起来的培养器具，使得融化的洋菜或明胶不会随便乱流，又可以避免污染杂菌。从19世纪80年代起，这些分离微生物的特殊用具，成了微生物学实验室必备的特征性物品，至今依旧。

任务1　微生物的无菌接种

一、任务目标

（1）掌握无菌操作技术的基本环节。

（2）学会利用无菌操作技术进行斜面接种、三点接种操作。

二、任务相关知识

在微生物分离、纯化和培养过程中，为了保证微生物的“纯洁”，必须防止其他微生物的混入。这种在分离、转接及培养纯培养物时为防止其他微生物污染的技术，称为无菌操作技术（aseptic technique）。无菌操作技术是保证微生物学研究和发酵正常进行的关键。接种是将微生物或微生物悬液引入新鲜培养基的过程，无菌接种技术就是在微生物的转接过程中防止其他微生物污染的接种技术。在实验和生产过程中，因目的、培养基种类和实验器皿等不同，所用的接种方法也不尽相同，如有斜面接种、液体接种、固体接种、穿刺接种等，但目的都是为了获得生长良好的纯种微生物。

1. 微生物培养的常用器具及其灭菌

试管、玻璃烧瓶、平皿等是最为常用的培养微生物的器具，在使用前必须先行灭菌，使容器中不含任何生物。最常用的灭菌方法是高压蒸汽灭菌，可以杀灭所有的生物，包括最耐热的某些微生物的休眠体，同时可以基本保持培养基的营养成分不被破坏。有些玻璃器皿也可采用高温干热灭菌。为了防止杂菌，特别是空气中的杂菌污染，试管及玻璃烧瓶都需采用适宜的塞子塞口，通常采用棉花塞，也可采用各种金属、塑料及硅胶帽，以达到只可让空气通过、而空气中的微生物不能通过的目的。平皿由正反两个平面板互扣而成，这种器具是专为防止空气中微生物的污染而设计的。

2. 无菌操作技术

为了保证微生物在接种过程中不被其他微生物污染，需要从接种的环境、接种的器具、培养基、操作人员等几个方面抓起。

（1）环境条件的灭菌：

微生物的接种操作一般是在超净工作台或无菌室内进行，条件差的实验室也要求在酒精灯火焰附近完成操作（一般认为，距离酒精灯火焰 5 cm 的范围内为无菌区）。

①无菌室的灭菌。

无菌室在使用之前，打开紫外灯照射约 30 min，就能使空气和室壁表面基本无菌。为了加强灭菌效果，在开灯前可以在接种室内喷洒石炭酸溶液，接种室的台面等可以用 2% ~ 3% 的来苏水擦洗，亦可用福尔马林熏蒸灭菌。

②超净工作台。

超净工作台是借助于鼓风机将普通空气鼓入，通过粗滤、超滤纤维过滤后，进入工作台内的空气即为无菌空气。在使用前，应先打开超净工作台里的紫外灯，提前照射约 30 min；接种前，提前打开鼓风机 5 ~ 6 min；实验结束后，用消毒液擦拭工作台面，关闭工作电源，重新开启紫外灯照射 15 min。

③接种室无菌程度的检查。

取无菌的营养琼脂平板，在接种室内台上和台下各放 1 套，打开皿盖，放置 15 min，盖上皿盖，37℃倒置培养 24 ~ 28 h。如果每个平皿内菌落数不超过 4 个，则可认为无菌程度良好；若菌落较多，则应对接种室进一步灭菌。

（2）接种器的灭菌。

实验过程中用到的器具，如平板、试管、移液管、三角瓶、接种针、涂布棒等，都要进行灭菌。一般来说，平板、试管、移液管、三角瓶等需要在接种前提前灭好菌。

在接种前拿进无菌室或超净工作台，在对空气灭菌的同时，对它们的包装进行再次表面杀菌。接种针、接种环一般采取火焰灼烧法灭菌，即接种前在酒精灯外焰灼烧灭菌、冷却后直接使用。涂布棒一般采取 75% 酒精浸泡后，再在酒精灯火焰上灼烧的方法灭菌。

（3）培养基及生理盐水的灭菌。

实验过程中用到的培养基和稀释用生理盐水一律要求灭菌。另外，有些添加进培养基中的药品也要灭菌。

（4）操作人员。

操作人员进入无菌室之前应洗净手、脸、腕，换上已灭菌的工作服和专用鞋、帽、口罩等，勿使头发、内衣等露出，剪去指甲，双手按规定方法洗净并消毒。室内操作人员不宜过多，尽量减少人员流动。在超净工作台上工作时，应对手进行酒精消毒，消毒后不能随便离开工作台面，如果离开，应再次消毒。操作过程中尽量少说话，尽量减少人员流动。

另外，对于好氧培养，所用试管及三角瓶的口端需塞上棉塞、硅胶或包扎多层纱布，这样既能进入空气，又能阻挡外界的微生物进入。对于好氧发酵，则需要通入无菌空气，无菌空气可以采取过滤除菌、加热灭菌或高空采集空气等方法获得。

2. 接种技术

在实验室或生产实践中，用得最多的接种工具是接种环、接种针。

根据接种微生物的性质和接种要求的不同，接种针的针尖部常做成不同的形状，如环形、针形、刀形、耙形等（图 4–1）。有时，滴管、吸管也可作为接种工具进行液体接种。在固体培养基表面要将菌液均匀涂布时，需要用到涂布棒。

常用的接种方法有以下几种：

（1）划线接种。

这是最常用的接种方法，即蘸取少量微生物或含有微生物的悬液，在固体培养基表面来回作直线形的移动，就可达到接种的作用。

常用的接种工具有接种环、接种针等。在斜面接种和平板划线中就常用此法。

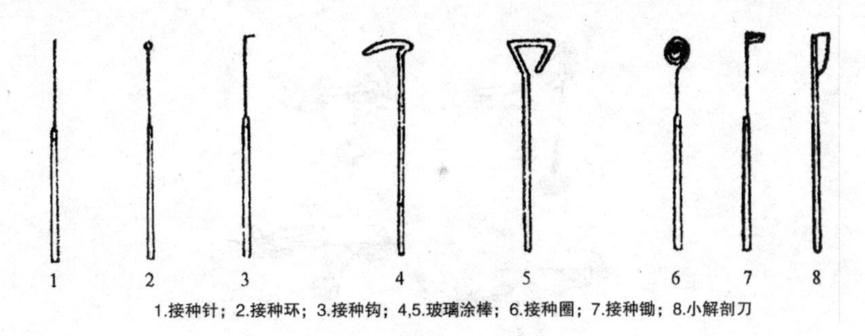

图 4–1　微生物接种和分离工具

（2）三点接种。

在研究霉菌形态时常用此法，即把少量的微生物接种在平板表面上，成等边三角形的三点，让它各自独立形成菌落后，来观察、研究它们的形态。除三点外，也有一点或多点进行接种的。三点接种的方法不仅可同时获得 3 个重复的霉菌菌落，还可以在 3 个彼此相邻的菌落间形成 1 个菌丝生长较稀疏且较透明的狭窄区域，在该区域内的气生菌丝仅可分化出少数籽实器官。因此，直接将培养皿放低倍镜下就可观察到子实体的形态特征，从而省略了制片的麻烦，避免了由于制片而破坏子实体自然生长状态的弊端。

（3）穿刺接种。

在保藏厌氧菌种或研究微生物的动力时常采用此法。做穿刺接种时，采用的接种工具是接种针，采用的培养基一般是半固体培养基。它的做法是：用接种针蘸取少量的菌种，沿半固体培养基中心向管底做直线穿刺。如某细菌具有鞭毛而能运动，培养一段时间后，则微生物在穿刺线周围扩散生长。

（4）浇混接种。

该法是先将待接种的微生物制备成菌悬液，用滴管或移液管接种到培养皿中，然后倒入冷却至 45℃左右的固体培养基，迅速轻轻摇匀，这样菌液就达到稀释的目的。待平板凝固之后，置于合适温度下培养，就可长出单个的微生物菌落。稀释倾注平板法就是采用浇混的方式进行接种。

（5）涂布接种。

涂布接种与浇混接种略有不同，就是先倒好平板，让其凝固，然后再将菌液倒入平板上面，迅速用涂布棒在表面作来回左右的涂布，让菌液均匀分布，就可长出单个的微生物菌落。

（6）液体接种。

从固体培养基中，用无菌生理盐水将菌洗下，倒入液体培养基中；或用接种环（针）挑取固体培养基上的菌落（菌苔），接至液体培养基；或者从液体培养物中，用移液管将菌液接至液体培养基中；或从液体培养物中，将菌液移至固体培养基中。以上都可称为液体接种。

（7）注射接种。

注射接种是用注射的方法将待接种的微生物转接至活的生物体内，如人或其他动物中，常见的疫苗预防接种，就是用注射接种接入人体，来预防某些疾病。

（8）活体接种。

活体接种是专门用于培养病毒或其他病原微生物的一种方法，所用的活体可以是整个动物，也可以是某个离体活组织。接种的方式是注射，也可以是拌料喂养。

三、任务所需器材

（1）试管菌种：大肠杆菌、酵母菌、霉菌。

（2）器材：酒精灯、接种环、接种针、灭菌培养皿、恒温培养箱、显微镜。

（3）其他：马铃薯葡萄糖培养基、营养琼脂斜面、标签纸，培养基需要灭菌。

四、任务技能训练

1. 斜面接种

如图 4-2 所示。

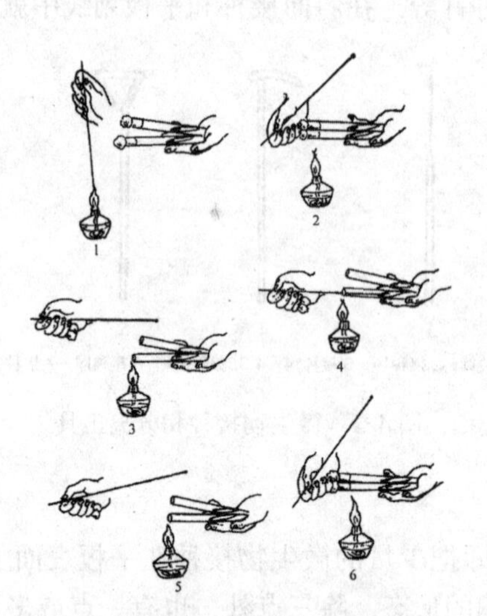

1. 灼烧接种工具；2. 拔棉塞；3. 容器口部灭菌；4. 菌种转接；5. 容器口部灭菌；6. 塞棉塞

图 4-2 斜面接种的无菌操作

（1）贴标签。接种前在新鲜培养基试管壁距试管口 2 ~ 3 cm 处贴上标签，注明菌名、接种日期、接种人姓名等（若用记号笔标记则不需标签）。

（2）点燃酒精灯。注意酒精灯点燃时，应先使打火机点火后再靠近灯芯点燃，不能直接利用已灼烧的酒精火焰对另一只酒精灯进行点火。

（3）接种。用接种环将少许酵母菌种移接到试管斜面上。操作必须按无菌操作法进行。

●手持试管。将菌种和待接斜面的两支试管用大拇指和其他四指握在左手中，使中指位于两试管之间的部位。斜面面向操作者，并使它们位于水平位置。

●旋松管塞。先用手旋松棉塞或塑料管盖，以便接种时拔出。

●取接种环。右手拿接种环（如握钢笔一样），在火焰上将环端及将有可能伸入试管的其余部分灼烧灭菌，对镍镉丝与柄的连接部位要着重灼烧，重复此操作，再灼烧 1 次。

●拔管塞。用右手的无名指、小指和手掌边先后取下菌种管和待接试管的管塞，然后让试管口缓缓过火灭菌（切勿烧得过烫）。

●接种环冷却。将灼烧过的接种环伸入菌种管，先让环接触没有长菌的培养基部分，使其冷却。

●取菌。待接种环冷却后，轻轻蘸取少量菌体或孢子，然后将接种环移出菌种管，注意不要使接种环的部分碰到管壁，取出后不可使带菌接种环通过火焰。

●接种。在火焰旁迅速将沾有菌种的接种环伸入另一支待接斜面试管。从斜面培养基的底部向上部作“Z”形来回密集划线，切勿划破培养基。有时也可用接种针仅在斜面培养基的中央拉一条直线作斜面接种，直线接种可观察不同菌种的生长特点。

●塞管塞。取出接种环，灼烧试管口，并在火焰旁将管塞旋上。塞棉塞时不要用试管去迎棉塞，以免试管在移动时纳入不洁空气。

●将接种环灼烧灭菌。放下接种环，再将棉花塞旋紧。

（4）培养。将接种好的大肠杆菌斜面置于37℃恒温培养箱培养48 h；霉菌和酵母菌斜面置于28℃恒温培养箱中培养，酵母菌培养24 h；霉菌培养5 d。

（5）结果观察。观察斜面上长出菌落（菌苔）的特征。

2. 三点接种

（1）倒平板。融化马铃薯葡萄糖琼脂培养基，冷却至50℃左右，按无菌操作法将培养基倒入无菌培养皿中，平置，冷却、凝固。

（2）贴标签。将注明菌名、接种日期及接种者姓名的标签贴于皿底边上。

（3）标出三点。用记号笔在皿底标出等边三角形的3个顶点。

（4）点接。①挑孢子。将经灼烧灭菌过的接种针在菌种试管斜面上端没有微生物的培养基上冷却并湿润后，用针尖挑取少量孢子，将针柄在管口轻轻碰几下，以抖落未黏牢的孢子。然后移出接种针，塞上棉塞。②点接。左手将预先倒置在酒精灯旁的含培养基的皿底取出（皿底朝上，仍放在酒精灯旁），随之将培养基一面朝向火焰，并使皿底垂直于桌面，将沾有孢子的接种针尖垂直地点接于标记处，然后将皿底轻轻地放入皿盖中。最后将带菌的接种针烧红，以杀灭残留的孢子，才能将其放到桌面上。

（5）培养。将培养皿倒置于28℃恒温培养箱中，培养3 ~ 5 d后，观察菌落生长情况。

（6）显微镜观察。将培养好的平板直接放在显微镜下观察，查看霉菌孢子着生情况。

五、任务考核指标

微生物斜面接种技术的考核见表4–1。

表4–1　微生物斜面接种技术考核表

考核内容		考核指标	分 值
接种前准备 未对培养皿贴标签		未检查操作台上的接种工具是否齐全	10
接种操作	接种前的操作	双手未用75%酒精擦拭	30
		接种环未在火焰上做灭菌处理	
		手拿接种环勇于灭菌操作姿势不当	
		接种环中的接种丝没有烧红	
		接种环中的接种金属杆没有灼烧	
	取菌过程	接种环未冷却直接挑取菌种	20
		挑菌种时接种环碰及管壁	
		挑取菌种后接种环穿过火焰	
		划线挑菌种时用力过大并划破培养基	
	取菌后操作	试管棉塞直接放在桌面或书本上	20
		接种完后，接种环没有灭菌就放在桌面上	
		接种完后，试管口没有灼烧灭菌就塞上棉塞	
斜面划线 灭菌后，拔试管塞不规范 划线未呈“Z”形划线 划线时划破斜面		手持2支试管方法不对	20
合计		——	100

任务2　菌种的分离、纯化和培养

一、任务目标

（1）掌握倒平板的方法和几种常用的微生物分离与纯化的基本操作技术。

（2）掌握无菌操作的基本环节。

（3）了解细菌和霉菌培养的适宜条件。

二、任务相关知识

（一）菌种分离、纯化

自然界中的微生物总是混居在一起的，即使1粒土、1滴水或1颗粮食中也生存着多种微生物。要研究和利用其中的某一种微生物，首先必须将其从混杂的微生物群体中分离出来，获得该微生物的纯种。将特定的微生物个体从样体中或从混杂的微生物群体中分离出来的技术叫作分离。在特定环境中，只让一种来自同一祖先的微生物群体生存的技术叫作纯化。因此，微生物的分离纯化是微生物实验中的最基本技术之一。

单个微生物在适宜的固体培养基表面或内部生长、繁殖到一定程度，可以形成肉眼可见的、有一定形态结构的子细胞生长群体，称为菌落（colony）。当固体培养基表面众多菌落连成一片时，便成为菌苔（lawn）。不同微生物在特定培养基上生长形成的菌落或菌苔一般都具有稳定的特征，可以成为对该微生物进行分类、鉴定的重要依据。

大多数细菌、酵母菌以及许多真菌和单细胞藻类能在固体培养基上形成孤立的菌落，采用适宜的平板分离法很容易得到纯培养。所谓平板，即培养平板（culture plate）的简称，是指固体培养基倒入无菌平皿，冷却凝固后，形成固体培养基的平皿。这个方法包括将单个微生物分离和固定在固体培养基表面或里面（固体培养基是用琼脂或其他凝胶物质固化的培养基）。每个孤立的活微生物体生长、繁殖形成菌落，形成的菌落便于移植。最常用的分离、培养微生物的固体培养基是琼脂固体培养基平板，这种由Kock建立的采用平板分离微生物纯培养的技术简便易行，100多年来一直是各种菌种分离的最常用手段。

平板分离细菌单菌落的方法通常有：平板划线法、涂布平板法、稀释倒平板法（倾注法）、稀释摇管法等。

1. 平板划线法

平板划线法是最简单的微生物分离纯化方法。用无菌的接种环取样品稀释液（或培养物）少许，在平板上进行划线。划线的方法很多，常见的比较容易出现单个菌落的划线方法有斜线法、曲线法、方格法、放射法、四格法等（见图4-3）。平板划线法主要应用于食品致病菌进行增菌后的平板分离。当接种环在培养基表面上往后移动时，接种环上的菌液逐渐稀释，最后在所划的线上分散着单个细胞，经培养，每一个细胞长成一个单独的菌落（见图4-4）。

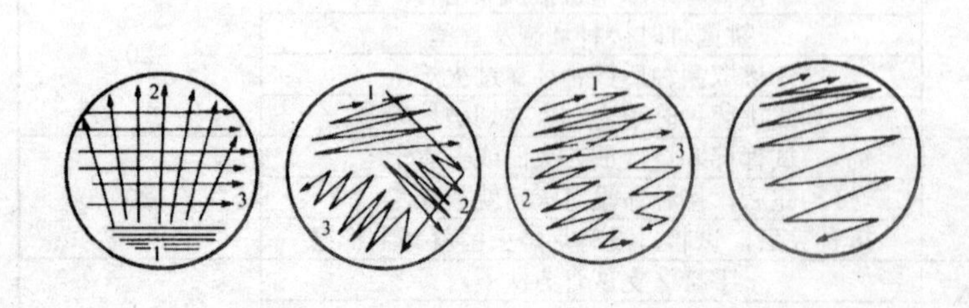

图4-3 平板划线法的划线方法

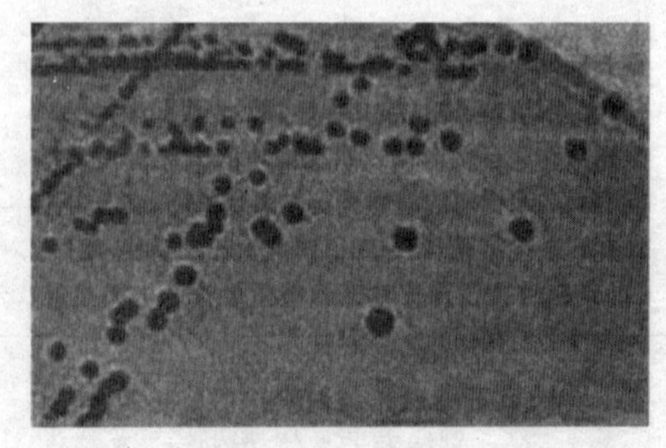

图4-4 平板划线法经培养后形成的菌落

2. 涂布平板法

由于将含菌材料先加到还较烫的培养基中再倒平板，易造成某些热敏感菌的死亡，而且采用稀释倒平板法，会使一些严格好氧菌被固定在琼脂中间，因缺乏氧气而影响其生长。因此在微生物学研究中，更常用的纯种分离方法是涂布平板法。其做法是：先将已熔化的培养基倒入无菌平皿，制成无菌平板，冷却凝固后，将一定量的某一稀释度的样品悬液滴加在平板表面，再用无菌玻璃刮刀或L型无菌玻璃涂棒将菌液均匀分散至整个平板表面，经培养后挑取单个菌落。

3. 稀释混合平板法

稀释混合平板法首先将样本通过无菌水进行10倍系列稀释，取一定量的稀释液加到无菌培养皿中，倾注40～50℃左右的适宜固体培养基充分混合，待凝固后做好标记，把平板倒置在恒温箱中定时培养（图4-5）。

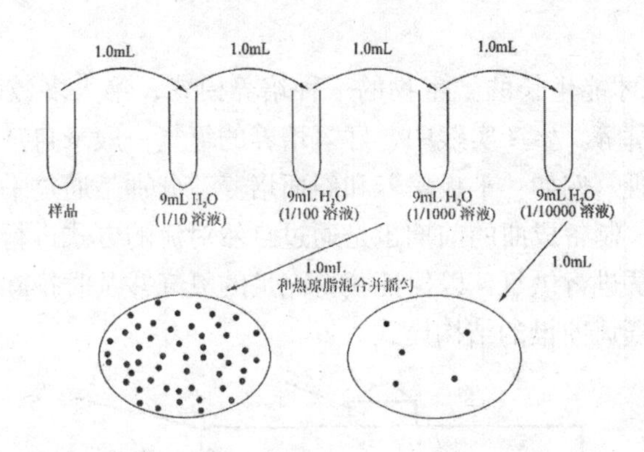

图4-5　稀释混合平板法

4. 稀释摇管法

用固体培养基分离严格厌氧菌有其特殊的地方。如果该微生物暴露于空气中不立即死亡，可以采用通常的方法制备平板，然后置放在封闭的容器中培养，容器中的氧气可采用化学、物理或生物的方法清除。对于那些对氧气较为敏感的厌氧性微生物，纯培养的分离则可采用稀释摇管培养法进行，该法是稀释倒平板法的一种变通形式，即先将一系列盛无菌琼脂培养基的试管加热，使琼脂熔化后冷却并保持在50℃左右，将待分离的材料用这些试管进行梯度稀释，试管迅速摇动均匀，冷凝后，在琼脂柱表面倾倒一层灭菌液状石蜡和固体石蜡的混合物，将培养基和空气隔开。培养后，菌落形成在琼脂柱的中间。进行单菌落的挑取和移植，需先用一只灭菌针将液状石蜡的石蜡盖取出，再用一只毛细管插入琼脂和管壁之间，吹入无菌、无氧气体，将琼脂柱吸出，置放在培养皿中，用无菌刀将琼脂柱切成薄片进行观察和菌落的移植（图4-6）。

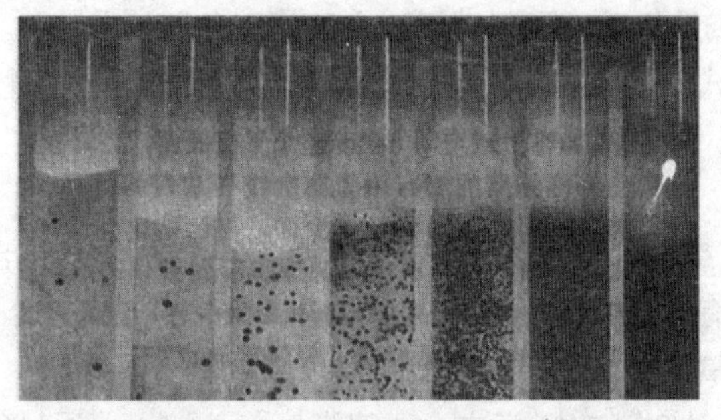

图4-6 用稀释摇管法在琼脂柱中形成的菌落照片
（从右至左稀释度不断提高）

5. 液体培养基分离纯化

对于大多数细菌和真菌，用平板法分离通常是有效的，因为它们的大多数种类在固体培养基上长得很好。然而迄今为止，并不是所有的微生物都能在固体培养基上生长，如一些细胞较大的细菌、许多原生动物和藻类等，这些微生物仍需要用液体培养基分离来获得纯培养。通常采用的液体培养基分离纯化法是稀释法。接种物在液体培养基中进行顺序稀释，以得到高度稀释的效果，使1支试管中分配不到1个微生物。如果经稀释后的大多数试管中没有微生物生长，那么有微生物生长的试管得到的培养物可能就是纯培养物。如果经稀释后的试管中有微生物生长的比例提高了，那么得到纯培养物的概率就会急剧下降。因此，采用稀释法进行液体分离，必须在同一个稀释度的许多平行试管中，大多数（一般应超过95%）表现为不生长。

（二）微生物培养

根据微生物对氧气的需求不同，可以分为好氧培养、厌氧培养和兼性好氧（厌氧）培养；根据微生物培养方式的不同，可以分为分批培养、补料分批培养和连续培养；根据培养体系中微生物的种类不同，又可以分为单一菌种发酵和多菌种发酵。

1. 好氧培养与厌氧培养

（1）好氧培养。

好氧培养是针对需要氧气才能生长的微生物的一种培养模式，绝大多数的培养都属于好氧培养，如平板培养、斜面培养、谷氨酸发酵等。生产实践中，好氧培养的氧气一般来自空气。固体培养中可以通过空气自然对流或机械通风的方法实现。例如：平板培养和斜面培养，分别是通过平板玻璃的缝隙和棉塞的缝隙进行自然供氧的；在酱油生产中，制备成曲的前期也是通过自然对流的方式进行供氧，但是到了菌丝生长旺盛期，就需要采取机械通风的方法进行供氧，以保证获得充足的氧气并及时排除霉菌生长产生的热量和二氧化碳。图4–7示意了酱油生产中通风曲槽的结构模式。

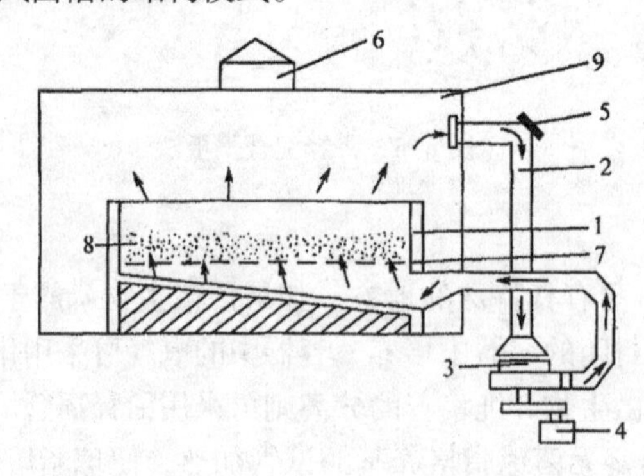

1. 曲床；2. 风道；3. 鼓风机；4. 电动机；5. 入风口；6. 天窗；7. 帘子；8. 曲料；9. 曲槽罩

图4–7 酱油生产中通风曲槽的结构模式

在液体培养中，微生物只能利用培养液中的溶解氧，所以维持适当的溶解氧是好氧培养的关键。常温常压下达到平衡时，氧在水中的溶解度仅为6.2 mL/L，这些氧只能氧化8.3 g葡萄糖，仅相当于培养基中常用葡萄糖浓度1%，因此，供氧量几乎是限制因子。在液体三角瓶培养中，一般是采取振荡培养的方法实现供氧，摇瓶的方式主要有往复式和旋转式两种。在发酵罐内进行好氧培养时，一般采用通入无菌压缩空气的方式供氧，另外通过搅拌作用，增加氧气在发酵液中的溶解度。

（2）厌氧培养。

厌氧培养是指在隔绝氧气或驱除空气的状态下进行培养。专性厌氧细菌需要在绝对厌氧的状态下才能生长发育，但在实验条件下，有时兼性厌氧细菌也采取厌氧培养的方式培养。在生产和实践中，除了可以采用专门的厌氧培养装置，如厌氧培养皿、厌氧罐，还可以采取以下形式。

●与空气隔绝或尽量少接触空气的培养法：把琼脂培养基加入普通试管约10 cm高度进行穿刺培养，或移植于液体培养基和固体斜面培养基上以后，再加1层液状石蜡或矿物油，用这些方法可防止与空气接触。

●除掉空气的方法：把微生物装入耐压容器中进行真空培养，或充满二氧化碳、氢气、氮气、氯气等。这些气体可把事先混入的微量氧气除掉。在氢存在时，可用置换后飞溅火花等方法来除掉残存的氧气。

●去氧的方法：如加入焦性没食子酸和碳酸钠进行化学除氧，在有水的情况下，它们缓慢作用，吸收氧气，放出二氧化碳，造成缺氧和低氧化还原电位的环境。或使用好氧细菌及发芽的种子，使通过呼吸而消耗掉氧气。

2. 分批培养、流加培养和连续培养

（1）分批培养。

分批培养又称间歇培养。在1个相对独立密闭的系统中，一次性投入培养基对微生物进行接种培养的方式，一般称为分批培养（batch culture）。由于它的培养系统的相对密闭性，故分批培养也叫密闭培养（closed culture）。如在微生物研究中，用烧瓶作为培养容器进行的微生物培养，一般是分批培养。在培养过程中，随着培养时间的延长，营养物不断被消耗而减少，代谢产物不断产生而得到累积，营养物质的减少和代谢产物的累积都不利于微生物的生长，最终菌体生长停止。在分批培养过程中，微生物群体生长表现为细胞对新的环境的适应到逐步进入快速生长，而后较快转入稳定期，最后走向衰亡的阶段分明的群体生长过程。由于分批培养相对简单与操作方便，至今仍是发酵工业的主流。

（2）补料－分批培养。

补料－分批培养又称流加培养、半连续发酵，是指在微生物分批发酵过程中，以某种方式向发酵系统中补加一定物料，但并不连续地向外放出发酵液的发酵技术，是介于分批发酵和连续发酵之间的一种发酵技术。一方面，补料－分批培养中可以通过添加新鲜培养基的方式，使培养基中营养物质的浓度维持在适合菌体生长或利于菌体积累代谢产物的水平，从而提高产出；另一方面，新鲜培养基的进入，对代谢产物的浓度也起到了一定的稀释的作用，减轻了代谢产物对微生物生长的抑制。在生产实践中，中间补料的营养物可以是某种碳源、氮源、无机盐、生长因素等，也可以是单独一种或混合的多种营养物，补料的数量可以达到基础料的1～3倍；补充的方式可以是一次性的，也可以是间歇多次的，还可以是连续流加的。

（3）连续培养。

连续培养是指在培养过程中不断补充新鲜营养物质，同时以同样的速度不断排除老菌液，使被消耗的营养物得到及时补充，培养容器内营养物质的浓度基本保持恒定，从而使菌体保持恒速生长。连续培养可以提高发酵率和自动化水平，减少动力消耗并提高产品质量。在连续培养过程中，可以根据研究者的目的与研究对象不同，分别采用不同的连续培养方法。常用的连续培养方法有恒浊法与恒化法两类，近年来，固定化细胞连续培养也悄然兴起。

3. 混合培养

在微生物的培养体系中，只有一种微生物的培养称为纯培养，含有两种或两种以上微生物的培养称为混合培养。在发酵工业中，利用两种或两种以上在代谢活动上具有互补性质的菌种进行混合培养，可以取得纯培养达不到的目的。例如：白酒生产大曲酒的制曲工艺中就是多菌种发酵的典型，曲块中含有酵母菌、霉菌、细菌等几十种微生物，这些微生物共同作用，产生丰富的代谢产物，代谢产物及代谢产物之间发生复杂化学反应形成新的产物，共同构成大曲酒丰满醇和的风味。在污水处理中也是采用混菌培养，活性污泥中栖息着以菌胶团为主的微生物群，具有很强的吸附与氧化有机物的能力。

三、任务所需器材

（1）仪器：超净工作台或无菌室、摇床、恒温培养箱。

（2）培养基：无菌水（或生理盐水）、营养琼脂、马铃薯葡萄糖琼脂。

（3）样品：土壤样品，酱牛肉、大米等样品。

（4）其他：吸管、酒精灯、三角瓶、试管、培养皿、涂布棒、试管架、记号笔等。

四、任务技能训练

（一）微生物分离与纯化无菌操作的环节和要点

（1）用于微生物分离与纯化的无菌室或超净工作台应经常清理打扫，使用前用紫外灯照射5～10 min，或用3%～5%的石炭酸溶液喷雾消毒。

（2）操作人员需用75%酒精棉球擦手。

（3）操作过程不得离开酒精灯火焰。

（4）棉塞不乱放。

（5）分离与纯化菌种所用工具，使用前需经火焰灼烧灭菌，用后需经火焰灼烧灭菌，才能放在桌上。

（6）所有使用器皿、蒸馏水、培养基等均需严格灭菌。

（二）采样和样品稀释液的制备

1. 采样

（1）土壤：选定采土壤样的地点，先除去表层 5 cm 的土壤，用铲子取 5 ~ 10 cm 的土壤装入无菌容器中。

（2）散装酱牛肉、大米：超市购买后装入无菌容器中。

2. 制备样品稀释液

称取 10 g 样品，加入盛有 90 mL 的无菌水的三角瓶中，置于摇床上振荡 30 min，使样品中菌体充分分散于水中，此样品稀释液记为 10^{-1}，依次用 4 支装 9 mL 无菌水的试管进行 10 倍系列稀释（吸取菌悬液 1 mL 注入第一支含有 9 mL 无菌水的试管，混匀，其稀释度为 10^{-2}），即依此可稀释制成稀释度为 10^{-3}、10^{-4}、10^{-5} 的菌悬液。

（三）样品中微生物的分离纯化

1. 平板划线分离法

接种环火焰灭菌冷却后蘸取一环稀释度力 10^{-1} 样品稀释液，在已制成的营养琼脂平板和马铃薯葡萄糖琼脂平板上，进行连续划线。做好标记，倒置在恒温箱［细菌（36 ± 1）℃，培养 24 ~ 48 h；霉菌：（28 ± 1）℃，培养 72 ~ 120 h］后观察结果。

2. 稀释混合平板分离法

首先给无菌培养皿依次编号，写明稀释度、皿次、分离培养日期、班级、组别。用灭菌吸管吸取土壤 10^{-3}、10^{-4}、10^{-5}（酱牛肉、大米用 10^{-1}、10^{-2}、10^{-3}）稀释液各 1 mL，分别滴加于相应的培养皿中。待热溶的营养琼脂和马铃薯葡萄糖培养基冷至 45℃左右，倒入滴加菌悬液的培养皿中，并使培养基与菌悬液充分混合，待凝固后，倒置在恒温箱［细菌：（36 ± 1）℃，培养 24 ~ 48 h；霉菌：（28 ± 1）℃，培养 72 ~ 120 h］观察结果。

3. 稀释涂布平板法

首先给制备的平板依次编号，写明稀释度、皿次、分离培养日期、班级、组别。用灭菌吸管吸取土壤 10^{-3}、10^{-4}、10^{-5}（酱牛肉、大米用 10^{-1}、10^{-2}、10^{-3}）稀释液各 0.1 ~ 0.2 mL，分别滴加对应编号的营养琼脂平板和马铃薯葡萄糖琼脂平板上，然后用无菌的涂布棒把稀释液均匀地涂布在培养基表面，倒置在恒温箱［细菌：（36 ± 1）℃，培养 24 ~ 48 h；霉菌：（28 ± 1）℃，培养 72 ~ 120 h］观察结果。

（四）实验结果

将利用平板划线分离法、稀释混合平板法和稀释涂布平板法从样品中分离得到的细菌和霉菌纯培养物总菌落数结果填入表 4–2 中。

表 4–2 菌种培养实验结果

分离方法		平板划线分离法	稀释混合平板法	稀释涂布平板法
细菌	稀释度			
	1			
	2			
	平均值			
霉菌	稀释度			
	1			
	2			
	平均值			

五、任务考核指标

微生物分离与纯化技能的考核见表4-3。

表4-3 微生物分离与纯化技能考核表

考核内容		考核指标	分值
准备工作及器皿标记	手部消毒	未用酒精棉球消毒	2
	酒精灯准备	未点燃就开始操作 酒精灯位置不当	4
	试管标记	未注明稀释度	2
	平皿标记	标记作在盖上 未注明稀释度	4
样品稀释及加样	稀释用无菌水准备	移液管选择不恰当 取水量不准	8
	样品处理	取样前未摇匀 取样量不准	10
	梯度稀释	移液管放样方法不对 水样与稀释水未混匀 加样顺序错误	10
	加样操作	加样时打开皿盖手法不对 加样时加样量不准 加样时远离酒精灯	15
培养基加入 棉塞放置桌面 加培养基时打开皿盖手法不对 倒培养基时远离酒精灯 未做平旋混合水样		打开瓶盖手法错误	25
平板划线分离 划线未按方法划线 划线时划破斜面		手持平皿、接种环方法不对	10
稀释混合平板分离与稀释涂布平板分离 稀释液在平板上涂布不匀 未作倒置培养		稀释液与培养基未充分混合	10
合计		——	100

任务3　微生物菌种的保藏

一、任务目标

（1）学会斜面传代低温保藏菌种的操作方法。

（2）了解斜面传代低温保藏法的优缺点。

二、任务相关知识

菌种是一种资源，不论是从自然界直接分离到的野生型菌株，还是经人工方法选育出来的优良变异菌株或基因工程菌株，都是国家的重要生物资源。因此，菌种保藏是一切微生物工作的基础，菌种保藏的目的是使菌种保藏后不死亡、不变异、不被杂菌污染，并保持其优良性状，以利于生产和科研的应用。

菌种保藏原理的核心问题是必须降低菌种的变异率，以达到长期保持菌种优良特性的目的，而菌种的变异主要发生于微生物旺盛的生长繁殖过程。因此必须创造一种环境，使微生物处于新陈代谢最低水平、生长繁殖不活跃状态。

目前，菌种保藏的方法很多，但基本都是根据以下原则设计的：

（1）必须选用典型优良纯种，最好采用它们的休眠体（如芽孢、分生孢子等）进行保藏。

（2）创造一个有利于微生物长期休眠的环境条件，如低温、干燥、缺氧、避光、缺乏营养、添加保护剂等。

（3）尽量减少传代次数。采用以上措施，有利于达到长期保藏的目的。下面介绍几种常用的菌种保藏方法（表 4–4）。

表 4–4 几种常用的菌种保藏方法比较

方法名称	主要措施	适宜菌种	保藏期
斜面低温保藏法	低温	各大类	3 ～ 6 个月
半固体保藏法	低温	细菌、酵母菌	6 ～ 12 个月
石蜡油封藏法	低温、缺氧	各大类好氧生物	1 ～ 2 年
沙土管保藏法	干燥、缺氧、无营养、低温	产孢子的微生物	1 ～ 10 年
冷冻真空干燥保藏法	干燥、无氧、低温、有保护剂	各大类	5 ～ 15 年
液氮超低温冷冻保藏法	干燥、无氧、超低温、有保护剂	各大类	20 年以上

（一）微生物菌种的保藏类型

通过分离纯化得到的微生物纯培养物，还必须通过各种保藏技术使其在一定时间内不死亡，不会被其他微生物污染，不会因发生变异而丢失重要的生物学性状，否则就无法真正保证微生物研究和应用工作的顺利进行。菌种或培养物保藏是一项最重要的微生物学基础工作，微生物菌种是珍贵的自然资源，具有重要意义，许多国家都设有相应的菌种保藏机构，如中国微生物菌种保藏委员会（CCCCM）、中国典型培养物保藏中心（CCTCC）、美国典型菌种保藏中心（ATCC）等。

菌种保藏就是根据菌种特性及保藏目的的不同，给微生物菌株以特定的条件，使其存活而得以延续。例如：利用培养基或宿主对微生物菌株进行连续移种，或改变其所处的环境条件（如干燥、低温、缺氧、避光、缺乏营养等），使菌株的代谢水平降低，乃至完全停止，达到半休眠或完全休眠的状态，在一定时间内得到保存，有的可保藏几十年或更长时间。在需要时，再通过提供适宜的生长条件使保藏物恢复活力。

1. 传代培养保藏

传代培养与培养物的直接使用密切相关，是进行微生物保藏的基本方法。常用的有琼脂斜面、半固体琼脂柱及液体培养等。采用传代法保藏微生物应注意针对不同的菌种而选择使用适宜的培养基，并在规定的时间内进行移种，以免由于菌株接种后不生长或超过时间不能接活，丧失微生物菌种。在琼脂斜面上保藏微生物的时间因菌种的不同而有较大差异，有些可保存数年，而有些仅数周。一般来说，通过降低培养物的代谢或防止培养基干燥，可延长传代保藏的保存时间。例如：在菌株生长良好后，改用橡皮塞封口或在培养基表面覆盖液状石蜡，并放置低温保存；将一些菌的菌苔直接刮入无菌蒸馏水或其他缓冲液后，密封置 4℃保存，也可以大大提高某些菌的保藏时间及保藏效果，这种方法有时也被称为悬液保藏法。

由于菌种进行长期传代十分烦琐，容易污染，特别是由于菌株的自发突交而导致菌种衰退，使菌株的形态、生理特性、代谢物的产量等发生变化，因此一般情况下，在实验室里除了采用传代法对常用的菌种进行保存外，还必须根据条件采用其他方法，特别是对于那些需要长期保存的菌种更是如此。

2. 冷冻保藏

冷冻保藏使微生物处于冷冻状态，令其代谢作用停止以达到保藏的目的。大多数微生物都能通过冷冻进行保存，细胞体积大者要比小者对低温更敏感，而无细胞壁者则比有细胞壁者敏感，其原因与低温会使细胞内的水分形成冰晶、从而引起细胞尤其是细胞膜的损伤有关。进行冷冻时，适当采取速冻的方法，可因产生的冰晶小而减少对细胞的损伤。当从低温下移出并开始升温时，冰晶又会长大，故快速升温也可减少对细胞的损伤。冷冻时的介质对细胞的损伤也有显著的影响。例如：0.5 mol/L 左右的甘油或二甲亚砜可透入细胞，并通过降低强烈的脱水作用而保护细胞；大分子物质，如糊精、血清蛋白、脱脂牛奶或聚乙烯吡咯烷酮（PVP）虽不能透入细胞，但可通过与细胞表面结合的方式而防止细胞膜受冻伤。因此，在采用冷冻法保藏菌种时，一般应加入各种保护剂，以提高培养物的存活率。

3. 干燥保藏法

水分对各种生化反应和一切生命活动至关重要。干燥，尤其是深度干燥是微生物保藏技术中另一项经常采用的手段。沙土管保存和冷冻真空保藏是最常用的两项微生物干燥保藏技术。前者主要适用于产孢子的微生物，如芽孢杆菌、放线菌等。一般将菌种接种斜面，培养至长出大量的孢子后，洗下孢子制备孢子悬液，加入无菌的沙土试管中，减压干燥，直至将水分抽干，最后用石蜡、胶塞等封闭管口，置冰箱保存。此法简便易行，并可以将微生物保藏较长时间，适合一般实验室及以放线菌等为菌种的发酵工厂采用。

4. 冷冻真空保藏

冷冻真空保藏是将加有保护剂的细胞样品预先冷冻，使其冻结，然后在真空下通过冰的升华作用除去水分。达到干燥的样品可在真空或惰性气体的密闭环境中置低温保存，从而使微生物处于干燥、缺氧及低温的状态，生命活动处于休眠状态，可以达到长期保藏的目的。用冰升华的方式除去水分，手段比较温和，细胞受损伤的程度相对较小，存活率及保藏效果均不错，而且经抽真空封闭的菌种安瓿管的保存、邮寄、使用均很方便。因此，冷冻真空干燥保藏是目前使用最普遍、最重要的微生物保藏方法，大多数专业的菌种保藏机构均采用此法作为主要的微生物保存手段。

除上述方法外，各种微生物菌种保藏的方法还有很多，如纸片保藏、薄膜保藏、寄主保藏等。由于微生物的多样性，不同的微生物往往对不同的保藏方法有不同的适应性，迄今为止尚没有一种方法能被证明对所有的微生物均适宜。因此在具体选择保藏方法时，必须对被保藏菌株的特性、保藏物的使用特点及现有条件等进行综合考虑。对于一些比较重要的微生物菌株，则要尽可能多地采用各种不同的手段进行保藏，以免因某种方法的失败而导致菌种的丧失。

（二）微生物菌种保藏的方法

1. 斜面低温保藏法

将菌种接种在斜面培养基上，在适宜的温度下培养，一般细菌培养 1 ~ 2 d，酵母菌培养 3 d 左右，放线菌与霉菌可培养 5 d。再将菌种置于 4℃冰箱中进行保藏，并定期移植。这是实验室最常用的一种保藏方法。此法的优点是操作简单，不需特殊设备；缺点是保藏时间短，菌种经重复转接后，遗传性状易发生变异，生理活性减退。

2. 半固体保藏法

用穿刺接种法将菌种接种至半固体培养基中央部分，在适宜温度下培养，然后将培养好的菌种置于 4℃冰箱保藏。此法一般用于保藏兼性厌氧细菌或酵母菌。

3. 液状石蜡封藏法

将灭菌后的液状石蜡注入已培养好的长有菌的斜面上，液状石蜡的用量以高出斜面顶端 1 cm 左右为准，然后将斜面培养物直立，置于 4℃冰箱内保存。液状石蜡主要起隔绝空气的作用，降低对微生物的供氧量。培养物上面的液状石蜡层也能减少培养基水分的蒸发。故此法是利用缺氧及低温双重抑制微生物生长，从而延长保藏时间。

4. 沙土管保藏法

取用盐酸浸泡后洗至中性的河沙和过筛后的细土，按沙：土 =4 ：1 混合均匀，装入小试管中，塞上棉塞高压蒸汽灭菌，即制成沙土管。无菌操作条件下，从培养好的斜面上取菌，制成菌悬液，在每只沙土管中滴入 4 ~ 5 滴菌悬液，孢子即吸附在沙子上，将沙土管置于真空干燥器中，通过真空达到吸干沙土管中水分的目的，然后将干燥器置于 4℃冰箱中保存。此法利用干燥、缺氧、缺乏营养、低温等因素综合抑制微生物生长繁殖，从而延长保藏时间。

5. 冷冻真空干燥保藏法

吸取 2 mL 已灭菌的脱脂牛奶，加至培养好的菌种斜面上，用接种环轻轻刮下培养物，使其悬浮在牛奶中，制成菌悬液，分装到已灭菌的安瓿管内（0.2 mL/ 管），然后放在低温冰箱（-45 ~ -35℃）中进行预冻，使菌悬液在低温条件下结成冰。再放在真空干燥箱中，开动真空泵进行真空干燥，以除去大部分水分。用火焰熔封安瓿管，置于 4℃冰箱内保藏。脱脂牛奶主要起保护剂的作用，目的是减少因冷冻和水分不断升华对微生物细胞所造成的损害。此法是目前最有效的菌种保藏方法之一。

6. 液氮超低温冷冻保藏法

将培养好的微生物悬浮于 5 mL 含 10% 保护剂的液体培养基中，或者把带菌琼脂块直接浸没于含保护剂的液体培养基中，然后分装在已灭菌的安瓿管中（0.5 ~ 1.0 mL/ 管），用火焰熔封安瓿管口，再将封口的安瓿管置于 -70℃冰箱中预冷冻 4 h（有条件的可采用 1℃ /min 的下降速度控速冷冻），最后再转入液氮（-196℃）中保藏。冷冻保护剂常用浓度为 10%（V/V）的甘油或 10%（V/V）的二甲基亚砜。

此法是目前比较理想的一种保藏方法，它不仅适合保藏各种微生物，而且特别适于保藏某些不宜用冷冻干燥保藏的微生物。此外，保藏期也较长，菌种在保藏期内不易发生变异，国外某些菌种保藏机构以此法作为常规保藏方法。目前，我国许多菌种保藏机构也采用此法保藏菌种。此法的缺点是需要液氮冰箱等特殊设备，故其应用受到一定限制。

三、任务所需器材

（1）仪器：培养箱、超净工作台、冰箱（4℃）、接种针、接种环、酒精灯、标签等。

（2）菌种：待保藏的细菌、放线菌、酵母菌、霉菌等斜面菌种。

（3）培养基：营养琼脂培养基（斜面，培养和保藏细菌用）、麦芽汁琼脂培养基（斜面，培养和保藏酵母菌用）、高氏 1 号琼脂培养基（斜面，培养和保藏放线菌用）、马铃薯葡萄糖琼脂培养基（斜面，培养和保藏霉菌用）。

四、任务技能训练

1. 培养基无菌检验

对待接种的营养琼脂斜面培养基、麦芽汁琼脂斜面培养基、高氏 1 号琼脂斜面培养基和 PDA 斜面培养基进行无菌检验。检验无菌后备用。

2. 接种

将待保藏的细菌、放线菌、酵母菌、霉菌各斜面菌种，在无菌超净工作台上分别接种于相应的斜面培养基上，每一菌种接种 3 支。

3. 贴标签

接种后，将标有菌名、培养基的种类、接种时间的标签贴于试管斜面的正上方。

4. 培养

将接种后并贴好标签的斜面试管放入恒温培养箱进行培养，培养至斜面铺满菌苔。细菌于 37℃培养 24 ~ 36 h，酵母菌于 28 ~ 30℃培养 36 ~ 60 h，放线菌和霉菌于 28℃培养 3 ~ 7 d。

5. 检查

将培养结束后的斜面菌种各挑取 1 支，通过斜面菌苔特征观察、镜检，或实验室发酵试验确定所培养的斜面菌种性能是否保持原种的特性。对于不符合要求的菌种，需重新制作斜面进行培养，检查合格后才能用作斜面菌种的保藏。

6. 保藏

将检查合格的各斜面菌种放入 4℃冰箱保存。为防止棉塞受潮，可用牛皮纸包扎，或换上无菌胶塞，也可以用溶化的固体石蜡熔封棉塞或胶塞。

7. 实验结果

将所培养的各斜面菌种特征填入表 4–5 中。

表 4–5 培养斜面菌种的实验结果

斜面菌种		细菌	放线菌	酵母菌	霉菌
菌苔特征	转接前				
	转接后				

五、任务考核指标

微生物斜面保藏技术的考核见表 4–6。

表 4–6 微生物斜面保藏技术考核表

考核内容		考核指标	分值
接种前准备		未检查操作台上的接种工具是否齐全	5
接种操作	接种前的操作	双手未用 75% 酒精擦手	20
		接种环未在火焰上做灭菌处理	
		手拿接种环用于灭菌操作姿势不当	
		接种环中的接种丝没有烧红	
		接种环中的接种金属杆没有灼烧	
	取菌过程	接种环没有冷却就直接挑取菌种	20
		挑菌种时接种环碰及管壁	
		挑取菌种后接种环穿过火焰	
		划线时划破培养基	
	取菌后操作	试管棉塞拉出后直接放在桌面上	20
		接种完后，接种环没有灭菌灼烧	
		接种完后，试管口没有灼烧灭菌	
斜面划线 灭菌后，拔试管塞不规范 划线未呈“Z”形划线 划线时划破斜面		手持 2 支试管方法不对	20
贴标签 粘贴位置是否正确		标签是否标有菌名、培养基种类、接种时间	5
接种培养保藏 保藏是否及时 保藏温度与方法是否正确		接种后培养温度与时间是否正确	10
合计		——	100

[学习拓展]

一、微生物的遗传变异

（一）遗传与变异

在应用微生物加工制造和发酵生产各种食品的过程中，要想有效地、大幅度地提高产品的产量、质量和花色品种，首先必须选育优良的生产菌种，而优良菌种的选育是在微生物遗传变异的基础上进行的。遗传与变异是相互关联又是相互独立的两个方向，在一定的条件下，二者是可以相互转换的。认识和掌握微生物的遗传变异的基本原理和规律是搞好菌种选育的关键。不同类群的微生物，其遗传物质结构、存在方式和作用机理也有所不同。

1. 遗传与变异的概念

遗传与变异是生物体最基本的特征，也是微生物菌种选育的理论基础。遗传是指亲代传递给子代一套实现与其相同性状的遗传信息，这种信息只有当子代个体生活在合适的环境下，才能表达出与亲代间相似、连续的性状。变异是指子代个体因生活环境和其他因素发生改变而与亲代间的不连续、差异性的现象。早在1865年，遗传学家孟德尔用豌豆做遗传学试验，就得出了重要的遗传学规律，揭示的遗传本质是性状是由遗传因子决定的，后来人们把孟德尔的遗传因子称为基因。实质上，遗传的实质是亲代的遗传基因传递给子代，使子代与亲代具有相同的基因，从而表现为相似的性状。如果遗传基因发生了改变，子代与亲代就会有差异。

2. 遗传与变异的物质基础——核酸

生物体的遗传物质究竟是细胞内的什么物质？直到20世纪40年代，先后通过3个著名的实验证实，人们才普遍认识核酸（DNA或RNA）是真正的遗传物质。

（1）肺炎双球菌转化实验。

1928年，英国科学家格里菲斯（F.Griffith）在进行肺炎双球菌的研究中发现：一种肺炎双球菌的野生型有毒、产荚膜、菌落光滑，称为S型菌落。其突变型无毒、不产荚膜、菌落粗糙，称为R型菌落。Griffith以R型和S型菌株作为实验材料进行遗传物质的实验，他将活的、无毒的R型肺炎双球菌，或加热杀死的有毒S型肺炎双球菌注入小白鼠体内，结果小白鼠安然无恙；将活的、有毒的S型肺炎双球菌，或将大量经加热致死的有毒的S型肺炎双球菌和无毒、活的R型肺炎双球菌混合后，分别注射到小白鼠体内，结果小白鼠患病死亡，并从小白鼠体内分离出活的S型菌。Griffith称这一现象为转化作用。实验表明，S型死菌体内有一种物质能引起R型活菌转化产生S型菌，这种转化的物质（转化因子）是什么，Griffith对此并未做出回答。

1944年，美国的埃弗雷（O.Avery）等人在Griffith工作的基础上，从热致死的S型肺炎双球菌中提取了荚膜多糖、蛋白质、RNA和DNA，分别将它们和R型活菌混合，在动物体外进行培养，观察哪种物质变化能引起转化作用。结果发现，只有DNA能起这种作用，而经DNA酶处理后，转化现象消失。实验表明，只有S型细菌的DNA才能将肺炎双球菌的R型转化为S型。且DNA纯度越高，转化效率也越高。说明S型菌株转移给R型菌株的是遗传因子，即DNA才是转化因子。决定微生物遗传的物质也只有DNA。

（2）噬菌体感染实验。

1952年，Hershey（汉文名字是什么）和Chase（汉文名字是什么）利用同位素对大肠杆菌的吸附、增殖和释放进行了实验研究。因T_2噬菌体是由含硫元素的蛋白质外壳和含磷元素的DNA核心组成，所以可以用32P或35S标记T_2噬菌体，分别得到32P的T_2和35S的T_2。将这些标记的噬菌体与大肠杆菌混合，经短时间保温后，T_2完成吸附和侵入过程，经组织捣碎器捣碎、离心沉淀，分别测定沉淀物和上清液中的同位素标记。结果发现，几乎所有的32P都和细菌一起出现在沉淀物中，而所有的35S都在上清液中，这也就意味着，大肠杆菌噬菌体侵染大肠杆菌时，噬菌体的蛋白质外壳完全留在菌体外，而只有DNA进入细胞内，同时使整个T_2噬菌体复制完成。最后从细胞中释放出上百个具有与亲代相同的蛋白质外壳的完整的子代噬菌体。从而进一步证实了DNA才是全部遗传物质的本质。

（3）植物病毒重建实验。

1956年，弗兰克尔·康拉特（Fraenkel Corat）用烟草花叶病毒（TMV）进行实验。TMV由筒状的蛋白质外壳包裹着一条单链RNA分子组成。把TMV在水和苯酚溶液中振荡，使蛋白质和RNA分开，纯化后分别感染烟草，结果只有RNA感染烟草，表现出病害症状，而蛋白质部分却不能感染烟草。

TMV具有许多不同的株系，由于蛋白质的氨基酸组成不同，因而引起的病状不同。它们的RNA和蛋白质都可以人为地分开，又可重新组建新的具有感染性的病毒。当用TMV的RNA与霍氏车前花叶病毒（HRV）

的蛋白质外壳重建后的杂合病毒去感染烟草时，烟叶上出现的是典型的TMV病斑，由此分离的蛋白质与TMV相似，分离出来的新病毒也是典型的TMV病毒。反之，用HRV的RNA与TMV的蛋白质外壳进行重建时，也可获得相同的结论。这就充分说明，核酸（这里为RNA）是病毒的遗传物质。因此，可以确信无疑地得出结论，只有核酸才是贮存遗传信息的真正物质。

（二）微生物的基因突变

基因突变是指生物体内的遗传物质发生了稳定的可遗传的变化，包括基因突变和染色体畸变。在微生物中，基因突变是最常见、最重要的。

1. 基因突变类型

（1）营养缺陷型：营养缺陷型微生物是指经基因突变引起的代谢障碍而必须添加某种营养物质才能正常生长的突变型。这种突变型在科研和生产中具有重要的应用价值。

（2）条件致死突变型：条件致死突变型是指微生物经基因突变后，在某一条件下呈现致死效应，而在另一种条件下却不表现致死效应的突变型。如温度敏感突变型。

（3）形态突变型：由于突变而引起的细胞形态变化或菌落形态的改变的非选择变异。如孢子有无、孢子颜色、鞭毛有无、荚膜有无、菌落的大小、外形的光滑与粗糙等。

（4）抗性突变型：由于基因突变，而使原始菌株产生了对某种化学药物或致死物理因子的抗性的变异。根据其抵抗的对象不同，又分为抗药性、抗紫外线、抗噬菌体等突变类型。这些突变类型在遗传学研究中非常有价值，常被用作选择性标记菌种。

（5）产量突变型：通过基因突变而获得有用的代谢产物产量上高于原始菌株的突变株，也称高产突变株，这在食品微生物生产实践中十分重要。但由于产量性状是由许多遗传因子决定的，因此产量突变型的突变机制是很复杂的，产量的提高也是逐步积累的。产量突变型实际上有两种类型：一类是某代谢产物比原始菌株有明显提高的，可称为“正突变”；另一类是产量比其亲本有所降低，即称为“负突变”。其他突变型，如毒力、糖发酵能力、代谢产物的种类和数量以及对某种药物的依赖等的突变型。

2. 基因突变的特点

（1）自发性和不对应性：自发性是指微生物各种性状的突变都可以在没有任何人为的诱变因素作用下自发产生。不对应性是指基因突变的性状与引起突变的因素之间无直接的对应关系。任何诱变因素或通过自发突变都可以获得任何性状的突变株，如紫外线诱变下可以出现抗紫外线的菌株，但是通过其他诱变因素或自发突变也可能获得同样的抗紫外线的菌株。同样，用其他方法引起的突变也可能是任何性状的突变。

（2）自发突变概率低：虽然自发突变随时都可能发生，但是突变的频率是很低的。尽管基因突变的概率很低，但是微生物的数量非常庞大，微生物的自发突变是存在的。

（3）独立性：突变对每个细胞是随机的，对每个基因也是随机的。每个基因的突变是独立的，既不受其他基因突变的影响，也不会影响其他基因的突变。

（4）稳定性：由于基因突变使遗传物质发生了变化，所以突变产生的新变异性状是稳定的，也是可遗传的。

（5）诱变性：通过人为的诱变剂作用，可将突变率提高 $10 \sim 10^6$ 倍。由于诱变剂仅仅是提高突变率，所以自发突变和诱发突变所获得的突变菌株并没有本质区别。

（6）可逆性：任何突变产生的性状在以后的遗传中仍可能由于突变回复到原先的性状，实验证明，回复突变的概率与突变概率基本是相同的。

二、微生物的菌种选育

菌种选育就是利用微生物遗传物质变异的特性，采用各种手段，改变菌种的遗传性状，经筛选获得新的适合生产的菌株，以稳定和提高产品质量或得到新的产品。

良好的菌种是微生物发酵工业的基础。在应用微生物生产各类食品时，首先是挑选符合生产要求的菌种，其次是根据菌种的遗传特点，改良菌株的生产性能，使产品产量、质量不断提高。如发现菌种的性能下降时，还要设法使其复壮。最后还要有合适的工艺条件和合理先进的设备与之配合，这样菌种的优良性能才能得到充分发挥。

（一）从自然界中分离菌种的步骤

生产上使用的微生物菌种，最初都是从自然界中筛选出来的。自然界的微生物种类多、分布广，它们在自然界中大多是以混杂的形式群居在一起的。现代发酵工业是以纯种培养为基础，首先必须把所需要的菌种从许许多多的杂菌中分离出来，然后采用各种不同的筛选手段，挑选出性能良好、符合生产需要的纯种，这是工业育种的关键一步。自然界工业菌种分离筛选的主要步骤是：采样、增殖培养、培养分离和筛选。如果产物与食品制造有关，还需对菌种进行毒性鉴定。

1. 采样

以采集土壤为主，也可以从植物腐败物及某些水域中采样。从何处采样，这要根据选菌的目的、微生物的分布状况及菌种的特征与外界环境关系等，进行综合地、具体地分析来决定。由于土壤是微生物生活的“大本营”，其中包括各种各样的微生物，但微生物的数量和种类常随土质的不同而不同。一般在有机质较多的肥沃土壤中，微生物的数量最多，中性、偏碱的土壤中，以细菌和放线菌为主；酸性红土壤及森林土壤中，霉菌较多；果园、菜园和野果生长区等富含碳水化合物的土壤和沼泽地中，酵母和霉菌较多。浅层土比深层土中的微生物多，一般离表层 5 ~ 15 cm 深处的微生物数量最多。

采样应充分考虑采样的季节性和时间因素，以温度适中、雨量不多的初秋为好。采样方式是：在选好适当地点后，用无菌刮铲、土样采集器等，采集有代表性的样品盛入清洁的聚乙烯袋、牛皮纸袋或玻璃瓶中，扎好并标上样本的种类及采集日期、地点以及采集地点的地理、生态参数等。

如果知道所需菌种的明显特征，则可直接采样。例如：分离能利用糖质原料、耐高渗的酵母菌，可以采集加工蜜饯、糖果、蜂蜜的环境土壤样本；分离利用石蜡、烷烃、芳香烃的微生物，可以从油田中采样；分离啤酒酵母，可以直接从酒厂的酒糟中分离等。

2. 增殖培养

一般情况下，采来的样品可以直接进行分离。如果样品中所需要的菌类含量并不很多，就要设法增加所要菌种的数量，以增加分离的概率。增加该菌种的数量，这种人为的方法称为增殖培养（又叫富集培养法）。进行增殖培养是根据所分离菌种的培养条件、生理特性来确定特定的增殖条件，其手段是通过选择性培养基控制营养条件、生长条件、加入一定的抑制剂等，其目的是使其他微生物尽量处于抑制状态，要分离的微生物（目的微生物）能正常生长，经过多次增殖后成为优势菌群。

3. 纯种分离

通过增殖培养，虽然目的微生物大量存在，但它不是唯一的，仍有其他微生物与其混杂生长，因此还必须分离和纯化。常用的纯种分离方法有稀释分离法、划线分离法和组织分离法。

（1）稀释分离法：将样品进行适当稀释，然后将稀释液涂布于培养基平板上进行培养，待长出独立的单个菌落，进行挑选分离。

（2）划线分离法：首先倒培养基平板，然后用接种针（接种环）挑取样品，在平板上划线。划线方法可用分步划线法或 1 次划线法，无论用哪种方法，基本原则是确保培养出单个菌落。

（3）组织分离法：主要用于食用菌菌种分离。分离时，首先用 10% 漂白粉或 75% 酒精对子实体进行表面消毒，用无菌水洗涤数次后，移植到培养皿中的培养基上，于适宜温度培养数天后，可见组织块周围长出菌丝，并向外扩展生长。

4. 纯种培养

经过分离培养，在平板上出现很多单个菌落，通过菌落形态观察，选出所需菌落，然后取菌落的一半进行菌种鉴定，对于符合目的菌特性的菌落，可将之转移到试管斜面纯培养。

5. 生产性能测定

从自然界中分离得到的纯种称为野生型菌株，这只是筛选的第一步。所得菌种是否具有生产上的实用价值，能否作为生产菌株，还必须采用与生产相近的培养基和培养条件，通过三角瓶的容量进行小型发酵试验，以求得适合于工业生产用菌种。如果此野生型菌株产量偏低，达不到工业生产的要求，可以留之作为菌种选育的诱发菌株。

（二）微生物的诱变育种

诱变育种是利用物理和化学诱变剂处理微生物细胞群，促进其突变率迅速提高，再从中筛选出少数符合育种目的的突变株。诱变育种的主要手段是以合适的诱变剂处理大量而分散的微生物细胞，在引起大部分细胞死亡的同时，使存活细胞的突变率迅速提高，再设计简便、快速和高效的筛选方法，进而淘汰负突变，并把正突变中效果最好的优良菌株挑选出来。

诱变育种是国内外提高菌种产量、性能的主要手段。诱变育种具有极其重要的意义，当今发酵工业所使用的高产菌株，几乎都是通过诱变育种而大大提高了生产性能。其中，最突出的例子是青霉素的生产菌种，通过诱变育种，从最初的几百发酵单位提高到目前的几万发酵单位。诱变育种不仅能提高菌种的生产性能，而且能改进产品的质量、扩大品种、简化生产工序。从方法上讲，诱变育种具有方法简便、工作速度快和效果显著等优点。目前在育种方法上，虽然杂交、转化、转导以及基因工程、原生质体融合等方面的研究都在快速地发展，但诱变育种仍为目前比较主要、广泛使用的育种手段。

三、微生物菌种的退化和复壮

（一）菌种的退化

随着菌种保藏时间的延长或菌种的多次转接传代，菌种本身所具有的优良的遗传性状可能得到延续，也可能发生变异。变异有正变（自发突变）和负变两种。对产量性状来说，负变即菌株生产性状的劣化或有些遗传标记的丢失，均称为菌种的退化。在生产实践中，必须将由于培养条件的改变导致菌种形态和生理上的变异与菌种退化区别开来。优良菌株的生产性能是和发酵工艺条件紧密相关的，例如：如果培养条件发生变化，如培养基中缺乏某些元素，会导致产孢子数量减少，也会引起孢子颜色的改变；如果温度、pH 值发生变化，会使发酵产量发生波动。所有这些，只要条件恢复正常，菌种原有性能就能恢复正常，这些原因引起的菌种变化不能称为菌种退化。

菌种退化的主要原因是基因的负突变。当控制产量的基因发生负突变，就会引起产量下降；当控制孢子生成的基因发生负突变，则使菌种产孢子性能下降。一般而言，菌种的退化是一个从量变到质变的逐步演变过程。开始时，在群体中只有个别细胞发生负突变，这时如不及时发现并采用有效措施，而一味地移种传代，就会造成群体中负突变个体的比例逐渐增加，最后占据优势，从而使整个群体表现出严重的退化现象。因此，突变在数量上的表现依赖于传代，即菌株处于一定条件下，群体多次繁殖，可使退化细胞在数量上逐渐占优势，于是退化性状的表现就更加明显，逐渐成为一株退化了的菌体。

（二）防止菌种退化的措施

（1）控制传代次数。微生物存在着自发突变，而突变都是在繁殖过程中发生并表现出来的。菌种的传代次数越多，产生突变的概率就越高，菌种发生退化的机会就越多。所以，无论在实验室或生产实践上，尽量避免不必要的移种和传代，把必要的传代控制在最低水平，以降低自发突变的概率。

（2）创造良好的培养条件。在生产实践中，创造和发现一个适合原种生长的条件可以防止菌种退化，如选择合适的培养基、温度和营养等。

（3）利用不同类型的细胞进行移种传代。在有些微生物中，如放线菌和霉菌，其菌的细胞常含有几个核甚至是异核体，用菌丝接种就会出现不纯和衰退；而孢子一般是单核的，用它接种时，就没有这种现象发生。

（4）采用有效的菌种保藏方法。用于食品工业生产的一些微生物菌种，其主要性状都属于数量性状，而这类性状恰是最容易退化的。即使在较好的保藏条件下，还是存在这种情况。因此有必要研究和制定出更有效的菌种保藏方法，以防止菌种退化。

（三）退化菌种的复壮

狭义的复壮是指从退化菌种的群体中找出少数尚未退化的个体，以达到恢复菌种的原有典型性状；广义的复壮是指在菌种的生产性能尚未退化前，就经常而有意识地进行纯种分离和生产性能的测定工作，以达到菌种的生产性能逐步提高的目的。实际上，这是一种利用自发突变（正突变）不断从生产中进行选种的工作。

[习题]

1. 什么叫作无菌技术？
2. 斜面接种的基本操作有哪些？
3. 液体接种技术有哪些？
4. 平板划线法需注意什么？
5. 简述微生物保藏的原理。
6. 试总结各种菌种保藏方法的适用菌种、适用工作环境、保藏时间、优缺点。
7. 如何防止菌种管棉塞受潮和杂菌污染？
8. 报告在微生物分离纯化操作中，特别应注意的问题有哪些？
9. 在恒温箱中培养微生物时，为何培养皿需要倒置？

模块二　食品微生物检验技术

项目五　食品微生物检验的基本程序

【知识目标】

（1）熟悉微生物检验中菌落总数的含义、卫生学意义及检验程序。
（2）掌握微生物检验中菌落总数的操作技术。

【能力目标】

（1）能够详细叙述各种检样的制备过程。
（2）能够独立完成用于微生物检验的3种以上检样的制备任务。

【素质目标】

通过任务实施，养成严谨求实的科学精神，认真负责的态度，诚实守信、遵纪守法的行为习惯。

【案例导入】

×× 网记者 ××2013年4月19日报道：今天下午3时许，×× 市 ×× 区中心医院接诊 ××× 集团有限公司多名职工，均出现呕吐、腹泻等症状。×× 区食药监局接报后，立即派监督员赶赴现场调查处置。经查，从19日下午1点至6点，×× 公司36名职工前往 ×× 区中心医院就诊，9人前往 ×× 医院就诊。就诊人员症状以呕吐为主，大部分患者症状较轻，经对症治疗后，病情缓解离院。4名症状较重的患者已住院治疗。

×× 网记者从食品药品监督管理部门了解到，×× 公司共有员工1 200名，该公司设有食堂，供应早中晚三餐，发病员工均食用过今日食堂供应的午餐。根据目前调查情况，初步判断这是一起因该公司食堂今日中午供应的不洁食物引起的细菌性食物中毒，基本排除化学性中毒。

目前，×× 市食品药品监督管理局 ×× 分局、×× 分局已对就诊人员进行个案调查和肛拭采样；同时对该食堂留样食品、操作环节和从业人员进行肛拭采样；所有样品均已送检测机构开展相关检测。×× 分局已对 ×× 公司食堂采取了封存控制措施。目前，此起事件仍在进一步调查中。

任务　检验样品的制备

一、任务目标

（1）掌握食品微生物检验的一般程序。
（2）学会对检验样品进行预处理。

二、任务相关知识

应用食品微生物检测技术确定食品表面及内部是否存在微生物、微生物的数量，甚至微生物的类别，是评估相关产品卫生质量的一种科学手段。样品的采集与处理直接影响到检测结果，是食品微生物检测工作非常重要的环节。要确保检测工作的公正、准确，必须掌握适当的技术要求，遵守一定的规则程序。如果样品在采取、运送、保存或制备过程中的任一环节出现操作不当，都会使微生物的检测结果毫无意义。由此可见，对特定批次食品所抽取的样品数量、样品状况、样品代表性及随机性等，对质量控制具有重要意义。样品采集原则如下：

●根据检测目的、食品特点、批量、检测方法、微生物的危害程度等确定取样方案。

●应采用随机原则取样，确保所采集的样品具有代表性。

●取样过程遵循无菌操作程序，防止一切可能的外来污染。

●样品在保存和运输的过程中，应采取必要的措施，防止样品中原有微生物的数量发生变化，保持样品的原有状态。

（一）取样准备工作

在食品的检验中，样品的采集是极为重要的一个步骤。所采集的样品必须具有代表性，这就要求检验人员不但要掌握正确的采样方法，而且要了解食品加工的批号、原料的来源、加工方法、保藏条件、运输、销售中的各环节，以及销售人员的责任心和卫生知识水平等。样品可分为大样、中样、小样 3 种。大样是指一整批；中样是指从样品各部分取的混合样，一般为 250 g；小样又称为检样，一般以 25 g 为准，用于检验。样品的种类不同，采样的数量及采样的方法也不一样。但是，一切样品的采集必须具有代表性，即所取的样品能够代表食物的所有成分。如果采集的样品没有代表性，即使一系列检验工作非常精密、准确，其结果也毫无价值，甚至会出现错误的结论。

取样及样品处理是任何检验工作中最重要的组成部分。以检验结果的准确性来说，实验室收到的样品是否具代表性及其状态如何是关键问题。如果取样没有代表性或对样品的处理不当，得出的检验结果可能毫无意义。如果根据一小份样品的检验结果去说明一大批食品的质量或一起食物中毒的性质，那么设计一种科学的取样方案及采取正确的样品制备方法是必不可少的条件。

（1）准备好所需的各种仪器。如冰箱、恒温水浴箱、显微镜、天平、搅拌器、混合器等。

（2）无菌室灭菌。如用紫外灯法灭菌，时间不应少于 45 min，关灯半小时后方可进入工作；如用超净工作台，需提前半小时开机。必要时进行无菌室的空气检验，把琼脂平板暴露在空气中 15 min，培养后每个平板上不得超过 15 个菌落。

（3）开启容器的工具。如剪刀、刀子、开罐器、钳子及其他所需工具。这些工具用双层纸包装灭菌（121℃，15 min）后，通常可在干燥洁净的环境中保存 2 个月。超过两个月后要重新灭菌。

（4）样品移取工具。如灭菌的铲子、勺子、取样器、镊子、刀子、剪刀、锯子、压舌板、术钻（电钻）、打孔器、金属试管和棉拭子。

（5）标记工具。包括能够记录足够信息的标签纸（不干胶标签纸）、油性或不可擦拭记号笔等。

（6）样品运输工具。如便携式冰箱或保温箱。运输工具的容量应足以放下所取的样品。使用保温箱或替代容器（如泡沫塑料箱）时，应将足够量的预先冷冻的冰袋放在容器的四周，以保证运输过程中容器内的温度。

（7）取样容器。如灭菌的广口或细口瓶、预先灭菌的聚乙烯袋（瓶）、金属试管或其他类似的密封金属容器。取样时，最好不要使用玻璃容器，因为在运输途中易破碎而造成取样失败。

（8）温度计。通常使用 -20 ~ 100℃，温度间隔为 1℃即可满足要求。为避免取样时破碎，最好使用金属或电子温度计。取样前，在 75% 乙醇溶液或次氯酸钠（浓度≥ 100 mg/L）中浸泡（≥ 30 s）消毒，然后再插入食品中检测温度。

（9）消毒剂。可使用 75% 乙醇溶液、中等浓度（100 mg/L）的次氯酸钠溶液，或其他有类似效果的消毒剂。

（10）稀释液。包括灭菌的磷酸盐缓冲液、灭菌的 0.1% 蛋白胨水、灭菌的生理盐水，以及其他适当的稀释液。

（11）防护用品。对于食品微生物的检测样品，取样时，防护用品主要是用于对样品的防护，即保护生产环境、原料、成品等不会在取样过程中被污染，同样也保护样品不被污染。主要的防护用品有工作服（联体或分体）、工作帽、口罩、雨鞋、手套等。这些防护用品应事先消毒灭菌（或使用无菌的一次性物品）。

应根据不同的样品特征和取样环境，对取样物品和试剂进行事先准备和灭菌等工作。实验室的工作人员进入车间取样时，必须更换工作服，以避免将实验室的菌体带入加工环境，造成产品加工过程的污染。

（二）取样计划

取样是指在一定质量或数量的产品中，取一个或多个单元用于检测的过程。要保证样品能够代表整批产品，其检测结果应具有统计学有效性，于是便提出了“取样计划”的概念。通过取样计划能够保证每个样品被抽取的概率相等。

取样计划通常是指以数理统计为基础的取样方法，也叫统计抽样。取样计划通常要根据生产者过去的工作情况来选择。反映生产者工作情况的取样水平（即加严、正常或放宽）要体现在计划当中，还应包括被测产品被接受或被拒绝的标准。在执行计划前，必须首先征求统计专家的意见，以保证所取样品能够满足这个计划的要求。

目前，微生物检测工作中使用较多的取样计划包括计数取样计划（二级、三级）、低污染水平的取样计划、随机取样等。

1. 常用术语和定义

（1）批：一批产品中特定阶段或时间内代表相同质量样品的单元数。

（2）批量：批中产品的数量。

（3）批的质量：被控特性的单位。每批产品的检测结果常以缺陷单元的百分比表示。有时则以变量单位表示（如：重 / 单位，大肠菌群 /g）。

（4）随机取样：在一批产品中，每个样品或单元都有同样被选择的机会，这种取样方法被称为随机取样。取样时，常需要查阅随机数字表。

（5）代表性样品：广义上是指能够代表一个批的样品，而不仅仅代表其中的一部分。要获得代表性样品需要四个条件：确定整批产品的取样点，建立能够代表整个产品特征的取样方法，选择样品大小，规定取样的频率。

（6）样品单元：一批产品最小的可定义单位，也可称为单元。

（7）取样计划：能代表从一批产品中所取样品的单元数量和每批产品中被接受和拒绝标准的设计计划。

（8）样品量：每批产品中所取的样品数量。

（9）接收质量限：取样检测被确认为满意结果的最大百分比缺陷。

2. 微生物的取样点

（1）微生物的取样。

计划中常包括以下取样点：原料、生产线（半成品、环境）、成品、库存样品、零售商店或批发市场、进口或出口口岸。

（2）原料的取样。

原料的取样包括生产所用的原始材料、添加剂、辅助材料、生产用水等。

（3）生产线样品。

生产线样品是指生产过程中不同加工环节所取的样品，包括半成品、加工台面、与被加工食品接触的仪器面以及操作器具。对生产线样品的采集能够确定细菌污染的来源，可用于加工企业对产品加工过程卫生状况的了解和控制，同时能够用于特定产品生产环节中关键控制点确定和生产企业危害分析与关键控制点（FIACCP）的验证工作。另外，还可以配合生产加工在生产前后或生产过程中对环境样品（如地面、墙壁、天花板以及空气等）取样进行检验，以检查加工环境的卫生状况。

（4）库存样品的取样。

检验可以测定产品在保质期内微生物的变化情况，同时也可以间接对产品的保质期是否合理进行验证。

（5）零售商店或批发市场。

样品的检测结果能够反映产品在流通过程中微生物的变化情况，能够对改进产品的加工工艺起到反馈作用。

（6）进口或出口样品。

通常是按照进出口商所签订的合同进行取样和检测的。但要特别注意的是，进出口微生物指标除满足进出口合同或信用证条款的要求外，还必须符合进口国的相关法律规定，如世界上很多国家禁止含有致病菌的食品进口。

3. 常用微生物取样计划

采用什么样的取样计划主要取决于检测的目的。例如：用一般的食品卫生学微生物检验去判定一批食品合格与否，查找食物中毒病原微生物，鉴定畜禽产品中是否含有人兽共患病原体，等等。目的不同，取样计划也不同。

目前，国内外使用的取样计划多种多样。例如：一批产品采若干个样后混合在一起检验，可按百分比抽样，可按危害程度不同抽样，也可按数理统计的方法决定抽样个数，等等。不管采取何种方案，对抽样代表性的要求是一致的。最好对整批产品的单位包装进行编号，实行随机抽样。下面列举当今世界上较为常见的几种取样计划。

（1）ICMSF 取样计划。

国际食品微生物标准委员会（ICMSF）所建议的取样计划，是目前世界各国在食品微生物工作中常用的取样计划。我国于 2009 年 3 月 1 日实施的 GB/4789.l–2008《食品卫生微生物学检验总则》，吸纳了 ICMSF 1986 年出版第二版《食品微生物 2 微生物检验的抽样原理及特殊应用》的抽样理论，这将对我国食品卫生微生物学监管和确保食品安全具有划时代的影响。

ICMSF 提出的取样基本原则：①各种微生物本身对人的危害程度各有不同。②经不同条件处理后，其危害度变化情况分为三种情况，即危害度降低、危害度未变和危害度增加。应根据产品的这些特性来设定抽样计划，并规定其不同采样数。目前，加拿大、以色列等很多国家已将此法作为国家标准。

为了强调取样与检样之间的关系，ICMSF 已经阐述了严格的取样计划与食品危害程度相联系的概念（ICMSF，1986）。在中等或严重危害的情况下使用二级取样方案，对健康危害低的则建议使用三级取样方案。

ICMSF 是将微生物的危害度、食品的特性及处理条件三者综合在一起进行食品中微生物危害度分类的。这个设想是很科学并符合实际情况的，对生产厂及消费者来说都是比较合理的。

（2）低浓度微生物样品的取样。

如果食品中所含微生物浓度低于菌落计数的灵敏度，通常采用连续稀释法并用多管技术对其进行活菌计数。需要时，可将大量的（如 100 g、10 g 和 1 g）食品接种到含有适当培养基的大容器中。

另一种方法是：抽取一系列数量相同的样品，检测是否含有可疑微生物。如果未检出，则用该方法估算检测出至少一个可疑菌所需抽取的最大样品单元，这种方法被称作定性取样。该方法适用于罐装食品、袋装牛奶等小包装食品（如罐装食品）的取样，因为这些食品中多数含有被杀死的细菌，活菌数较低，同时也能用于大桶装冰淇淋等大包装的食品。

（3）随机抽样计划。

随机抽样法是较常用的抽样计划之一。在现场抽样时，可利用随机抽样表进行随机抽样。随机抽样表系用计算机随机编制而成，其使用方法如下：

①先将一批产品的各单位产品（如箱、包、盒等）按顺序编号，如将一批 600 包的产品编为 1，2，…，600。

②随意在表上点出一个数，查看该数字所在的行和列，如点在第 48 行、第 10 列的数字上。

根据单位产品编号的最大位数，查出所在行的连续列数字（如上述所点数为第 48 行、第 10 列、11 列和 12 列，其数字为 245），则编号与该数相同的那一份单位产品，即为一件应抽取的样品。

③按上述方法继续查下一行的相同连续列数字，抽取为另一件应抽取的样品，直到完成应抽样品件数为止。

（4）非随机取样计划。

通常，我们希望通过随机取样获得样品。例如：可使用随机取样表抽取一条生产线或仓库中的样品，用表中的数字确定不同的取样时间和地点。但生产中会出现很多特殊情况，如在加工熟食品时，细菌数会随着生产程序而增多；分装食品的管道系统不清洁或开始生产前未充分洗净，最开始生产的产品细菌就很高；传送食品的管道温度适于细菌生长，则在传送过程中细菌会逐渐增加。

另外，当整批食品贮存条件相同，采用随机取样比较合理。但对于一堆食品，其贮存温度和其他条件往往都是变化的。在这种情况下，从不同部位取样，获取的信息就不同。如果对环境条件进行同步检测（如用多功能记录仪和几个温度计检测整批食品贮存温度的变化），环境变化对微生物的影响就被检测出来。

4. 取样标准

取样标准通常是指标准化了的取样计划。目前，国内外关于取样的标准很多，但无论哪种标准都只有一个目标，即获得代表性的样品，并通过对样品的检测得到能够代表整批产品的检验结果。取样时，应根据不同的产品类型、产品状态等，选择不同的取样方法和标准。下面，简要介绍一些常用的取样标准，读者可根据实际情况在工作中参考。

（1）SN 0330–1994《出口食品中微生物学检验通则》。

该标准规定了食品中微生物学检验取样的一般要求，规定了取样的数量、方法，样品的标记、报告以及样品的保存和运输方面的要求。主要采用随机取样计划，并在附录中列出随机取样表。对于标准中无取样规定的出口食品，可参照本标准的取样方法取样。

（2）GB/T 2828.1–2003《计数抽样检验程序第一部分：按接收质量限（AQL）检索的逐批检验抽样计划》。

该标准是计数连续批抽样检验计划，属于计数调整型抽样标准。调整型抽样是指在产品质量正常的情况下，采用正常抽样计划进行检验；产品质量变坏或生产不稳定时，则换用加严的抽样计划，使存伪率的概率减小；产品质量比所要求质量好且稳定时，则可换用放宽的抽样计划，减少样品数量，节约检验费用。该计划主要用于来自同一来源连续批的检验。抽样时，应注意抽样计划与转移规则必须一起使用。

（3）GB/T 15239《孤立批计数抽样检验程序及抽样表》。

孤立批是指脱离已生产或汇集的批系列，不属于当前检验批系列的批。当检验的是单独一批货很少几批产品，无法使用转移规则来调整检验的严格度时，使用孤立批计数抽样检验程序及抽样表。

（4）GB/T 14437《产品质量监督计数一次抽样检验程序及抽样方案》。

该标准适用于各级政府质量技术监督部门根据国家的有关法律、法规等，对生产、加工、销售的产品、商品的质量及服务进行有计划、有重点的监督抽查。适用于以下 3 种情况：

①以不合格品率为质量指标。

②总体量大于 250。

③总体量与样本之比大于 10。

使用本标准首先应给出合格监督总体的定义，当监督总体的实际不合格率（不合格品率的真值）高于 P 时（P 表示理论不合格率），该监督总体为不合格监督总体；当该监督总体的实际不合格率（不合格率的真值）不高于 P 时，该监督总体为合格监督总体。

（三）样品的采集方法

正确的取样方法能够保证取样方案的有效执行，以及样品的有效性和代表性。取样必须遵循无菌操作程序，取样工具，如整套不锈钢勺子、镊子、剪刀等，应当高压灭菌，防止一切可能的外来污染。容器必须清洁、干燥、防漏、广口、灭菌，大小适合盛放检样。取样全过程应采取必要的措施，防止食品中固有微生物的数量和生长能力发生变化。确定检验批，应注意产品的均质性和来源，确保检样的代表性。

进行食品微生物检验时，针对不同的食品，取样方法各不相同。ICMSF 对食品的混合、加工类型、贮存方法及微生物检测项目的抽样方法都有详细的规定。下面简要介绍一些常用的取样方法。

1. 液体食品

通常情况下，液态食品较容易获得代表性样品。液态食品（如牛奶、奶昔、糖浆）一般盛放在大罐中，取样时，可连续或间歇搅拌（可使用灭菌的长柄勺搅拌），对于较小的容器，可在取样前将液体上下颠倒，使其完全混匀。较大的样品（10 ~ 500 mL）要放在已灭菌的容器中送往实验室。实验室在取样检测之前，应将液体再彻底混匀1次。

2. 固体样品

依所取样品材料的不同，所使用的工具也不同。固态样品常用的取样工具有灭菌的解剖刀、勺子、软木钻、锯子、钳子等。面粉或奶粉等易于混匀的食品，其成品质量均匀、稳定，可以抽取小样品（如100 g）检测。但散装样品就必须从多个点取大样，且每个样品都要单独处理，在检测前要彻底混匀，并从中取1份样品进行检测。

肉类、鱼类或类似的食品，既要在表皮取样又要在深层取样。深层取样时，要小心不要被表面污染。有些食品，如鲜肉或熟肉可用灭菌的解剖刀和钳子取样；冷冻食品可在不解冻的状态下，用锯子、木钻或电钻（一般斜角钻入）等获取深层样品；粉末状样品取样时，可用灭菌的取样器斜角插入箱底，样品填满取样器后提出箱外，再用灭菌小勺从上、中、下部位采样。

大块整体食品应用无菌刀具和镊子从不同部位割取，割取时应兼顾表面与深部，注意样品的代表性。小块大包装食品应从不同部位的小块上切取样品，放入无菌盛样容器。

3. 冷冻食品

大包装小块冷冻食品按小块个体采取，大块冷冻食品可以用无菌刀从不同部位削取样品，或用无菌小手锯从冻块上锯取样品，也可以用无菌钻头钻取碎屑状样品，放入盛样容器。

4. 表面取样

通过惰性载体，可以将表面样品上的微生物转移到合适的培养基中进行微生物检测，这种惰性载体既不能引起微生物死亡，也不能使其增殖。这样的载体包括清水、拭子、胶带等。取样后，要使微生物长期保存在载体上，既不死亡，增殖又不十分困难，所以应尽早地将微生物转接到适当的培养基中。转移前，耽误的时间越长，品质评价的可靠性就越差。

表面取样技术只能直接转移菌体，不能作系列稀释，只有在菌体数量较少时才适用。其最大优点是检测时不破坏食品样品。以下介绍几种较常见的表面取样技术。

（1）棉拭子法：

进行定量检测时，必须先用灭菌取样框（塑料或不锈钢等）确定被测试的区域。

①棉花－羊毛拭子。

用干燥的棉花－羊毛缠在长4 cm、直径1.0～1.5 cm的木棒或不锈钢丝上做成棉花－羊毛拭子。然后将拭子放在合金试管中，盖上盖子后灭菌。取样时，先将拭子在稀释液中浸湿，然后在待测样品的表面缓慢旋转拭子，平行用力涂抹两次。涂抹的过程中，应保证拭子在取样框内。取样后，拭子放回装有10 mL取样溶液的试管中。

②海藻酸盐棉拭子。

由海藻酸盐羊毛制成。将海藻酸盐羊毛缠在直径为1.5 mm的木棒上，做成长1.0～1.5 cm、直径7 mm的拭子头，灭菌后放入试管中，取样步骤同上。取样后，放入装有10 mL的1∶4 Ringer氏溶液（含1%偏磷酸六钠）的试管中。

（2）淋洗法。

用10倍于样品的灭菌稀释液（质量比）对样品进行淋洗，得到样品原液，此取样方法可用于香肠、干果、蔬菜等食品。报告结果时，应注明该结果仅代表样品表面的细菌数。

（3）胶带法。

这种取样方法要用到不干胶胶带或不干胶标签。不干胶标签的优点是能把采样的详细情况写在标签的背面，取样后贴在粘贴架上。不干胶胶带取样后，同样需转接到一个无菌粘贴架上。这种方法可用于检测食品表面和仪器设备表面的微生物。胶带和标签制成后，可用易挥发溶液进行短时间的灭菌。必须确保灭菌后的胶带无菌或残留的微生物失去活性。

胶带或标签的一端要向内弯回大约1 cm左右，以方便使用。取样时，把胶带从粘贴架上取下，压在待测物质表面，迅速取样后，重新粘回到模板上。送到实验室后，将胶带（或标签）从粘贴架上取下，压在所需培养基表面。

（4）琼脂肠法。

琼脂肠是由无菌圆塑料袋（或塑料筒）和加入其中的无菌琼脂培养基制成。可在实验室制作，一些国家也有成品出售。使用时，在琼脂的末端无菌切开，将暴露的琼脂面压在样品表面，用无菌解剖刀切下一薄片，放在培养皿上培养。

（5）影印盘法。

影印盘是一种无菌的塑料盘，也可称为“触盘”或“RODAC盘”，可以从许多生产厂商处买到。制作时，按要求在容器中央填满足够的琼脂培养基，并形成凸状面。需要时，将琼脂表面压在待测物表面。取样后。再放入适当的温度培养。影印盘典型的剖面如图 5-1 所示。

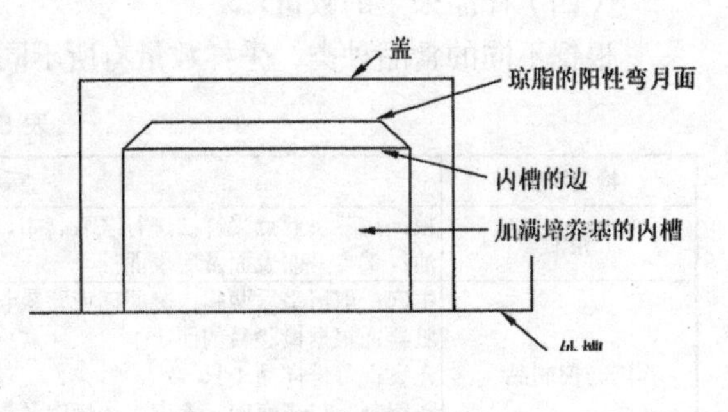

图 5-1 影印盘剖面

（6）触片法。

用一个无菌玻片触压食品表面，带回实验室。固定染色（如革兰氏染色法）后，在显微镜下检测。也可以将取样的玻片压在倒有培养基的平板上，将细菌转接到琼脂表面，（用无菌镊子）移去玻片后，培养平板。这种方法不能用于菌体计数，但能快速判断优势菌落的类型，对生肉、禽肉和软奶酪等食品更为适用。

（7）表层切片法。

用灭菌解剖刀或镊子切取一薄层表层样品，这种方法最适用于家禽皮肤的取样。将样品放入装有适当稀释液的容器中，均质后得到初始浓度的样品原液。

5. 带包装食品

（1）直接食用的小包装食品。

尽可能取原包装，直到检验前不要开封，以防污染。

（2）统装或大容器包装的液体食品和固体食品。

应注意以下两点：①每份样品应用灭菌抽样器由几个不同部位采取，一起放入 1 个灭菌容器内。②注意不要使样品过度潮湿，以防食品中固有的细菌繁殖。

（3）统装或大容器包装冷冻食品。

应注意以下两点：①对大块冷冻食品，应从几个不同部位用灭菌工具抽样，使之有充分的代表性。②在将样品送达实验室前，要始终保持样品处于冷冻状态。样品一旦融化，不可使其再冷冻，保持冷却即可。

6. 检测厌氧微生物的食品

取样检测厌氧微生物时，很重要的一点是食品样品中不能含有游离氧。例如：在肉的深层取少量样品后，要避免使之暴露在空气中。如只能抽取小样品，或需使用棉拭子取样时，就要用一种合适的转接培养基（如 Stuart 转接培养基）来降低氧的浓度。例如：使用藻酸盐羊毛拭子取样后，就不能再放入原来的试管，而应放在盛有 Stuart 转接培养基的瓶中。棉拭子使用前，要先用强化的梭菌培养基浸湿。

7. 水

取水样时，最好选用带有防尘磨口瓶塞的广口瓶。对于用氯气处理过的水，取样后，在每 100 mL 的水样中加入 0.1 mL 的 2% 硫代硫酸钠溶液。

取样时，应特别注意防止样品的污染，样品应完全充满取样瓶。如果样品是从水龙头上取得，龙头嘴的里外都应擦干净。打开龙头让水流几分钟，关上龙头并用酒精灯灼烧，再次打开龙头让水流 1 ～ 2 min 后再接水样并装满取样瓶。这样的取样方法能确保供水系统的细菌学分析的质量。如果检测的目的是用于追踪微生物的污染源，建议还应在龙头灭菌之前取水样或在龙头的里边和外边用棉拭子涂抹取样，以检测龙头自身污染的可能性。

从水库、池塘、井水、河流等取水样时，用无菌的器械或工具拿取瓶子和打开瓶塞。在流动水中取样品时，瓶嘴应直接对着水流。大多数国家的官方取样程序中已明确规定了取样所用器械。如果不具备适当的取样仪器或临时取样工具，只能用手操作，但取样时应特别小心，防止用手接触水样或取样瓶内部。

（四）样品采集的数量

根据不同的食品种类，采样数量有所不同，见表 5-1。

表 5-1 各种样品采集数量

检验种类	采样数量	备注
粮油	粮：按三层五点采样法进行（表、中、下三层） 油：重点采取表面及底表面油	每增加 1 万 t，增加一个混样
肉与肉制品	生肉：取屠宰后两腿内侧肌肉或背最长肌 250 g/ 只（头） 脏器：根据检验目的而定 光禽：每份样品 1 只 熟肉制品：酱卤肉、肴肉、烧烤肉及灌肠取样 250 g 熟食制品：肉松、肉粉松、肉干、肉脯、肉糜脯、其他熟食干制品等，取 250 g	要在容器的不同部位采取
乳与乳制品	鲜乳：250 mL　　稀奶油、奶油：250 g 干酪：250 g　　酸乳：250 g（mL） 灭菌乳：250 mL　　全脂炼乳：250 g 奶粉：250 g　　乳清粉：250 g	每批样品按千分之一采样，不足千件者抽 250 g
水产品	鱼、大贝壳类：每个为 1 件（不少于 250 g） 小虾蟹类 鱼糜制品：鱼丸、虾丸等 即食动物性水产干制品：鱼干、鱿鱼干 腌醉制生食动物性水产品、即食藻类产品，每件样品均取 250 g	
罐头	可采用下述方法之一 1. 按杀菌锅抽样 ①低酸性食品罐头杀菌冷却后抽样 2 罐，3 kg 以上大罐每锅抽样 1 罐 ②酸性食品罐头每锅抽 1 罐，一般 1 个班的产品组成 1 个检验批，各锅的样罐组成一个样批组，每批每个品种取样基数不得少于 3 罐 2. 按生产班（批）次抽样 ①取样数为 1/6 000，尾数超过 2 000 者增取 1 罐，每班（批）每个品种不得少于 3 罐 ②某些产品班产量较大，则以 30 000 罐为基数，其取样数按 1/6 000；超过 30 000 罐以上的按 1/20 000；尾数超过 4 000 罐者增取 1 罐 ③个别产品量过小，同品种同规格可合并班次为一批取样，但并班总数不超过 5 000 罐，每个批次取数不得少于 3 罐	产品如按锅分堆放，在遇到由于杀菌操作不当引起问题时，也可以按锅处理
冷冻饮品	冰棍、雪糕：每批不得少于 3 件，每件不得少于 3 支 冰淇淋：原装 4 杯为一件，散装 250 g 使用冰块：每件样品取 250 g	班产量 200 000 支以下者，1 班为 1 批，以上者以工作台为 1 批
饮料	瓶（桶）装饮用纯净水：原装 1 瓶（不少于 250 mL） 瓶（桶）装饮用水：原装 1 瓶（不少于 250 mL） 茶饮料、碳酸饮料、低温复原果汁、含乳饮料、乳酸菌饮料、植物蛋白饮料、果蔬汁饮料：原装 1 瓶（不少于 250 mL） 固体饮料：原装 1 袋或 1 瓶（不少于 250 mL） 可可粉固体饮料：原装 1 袋或 1 瓶（不少于 250 mL） 茶叶：罐装 1 瓶（不少于 250 g），散装取 250 g	
调味品	酱油、醋、酱等：原装 1 瓶（不少于 250 mL） 袋装调味料：原装 1 瓶（不少于 250 g） 水产品调味品：鱼露、蚝油、虾酱、蟹酱等原装 1 瓶（不少于 250 g 或 250 mL）	
糕点、蜜饯、糖果等	糖果、糕点、饼干、面包、巧克力、淀粉糖（液体淀粉糖、麦芽糖饮品、葡萄糖浆等）蜂蜜、胶姆糖、果冻、食糖等每件样品采取 250 g（mL）	
酒类	鲜啤酒、熟啤酒、葡萄酒、果酒、黄酒等瓶装采取 2 瓶为 1 件	
蛋品	巴氏消毒全蛋粉、蛋黄粉、蛋白片：每件各采样 250 g 巴氏消毒冰全蛋、冰蛋黄、冰蛋白：每件各采样 250 g	1 d 或 1 班生产为 1 批，检验沙门菌按 5% 抽样，但每批不少于 3 个检样
非发酵豆制品及面筋、发酵豆制品	非发酵豆制品及面筋：定型包装取 1 袋（不少于 250 g） 发酵豆制品：原装 1 瓶（不少于 250 g）	
粮谷及果蔬类食品	膨化食品、油炸小食品、早餐谷物、淀粉类食品等：定型包装取 1 袋（不少于 250 g），散装取 250 g 方便面：定型包装取 1 袋和（或）1 碗（不少于 250 g） 速冻预包装米食品：定型包装取 1 袋（不少于 250 g），散装取 250 g 酱腌菜：定型包装取 1 袋（不少于 250 g） 干果食品、烘炒食品：定型包装取 1 袋（不少于 250 g），散装取 250 g	

（五）采样标签

采样前后应立即贴上标签，每件样品必须标记清楚，如品名、来源、数量、采样地点、采样人及采样时间（年、月、日）。

样品采集除了注意样品的代表性，还需注意以下规则：

（1）采样应注意样品的生产日期、批号、现场卫生状况、包装及包装容器状况等。

（2）小包装食品送检时要完整，并附上原包装一切商标和说明，供检验人员参考。

（3）盛放样品的容器及采样工具都应清洁、干燥、无异味，应严格遵守无菌操作的规程。

（4）采样后应迅速送往检验室，使样品保持原有的状态，检验前不发生污染、变质。

（5）要认真填写采样记录，包括采样单位、地址、日期、采样条件、样品批号、包装情况、采样数量、现场卫生状况、运输、贮藏条件、外观、检验项目及采样人员等。

（六）送检

采样后，在检样送检过程中，要尽可能保持检样原有的物理和微生物状态，不要因送检过程而引起微生物的减少或增多。为此，可采取以下措施：

（1）无菌方法采样后，所装样品的容器要无菌，装样后尽可能密封，以防止微生物进一步污染。

（2）进行卫生学检验的样品，送达实验室要越快越好，一般不应超过 3 h。若路途遥远，可将不需冷冻的样品保持在 1 ~ 5℃环境中送检，可采用冰桶等装置；若需保持在冷冻状态（如已冻结的样品），则需将样品保存在薄膜塑料隔热箱内，箱内可置干冰，使温度维持在 0℃以下，或采用其他冷藏设备。

（3）送检样品不得加入任何防腐剂。

（4）水产品因含水分较多，体内酶的活力较旺盛，易于变质。因此，采样后应在 3 h 内送检，在送检途中一般都应加冰包存。

（5）对于某些易死亡病原菌检验的样品，在运送过程中可采用运送培养基。如进行小肠结肠炎耶氏菌、空肠弯曲菌等菌检验的送检样，可采用 Cary-Blair 氏运送培养基送检。

检样在送检时，除注意上述事项外，还要标注适当的标记，并填写微生物学检样特殊要求的送检申请单。其内容包括：样品的描述，采样者的姓名，制造者的名称和地址，经营者或供销者，采样的日期、时间和地点，采样时的温度和环境湿度，采样的原因是为了质量的监督或计划监测还是为了食物传播性疾病的调查。这些内容可以供检验人员参考。

（七）样品的保存

实验室接到样品后，应在 36 h 内进行检测（贝类样品通常要在 6 h 内检测）。对不能立即进行检测的样品，要采取适当的方式保存，使样品在检测之前维持取样时的状态，即样品的检测结果能够代表整个产品。实验室应有足够和适当的样品保存设施（冰箱或冰柜等）。同时需注意以下几点：

（1）保存的样品应进行必要和清晰的标记，内容包括样品名称、样品描述、样品批号、企业名称和地址、取样人、取样时间、取样地点、取样温度（必要时）、测试目的等。

（2）常规样品若不能及时检测，可置于 4℃冷藏保存，但保存时间不宜过长（一般要在 36 h 内检测）。

（3）冰冻食品要密封后置于冷冻冰箱（通常为 -18℃），检测前要始终保持冷冻状态，防止食品暴露在二氧化碳气体中。

（4）易腐的非冷冻食品检测前，不应冷冻保存（除非不能及时检测）。如需要短时间保存，应在 0 ~ 4℃冷藏保存。但应尽快检测（一般不应超过 36 h），因为保存时间过长会造成食品中嗜冷细菌的生长和嗜中温细菌死亡。非冷冻的贝类食品的样品应在 6 h 内进行检测。

（5）样品在保存过程中应保持密封性，防止引起样品 pH 值的变化。

（6）对样品的贮存过程进行记录。

（八）样品的处理

由于食品样品种类多、来源复杂，各类预检样品并不是拿来就能直接检测，要根据食品种类的不同性状，经过预处理后制备成稀释液，才能进行有关的各项检测。样品处理好后，应尽快检测。

1. 液体样品

液体样品是指黏度不超过牛乳的非黏性食品，可直接用灭菌吸管准确地吸取 25 mL 样品，加入 225 mL 蒸馏水或生理盐水及有关的增菌液中，制成 1 ∶ 10 稀释液。吸取前要将样品充分混合，在开瓶、开盖等打开样品容器时，一定要注意表面消毒，做到无菌操作。用点燃的酒精棉球灼烧瓶口灭菌，用石炭酸纱布盖好，再用灭菌开瓶器将盖打开。含有二氧化碳的液体饮料先倒入灭菌的小瓶中，覆盖灭菌纱布，轻轻摇荡，待气体全部逸出后进行检测。酸性食品用 100 g/L 灭菌的碳酸钠调 pH 值至中性再进行检测。

2. 固体或黏性液体食品

此类样品无法用吸管吸取，可用灭菌容器称取检样 25 g，加至预温 48℃的灭菌生理盐水或蒸馏水 225 mL 中，摇荡溶解或使用振荡器振荡溶解，尽快检测。从样品稀释到接种培养，一般不超过 15 min。

（1）捣碎均质方法。

将 100 g 或 100 g 以上样品剪碎混匀，从中取 25 g 放入带 225 mL 稀释液的无菌均质杯中，8 000 ~ 10 000 r/min 均质 1 ~ 2 min，这是对大部分食品样品都适用的办法。

（2）剪碎振摇法。

将 100 g 或 100 g 以上样品剪碎混匀，从中取 25 g 进一步剪碎，放入带有 225 mL 稀释液和适量 45 mm 左右玻璃珠稀释瓶中，盖紧瓶盖，用力快速振摇 50 次，振幅不小于 40 cm。

（3）研磨法。

将 100 g 或 100 g 以上样品剪碎混匀，取 25 g 放入无菌乳钵充分研磨后，再放入带有 225 mL 无菌稀释液的稀释瓶中，盖紧盖后充分摇匀。

（4）整粒振摇法。

有完整自然保护膜的整粒状样品（如蒜瓣、青豆等），可以直接称取 25 g 整粒样品，放入带有 225 mL 无菌稀释液和适量玻璃珠的无菌稀释瓶中，盖紧瓶盖，用力快速振摇 50 次，振幅在 40 cm 以上。冻蒜瓣样品若剪碎或均质，由于大蒜素的杀菌作用，所得结果大大低于实际水平。

（5）胃蠕动均质法。

这是国外使用的一种新型的均质样品的方法，将一定量的样品和稀释液放入无菌均质袋中，开机均质。均质器有一个长方形金属盒，其旁安有金属叶板，可打击塑料袋，金属板由恒速马达带动，作前后移动而撞碎样品。

3. 冷冻样品的处理

冷冻样品在检验前要进行解冻。一般可 0 ~ 4℃解冻，时间不超过 18 h；也可在 45℃以下解冻，时间不超过 15 min。样品解冻后，无菌操作称取检样 25 g，置于 225 mL 无菌稀释液中，制备成均匀 1 ∶ 10 混悬液。

4. 粉状或颗粒状样品的处理

用灭菌勺或其他适用工具将样品搅拌均匀后，无菌操作称取检样 25 g，置于 225 mL 灭菌生理盐水中，充分振摇混匀或使用振荡器混匀，制成 1 ∶ 10 稀释液。

（九）样品的送检与检验

（1）采集好的样品应及时送到食品微生物检验室，越快越好，一般不应超过 3 h。如果路途遥远，可将不需冷冻的样品保持在 1 ~ 5℃的环境中，勿使冻结，以免细菌遭受破坏；如需保持冷冻状态，则需保存在泡沫塑料隔热箱内（箱内有干冰可维持在 0℃以下），应防止反复冰凉和溶解。

（2）样品送检时，必须认真填写申请单，以供检验人员参考。

（3）检验人员接到送检单后，应立即登记，填写序号，并按检验要求放在冰箱或冰盒中，并积极准备条件进行检验。

（4）食品微生物检验室必须备有专用冰箱存放样品，一般阳性样品发出报告后 3 d（特殊情况可适当延长）方能处理样品；进口食品的阳性样品，需保存 6 个月方能处理，每种指标都有一种或几种检验方法，应根据不同的食品、不同的检验目的来选择恰当的检验方法。本书重点介绍的是通常所用的常规检验方法，主要参考现行国家标准。但除了国标外，国内尚有行业标准（如《出口食品微生物检验方法》），国外尚有国际标准（如 FAO 标准、WHO 标准等）和每个食品进口国的标准（如美国 FDA 标准、日本厚生省标准、欧共体标准等）。总之，应根据食品的消费去向选择相应的检验方法。

（十）结果报告

样品检验完毕后，检验人员应及时填写报告单，签名后送主管人核章，以示生效，并立即交给食品卫生监督人员处理。

三、任务所需器材

采样箱、搅拌棒、勺子、灭菌带塞广口瓶、灭菌塑料袋、温度计、75% 酒精棉球、酒精灯和乙醇、编号用蜡笔和纸。

四、任务技能训练

（一）样品的采取和送检

（1）散装和大型包装的鲜乳：用灭菌吸管取样，采样时应注意代表性。采样数量见表 5–1，放入灭菌容器内及时送检。一般不应超过 4 h，在气温较高或路途较远的情况下，应进行冷藏，不得使用任何防腐剂。

（2）定型包装的乳品：采取整件包装，同时应注意包装的完整性。各种定型包装的乳与乳制品的每件样品量按表 5–1 要求确定。

（二）检样的处理

（1）鲜乳、酸乳：塑料和纸盒（袋）装，用 75% 酒精棉球消毒盖或袋口；玻璃瓶装酸乳以用无菌操作去掉瓶口的纸罩纸盖，瓶口经火焰消毒后，以无菌操作吸取检样 25 mL，放入装有 225 mL 灭菌生理盐水的三角瓶内，振摇均匀。若酸乳有水分析出于表层，应先除去水分后再做稀释处理。

（2）炼乳：将炼乳瓶或罐先用温水洗净表面，再用点燃酒精棉球消毒炼乳瓶或罐的上部，然后用灭菌的开罐器打开炼乳瓶或罐，以无菌操作称取检样 25 mL(g)，放入装有 225 mL 灭菌的生理盐水的三角瓶内，振摇均匀。

（3）奶油：用无菌操作打开奶油的包装，取适量检样置于灭菌三角瓶内，在 45℃水浴或者温箱中加温，溶解后立即将烧瓶取出，用灭菌吸管吸取奶油 25 mL，放入另一含 225 mL 灭菌生理盐水或灭菌奶油稀释液的三角瓶内（瓶装稀释液应预置于 45℃水浴中保温，做 10 倍递增稀释液时也用相同的稀释液），振摇均匀。从检样融化到接种完毕的时间不应超过 30 min。

注：奶油稀释液为林格氏液（氯化钠 9 g，氯化钾 0.12 g，氯化钙 0.24 g，碳酸氢钠 0.2 g，蒸馏水 1 000 mL）250 mL，蒸馏水 750 mL，琼脂 1 g，加热溶解，分装每瓶 225 mL，121℃灭菌 15 min。

（4）奶粉：罐装奶粉的开罐取样法同炼乳处理，袋装奶粉应用 75% 的酒精棉球涂擦消毒袋口，按无菌操作开封取样，称取检样 25 g，放入装有适量玻璃珠的灭菌三角瓶内，将 225 mL 温热的灭菌生理盐水徐徐加入（先用少量生理盐水将奶粉调成糊状，再全部加入，以免奶粉结块），振摇使其充分溶解和混匀。

（5）干酪：先用灭菌刀切开干酪，以无菌操作切取表层和深层检样各少许，称取 25 g 置于含 225 mL 灭菌生理盐水的均质器内打碎。

[学习拓展]

一、肉与肉制品检样的制备

1. 采样用品

采样箱；灭菌塑料袋、有盖搪瓷盘、灭菌刀、剪刀、镊子、灭菌带塞广口瓶、灭菌棉签、温度计、编号牌（或蜡笔、纸）。

2. 操作方法

（1）样品的采取和送检：

①生肉及脏器检样：如是屠宰场宰后的畜肉，可于开腔后，用无菌刀采取两腿内侧肌肉各 150 g（或

劈半后采取两侧背部最长肌肉各150 g），如是冷藏或销售的生肉，可用无菌刀取腿肉或其他部位的肌肉250 g/只（头），检样采取后，放入无菌容器内，立即送检；如条件不许可时，最好不超过3 h。送检时应注意冷藏，不得加入任何防腐剂。检样应立即送往化验室或放置冰箱暂存。

②禽类（包括家禽和野禽）：鲜、冻家禽采取整只，放无菌容器内。带毛野禽可放清洁容器内，立即送检。其他处理要求同上述生肉。

③各类熟肉制品：各类熟食品，包括酱卤肉、方圆腿、熟灌肠、熏烤肉、肉松、肉脯、肉干等，一般采取200 g，熟禽采取整只，均放入无菌容器内，立即送检。其他处理要求同上述生肉。

④腊肠、香肠等生灌肠：腊肠、香肠等生灌肠采取整根、整只，小型的可采数根、数只，其总量不少于250 g。

（2）检样的处理：

①鲜肉检样的处理：先将检样进行表面消毒（在沸水内烫3～5 s），或灼烧消毒，再用无菌剪子取检样深层肌肉25 g，放入无菌乳钵内用灭菌剪子剪碎后，加灭菌海砂或玻璃砂研磨，研磨后加入灭菌水225 mL，混匀后即为1∶10稀释液。或用均质器以8 000～10 000 r/min均质1 min，做成1∶10稀释液。

②鲜、冻家禽检样的处理：先将检样进行表面消毒，用灭菌剪子或刀去皮后，剪去肌肉25 g（一般可从胸部或腿部剪去）。其他处理同生肉。带毛野禽去毛后，同家禽检样处理。

以上样品的采集和送检及检样处理的目的都是通过检样肉禽及其制品内的细菌含量而对其质量鲜度做出判断。如需检验肉禽及其制品受外界环境的污染程度或检验其是否带有某种致病菌，则常采用下面介绍的棉拭采样法。

（3）棉拭采样法和检验处理。

检验肉禽及其制品受污染的程度，一般可用5 cm的金属制作规板压在受检样品上，将灭菌棉拭稍蘸湿，在板孔5 cm^2的范围内揩抹多次，然后将规板板孔移压另一点，用另一棉拭揩抹，如此共移压揩抹10个点，总面积50 cm^2，共用10支棉拭。每支棉拭在揩抹完毕以后应立即剪断或烧断后投入盛有50 mL灭菌水的三角瓶或大试管中，立即送检。检验时先充分振摇，吸取瓶、管中的液体，作为原液，再按要求做10倍递增稀释。如果目的是检验是否带有致病菌，则不必用规板，在可疑部位用棉拭揩抹即可。

二、蛋与蛋制品检样的制备

1. 采样用品

采样箱；有盖搪瓷盘、灭菌塑料袋、灭菌带塞广口瓶、灭菌电钻、灭菌搅拌棒、金属制双层旋转式套管采样器、灭菌铝铲、勺子、灭菌玻璃漏斗、温度计、酒精棉球、酒精灯和乙醇、编号用蜡笔和纸。

2. 操作方法

（1）样品的采集和送检：

①蛋、糟蛋、皮蛋：用流水冲洗鲜蛋外壳，再用75%酒精棉球涂擦消毒后放入灭菌袋内，加封做好标记后送检。

②巴氏消毒全蛋粉、蛋黄粉、蛋白片：将包装铁箱上开口处用75%酒精棉球消毒，然后将盖开启，用灭菌的金属制双层旋转式套管采样器斜角插入箱底，使套管旋转收取检样，再将采取器提出箱外，用灭菌小匙自上、中、下部收取检样，装入灭菌广口瓶中，每个检样质量不少于100 g，标记后送检。

③巴氏消毒冰全蛋、冰蛋黄、冰蛋白：先将包装铁听开口处用75%酒精棉球消毒，然后开启，用灭菌电钻由顶到底斜角钻入，徐徐钻取检样。抽出电钻，从中取出检样250 g装入灭菌广口瓶中，标明后送检。

④对成批产品进行质量鉴定时的采样数量如下：

●巴氏消毒全蛋粉、蛋黄粉、蛋白片等产品以1 d或1班生产量为1批检验沙门菌时，按每批总量的5%抽样，每批最少不得少于3个检样。测定菌落总数和大肠菌群时，每批按装罐过程前、中、后取样3次，每次取样100 g，每批合为1个检样。

●巴氏消毒冰全蛋、冰蛋黄、冰蛋白等产品按生产批号在装罐时流动取样。检验沙门菌时，冰蛋黄及冰蛋白按250 kg取样1件，巴氏消毒冰全蛋按每500 kg取样1件。菌落总数测定和大肠菌群测定时，在每批装罐过程前、中、后取样 3 次，每次取样 100 g 合为 1 个检样。

（2）检样的处理：

①鲜蛋、糟蛋、皮蛋外壳：用灭菌生理盐水浸湿的棉拭充分擦拭蛋壳，然后将棉拭直接放入培养基内增菌培养，也可将整只鲜蛋放入灭菌小烧杯或平皿中，按检样要求加入定量灭菌生理盐水或液体培养基，用灭菌棉拭将蛋壳表面充分擦洗后，以擦洗液作为检样检验。

②鲜蛋蛋液：将鲜蛋在流水下洗净，待干后再用 75% 酒精棉球消毒蛋壳，然后根据检验要求，打开蛋壳取出蛋白、蛋黄或全蛋液，放入带有玻璃珠的灭菌瓶内，充分摇匀检验。

③巴氏消毒全蛋粉、蛋白片、蛋黄粉：将检样放入带有玻璃珠的灭菌瓶内，按比率加入灭菌生理盐水，充分摇匀待检。

④巴氏消毒冰全蛋、冰蛋白、冰蛋黄：将装有冰蛋检样的瓶子浸泡于流动冰水中，待检样融化后取出，放入带右玻璃珠的灭菌瓶中充分摇匀待检。

⑤各种蛋制品沙门菌增菌培养：以无菌操作称取检样，接种于亚硒酸盐煌绿或煌绿肉汤等增菌培养基中（此培养基预先置于有适量玻璃珠的灭菌瓶内），盖紧瓶盖，充分摇匀，然后放入（36 ± 1）℃培养箱中培养（20 ± 2）h。

⑥接种以上各种蛋与蛋制品的数量及培养基的数量和成分：凡用亚硒酸盐煌绿增菌培养时，各种蛋与蛋制品的检样接种数量都为 30 g，培养基都为 150 mL。

凡用煌绿肉汤进行增菌培养时，检样接种数量、培养基数量和浓度见表 5–2。

表 5–2 检样接种数量、培养基数量和浓度

检样种类	检样接种数量	培养基数量 /mL	煌绿浓度 /（g/mL）
巴氏杀菌全蛋粉	6 g（加 24 mL 灭菌水）	120	1/6 000 ～ 1/4 000
蛋黄粉	6 g（加 24 mL 灭菌水）	120	1/6 000 ～ 1/4 000
鲜蛋液	6 mL（加 24 mL 灭菌水）	120	1/6 000 ～ 1/4 000
蛋白片	6 g（加 24 mL 灭菌水）	120	1/10 000
巴氏杀菌冰全蛋	30 g	150	1/6 000 ～ 1/4 000
冰蛋黄	30 g	150	1/6 000 ～ 1/4 000
冰蛋白	30 g	150	1/6 000 ～ 1/5 000
鲜蛋、糟蛋、皮蛋	30 g	150	1/6 000 ～ 1/4 000

三、水产品检样的制备

1. 采样用品

采样箱、灭菌塑料袋、有盖搪瓷盘、灭菌刀、镊子、剪子、灭菌带塞广口瓶、灭菌棉签、温度计、带绳编号牌。

2. 操作方法

（1）样品的采取和送检现场采取水产品食品样品时，应按检验目的和水产品的种类确定采样量。除个别大型鱼类和海兽只能割取其局部作为样品外，一般都采取完整的个体，待检验时再按要求在一定部位采取检样。在判断质量鲜度为目的时，鱼类和体形较大的贝壳类虽然应以 1 个个体为 1 件样品，单独采取 1 个检样，但当对一批水产品做质量判断时，仍须采取多个个体做多件检验以反映全面质量。一般小型鱼类和对虾、小蟹，因个体过小在检验时只能混合采取检样，在采样时需采数量更多的个体，一般可采 500 ~ 1 000 g；鱼糜制品（如灌肠、鱼丸等）和熟制品采取 250 g，放入灭菌容器内。

水产品含水较多，体内酶的活力也较旺盛，易于变质。因此在采好样品后应在最短时间内送检，在送检的过程中一般都应加冰保藏。

（2）检样的处理：

①鱼类：鱼类采取检样的部位为背肌。先用流水将鱼体体表冲净，去鳞，再用 75% 酒精棉球擦净鱼背，待干后用灭菌刀在鱼背部沿脊椎切开 5 cm，在切开两端使两块背肌分别向两侧翻开，然后用无菌剪子剪取 25 g 鱼肉，放入灭菌乳钵内，用灭菌剪子剪碎，加灭菌海砂或玻璃砂研磨（有条件情况下可用均质器），检

样磨碎后加入 225 mL 灭菌生理盐水，混匀成稀释液。注意：再剪碎肉样时要仔细操作，勿触破及粘上鱼皮。鱼糜制品和熟制品放入乳钵内进一步捣碎后，再加生理盐水混匀成稀释液。

②虾类：虾类采取检样的部位为腹节内的肌肉。将虾体在流水下冲净，摘去头胸节，用灭菌剪子剪除腹节与头胸节连接处的肌肉，然后挤出腹节内的肌肉，取 25 g 放入灭菌乳钵内，以后操作同鱼类检样处理。

③蟹类：蟹类采取检样的部位为胸部肌肉。将蟹体在流水下冲净，剥去壳盖和腹脐，去除鳃条，再置流水下冲净。用 75% 酒精棉球擦拭前后外壁，置灭菌搪瓷盘上待干。然后用灭菌剪子剪开成左右两片，再用双手将 1 片蟹体胸部肌肉挤出（用手指从足跟一端向剪开的一端挤压），称取 25 g，置于灭菌乳钵内。以后操作同鱼类检样处理。

④贝壳类：缝中徐徐切入，撬开壳盖，再用灭菌镊子取出整个内容物，称取 25 g 置灭菌乳钵内，以后操作同鱼类检样处理。注意：样品兼有海洋细菌和陆上细菌的污染，检验时细菌培养温度一般为 30℃。以上采样方法和检验部位均以检验水产食品肌肉内细菌含量从而判断其鲜度质量为目的。如需检验水产食品是否带有某种致病菌时，其检验部位应采胃肠消化道和鳃等呼吸器官，鱼类检取肠管和鳃；虾类检取头胸节内的内脏和腹节外沿处的肠管；蟹类检取胃和鳃条；贝类中的螺类检取腹足肌肉以下的部分；贝类中的双壳类检取覆盖在节足肌肉外层的内脏和瓣鳃。

四、饮料、冷冻饮品检样的制备

1. 采样用品

灭菌的大注射器、泡沫隔热塑料箱、干冰，其余同水产品检样采样用品。

2. 操作方法

（1）样品的采取和送检：

①果蔬汁饮料、碳酸饮料、茶饮料、固体饮料：应采取原瓶（罐）、袋和盒装样品（不少于 250 mL）。以上所有的样品采取后，应立即送检，最多不超过 3 h。

②散装饮料：采取 500 mL，用灭菌注射器抽取 500 mL，放入灭菌塞广口瓶内。

③固体饮料：瓶装采取 1 瓶为 1 件，散装取 500 g，放入灭菌塑料袋。

④冰棍：如班产量 20 万支以下者，1 班为 1 批；班产量 20 万支以上者，以工作台为 1 批。一批取 3 件，1 件取 3 支，放入灭菌塑料袋，置放于有干冰的泡沫塑料箱中。

⑤冰淇淋：采取原包装样以杯为 1 件，散装采取 200 g，放入灭菌塑料袋，置放于有干冰的泡沫塑料箱中。

⑥食用冰块：以 500 g 为 1 件，放入灭菌塑料袋，置放于有干冰的泡沫塑料箱中。

（2）检样的处理：

①瓶装饮料：用点燃的酒精棉球灼烧瓶口灭菌，用石炭酸纱布盖好。塑料瓶口可用 75% 酒精棉球擦拭灭菌，用灭菌开瓶器将盖启开，含有二氧化碳的饮料可倒入另一灭菌容器内，口勿盖紧，覆盖 1 块灭菌纱布，轻轻摇荡。待气体全部逸出后，进行检验。

②冰淇淋：放入灭菌容器内，待其溶化立即进行检验。

五、调味品检样的制备

调味品包括酱油、酱类和醋等，是以豆类、谷类为原料发酵而成的食品。往往由于原料污染及加工制作、运输中不注意卫生而污染上肠道细菌、球菌及需氧和厌氧芽孢杆菌。

1. 样品的采取

（1）酱油和食醋瓶装者：采取原包装，散装样品可用灭菌吸管吸取采样。

（2）酱类：用灭菌勺子采取，放入灭菌磨口瓶内送检。

2. 检样的处理

(1) 瓶装样品：用点燃的酒精棉球烧灼瓶口灭菌，用石炭酸纱布盖好，再用灭菌开瓶器启开，袋装样品用 75% 酒精棉球消毒袋口后进行检验。

（2）酱类：用无菌吸管称取 25 g，放入灭菌容器内，加入灭菌蒸馏水 225 mL；吸取酱油 25 mL，加入灭菌蒸馏水 225 mL，制成混悬液。

（3）食醋：用 200 ~ 300 g/L 灭菌碳酸钠溶液调 pH 值到中性。

六、冷食菜、豆制品检样的制备

冷食菜多为蔬菜的熟肉制品不经加热而直接食用的凉拌菜。该类食品由于原料、半成品、炊事员及炊事用具等消毒灭菌不彻底，造成细菌的污染。

豆制品是以大豆为原料制成的含有大量蛋白质的食品，该类食品大多在加工过程后，由于盛器、运输及销售等环节不注意卫生，沾染了存在于空气、土壤中的细菌。这两类食品如不加强卫生管理，极易造成食物中毒及肠道疾病的传播。

1. 样品的采取

（1）冷食菜：采取时将试样混匀，采取后放入灭菌容器内。

（2）制品：采取接触盛器边缘、底部及上面不同部位样品，放入灭菌容器内。

2. 检样的处理

定型包装样品，先用 75% 的酒精棉球消毒包装袋口，用灭菌剪刀剪开后以无菌操作称取 25 g 检样，放入 225 mL 灭菌生理盐水中，用均质器打碎 1 min，制成混悬液。

七、糖果、糕点和蜜饯检样的制备

糖果、糕点、果脯等此类食品大多是由糖、牛乳、鸡蛋、水果等为原料而制成的甜食。部分食品有包装纸，污染机会较少。但由于包装纸、盒不清洁，或没有包装的食品放入不洁的容器内也可造成污染。带馅的糕点往往因加热不彻底，存放时间长或温度高，可使细菌大量繁殖，造成食品变质。因此，对这类食品进行微生物学检验是很有必要的。

1. 样品的采取

糕点（饼干）、面包、蜜饯可用灭菌镊子夹取不同部位样品，放入灭菌容器内；糖果采取原包装样品，采取后立即送检。

2. 检样的处理

（1）糕点（饼干）、面包 如为原包装，用灭菌镊子夹下包装纸，采取外部中心部位；如为带馅糕点，取外皮及内线共 25 g；奶花糕点，采取奶花及糕点部分各一半共 25 g，加入 225 mL 灭菌生理盐水中，制成混悬液。

（2）蜜饯采取不同部位称取 25 g 检样，加入 225 mL 灭菌生理盐水中，制成混悬液。

（3）糖果用灭菌镊子夹取包装纸，称取数块共 25 g，加入预温至 45℃灭菌生理盐水 225 mL，待溶解后检验。

八、酒类检样制备

酒类一般不进行微生物学检验，进行检验的主要是酒精度低的发酵酒，因酒精度低，不能抑制细菌生长。污染主要来自原料或加工过程中不注意卫生操作而污染水、土壤及空气中的细菌，尤其散装生啤酒，因不加热往往生存大量细菌。

1. 样品的采集

酒类样品，若是瓶装酒类应采取原包装样品 2 瓶，若是散装酒类应用灭菌容器采集 500 mL，放入灭菌磨口瓶中送检。

2. 样品的处理

（1）瓶装酒类：用点燃的酒精棉球烧灼瓶口灭菌，用石炭酸纱布盖好，再用灭菌开瓶器将盖启开，含有二氧化碳的酒类可倒入另一灭菌容器内，口勿盖紧，覆盖一块灭菌纱布，轻轻摇荡，待气体全部逸出后，进行检验。

（2）散装酒类：散装酒类可直接吸取，进行检验（检验方法与饮料等食品相同）。

九、方便面、速食米粉检样的制备

随着生活水平的提高，生活节奏的加快，方便食品颇受人们的欢迎，销售量也越来越大。方便面、米粉是最有代表性的方便食品，方便面、米粉是以小麦粉、荞麦粉、绿豆粉、米粉等为主要原料，添加食盐或面粉改良剂，加适量水调制、压延、成型、汽蒸后，经油炸或干燥处理，达到一定熟度的粮食制品。同类食品还有即食粥、速煮米粉等。这类食品大部分均有包装，污染机会少，但往往由于包装纸、盒不清洁或没有包装的食品放于不清洁的容器内，造成污染。此外，也常在加工、存放、销售各环节中污染了大量细菌和霉菌，而造成食品变质。这类食品不仅会被非致病菌污染，有时还会污染到沙门菌、志贺菌、金黄色葡萄球菌、溶血性链球菌和霉菌及其毒素。

1. 样品的采集

袋装及碗装方便面、米粉、即食粥、速煮米粉 3 袋（碗）为 1 件，简易包装的采取 250 g。

2. 样品的处理

（1）未配有调味料的方便面、米粉、即食粥、速煮米粉：以无菌操作开封取样，称取样品 25 g，加入 225 mL 灭菌生理盐水中，制成 1 ∶ 10 的稀释液。

（2）配有调味料的方便面、米粉、即食粥、速煮米粉：以无菌操作开封取样，将面粉块、干饭粒和全部调料及配料一起称重，按 1 ∶ 1（1 kg/L）加入灭菌生理盐水，制成检样均质液。然后再量取 50 mL 均质液加到 200 mL 灭菌生理盐水中，制成 1 ∶ 10 的稀释液。

[习题]

1. 微生物检验前要做哪些基本的准备工作？
2. 简述检验样品的种类及特点？
3. 简单描述表面取样技术的方法及操作步骤？
4. 样品采集数量如何选择？
5. 采集样品时的注意事项有哪些？
6. 样品标签的主要内容有哪些？
7. 检验样品的预处理方法有哪些？
8. 简单描绘微生物检验的程序。

项目六　食品中细菌总数的测定

【知识目标】

（1）熟悉微生物检验中菌落总数的含义、卫生学意义及检验程序。

（2）掌握微生物检验中菌落总数的操作技术。

【能力目标】

（1）能根据国标独立进行菌落总数的测定实验。

（2）会分析总结实验结果，并做出正确、规范的实验报告。

【素质目标】

培养团队协作精神，树立无菌观念和产品质量意识，培养学生对微观事物科学的、实事求是的、认真细致的学习和工作态度。

【案例导入】

×× 省 ×× 市市场监督管理局于2011年末，对 ×× 各大市场所销售的熟制鸭脖等食品开展了抽样检验。根据当地媒体报道，结果显示，四成多熟制鸭脖不合格，不合格项目主要为大肠菌群和菌落总数超标。不合格原因主要在于熟制鸭脖以散装称重方式售卖时易受到微生物污染，以及部分门店未在冷藏条件下销售熟制食品。

同期，×× 市工商局在对大米、挂面、方便面（米粉）、婴幼儿配方米粉（婴幼儿补充谷粉）等食品进行抽检后发现，波力食品工业（昆山）有限公司生产的“波力海苔”（11.2 g/包调味紫菜）未达标，问题同样是菌落总数超标。

是否超标说法不一

2012年1月4日，×× 市工商局在官网发布《关于波力海苔抽样检验结果的说明》(以下简称《说明》)。《说明》称，×× 市工商局本次抽检藻类制品是根据国家强制性标准GB19643-2005《藻类制品卫生标准》，而波力海苔（调味紫菜）声称的执行标准为国家推荐性标准GB/T23596-2009《海苔》，虽然该推荐性标准中取消了对菌落总数的要求，但是国家强制性标准GB19643-2005对菌落总数有规定要求。根据《中华人民共和国标准化法》第三章第十四条“强制性标准，必须执行”的规定，虽然企业执行的推荐性标准取消了菌落总数的要求，但是国家强制性标准对菌落总数有规定要求的必须严格执行。

对此，×× 市工商局认为，本次抽检的波力海苔（调味紫菜）不符合国家强制性标准GB19643-2005《藻类制品卫生标准》要求。×× 市工商局白云分局已于2011年11月对销售不合格波力海苔（调味紫菜）的经销商书面通知责令改正，并对不合格食品予以下架及进行调查处理。

菌落超标值得参考

×× 大学教授 ××× 认为，菌落总数和致病菌的确有本质区别，菌落总数包括致病菌和有益菌，对人体有损害的主要是其中的致病菌，这些病菌会破坏肠道里正常的菌落环境，一部分可能在肠道被杀灭，一部分会留在身体里引起腹泻、损伤肝脏等身体器官，而有益菌包括酸奶中常被提起的乳酸菌等。不过，××× 教授也提出，如果海苔中的菌落总数超标，也意味着致病菌超标的机会增大，很可能是在加工过程中海苔长时间暴露在空气中造成的。因此，这个指标还值得消费者参考。

此外，××× 教授提醒，一些干制食品中很容易出现菌落严重超标的问题。最常见的包括一些果脯、咸菜、干海产品。虽然这类食品通常有高盐、高糖的加工环境会抑制细菌繁殖，适量食用不会造成身体损伤，但如果食用过量，致病菌总量超过一定量时，也容易引起身体的不良反应，甚至引发生命危险。

×× 省食文化研究会会长、食品安全问题专家 ××× 说，可以用“醉驾”来比喻这个问题——喝醉酒开车，可能什么事也没发生，也可能发生大事情。“主要是看细菌是什么细菌。”他说，人体的细菌有有害菌、无害菌，还有有益菌，大肠菌群超标可以说明食品质量不合格，而且假如其中有有害菌，就会引起食客腹泻、呕吐等安全事件。

类似鸭脖、豆干这类的熟食，由于裸露散装出售，假如密封做得不好，在消毒后没有与空气完全隔绝，就容易引起细菌超标。此外，假如检测部门没有实施快速检测，也会得出超标的结果。“因为细菌的繁殖太快了，每 20 min 就会由一个（细菌）变两个。”消费者要留意柜台的鸭脖是否密封或者是否用保鲜纸遮掩，吃熟食前最好能加热一下。

针对抽检结果，×× 食品工业有限公司相关负责人表示，×× 工商局是按照 2005 年卫生部及国家标准化管理委员会发布的《藻类制品卫生标准》检查的，但 ×× 公司是按照 2009 年国家质检总局和标准化管理委员会发布的国家标准 GB/T23596-2009《海苔》执行的，由于存在双重标准，导致双方说法不一样。该负责人还表示，菌落总数和致病菌有本质区别，“细菌总数”是指菌落总数，而不是致病菌。

任务 1 菌落总数测定方法

一、任务目标

（1）掌握食品中菌落总数测定的基本程序和要点。

（2）学会对不同样品稀释度确定的原则。

二、任务相关知识

对食品中菌落总数的测定，目的在于判定食品被细菌污染的程度，反映食品在生产、加工、销售过程中是否符合安全要求，反映出食品的新鲜程度和安全状况。也可以应用这一方法观察细菌在食品中的繁殖动态，确定食品的保质期，以便对被检样品进行安全学评价时提供依据。如果某一食品的菌落总数严重超标，说明其产品的安全状况达不到要求，同时食品将加速腐败变质，失去食用价值。

按食品安全国家标准的规定，食品中菌落总数（aerobic plate count）是指食品检样经过处理，在一定条件下（如培养基、培养温度和培养时间、pH 值、需氧性质等）培养后，所得每克（毫升）检样中形成的细菌菌落总数。因此，食品中菌落总数测定的结果并不表示样品中实际存在的所有细菌数量，仅仅反映在给定生长条件下可生长的细菌数量。

国家标准菌落总数的测定采用标准平板培养计数法，根据检样的污染程度，做不同倍数稀释，选择其中的 2 ~ 3 个适宜的稀释度，与培养基混合，在一定培养条件下，每个能够生长繁殖的细菌细胞都可以在平板上形成一个可见的菌落。由此根据平板上生长的菌落数计算出计数稀释度（稀释倍数）和样品中的细菌含量。

三、任务所需器材

1. 实验器材

恒温培养箱：（36 ± 1）℃，（30 ± 1）℃；冰箱：2 ~ 5℃；恒温水浴锅：（36 ± 1）℃；天平：感量为 0.1 g；吸管：10 mL（具 0.1 mL 刻度）、1 mL（具 0.01 mL 刻度）或微量移液器及吸头；锥形瓶：容量 250 mL、500 mL；试管：16 mm × 160 mm；培养皿：直径为 90 mm；pH 计、pH 比色管或精密 pH 试纸；放大镜和/或菌落计数器；均质器；振荡器；电炉；酒精灯；等等。

2. 培养基、试剂和样品

（1）培养基和试剂：平板计数琼脂、磷酸盐缓冲液或 0. 85% 生理盐水、75% 乙醇溶液。

（2）样品：酱牛肉、奶粉、面包、饮用纯净水等。

四、任务技能训练

（一）检验流程

如图 6-1 所示。

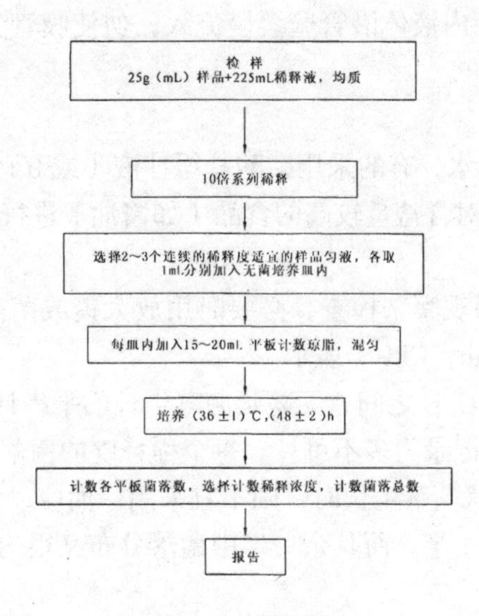

图 6-1 检验流程

（二）操作步骤

1. 检样的稀释

（1）固体和半固体样品：称取 25 g 检样置于盛有 225 mL 无菌生理盐水或磷酸盐缓冲液的均质杯内，8 000 ~ 10 000 r/min 均质 1 ~ 2 min，或放入盛有 225 mL 稀释液的无菌均质袋中，用拍击式均质器拍打 1 ~ 2 min，制成 1 ∶ 10（即 10^{-1}）的样品匀液。

（2）液体样品：以无菌吸管吸取 25 mL 样品，置于盛有 225 mL 无菌生理盐水或磷酸盐缓冲的锥形瓶内（瓶内预置适当数量的玻璃珠），充分混匀，制成 1: 10（即 10^{-1}）的样品匀液。

（3）用 1 mL 灭菌吸管或微量移液器吸取 1 ∶ 10 稀释液 1 mL，沿管壁缓慢注于盛有 9 mL 灭菌稀释液的试管内（注意吸管或吸头尖端不要触及液面），振摇试管，混合均匀，做成 1 ∶ 100（即 10^{-2}）的稀释液。

另取 1 mL 灭菌吸管，按上述操作顺序，做 10 倍递增稀释液，如此每递增稀释一次，即换用 1 支 1 mL 灭菌吸管。

2. 平板接种与培养

（1）根据对样品污染状况的估计，选择 2 ~ 3 个适宜稀释度的样品匀液（液体样品可包括原液），在进行 10 倍递增稀释时，吸取 1 mL 样品匀液于无菌培养皿内，每个稀释度做两个培养皿。同时分别吸取 1 mL 空白稀释液加入两个无菌培养皿内，作空白对照。

（2）及时将 15 ~ 20 mL 冷却至 46℃平板计数琼脂培养基［可放置于（46 ± 1）℃恒温水浴锅中保温］倾注在培养皿内，并转动培养皿使其混合均匀。

（3）待琼脂凝固后，将平板翻转，置（36 ± 1）℃培养（48 ± 2）h［水产品 (30 ± 1)℃培养 (72 ± 3）h］。

操作过程中应注意如下问题：

（1）无菌操作。

操作中必须做到无菌操作，所用玻璃器皿必须是完全无菌的，不得残留有细菌或抑菌物质。所用剪刀、镊子等器具也必须进行消毒处理。样品如果有包装，应用 75% 乙醇在包装开口处擦拭后取样。操作应当在超净工作台或经过消毒处理的无菌室进行。

（2）采样的代表性。

如系固体样品，取样时不应集中一点，宜多采几个部位。固体样品必须经过均质或研磨，液体样品必须经过振摇，以获得均匀稀释液。

（3）样品稀释误差。

为减少样品稀释误差，在连续递次稀释时，每一稀释液应充分振摇，使其均匀，同时每一稀释度应更换 1 支无菌吸管或吸头。

在进行连续稀释时，应将吸管内液体沿管壁缓慢流入，勿使吸管尖端或吸头伸入稀释液内，以免吸管外部附着的样品液溶于其内。

（4）稀释液。

样品稀释液主要是无菌生理盐水，有的采用磷酸盐缓冲液（或 0.1% 蛋白胨水），后者对食品已受损伤的细菌细胞有一定的保护作用。如对含盐量较高的食品（如酱油）进行稀释，可以采用无菌蒸馏水。

3. 菌落计数

作平板菌落计数时，可用肉眼观察来检查，必要时用放大镜或菌落计数器检查，以防遗漏。菌落计数以菌落形成单位（colony-forming unit，CFU）表示。

（1）选取菌落数在 30 ~ 300 CFU 之间、无蔓延菌落生长的平板计数菌落总数。低于 30 CFU 的平板记录具体菌落数，大于 300 CFU 的可记录为多不可计。每个稀释度的菌落数应采用两个平板的平均数。

（2）其中 1 个平板有较大片状菌落生长时，则不宜采用，而应以无片状菌落生长的平板作为该稀释度的菌落数，若片状菌落不到平板的一半，而其余一半中菌落分布又很均匀，即可计算半个平板后乘以 2，代表 1 个平板菌落数。

（3）当平板上出现菌落间无明显界线链状生长时，则将每条单链作为一个菌落计数。

4. 结果与报告

（1）如果只有一个稀释度平板上的平均菌落数在适宜计数范围（30 ~ 300 CFU）内，则将此平均菌落数乘以相应的稀释倍数报告结果。

（2）若有两个连续稀释度的平板菌落数在适宜计数范围内时，按以下公式计算：

$$N=\sum C/(n_1+0.1n_2)d \tag{6-1}$$

式中：N——样品中菌落数；

$\sum c$——适宜计数范围内的平板菌落数之和；

n_1——第一适宜稀释度（低稀释倍数）平板个数；

n_2——第二适宜稀释度（高稀释倍数）平板个数；

d——稀释因子（第一适宜稀释度）。

示例：

稀释度	1 ∶ 100（第一稀释度）	1 ∶ 1 000（第二稀释度）
菌落数 /CFU	232，244	33，35

$$N=\sum C/(n_1+0.1n_2)d=\frac{232+244+33+35}{[2+(0.1\times 2)]\times 10^{-2}}=24\ 727\approx 2.5\times 10^4$$

表示为 25 000 或 2.5×10^4。

（3）若所有稀释度的平板上菌落数均大于 300 CFU，则对稀释度最高的平板进行计数，其他平板可记录为多不可计，结果按平均菌落数乘以最高稀释倍数计算。

（4）若所有稀释度的平板菌落数均小于 30 CFU，则应按稀释度最低的平均菌落数乘以稀释倍数计算。

（5）若所有稀释度（包括液体样品原液）均无菌落生长，则以小于 1 乘以最低稀释倍数计算。

（6）若所有稀释度的平板菌落数均不在 30 ~ 300 CFU 之间，其中一部分小于 30 CFU 或大于 300 CFU 时，则以最接近 30 CFU 或 300 CFU 的平均菌落数乘以稀释倍数计算。

5. 菌落总数的报告

（1）菌落数小于 100 CFU 时，按“四舍五入”原则修约，以整数报告；菌落数大于或等于 100 时，第 3 位数字采用“四舍五入”，取前两位数字，后面用 0 代替位数。为了缩短数字后面的零数，也可用 10 的指数来表示，按“四舍五入”原则修约后，采用两位有效数字。

（2）若所有平板上为蔓延菌落而无法计数，则报告菌落蔓延。

（3）若空白对照上有菌落生长，则此次检测结果无效。

（4）称重取样以 CFU/g 为单位报告，体积取样以 CFU/mL 为单位报告。

6. 实验结果

对检样进行菌落总数测定的原始记录填入表 6–1 中。

表 6–1　菌落总数的原始记录

皿次	原液	10^{-1}	10^{-2}	10^{-3}	空白
1					
2					
平均					
稀释度			菌量［CFU/g(mL)］		

五、任务考核指标

细菌菌落总数检验操作的考核见表 6–2。

表 6–2 细菌菌落总数检验操作考核表

<table>
<tr><th colspan="2">考核内容</th><th>考核指标</th><th>分值</th></tr>
<tr><td rowspan="7">准备工作</td><td>手部消毒</td><td>未用酒精棉球消毒</td><td>2</td></tr>
<tr><td rowspan="2">酒精灯准备</td><td>未点燃就开始操作</td><td rowspan="2">4</td></tr>
<tr><td>酒精灯位置不当</td></tr>
<tr><td>试管标记</td><td>未注明稀释度</td><td>2</td></tr>
<tr><td rowspan="2">平皿标记</td><td>标记做在盖上</td><td rowspan="2">4</td></tr>
<tr><td>未注明稀释度</td></tr>
<tr><td>无菌水准备</td><td>移液管选择不当
取水量不准</td><td>8</td></tr>
<tr><td rowspan="8">稀释及加样</td><td rowspan="2">样品处理</td><td>加样前未摇匀</td><td rowspan="2">10</td></tr>
<tr><td>取水量不准</td></tr>
<tr><td rowspan="3">梯度稀释</td><td>移液管放样方法不对</td><td rowspan="3">10</td></tr>
<tr><td>稀释液未混合均匀</td></tr>
<tr><td>加样顺序错误</td></tr>
<tr><td rowspan="3">加样</td><td>打开皿盖手法不对</td><td rowspan="3">15</td></tr>
<tr><td>加样量不准</td></tr>
<tr><td>操作远离酒精灯</td></tr>
<tr><td colspan="2">培养基加入
棉塞放置桌面
加培养基时打开皿盖手法不对
倒培养基时远离酒精灯
未做平旋混合水样</td><td>打开瓶盖手法错误</td><td>25</td></tr>
<tr><td colspan="2">培养
包装后出现平皿暴露
未做倒置培养
未调节培养箱温度</td><td>未用原包装纸包扎</td><td>10</td></tr>
<tr><td colspan="2">报告
报告方式错误</td><td>报告原理利用错误</td><td>10</td></tr>
<tr><td colspan="2">合计</td><td>—</td><td>100</td></tr>
</table>

任务2 食品中乳酸菌的活菌计数与测定

一、任务目标

（1）掌握乳酸菌活化与分离的方法。

（2）学会识别常见乳酸菌的形态特征。

（3）掌握乳酸菌活力测定的一般方法。

二、任务相关知识

（一）乳酸菌的概念及其分布

早在20世纪初，著名的生物学家梅契尼柯夫（Mechnikoff, 1845–1916），在他获得诺贝尔奖的“长寿学说”里已明确指出，保加利亚的巴尔干岛地区居民，日常生活中经常饮用的酸奶中含有大量的乳酸菌，这些乳酸菌能够定植在人体内，有效地抑制有害菌的生长，减少由于肠道内有害菌产生的毒素对整个机体的毒害，这是保加利亚地区居民长寿的重要原因。5 000年前，人类就已经使用乳酸菌。到目前为止，人类日常食用的泡菜、酸奶、酱油、豆豉等，都是应用乳酸菌这种原始而简单的随机天然发酵的代谢产物。

乳酸菌是指发酵糖类主要产物为乳酸的一类无芽孢、革兰染色阳性细菌的总称，为原核生物。除极少数外，其中绝大部分都是人体内必不可少的且具有重要生理功能的菌群，其广泛存在于人体的肠道中。目前已被国内外生物学家所证实，肠内乳酸菌与健康长寿有着非常密切的关系。

这类细菌在自然界分布极为广泛，具有丰富的物种多样性。它们不仅栖息在人和各种动物的肠道及其他器官中，而且在植物表面和根际、人类食品、动物饲料、有机肥料、土壤、江、河、湖、海中都发现大量乳酸菌的存在。这类菌是研究分类、生化、遗传、分子生物学和基因工程的理想材料，在理论上具有重要的学术价值，而且在工业、农牧业、食品和医药等与人类生活密切相关的重要领域应用价值也极高。乳酸菌主要分布在乳酸杆菌属（*Lactobacillus*）、链球菌属（*Streptococcus*）、明串珠菌属（*Leuconostoc*）、片球菌属（*Pediococcus*）、双歧杆菌属（*Bifidobacterium*）。

（二）乳酸菌属

1. 乳杆菌属的形态特征

细胞呈多样形杆状：长或细长杆状、弯曲形短杆状及棒形球杆状，一般成链排列。革兰染色阳性，有些菌株革兰染色显示两极体，内部有颗粒物或呈现条纹。通常不运动，有的能够运动具有周生鞭毛。无芽孢；无细胞色素，大多不产色素。

2. 乳杆菌属的生理生化特点

化能异氧型，营养要求严格，生长繁殖需要多种氨基酸、维生素、肽、核酸衍生物。根据糖类发酵类型，可将乳杆菌属划分为三个类群，即：①同型发酵群：发酵葡萄糖产生85%以上的乳酸，不能发酵戊糖和葡萄糖酸盐。②兼异性发酵群：发酵葡萄糖产生85%以上的乳酸，能发酵某些戊糖和葡萄糖酸盐。③异型发酵群：发酵葡萄糖产生等物质量的乳酸、乙酸和或乙醇、CO_2、pH值为6.0以上可还原硝酸盐，不液化明胶，不分解酪素，联苯胺反应阴性，不产生吲哚和H2 S，多数菌株可产生少量的可溶性氮。微好氧性，接触酶反应阴性，厌氧培养生长良好，生长温度范围是2 ~ 53℃，最适生长温度30 ~ 40℃。耐酸性强，生长最适pH值为5.5 ~ 6.2，在pH值小于或等于5的环境中可生长，而在中性或碱性条件下生长速率降低。自然界分布广泛，极少有致病性菌株。

3. 乳杆菌属的代表种

（1）保加利亚乳杆菌（*L.bulgaricus*）：细胞形态长杆状，两端钝圆。固体培养基生长的菌落呈棉花状，易与其他乳酸菌区别。能利用葡萄糖、果糖、乳糖进行同型乳酸发酵产生D型乳酸（有酸涩味，适口性差），不能利用蔗糖。该菌是乳酸菌中产酸能力最强的菌种，其产酸能力与气菌体形态有关，菌形越大，产酸越多，最高产酸量是2%。如果菌形为颗状或细长链状，产酸较弱，最高产酸量是1.3% ~ 2.0%。蛋白质分解力较弱，发酵乳中可产生香味物质乙醛。最适宜生长温度是37 ~ 45℃，温度高于50℃或低于20℃不生长。常作为发酵酸奶的生产菌。

（2）嗜酸乳杆菌（*L.acidophilus*）：细胞形态比保加利亚乳杆菌小，呈细长杆状，能利用葡萄糖、果糖、乳糖、蔗糖进行同型乳酸发酵产生DL型乳酸，生长繁殖需要一定的维生素等生长因子，37℃培养生长缓慢，2 ~ 3 d可使牛乳凝固。因而，在发酵剂制造及嗜酸菌乳生产中，常在原料乳培养基中添加5%的番茄汁或胡萝卜汁。蛋白质分解力较弱。最适生长温度是37℃，20℃以下不生长，耐热性差。最适生长pH值是5.5 ~ 6.0，耐酸性强，能在其他乳酸菌不能生长的酸性环境中生长繁殖。

嗜酸乳杆菌是能够在人体肠道定植的少数有益微生物菌群之一。其代谢产物有机酸和抗菌物质（乳杆菌素、嗜酸乳素、酸菌素）可抑制病原菌和腐败菌的生长。另外，该菌在改善乳糖不耐症，治疗便秘、痢疾、结肠炎，激活免疫系统，抗肿瘤，降低胆固醇水平等方面，都具有一定的功效。

（三）链球菌属

1. 链球菌属的形态特征

细胞呈球形或卵圆形，成对或成链排列。革兰染色阳性，无芽孢，一般不运动，不产生色素。但肠球菌群中某些种能运动或产色素。

2. 链球菌属的生理生化特点

其营养类型为化能异养型，同型乳酸发酵产生右旋乳酸，兼性厌氧型，接触酶反应阴性，厌氧培养生长良好。根据生理生化特性，可将链球菌属分为4个种群（见表6–3）。

表6–3 链球菌属不同种群生理生化特征

	化脓性群	绿色群	肠球菌群	乳酸链球菌群
抗原群	A，B，C，F，G	未分群	D	N
鲜血琼脂平板培养	溶血	变绿	变绿或溶血	无
最适生长温度/℃	37	37	35～37	25
60℃，30 min存活	–	–	+	+
6.5%NaCl	–	–	+	–
pH值为9.6	–	–	+	–
0.1%次甲基蓝	–	–	+	+
40%胆汁	–	–	+	+

3. 链球菌属的代表种

（1）嗜热链球菌。

细胞形态呈长链球状。某些菌株若不经过中间牛乳培养，则在固体培养基上得不到菌落。能利用葡萄糖、果糖、乳糖和蔗糖进行同型乳酸发酵产生L型乳酸。在石蕊牛乳中不还原石蕊，可使牛乳凝固。蛋白质分解力较弱，在发酵乳中可产生香味物质双乙酰。该菌主要特征是能在高温条件下产酸，最适生长温度40 ~ 45℃，温度低于20℃不产酸。耐热性强，能耐65 ~ 68℃的高温。常作为发酵酸乳、瑞士干酪的生产菌。

（2）乳酸链球菌。

细胞形态呈双球、短链或长链状。同型乳酸发酵。在石蕊牛乳中可使牛乳凝固。牛乳随便放置时，牛乳的凝固90%是由该菌所致。产酸能力弱，最大乳酸生物量0.9% ~ 1.0%。可在4% NaCl肉汤培养基和0.3%亚甲基蓝牛乳中生长。能水解精氨酸产生NH3，对温度适应范围广泛，10 ~ 40℃均产酸，最适生长温度30℃，而对热抵抗力弱，60℃、30 min全部死亡。常作为干酪、配制奶油及乳酒发酵剂的菌种。

（3）乳脂链球菌。

细胞形态呈双球、短链或长链状；同型乳酸发酵，产酸和耐酸能力均较弱。产酸温度较低，约18 ~ 20℃，37℃以上不产酸、不生长。由于该菌耐酸能力差，菌种保藏非常困难，需每周转接菌种1次或在培养基中添加1% ~ 3%的$CaCO_3$保藏。不能在4%NaCl肉汤培养基和0.3%亚甲基蓝牛乳中生长，不水解精氨酸。此菌常作为干酪、酸制奶油发酵剂的菌种。

（四）明串珠菌属

1. 明串珠菌属的形态特征

细胞球形或豆状，成对或成链排列。革兰染色阳性，不运动，无芽孢。

2. 明串珠菌属的生理生化特点

化能异养型，生长繁殖需要复合生长因子有烟酸、硫胺素、生物素和氨基酸，不需要泛酸及其衍生物。利用葡萄糖进行异型乳酸发酵产生 D 型乳酸、乙酸或醋酸、CO_2，可使苹果酸转化为 L 型乳酸。通常不酸化和凝固牛乳，不水解精氨酸，不水解蛋白，不还原硝酸盐，不溶血，不产吲哚。兼性厌氧型，接触酶反应阴性。生长温度范围是 5 ~ 30℃，最适生长温度 25℃。

3. 明串珠菌属的培养特征

固体培养，菌落一般小于 1.0 mm，光滑、圆形、灰白色；液体培养，通常混浊均匀，但长链状菌株可形成沉淀。

4. 代表种——肠膜状明串珠菌

细胞球形或豆状，成对或短链排列。固体培养，菌落直径小于 1.0 mm；液体培养，混浊均匀。利用葡萄糖进行异型乳酸发酵，在高浓度的蔗糖溶液中生长，合成大量的荚膜物质——葡聚糖，形成特征性黏液，最适生长温度 25℃，生长的 pH 值范围是 3.0 ~ 6.5，具有一定嗜渗压性，可在含 4% ~ 6% 的 NaCl 培养基中生长。该菌不仅是酸泡菜发酵重要的乳酸菌，而且已被用于生产右旋糖苷的发酵菌株，右旋糖苷是羧甲淀粉的主要成分。

（五）片球菌属

1. 片球菌属的形态特征

细胞球形，成对或四联状排列。革兰染色阳性，无芽孢，不运动，固体培养，菌落大小可变，直径 1.0 ~ 2.5 mm。无细胞色素。

2. 片球菌属的生理生化特点

化能异养型，生长繁殖需要复合生长因子——烟酸、泛酸、生物素和氨基酸，不需要硫胺素、对 – 氨基苯甲酸和钴胺素。利用葡萄糖进行同型乳酸发酵产生 DL 型或 L 型乳酸。通常不酸化和凝固牛乳，不分解蛋白质，不还原硝酸盐，不产吲哚。兼性厌氧，接触酶反应阴性。生长温度范围是 25 ~ 40℃，最适生长温度 30℃。该属中，嗜盐片球菌和嗜盐四联球菌是参与酱油酿造的重要乳酸菌，耐 NaCl 浓度 18% ~ 20%，嗜盐片球菌、啤酒片球菌、乳酸片球菌是酸泡菜发酵中重要的乳酸菌，可在含 6% ~ 8% 的 NaCl 环境中生长，耐 NaCl 浓度 13% ~ 20%。

（六）双歧杆菌属

1. 双歧杆菌属的形态特征

细胞呈多样形态，如 Y 字形、V 字形、弯曲状、勺形，典型形态为分叉杆菌，因而取名 *bifidus*（拉丁语是分开、裂开之意）。革兰染色阳性，亚甲基蓝染色菌体着色不规则。无芽孢和鞭毛，不运动。

2. 双歧杆菌属的生理生化特点及其功能性

化能异养型，对营养要求苛刻，生长繁殖需要多种双歧因子（能促进双歧杆菌生长，不被人体吸收利用的天然或人工合成的物质），能利用葡萄糖、果糖、乳糖和半乳糖，通过果糖 -6- 磷酸支路生成摩尔比 2　3 的乳酸和乙酸及少量的甲酸和琥珀酸。蛋白质分解力微弱，能利用铵盐作为氮源，不还原硝酸盐，不水解精氨酸，不液化明胶，不产生吲哚，联苯胺反应阴性。专性厌氧，接触酶反应阴性，对氧的敏感性存在不同菌种或菌株的差异，多次传代培养后，菌株的耐氧性增强。生长温度范围是 25 ~ 45℃，最适生长温度 37℃。生长 pH 值范围是 4.5 ~ 8.5，最适生长起始 pH 值是 6.5 ~ 7.0，不耐酸，酸性环境（pH 值≤ 5.5）对菌体存活不利。

双歧杆菌是人体肠道有益菌群，它可定殖在宿主的肠黏膜上形成生物学屏障，具有拮抗致病菌、改善微生态平衡、合成多种维生素、提供营养、抗肿瘤、降低内毒素、提高免疫力、保护造血器官、降低胆固醇水平等重要生理功能，其促进人体健康的有益作用远远超过其他乳酸菌。

（七）乳酸菌在食品工业中的应用

乳酸菌是一群形态、代谢性能和生理特征不完全相同的革兰氏阳性菌的统称。目前发现的乳酸菌约有四十余种，它们以碳水化合物为食物，分解产生乳酸。许多乳酸菌被公认为安全的食品级微生物。

由于乳酸菌的多种生物学功能，乳酸菌的应用领域不断被开拓，如食品、工业、农业、医药卫生等领域。乳酸菌在食品业的应用主要体现在两个方面：一方面是乳酸菌发酵食品。乳酸菌发酵食品是目前世界公认的功能性保健食品，赋予食品柔和的酸味和香气，具有生物活性及良好的保健功能，提高了食品的营养价值；另一方面，也是主要方面，乳酸菌及其代谢产物还是天然的无毒副作用的防腐剂，能抑制或杀死食品中致病菌的生长或繁殖，极大程度上延长了食品的保藏期，增加了产品附加值。

1. 发酵乳制品

发酵乳制品是指良好的原乳经过微生物（主要是乳酸菌）发酵作用后，制成的具有特殊风味、较高营养价值和一定保健功能的乳制品，产品种类已达 1 000 种以上，包括酸奶、奶油、干酪、活性乳酸菌饮料、乳酸菌奶粉、乳酸菌发酵蛋奶、酒精性发酵乳饮料等。用乳酸菌发酵生产乳制品的技术非常成熟，不仅能提高营养价值，还能产生乳酸、分解蛋白质、形成风味物质、产生抑菌物质。目前，乳制品已成为重要的食品组成。

（1）酸牛乳：

酸牛乳是新鲜牛乳经过乳酸菌发酵后制成的发酵乳饮料。根据生产方式，可分为凝固型、搅拌型、饮料型 3 种。

①菌种的选择和发酵剂的制备。

发酵剂是指生产发酵乳制品过程中用于接种使用的特定的微生物培养物。通常用于酸牛乳生产的发酵剂菌种，是保加利亚乳杆菌和嗜热链球菌混合发酵剂生产酸牛乳。两菌株的混合比例对酸乳风味和质地起重要作用，常见的杆菌和球菌的比例是 1 ∶ 1 或 1 ∶ 2。

酸牛乳发酵剂制备的工艺流程：菌种活化→母发酵刑→中间发酵剂→工作发酵剂。

技术要点包括：

●菌种活化：将液体菌种或冻干菌种接种于 115℃、10 min 灭菌后的复原脱脂乳试管培养基中，42℃培养，凝乳后立即进行传代移植。一般传代移植 2 ～ 3 次后，保加利亚乳杆菌 42℃、3 ～ 5 h 凝乳，嗜热链球菌 42℃、6 ～ 8 h 凝乳，即为活化完毕。

●母发酵剂的制备：将活化菌种接种量为 1%，42℃培养，凝乳后即为母发酵剂。

●中间发酵剂的制备：利用母发酵剂接种量 1%，42℃培养，凝乳后制成中间发酵剂。

●工作发酵剂的制备：利用中间发酵剂接种量 1% ～ 3%，42℃培养，凝乳后即为工作发酵剂。

②凝固型酸乳的生产。

凝固型酸乳的生产是以新鲜牛乳为主要原料，经过净化、标准化、均质、杀菌、接种发酵剂、分装后，通过乳酸菌的发酵作用，使乳糖分解为乳酸，导致乳的 pH 值下降，酪蛋白凝固，同时产生醇、醛、酮等风味物质，再经冷藏和后熟制成乳凝状的酸牛乳。

凝固型酸牛乳的生产工艺流程为：原料鲜乳→净化→标准化→均质→杀菌→冷却→接种→分装→发酵→冷却→冷藏后熟→成品。

技术要点包括：

●原料鲜乳的质量要求。用于制作发酵剂和生产酸乳的原料乳必须是高质量的，要求酸度在 18° T以下，杂菌数不高于 50 万个 /mL，总干物质含量不低 11%，具有新鲜牛乳的滋味和气味，不得有外来异味，如饲料味、苦味、臭味和涩味等。不得使用乳腺炎乳。

●热处理。牛奶通过 90 ～ 95℃、5 min 的处理方法，效果最好，不但杀死了杂菌，还有助于酸乳成品的稳定性，防止乳清析出。

●接种与发酵。经预处理并冷却至 45℃左右的牛乳，泵送至可以保温的缓冲罐中，同时将发酵剂按活力和比例用泵打入发酵罐中，与乳充分混合。将接种后的乳经灌装后放入发酵室，培养温度为 42 ～ 45℃，时间为 2 ~ 3 h，进行发酵。在发酵过程中，对每个托盘上的发酵乳要认真观察，必要时要取样检查，当 pH 值达到 4.5 ~ 4.7 时，即可终止发酵，并马上冷却。

●冷却为了控制产品的一定酸度，发酵终了的冷却十分重要。正常的冷却速度是在发酵终了时 1.0 ~ 1.5 h 内，将温度降至 10 ~ 15℃以内。凝固型酸乳在出发酵室时，必须注意轻拿轻放，不得振动，否则就破坏了蛋白质的凝乳结构而使乳清析出。

③搅拌型酸乳的生产。

搅拌型酸乳即纯酸乳，其生产工艺与凝固型酸乳基本相似，所不同的是：前者为先发酵，再搅拌，后分装；后者为先分装，后发酵，不搅拌。

搅拌型酸乳的生产工艺流程为：原料鲜乳→净化→标准化调制→均质→杀菌→冷却→接种发酵剂→发酵→搅拌破乳→冷却→分装→冷藏后熟→成品。

技术要点包括：

●原料要求。酸度在 18° T 以下，杂菌数不高于 50 万个 /mL，总干物质含量不低于 11%，具有新鲜牛奶的滋味和气味，不得有外来异味，不得使用乳腺炎乳。

●热处理。杀菌牛奶通过 90 ~ 95℃、5 min 热处理，杀死杂菌，且有助于产品稳定性。

●发酵。经预处理以后的牛乳放入发酵罐，按需要量进行接种，并开动搅拌器，使发酵剂与牛乳充分混合均匀。发酵罐必须恒温，最好在罐上配有 pH 计。当 pH 值达到 4.2 ~ 4.5 时，即可停止发酵。

●冷却。为了防止酸度进一步增加，乳温必须迅速降到 12 ~ 15℃。为使成品具备正确的稠度，对已凝固的酸乳在罐内的搅拌速度应尽量放慢。在大型生产中，冷却是在板式换热器中进行，它可以保证产品不受强烈的机械搅动。为保证产品质量的均匀一致，泵及冷却系统的能力应能在 20 ~ 30 min 内排空 1 个发酵罐。为使发酵后的生产不致再度中断，往往在包装前用缓冲罐进行调节。

●添加果料。果料及各种类型的调香物质，可在酸乳从缓冲罐到包装机输送过程中添加到酸乳中去。其方法：可通过 1 台可变速的计量泵，按比例地加入，酸乳与果料在输送过程中是通过混合装置，此装置固定在输送管道上，确保果料与酸乳进行均匀的混合。

●包装。采用容量柱塞灌装机进行灌装。应慢速灌装，并使用大孔灌装嘴。

④饮料型酸乳的生产。

饮料型酸乳是酸凝乳与适量无菌水、稳定剂和香精混合，再经均质处理、分装、冷却后制成的凝乳粒子直径在 0.01 mm 以下、液体状的酸牛乳。

饮料型酸乳的生产工艺流程为：原料鲜乳→净化→标准化调制→均质→杀菌→冷却→接种发酵剂→发酵→混合（无菌水、稳定剂、香精）→均质→分装→冷却→成品→入库冷藏。

技术要点包括：

●原料。鲜乳的净化、标准化、均质、杀菌、冷却、接种发酵剂、发酵等工艺与凝固型酸乳工艺相同。

●混合。为了制成均匀稳定的饮料型酸乳，即活性乳，需在发酵后的凝乳中添加无菌水、稳定剂、香精等。一般加水量为凝乳的 50%。稳定剂分为两大类：一类为人工合成型，如海藻酸丙二醇酯（PGA）和低甲氧基果胶（LM 果胶）；另一类为天然型，如明胶、琼脂、海藻酸钠、果胶等。目前使用较多的是 PGA 和 LM 果胶，前者的添加量为 0.2%，后者的添加量为 0.3%。添加方法一般是：将稳定剂用水溶解，灭菌冷却后添加至凝乳中，搅拌均匀。

●均质、分装、冷却和冷藏。将上述混合乳在 10 MPa 下进行均匀处理，然后分装到包装容器中，迅速冷却至 10℃以下。由于饮料型酸乳中含有活性乳酸菌，因此应置于 0 ~ 5℃下冷藏。

（2）干酪：

目前，干酪的种类已达 800 余种。根据原料不同，有牛乳干酪和羊乳干酪之分；根据乳脂肪含量不同，有脱脂干酪、全脂干酪和稀奶油干酪之别；根据含水量和硬度不同，分为特硬质干酪、硬质干酪、半硬质干酪、软质干酪；根据成熟度不同，分为新鲜干酪和成熟干酪。

①发酵剂菌种。

用于发酵剂的菌种大多是乳酸菌，有的干酪使用丙酸菌和霉菌，多数乳酸菌发酵剂为多菌混合发酵剂。根据最适生长温度不同，可将干酪生产的乳酸发酵剂菌种分为两大类：一类是适温型乳酸菌，包括乳酸链球菌、乳脂链球菌、乳脂明串珠菌、丁二酮链球菌、嗜柠檬酸链球菌。前三种链球菌主要将乳糖转化为乳酸，后两种链球菌主要将柠檬酸转化为丁二酮；另一类是嗜热型乳酸菌，包括嗜热链球菌、乳酸乳杆菌、嗜热乳杆菌、保加利亚乳杆菌、瑞士乳杆菌、嗜酸乳杆菌、发酵乳杆菌、短乳杆菌、布氏乳杆菌、干酪乳杆菌、植物乳杆菌，其中后两种乳杆菌具有脂肪分解酶和蛋白质分解酶。

②干酪生产。

不同品种干酪的风味、颜色、质地等特性不同，其生产工艺也不尽相同，但都有共同之处。

一般工艺流程为：原料乳检验→净化→标准化调制→杀菌→冷却→添加发酵剂、色素、$CaCl_2$和凝乳酶→静置凝乳→凝块切割→搅拌→加热升温、排出乳清→压榨成型→盐渍→生干酪→发酵成熟→上色挂蜡→成熟干酪。

技术要点包括：

●原料乳的检验和预处理。生产干酪的原料必须是由健康乳畜分泌的新鲜优质乳汁。感官检验合格后，测定酸度小于18° T，酒精试验呈阴性，细菌总数小于50万个/mL，必要时进行抗生素试验。然后进行过滤净化，按照不同产品要求进行标准化调制。杀菌15 min。根据发酵剂菌种的最适生长温度，冷却至接种温度。

●接种发酵剂及添加色素、$CaCl_2$、凝乳酶和静置凝乳。在接种温度下，接种混合发酵剂1% ~ 3%。为了使产品均匀一致，需添加色素安那妥或胡萝卜素3% ~ 12%。原料乳杀菌后，可溶性Ca^{2+}浓度降低，通过添加0.01% $CaCl_2$，则有利于干酪凝固和品质改善。干酪制造中，乳液凝固一般使用凝乳酶。凝乳酶的种类有犊牛产生的皱胃酶、木瓜产生的木瓜蛋白酶和微生物产生的凝乳酶。其添加量应根据其效价而定，即1份凝乳酶在30 ~ 35℃、40 min内可凝固的乳量一般为10 000 ~ 15 000份。添加凝乳酶后，搅拌均匀，静置40 min，即可形成凝乳。

●凝块切割、搅拌加热、排出乳清。凝乳达到一定硬度后，用干酪刀将其纵横切割成小块，然后轻轻搅拌，使乳清分离。加热升温可使凝块收缩，有利于乳清分离，加热时应缓慢升温（1 ~ 2℃/min），制造软质干酪升温至37 ~ 38℃，硬质干酪则升温至47 ~ 48℃。凝块收缩到适当硬度时，即可排出乳清，此时乳清酸度约为0.12%。

●压榨和盐渍。将排出乳清后的凝块均匀地放在压榨槽内，压成饼状，再将凝块分成大小相等的小块压成型（10 ~ 15℃），保持6 ~ 10 h。盐渍的目的是硬化凝块、改善风味并起到防腐作用，一般将粉碎的食盐撒在干酪表面，或将干酪浸在20%的NaCl溶液中，8 ~ 10℃保持3 ~ 7 d，使干酪的含盐量达1% ~ 3%。压榨成型并盐渍后的干酪称为生干酪，可以直接食用，但大多数干酪要经过发酵成熟。

●发酵成熟。发酵成熟的温度为10 ~ 15℃，相对湿度为85% ~ 95%。成熟期为：软质干酪为1 ~ 4个月，硬质干酪长达6 ~ 8个月。发酵成熟后的干酪具有独特的芳香风味和细腻均匀的自然状态。

●上色挂蜡。为防止成熟干酪氧化、污染及水分散失，常常在其表面保持一层石蜡，近年来改进为塑料膜包装。

（3）酸制奶油：

①发酵剂菌种。

目前都采用混合乳酸菌发酵剂生产酸制奶油。菌种要求产香能力强，而产酸能力相对较弱，因此可将发酵剂菌种分为两大类：一类是产酸菌种。主要是乳酸链球菌和乳脂链球菌，可将乳糖转化为乳酸，但乳酸生成量较低；另一类是产香菌种。包括嗜柠檬酸链球菌、副嗜柠檬酸链球菌和丁二酮链球菌，可将柠檬酸转化为羟丁酮，再进一步氧化为丁二酮，赋予酸制奶油特有的香味。

②酸制奶油的生产。

工艺流程为：原料乳→离心分离→脱脂乳→稀奶油→标准化调制→加碱中和→杀菌→冷却→接种发酵剂→发酵→物理成熟→添加色素→搅拌→排出酪乳→洗涤→加盐压炼→包装→成品。

技术要点包括：

●原料乳的检验和预处理。生产酸制奶油的原料乳要求新鲜合格、达到二级以上标准。然后采用奶油分离机在温度32 ~ 35℃和转速5 000 r/min的条件下分离出稀奶油。经过标准化调制，使稀奶油的含脂率达30% ~ 35%。为了防止乳脂肪在酸性条件下氧化以及酪蛋白在杀菌时的酸性条件下沉淀，常采用$Ca(OH)_2$或Na_2CO_3中和稀奶油，使乳酸度达0.2%。85 ~ 90℃杀菌5 min，迅速冷却至20℃。

●接种发酵剂进行发酵。接种混合发酵剂3% ~ 6%，20℃发酵2 ~ 6 h，使乳酸度达0.3%，即中止发酵。通过乳酸菌的发酵作用，使稀奶油中的乳糖转化为乳酸，柠檬酸转化为羟丁酮，再进一步氧化为丁二酮，同时生成发酵中间产物甘油和脂肪酸，赋予产品特有的风味。

●物理成熟。发酵结束后，在3 ~ 5℃下进行物理成熟3 ~ 6 h，使乳脂肪结晶固化，有利于搅拌并排出酪乳。

●添加色素。为了使产品质量均一，一般添加安那妥0.01% ~ 0.05%。

●搅拌、排酪乳。搅拌是为了破坏脂肪球膜，以便形成大的脂肪球团。一般温度控制在10 ~ 15℃，搅拌5 min后，排出酪乳。酪乳的含脂率要求小于0.5%。

●洗涤、加盐压炼。在低于搅拌强度1 ~ 2℃的条件下，用纯净水洗涤2 ~ 3次，除去脂肪表面的酪乳。然后在奶油粒中添加2.5% ~ 3.0%的粉碎食盐，抑制杂菌生长并改善风味。再在压炼台上将奶油粒压制成奶油层，使水滴和食盐均匀分布于奶油层中。

●包装和贮藏。酸制奶油的包装有大包装（木桶或木箱）和小包装（模型全装）两种形式。包装后，在0℃以下贮藏。贮藏期：0℃、2 ~ 3周，-15℃、6个月。

2. 果蔬汁乳酸菌发酵饮料

果蔬汁乳酸菌发酵饮料是一种新型饮料，它综合了乳酸菌和果蔬汁两方面的营养保健功能，而且产品的原料风味和发酵风味浑然一体，所以深受消费者喜爱。下面，以番茄汁乳酸菌发酵饮料的生产为例进行讨论。

其生产工艺流程为：番茄→清洗→热烫→榨汁→均质→调节pH值→杀菌→冷却→接种发酵剂→发酵→加糖→调配→包装→成品。

技术要点包括：

●番茄汁的制备。选择新鲜、红皮、成熟度一致的番茄为原料。清洗后，在90 ~ 95℃热水中热烫3 min，然后在榨汁机中榨汁。再经胶体磨均质5 min，移至发酵罐，用Na_2CO_3溶液调节pH值至6.4。90 ~ 95℃杀菌20 min，迅速冷却至40℃。

●接种发酵剂。用于番茄汁乳酸菌发酵饮料生产的发酵剂，是采用保加利亚乳杆菌和嗜热链球菌以1 ∶ 1比例制成的混合发酵剂。

●发酵。42℃发酵30 h，pH值降至4.0 ~ 4.5，发酵结束。

3. 益生菌制剂

益生菌（*Probiotic bacteria* or *probiltic organism*）是一类对宿主有益的活性微生物，是定植于人体肠道、生殖系统内，能产生确切健康功效，从而改善宿主微生态平衡、发挥对肠道有益作用的活性有益微生物的总称。人体、动物体内有益的细菌或真菌主要有：酪酸梭菌、乳酸菌、双歧杆菌、嗜酸乳杆菌、放线菌、酵母菌等。目前，世界上研究的功能最强大的产品主要是以上各类微生物组成的复合活性益生菌，其广泛应用于生物工程、工农业、食品安全以及生命健康领域。

就双歧杆菌制品来看，目前生产规模和产量逐年增加，品种已达70多种，产品形式分为液态型和固态型两种。液态产品有双歧杆菌发酵乳饮料、双歧杆菌口服液、双歧杆菌果蔬复合汁饮料，固态产品有双歧杆菌乳粉和干酪、双歧杆菌干制糖果和糕点、双歧杆菌粉剂和胶囊。目前常见的双歧杆菌酸牛乳饮料生产工艺流程为：

原料鲜乳→净化→标准化调配→均质→杀菌→冷却→接种→发酵→冷却→混合→灌装→冷藏→成品。

三、任务所需器材

1. 菌种及材料

德式乳杆菌保加利亚亚种、嗜热链球菌、双歧杆菌、市售酸奶或乳酸菌饮料。

2. 培养基

脱脂乳培养基、乳清琼脂培养基、番茄汁琼脂培养基、改良 MRS 琼脂培养基、M17 琼脂培养基。

3. 染色液与试剂

无菌水（90 mL、9 mL）、革兰染色液。

4. 仪器和用具

超净工作台、干燥箱、灭菌锅、冰箱、显微镜、天平、恒温箱、普通光学显微镜、碱式滴定仪、接种环、无菌吸管（10 mL、1 mL）、培养皿、试管、烧杯、量筒、酒精灯、接种环、载玻片等。

四、任务技能训练

（一）乳酸菌的活化及个体形态观察

1. 菌种活化

各取 1 ～ 2 环德氏乳杆菌保加利亚亚种、嗜热链球菌、双歧杆菌的试管菌，分别接种于 5 mL 脱脂乳试管培养基中，轻轻振荡后，于 37℃恒温箱中培养过夜，待乳凝固时取出备用。若不立即使用，应置于 4℃冰箱中保存。

2. 革兰染色观察

各取 1 ～ 2 环乳酸菌脱脂乳试管培养物，在载玻片上均匀涂一薄层，火焰固定后，用草酸铵结晶紫染色 1 min，水洗后碘液媒染 1 min，水洗后用 95% 乙醇脱色 1 min，水洗后用沙黄复染 1 min，水洗后干燥，镜检。

镜检可见菌体呈蓝紫色，背景牛奶基质呈红色。注意观察乳酸杆菌的菌体长短、粗细、排列方式，以及乳酸球菌的球形大小、成对的链状排列方式。

注意：若乙醇脱色时间不足或涂片过厚，可造成菌体与背景牛奶基质均呈蓝紫色，不易分辨菌体形态。一般以载玻片上的蓝紫色刚好脱掉为宜。

（二）酸乳中乳酸菌的分离及菌落特征观察

1. 酸乳中乳酸菌的分离

（1）样品稀释。

以无菌操作将酸乳以 10 倍稀释法稀释至一定浓度。用 10 mL 无菌吸管吸取酸乳 10 mL 注入 90 mL 无菌水内，充分摇匀，制成 1 ∶ 10 的稀释液。用 1 mL 无菌吸管吸取 1 ∶ 10 的稀释液 1 mL，注入 9 mL 无菌水内，振摇试管混合均匀，制成 1 ∶ 100 的稀释液。按此法以此制成 1 ∶ 1 000、1 ∶ 10 000、1 ∶ 100 000 的稀释液。

（2）选择适宜稀释液。

取 1 ∶ 10 000、1 ∶ 100 000 两个稀释度的稀释液各 0.1 ～ 0.2 mL，分别加入无菌培养皿内。每个稀释度做 2 个培养皿。注意：每加一次稀释液应更换 1 支吸管。

（3）制含菌平板。

分别将熔化并冷却至 50℃左右的乳清琼脂培养基、番茄汁琼脂培养基、改良 MRS 琼脂培养基、M17 琼脂培养基注入上述培养皿内，每皿 15 mL，并转动培养皿使混合均匀，待凝固，制成含菌平板。

（4）培养。

将含菌平板倒置于 37℃恒温箱中培养 2 ～ 3 d 后，观察菌落特征。

2. 观察菌落特征

由于乳酸菌的菌落微小并且近于透明，必要时将平板直接倒置于体视显微镜或低倍镜下观察，同时降低视野亮度至菌落清晰为止。

观察时，从菌落的大小、形状、边缘情况、表面特征、颜色、隆起程度、透明度、光泽度、湿润或粗糙、干燥等几个方面观察乳酸菌的菌落特征。

3. 菌落计数

选取菌落数在 30 ~ 300 之间的平板进行计数。求出同一稀释度的两个平板内乳酸菌菌落数的平均值，然后乘以稀释倍数，即为每毫升酸乳中的乳酸菌数。

4. 革兰染色

计数后，随机挑取 5 个菌落进行革兰染色，镜检，观察乳酸菌的个体形态及染色反应。

5. 报告

经菌落特征观察和革兰染色镜检，可初步确定革兰染色阳性、无芽孢的杆菌或球菌为乳酸菌。例如：酸乳样品 1 ∶ 10 000 的稀释液在乳清琼脂平板培养基上，认为是乳酸菌菌落为 40 个，取 5 个菌落进行了鉴定，证实其中 4 个为乳酸菌，则 1 mL 酸乳中乳酸菌数为 $40 \times 4/5 \times 10^4 = 3.2 \times 10^5$。

（三）酸乳的活菌计数与活力测定

1. 菌种分离

（1）编号。

取 5 支无菌水试管，分别用记号笔标明 10^{-1}、10^{-2}、10^{-3}、10^{-4}、10^{-5}。

（2）稀释。

将酸奶样品搅拌均匀，用无菌移液管吸取样品 25 mL，移入装有 225 mL 无菌水的三角瓶中，在漩涡混合器上充分振摇，使样品分散均匀，获得 10^{-1} 的样品稀释液。然后根据对样品含菌量的估计，将样品稀释液至适当稀释度。

（3）倒平板。

选用 2 ~ 3 个适宜浓度的稀释液，分别吸取 1 mL 注入平皿内，然后倒入事先熔化并冷却至 45℃左右的 MRS 固体培养基，迅速转动平皿使之混合均匀，待冷却、凝固后，倒置于 40℃培养 48 h。

（4）分离。

无菌操作，从培养好的平板中，分别挑取 5 个单菌落接种于液体 MRS 培养基中，置于 40℃培养箱中培养。

（5）镜检。

通过镜检，确定所分离的乳酸菌是乳酸菌还是链球菌。保加利亚乳酸杆菌呈杆状，单杆、双杆或长丝状；嗜热链球菌呈球状，成对、短链或长链状。

2. 接种

按 1% 的接种量，将 MRS 液体培养物接种于已灭菌的复原脱脂乳中，另外分别接种具有较高活力的保加利亚乳杆菌和嗜热链球菌作为对照。培养温度为保加利亚乳杆菌 40℃、嗜热链球菌 45℃。

3. 观察与测定

（1）观察。

观察并记录各试管的凝乳时间。

（2）酸度测定。

用标定过的浓度为 0.1 mol/L 的 NaOH 溶液滴定，测定发酵乳液的滴定酸度。其滴定酸度一般在 90° T ~ 110° T 为宜。同一样品，至少连测 3 次，取其平均值。

（3）计数

采用倾注平板法测定活菌数量。按常规方法选择 30 ~ 300 个菌落平皿进行计算。

五、结果报告

（1）根据观察，列表比较说明德式乳杆菌保加利亚亚种、嗜热链球菌、双歧杆菌的个体形态和菌落特征。

（2）报告 1 mL 酸乳中乳酸菌的数量。

（3）比较凝乳时间、滴定酸度和活菌数量，确定菌种活力。

[学习拓展]

一、细菌与人类的关系

细菌是生物的主要类群之一，属于细菌域。细菌是所有生物中数量最多的一类。细菌的个体非常小，目前已知最小的细菌只有0.2 μm长，因此大多只能在显微镜下看到。细菌一般是单细胞，细胞结构简单，缺乏细胞核、细胞骨架以及膜状胞器，如线粒体和叶绿体。基于这些特征，细菌属于原核生物（Prokaryota）。原核生物中还有另一类生物称作古细菌（*Archaea*），是科学家依据演化关系而另辟的类别。为了区别，本类生物也被称为真细菌（*Eubacteria*）。

细菌广泛分布于土壤和水中，或者与其他生物共生。人体身上也带有相当多的细菌。据估计，人体内及表皮上的细菌细胞总数约是人体细胞总数的十倍。此外，也有部分种类分布在极端的环境中（如温泉），甚至是放射性废弃物中，其中最著名的种类之一是海栖热袍菌（*Thermotoga maritima*），是科学家在意大利的一座海底火山中发现的。虽然细菌的种类如此之多，但科学家研究过并命名的种类只占其中的小部分。细菌域下所有门中，约有一半能在实验室培养的种类。

细菌的营养方式有自养及异养。其中，异氧的腐生细菌是生态系中重要的分解者，使碳循环能顺利进行。部分细菌会进行固氮作用，使氮元素得以转换为生物能利用的形式。细菌也对人类活动有很大的影响。细菌是许多疾病的病原体，包括肺结核、淋病、炭疽病、梅毒、鼠疫、砂眼等疾病，都是由细菌所引发。人类也时常利用细菌，如乳酪及酸奶的制作、部分抗生素的制造、废水的处理等，都与细菌有关。

细菌是一种单细胞生物体，生物学家把这种生物归入“裂殖菌类”。细菌细胞的细胞壁非常像普通植物细胞的细胞壁，但没有叶绿素。因此，细菌往往与其他缺乏叶绿素的植物结成团块，并被看作是属于“真菌”。细菌因为特别小而区别于其他植物细胞。实际上，细菌也包括存在着的最小的细胞。此外，细菌没有明显的核，而具有分散在整个细胞内的核物质。细菌有时与称为“蓝绿藻”的简单植物细胞结成团块，蓝绿藻也有分散的核物质，但它还有叶绿素。人们越来越普遍地把细菌和其他大一些的单细胞生物归在一起，形成既不属于植物界也不属于动物界的一类生物，它们组成生命的第三界——“原生物界”。有些细菌是“病原的”细菌，其含义是致病的细菌。然而，多数类型的细菌不是致病的，而常常是非常有用的，如土壤的肥沃在很大程度上取决于住在土壤中的细菌的活性。恰当地说，“微生物”是指任何一种形式的微观生命。“菌株”一词用得更加普遍，因为它指的是任何一点小的生命，甚至是1个稍大一点的生物的一部分。例如：包含着实际生命组成部分的1个种子的那个部分就是胚芽，我们叫“小麦胚芽”。此外，卵细胞和精子（载着最终将发育成1个完整生物的极小生命火花）都称为“生殖细胞”。一般情况下，微生物和菌株都用来作为细菌的同义词，而且尤其适用于致病的细菌。

细菌也对人类活动有很大的影响，如奶酪及优格的制作、部分抗生素的制造、废水的处理等，都与细菌有关。在生物科技领域，细菌也有着广泛运用。

细菌对环境、人类和动物来说，既有好处又有危害。一些细菌成为病原体，会导致破伤风、伤寒、肺炎、梅毒、霍乱和肺结核等疾病。在植物中，细菌会导致叶斑病、火疫病和萎蔫。细菌感染的方式包括接触、空气传播、食物、水和带菌微生物。细菌的病原体可以用抗生素处理，抗生素分为杀菌型和抑菌型。

细菌通常与酵母菌及其他种类的真菌一起用于发酵食物，如在醋的传统制造过程中，就是利用空气中的醋酸菌（*Acetobacter*）使酒转变成醋。其他利用细菌制造的食品有奶酪、泡菜、酱油、醋、酒等。细菌也能够分泌多种抗生素，如链霉素即是由链霉菌（*Steptomyces*）所分泌的。

细菌能降解多种有机化合物的能力，也常被用来清除污染，称作生物复育（bioremediation）。举例来说，科学家利用嗜甲烷菌（*methanotroph*）来分解三氯乙烯和四氯乙烯污染。

二、什么是菌落总数

食品卫生标准是保障人类生命健康的重要指标。其中，菌落总数是我国食品卫生微生物标准体系中的主要指标，是衡量食品被细菌污染程度的一种方法。一个有责任的企业应努力提高食品卫生标准，加强对食品原料的检验、对生产技术及环境的升级改造、对员工安全意识的培训，确保食品卫生安全。菌落总数测定是用来判定食品被细菌污染的程度及其卫生质量高低，反映食品在生产加工过程中是否符合卫生要求，以便对被检食品做出适当的卫生学评价。菌落总数的多少标志着食品卫生质量的优劣，人如果进食菌落总数超标的食品，容易引起肠胃不适、腹泻等症状。

菌落是指细菌在固体培养基上生长繁殖而形成的能被肉眼识别的生长物，它是由数以万计相同的细菌集合而成。

细胞形态是菌落形态的基础，菌落形态是细胞形态在群体集聚时的反映，菌落形态包括菌落的大小、形状、边缘、光泽、质地、颜色和透明程度等。细菌是原核微生物，故形成的菌落也小；细菌个体之间充满着水分，所以整个菌落显得湿润，易被接种环挑起；球菌形成隆起的菌落；有鞭毛细菌常形成边缘不规则的菌落；具有荚膜的菌落表面较透明，边缘光滑整齐；有芽孢的菌落表面干燥皱褶；有些能产生色素的细菌菌落还显出鲜艳的颜色，较难挑起。

每一种细菌在一定条件下形成固定的菌落特征。不同种或同种在不同的培养条件下，菌落特征是不同的。这些特征对菌种识别、鉴定有一定意义。当样品被稀释到一定程度，与培养基混合，在一定培养条件下，每个能够生长繁殖的细菌细胞都可以在平板上形成一个可见的菌落。

菌落总数是指在一定条件下（如需氧情况、营养条件、pH 值、培养温度和时间等）每克（每毫升）检样所生长出来的细菌菌落总数。

食品微生物标准是食品卫生标准的重要组成部分，菌落总数是我国食品卫生微生物标准体系中的主要指标，它是衡量食品被细菌污染程度的定量卫生标准。

值得注意的是，如果细菌菌体接种于半固体培养基中或液体培养基中，是不能形成菌落的。在半固体培养基中，接种的无鞭毛的细菌只沿着穿刺线生长，而有鞭毛的细菌可在穿刺线的周围扩散生长。细菌菌体接种于液体培养基中，细菌生长后能使液体培养基变得混浊。混浊情况视细菌对氧气需求的不同而有所不同：好氧菌仅使上部培养液混浊，厌氧菌使底部培养液混浊，兼性厌氧菌使培养液上下均匀混浊；有的细菌可在培养液表面形成菌环或菌膜，或在底部产生沉淀。

三、食品加工污染途径

食品生产加工过程中菌落的污染源分为直接途径和间接途径这两种，其中包括：

（1）原料、水等直接投入物料所携带的微生物致使菌落总数超标。

（2）机械设备、工器具表面与物料接触使菌落总数超标。

（3）操作人员与食品的接触使菌落总数超标。

（4）生产环境中的空气污染，使菌落总数超标。

四、如何预防食品生产加工过程中食品菌落总数超标

1. 环境空气消毒灭菌

生产车间空气中的微生物污染是影响食品安全质量的重要因素，干雾灭菌设备喷洒出颗粒仅有 5 ~ 10 μm 干雾灭菌剂，在一定的空间区域内悬浮在空气中，干雾颗粒进行无规则运动扩散到所有的空间中（布朗运动原理），可以有效地灭菌空气中悬浮的细菌、真菌、病毒等有害微生物，还可去除车间异味，提高食品生产车间的空气卫生质量，并消除生产车间的霉味等难闻的气味。

使用方法：将消毒灭菌专用剂按 1 ∶ 50 ~ 1 ∶ 100 的比例稀释后，采用干雾灭菌设备，将灭菌剂直接喷洒在墙壁、地板和空气中，按照 3 ~ 5 mL/m³ 的用量均匀喷洒空间。

2. 水消毒灭菌

消毒灭菌专用剂是一种复合型的高效广谱杀菌剂，加入到生产用水中，对细菌、霉菌、病毒（包括芽孢）等微生物的杀灭率高、速度快，且可去除水中有机化合物等污染物质，又不会产生二次污染。在食品生产过

程中，可显著提高生产用水的卫生质量，助力食品安全保障。

3. 空瓶瓶盖消毒灭菌

用消毒灭菌专用剂对空瓶瓶盖进行清洗消毒，不仅可以高效杀灭各种细菌、真菌、病毒，保证灭菌率，而且还可避免传统的消毒清洗剂存在的很多安全隐患，如毒性、残留物、此生代谢物（生物膜）等。

4. 物表（如生产管道、设备表面、墙壁表面、天花板、工具表面等）消毒灭菌

消毒灭菌专用剂具有极强的广谱杀菌效果，可对食品生产车间的生产设备、工器具、输送管道、包装材料、操作台等进行杀菌消毒，提高这物品的卫生质量，避免对食品产生二次污染。

使用方法：将消毒灭菌专用剂按 1 ∶ 100 的比例稀释后，喷洒在物体表面，可用抹布清洗擦干，也可以浸泡在灭菌剂中 5 ~ 10 min。生产管道 CIP 清洗后，再用消毒灭菌专用剂按 1 ∶ 100 比例稀释，浸泡或冲洗管道 10 分钟。

5. 人体（如手、工作服、鞋、靴等）消毒灭菌

食品生产车间外面的有害微生物会随工人的工作服进入生产车间，严重时会大面积传播，污染奶源生产环境。不少食品生产企业采用紫外线照射消毒，但紫外线的照射距离有限、消毒效果较差，很多细菌和有害微生物杀灭不彻底。使用杀菌剂进行清洗消毒没有死角，可无缝清洗消毒工作服，是一种高效、快捷、简单的消毒杀菌清洗方法。

使用方法：将消毒灭菌专用剂按照 1 ∶ 100 稀释后，将清洗干净的衣服、鞋、靴浸泡于消毒液中 10 min。

[习题]

1. 简述细菌的菌落特征。
2. 细菌生长的最适 pH 值是多少？
3. 细菌生长的最适温度是多少？
4. 测定菌落总数所需的培养基有哪些？
5. 食品中细菌总数检验的基本流程是什么？
6. 食品中细菌总数检验前的准备工作有哪些？
7. 食品中细菌总数检验过程中的注意事项有哪些？
8. 在乳酸菌分离鉴定过程中，哪些步骤容易出现误差？如何减少误差？
9. 设计一个从干酪中分离乳酸菌的简明实验方案。
10. 简述对检样进行菌落总数测定的基本程序和注意事项。
11. 食品中检测到的菌落总数是不是食品中所有的细菌？为什么？
12. 在进行菌落总数测定时，为什么需要中温［（36±1）℃］、倒置培养？

项目七　食品中大肠菌群的测定

【知识目标】

（1）熟悉微生物检验中大肠菌群的含义、卫生学意义及检验程序。
（2）掌握微生物检验中大肠菌群的操作技术。

【能力目标】

（1）能根据国标独立进行大肠菌群的测定实验。
（2）会分析总结实验结果，并做出正确、规范的实验报告。

【素质目标】

培养学生对微观事物科学的、实事求是的、认真细致的学习和工作态度。

【案例导入】

2012/12/19《信息时报》讯：大肠菌群超标现象在食品中屡见不鲜，在 ×× 市质量技术监督局发布的食品质量抽查第十批公告中，又有3批次产品因此登上了不合格产品榜单。记者昨日了解到，本次抽查涉及水果制品、蔬菜制品、薯类食品和冷冻饮品、湿河粉、湿米粉等五类食品，其中有3批次产品被判定为不合格，不合格项目均为大肠菌群超标。

在湿河粉、湿米粉产品方面，本次抽检36批次样品，经检验合格34批次，有2批次不合格，合格率为94.4%。不合格项目为大肠菌群，分别为 ×× 食品有限公司生产的1批次湿米粉、×× 粉厂生产的1批次湿米粉（河粉）。据悉，大肠菌群作为食品污染的常用指示菌之一，食品出现大肠菌群超标最常见的原因有两个：一是生产环境卫生状况不佳；二是操作人员不注意个人卫生。

另外在冷冻饮品产品方面，共计抽查了10家企业生产的14批次产品，经检验合格13批次，有1批次不合格，合格率为92.9%。不合格项目同样也为大肠菌群，为 ×× 食品有限责任公司生产的一批次 ×× 绿豆冰雪泥。

专家提醒，湿河粉、湿米粉是一种保质期较短的产品，建议最好购买有包装的产品，且不要一味追求颜色白，因为这样的产品可能会添加含二氧化硫的漂白剂。而对于冷冻饮品，发现有变形或已解冻现象，建议最好不要购买。

任务1　大肠菌群平板计数法

一、任务目标

（1）了解大肠菌群在食品安全检验中的意义。
（2）学习并掌握食品中大肠菌群平板计数的测定方法。

二、任务相关知识

大肠菌群并非细菌学分类命名，是具有某些特性的一组与粪便污染有关的细菌，其定义为：需氧及兼性厌氧，在37℃能分解乳糖产酸、产气的革兰阴性无芽孢杆菌。一般认为，该菌群细菌包括大肠埃希菌、柠檬酸杆菌、产气克雷白菌和阴沟肠杆菌等。

大肠菌群分布较广，在温血动物粪便和自然界广泛存在，主要生活在大肠内。能发酵多种糖类产酸、产气，是人和动物肠道中的正常栖居菌，婴儿出生后即随哺乳进入肠道，与人终身相伴，其代谢活动能抑制肠道内分解蛋白质的微生物生长，减少蛋白质分解产物对人体的危害，还能合成维生素B族和维生素K，以及有杀菌作用的大肠杆菌素。正常栖居条件下不致病，当它侵入人体某些部位时，可引起感染，如腹膜炎、胆囊炎、膀胱炎及腹泻等。人在感染大肠杆菌后的症状为胃痛、呕吐、腹泻和发热，感染可能是致命性的，尤其是对孩子及老人更是如此。

大肠菌群是作为粪便污染指标菌提出来的，主要是以该菌群的检出情况来表示食品中有无粪便污染。大肠菌群数的高低表明了粪便污染的程度，也反映了对人体健康危害性的大小。大肠菌群是评价食品卫生质量的重要指标之一，目前已被国内外广泛应用于食品卫生工作中。

平板计数法：根据检样的污染程度，做不同倍数稀释，选择其中的2～3个适宜的稀释度，与结晶紫中性红胆盐琼脂（VRBA）培养基混合，待琼脂凝固后，再加入少量VRBA培养基覆盖平板表层（以防止细菌蔓延生长），在一定培养条件下，计数平板上出现的大肠菌群典型和可疑菌落，再对其中10个可疑菌落用BGLB肉汤管进行证实实验后报告。称重取样以CFU/g为单位报告，体积取样以CFU/mL为单位报告。

VRBA培养基中，蛋白胨和酵母膏提供碳、氮源和微量元素；乳糖是可发酵的糖类；氯化钠可维持均衡的渗透压；胆盐或3号胆盐和结晶紫能抑制革兰阳性菌，特别抑制革兰阳性杆菌和粪链球菌，通过抑制杂菌生长，而有利于大肠菌群的生长；中性红为pH指示剂，培养后如平板上出现能发酵乳糖产生紫红色菌落时，说明样品稀释液中存在符合大肠菌群的定义的菌，即“在37℃分解乳糖产酸产气”，因为还有少数其他菌也有这样的特性，所以这样的菌落只能称为可疑，还需要用BGLB肉汤管试验进一步证实。

该法适用于目前食品安全标准中大肠菌群限量用CFU/100 g（mL）表示的情况，主要是用于乳制品检测。

三、任务所需器材

高压灭菌锅、超净工作台、恒温培养箱[（36±1）℃]、冰箱（2～5℃）、恒温水浴锅[（46±1）℃]、天平（0～500 g，精度为0.1 g）、均质器、振荡器、菌落计数器或放大镜、无菌吸管（1 mL，具有0.01 mL刻度；10 mL，具有0.1 mL刻度）、无菌锥形瓶（500 mL）、无菌培养皿（直径90 mm）、pH计（或pH比色管、精密pH试纸）、灭菌刀、剪子、镊子、试管架和记号笔等。

四、任务技能训练（参照GB4789.3–2016）

1. 培养基和试剂

（1）结晶紫中性红胆盐琼脂（VRBA）。

成分：蛋白胨7.0 g；酵母膏3.0 g；乳糖10.0 g；氯化钠5.0 g；胆盐或3号胆盐1.5 g；中性红0.03 g；结晶紫0.002 g；琼脂15～18 g；蒸馏水1 000 mL。

制法：将上述成分溶于蒸馏水中，静置几分钟，充分搅拌，调节pH值为7.4±0.1。煮沸2 min，将培养基冷却至45～50℃，倾注于培养皿。使用前临时制备，不得超过3 h。

（2）煌绿乳糖胆盐（BGLB）肉汤。

成分：胰蛋白胨10.0 g；乳糖10.0 g；牛胆粉（oxgall或oxbile）溶液200 mL；0.1%煌绿水溶液13.3 mL；蒸馏水800 mL。

制法：将蛋白胨、乳糖溶于约500 mL蒸馏水中，加入牛胆粉溶液200 mL（将20 g脱水牛胆粉溶于200 mL蒸馏水中，调节pH值至7.0～7.5），用蒸馏水稀释到975 mL，调节pH值为7.2±0.1，再加入0.1%煌绿水溶液13.3 mL，用蒸馏水补足到1 000 mL，用棉花过滤后，分装到有玻璃小导管的试管中，每管10 mL，121℃高压灭菌15 min。

（3）0.85%无菌生理盐水。

取 8.5 g 氯化钠溶于 1 000 mL 蒸馏水中，121℃高压灭菌 15 min。

（4）磷酸盐缓冲溶液。

取 34.0 g 磷酸二氢钾溶于 500 蒸馏水中，调节 pH 值至 7.2，用蒸馏水稀释至 1 000 mL 后贮存于冰箱。取贮存液 1.25 mL，用蒸馏水稀释至 1 000 mL，分装于适宜的容器中，121℃高压灭菌 15 min。

（5）1 mol/L NaOH 氢氧化钠 40 g 溶于 1 000 mL 蒸馏水中。

（6）1 mol/L HC1 浓盐酸 90 mL，用蒸馏水稀释至 1 000 mL。

2. 检验流程

如图 7–1 所示。。

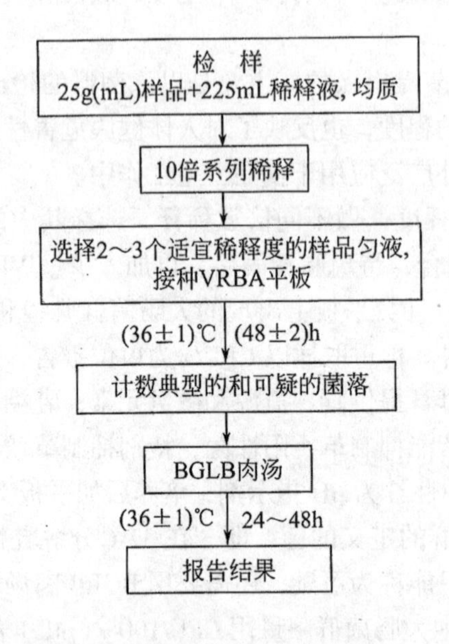

图 7–1 平板计数法检验基本流程

3. 操作步骤

（1）样品的稀释：

①固体和半固体样品。

称取 25 g 样品至盛有 225 mL 磷酸盐缓冲液或生理盐水的无菌杯内，8 000 ~ 10 000 r/min 均质 1 ~ 2 min，或放入盛有 225 mL 磷酸盐缓冲液或生理盐水的无菌均质袋中，用拍击式均质器拍打 1 ~ 2 min；充分振摇，即为 1:10 的样品匀液。

②液体样品。

以无菌吸管吸取 25 mL 盛有磷酸盐缓冲液或 225 mL 灭菌蒸馏水的锥形瓶中，充分振摇，为 1:10 的样品匀液。

③样品溶液的 pH 值应在 6.5 ~ 7.5，必要时分别用 0.1 mol/L NaOH 或 0.1 mol/L HC1 调节。

（2）平板计数：

①选择 2 ~ 3 个适宜的连续稀释度，每个稀释度接种 2 个无菌平皿，每皿 1 mL。同时取 1 mL 生理盐水加入无菌平皿做空白对照。

②及时将 15 ~ 20 mL 冷却至 46℃的结晶紫中性红胆盐琼脂（VRBA）倾注于每个平皿中，小心旋转平皿，将培养基和样液充分混匀，待琼脂凝固后，再用 3 ~ 4 mL VRBA 覆盖平板表层。翻转平板，置（36 ± 1）℃温箱内培养 18 ~ 24 h。

（3）平板菌落数的选择。

选取菌落数在 15 ~ 150 CFU 的平板，分别计数平板上出现的典型和可疑大肠菌群菌落。典型的菌落为紫红色，菌落周围有红色的胆盐沉淀环，菌落直径 0.5 mm 或更大。

（4）验证试验。

从 VRBA 平板上挑取 10 个不同类型的典型和可疑菌落，分别移种于 BGLB 肉汤管内，（36 ± 1）℃温箱内培养 24 ~ 48 h，观察产气情况。凡 GBLB 肉汤管产气，即可报告为大肠菌群阳性。

（5）大肠菌群平板计数。

报告经最后证实为大肠菌群阳性的试管比例乘以平板计数中的平板菌落数，再乘以稀释倍数，即为每克（毫升）样品中大肠菌群数。

例如：10^{-4} 样品稀释液 1 mL，在 VRBA 平板上有 100 个典型和可疑菌落，挑取其中 10 个接种于 BGLB 肉汤管内，证实有 6 个阳性管，则该样品的大肠菌群数为：$(100 \times 6)/10 \times 10^4 = 6.0 \times 10^5$ CFU/g(mL)。

4. 实验结果

将大肠菌群测定的原始记录和报告填入表 7–1 中。

表 7–1 对检样用平板计数法进行大肠菌群测定的原始记录

皿次	原液	10^{-1}	10^{-2}	10^{-3}	空白
1					
2					
平均					
稀释度					
试验结果					
结果报告 [CFU/g(mL)]					

五、任务考核指标

大肠菌群平板计数检验操作的考核见表 7–2。

表 7–2 大肠菌群平板计数检验操作考核表

考核内容	考核指标		分值
准备	物品摆放（2 分）	有序合理，便于操作	3
	试管编号（1 分）	试管编号位置、数据正确	
检样处理	点燃酒精灯（1 分）	点燃方法正确	12
	消毒（2 分）	手、样品取样前消毒操作正确	
	取样（3 分）	取样前混匀样品，移液管使用正确，取样量正确	
	无菌操作（4 分）	在酒精灯无菌区内操作，取样、放液各环节无菌操作正确	
	混合均匀（2 分）	振荡正确，时间不少于 1 min	
10 倍稀释	稀释度精确（3 分）	稀释前混匀样品，取样量正确	15
	移液管使用（5 分）	移液管打开方法正确，取液、放液操作规范	
	无菌操作（5 分）	在酒精灯无菌区内操作，取样、放液各环节无菌操作正确	
	混合均匀（2 分）	更换移液管后混匀各试管，混匀方法正确	
初发酵试验接种	接种与稀释的顺序（5 分）	正确做到边稀释边接种，移液管不得混乱使用	15
	加入样品（5 分）	准确加入待检液，菌液浓度与培养皿标记一致	
	无菌操作（3 分）	在酒精灯无菌区内操作，取样、放液各环节无菌操作正确，培养皿持法正确	
	平行（2 分）	每个稀释度接种 3 管	
复发酵试验	接种（20 分）	手、样品取样前消毒操作正确合理；接种环取菌过程规范正确；取菌后操作规范正确	35
	无菌操作（15 分）	在酒精灯无菌区内操作，取样、放液各环节无菌操作正确	
实验结果	菌落计数（8 分）	浓度选择合理，计数方法正确，原始数据记录正确、清晰	15
	结果报告（7 分）	报告方法正确，结果正确	
清场	卫生（3 分）	清扫实验环境及收拾垃圾，归位有序	5
	实验习惯（2 分）	文明操作，实验习惯良好	
合计	——	——	100

任务2 大肠菌群MPN计数法

一、任务目标

（1）了解大肠菌群在食品安全检验中的意义。

（2）学习并掌握食品中大肠菌群MPN计数的测定方法。

二、任务相关知识

MPN计数法是基于泊松分布的一种间接计数方法。样品经过处理与稀释后，用月桂基硫酸盐胰蛋白胨肉汤（LST）进行初发酵，是为了证实样品或其稀释液中是否存在符合大肠菌群的定义，即“在37℃分解乳糖产酸产气”，而在培养基中加入的月桂基硫酸盐能抑制革兰阳性细菌，利于大肠菌群的生长和挑选。初发酵后，观察LST肉汤管是否产气。初发酵产气管，不能肯定就是大肠菌群，经过复发酵试验后，有时可能成为阴性。此法在食品中大肠菌群数是以每克（毫升）检样中大肠菌群最可能数（MPN）表示，再乘以100，即可得到100 g（mL）检样中大肠菌群的最可能数（MPN）。MPN检索表只给了3个稀释度，如改用不同的稀释度，则表内数字应相应降低或增加10倍。该法适用于目前食品卫生标准中“大肠菌群限量用MPN/100 g（mL）表示”的情况。

三、任务所需器材

冰箱（2～5℃）、恒温培养箱[（36±1℃）]、恒温水浴锅[（46±1℃）]、均质器或灭菌乳钵、振荡器、天平（0～500 g，精度为0.1 g）、菌落计数器或放大镜、无菌吸管（1 mL，具有0.01 mL刻度；10 mL，具有0.1 mL刻度）、无菌锥形瓶（500 mL）、无菌培养皿（直径90 mm）、pH计（或pH比色管、精密pH试纸）、灭菌刀、剪子、镊子、试管架和记号笔等。

四、任务技能训练（参照GB 4789.3–2016）

1. 培养基和试剂

（1）月桂基硫酸盐胰蛋白胨（LST）肉汤。

成分：胰蛋白胨或胰酪胨20.0 g；氯化钠5.0 g；乳糖5.0 g；磷酸氢二钾2.75 g；磷酸二氢钾2.75 g；月桂基硫酸钠0.1 g；蒸馏水1 000 mL。

制法：将上述各成分溶解于蒸馏水中，调节pH值为6.8±0.2。分装到有小试管的试管中，每管10 mL，121℃高压灭菌15 min。

（2）煌绿乳糖胆盐（BGLB）肉汤。

成分：胰蛋白胨10.0 g；乳糖10.0 g；牛胆粉（oxgall或oxbile）溶液200 mL；0.1%煌绿水溶液13.3 mL；蒸馏水800 mL。

制法：将蛋白胨、乳糖溶于约500 mL蒸馏水中，加入牛胆粉溶液200 mL（将20 g脱水牛胆粉溶于200 mL蒸馏水中，调节pH值至7.0～7.5），用蒸馏水稀释到975 mL，调节pH值7.2±0.1，再加入0.1%煌绿水溶液13.3 mL，用蒸馏水补足到1 000 mL，用棉花过滤后，分装到有玻璃小导管的试管中，每管10 mL，121℃高压灭菌15 min。

（3）0. 85%无菌生理盐水。

取8.5 g氯化钠溶于1 000 mL蒸馏水中，121℃高压灭菌15 min。

（4）磷酸盐缓冲溶液。

取34.0 g磷酸二氢钾溶于500蒸馏水中，调节pH值至7.2，用蒸馏水稀释至1 000 mL后贮存于冰箱。

取贮存液 1.25 mL，用蒸馏水稀释至 1 000 mL，分装于适宜的容器中，121℃高压灭菌 15 min。

（5）1 mol/L NaOH 氢氧化钠 40 g 溶于 1 000 mL 蒸馏水中。

（6）1 mol/L HCl 浓盐酸 90 mL，用蒸馏水稀释至 1 000 mL。

2. 检验流程

如图 7-2 所示。

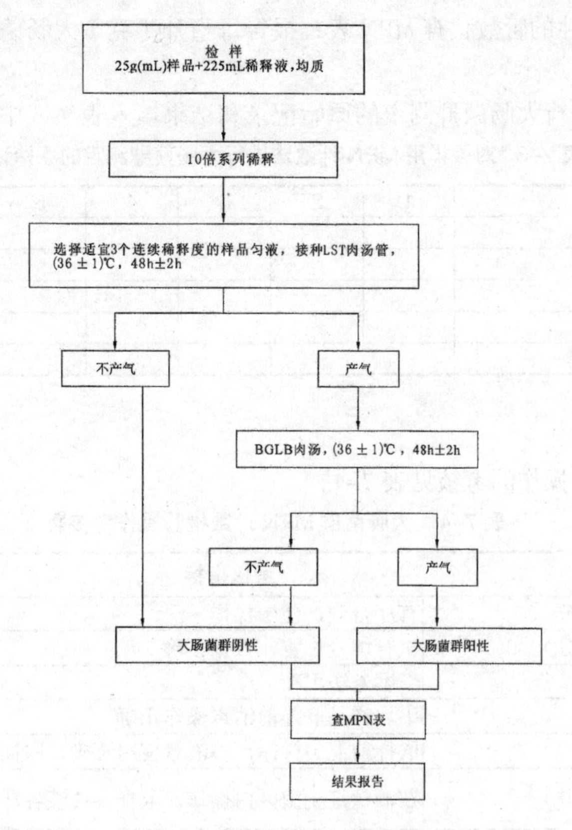

图 7-2 MPN 计数法检验基本流程

3. 操作步骤

（1）样品的稀释。

①固体和半固体样品。称取 25 g 样品至盛有 225 mL 磷酸盐缓冲液或生理盐水的无菌杯内，8 000 ~ 10 000 r/min 均质 1 ~ 2 min，或放入盛有 225 mL 磷酸盐缓冲液或生理盐水的无菌均质袋中，用拍击式均质器拍打 1 ~ 2 min；充分振摇，即为 1:10 的样品匀液。

②液体样品。以无菌吸管吸取 25 mL 样品置盛有 225 mL 磷酸盐缓冲液或生理盐水的无菌锥形瓶中（瓶内预置适当数量的无菌玻璃珠），充分振摇，为 1:10 的样品匀液。

③样品稀释。用 1 mL 无菌吸管或微量移液器吸取 1:10 样品匀液 1 mL，沿管壁徐徐注入含有 9 mL 生理盐水或磷酸盐缓冲液的无菌试管内（注意吸管或吸头端不要触及稀释液面），振摇试管，或更换 1 支无菌吸管反复吹吸，制成 1:100 的样品匀液。另取 1 mL 无菌吸管，按上项操作顺序，制 10 倍递增稀释液，如此每递增稀释 1 次，即更换 1 次无菌吸管或吸头。

④调节 pH 值。样品匀液的 pH 值用 1 mol/L NaOH 或 1 mol/L HCl 调节至 6.5 ~ 7.5。

注：根据样品污染状况估计，按 10 倍递增系列稀释样品，从制备样品到样品接种完毕，全过程不得超过 15 min。

（2）初发酵试验。

样品稀释后，选择 3 个连续稀释度（液体样品可以选择原液），每个稀释度接种 3 管月桂基硫酸盐胰蛋白胨（LST）肉汤，每管接种 1 mL（超过 1 mL 用双料 LST 肉汤）。（36 ± 1）℃培养（48 ± 2）h，观察导管内是否产气，产气者进行复发酵；未产气则继续培养至（48 ± 2）h，产气者进行复发酵，未产气者为大肠菌群阴性。

（3）复发酵试验。

用接种环从产气的。LST肉汤管中分别取培养物1环，移种于煌绿乳糖胆盐肉汤（BGLB）管中，（36±1）℃培养（48±2）h，观察产气情况。产气者，计为大肠菌群阳性管。

（4）大肠菌群最可能数（MPN）报告。

根据证实为大肠菌群阳性的管数，查MPN表，报告每毫升（克）大肠菌群的MPN值，见附录。

4. 实验结果

对检样用MPN计数法进行大肠菌群测定的原始记录和结果填入表7-3中。

表7-3　对检样用MPN计数法进行大肠菌群测定的原始记录

试管编号	1	2	3	4	5	6	7	8	9
初发酵									
复发酵									
大肠菌群判定									
检索表/[MPN/g(mL)]									
MPN/[100 g(mL)]									

五、任务考核指标

大肠菌群MPN计数检验操作的考核见表7-4。

表7-4　大肠菌群MPN计数检验操作考核表

考核内容	考核指标		分值
准备	物品摆放（2分）	有序合理，便于操作	3
	试管编号（1分）	试管编号位置、数据正确	
检样处理	点燃酒精灯（1分）	点燃方法正确	12
	消毒（2分）	手、样品取样前消毒操作正确	
	取样（3分）	取样前混匀样品，移液管使用正确，取样量正确	
	无菌操作（4分）	在酒精灯无菌区内操作，取样、放液各环节无菌操作正确	
	混合均匀（2分）	振荡正确，时间不少于1 min	
10倍稀释	稀释度精确（3分）	稀释前混匀样品，取样量正确	15
	移液管使用（5分）	移液管打开方法正确，取液、放液操作规范	
	无菌操作（5分）	在酒精灯无菌区内操作，取样、放液各环节无菌操作正确	
	混合均匀（2分）	更换移液管后混匀各试管，混匀方法正确	
初发酵试验接种	接种与稀释的顺序（5分）	正确做到边稀释边接种，移液管不得混乱使用	15
	加入样品（5分）	准确加入待检液，菌液浓度与培养皿标记一致	
	无菌操作（3分）	在酒精灯无菌区内操作，取样、放液各环节无菌操作正确，培养皿持法正确	
	平行（2分）	每个稀释度接种3管	
复发酵试验	接种（20分）	手、样品取样前消毒操作正确合理；接种环取菌过程规范正确；取菌后操作规范正确	35
	无菌操作（15分）	在酒精灯无菌区内操作，取样、放液各环节无菌操作正确	
实验结果	菌落计数（8分）	浓度选择合理，计数方法正确，原始数据记录正确、清晰	15
	结果报告（7分）	报告方法正确，结果正确	
清场	卫生（3分）	清扫实验环境及收拾垃圾，归位有序	5
	实验习惯（2分）	文明操作，实验习惯良好	
合计	——	——	100

[学习拓展]

一、大肠菌群概述

大肠菌群主要来自于人和温血动物的肠道，需氧与兼性厌氧，不形成芽孢；在 35 ~ 37℃条件下，48 h 内能发酵乳糖产酸产气，革兰阴性。大肠菌群中以埃希氏菌属为主，埃希氏菌属教俗称为典型大肠杆菌。大肠菌群都是直接或间接地来自人和温血动物的粪便。本群中典型大肠杆菌以外的菌属，除直接来自粪便外，也可能来自典型大肠杆菌排出体外 7 ~ 30 d 后在环境中的变异。所以食品中检出大肠菌群表示食品受到人寝温血动物的粪便污染，其中典型大肠杆菌为粪便近期污染，其他菌属则可能为粪便的陈旧污染。

大肠菌群是作为粪便污染的指标菌提出来的，主要是以该菌群的检出情况来表示食品中有否粪便污染。

大肠菌群数的高低，表明了粪便污染的程度，也反映了对人体健康危害性的大小。粪便是人类肠道排泄物，其中有健康人的粪便，也有肠道患者或带菌者的粪便，粪便内除正常细菌外，同时也会有一些肠道致病菌存在（如沙门氏菌、志贺氏菌等），因而食品中有粪便污染，则可以推测该食品中存在着肠道致病菌污染的可能性，潜伏着食物中毒和流行病的威胁，必须看作对人体健康具有潜在的危险性。

二、大肠菌群分布

大肠菌群分布较广，在恒温动物粪便和自然界中广泛存在。调查研究表明，大肠菌群细菌多存在于恒温动物粪便、人类经常活动的场所以及有粪便污染的地方，人、畜粪便对外界环境的污染是大肠菌群在自然界存在的主要原因。粪便中多以典型大肠杆菌为主，而外界环境中则以大肠菌群其他型别较多。

三、大肠菌群抑菌剂

大肠菌群检验中常用的抑菌剂有胆盐、十二烷基硫酸钠、洗衣粉、煌绿、甲紫、孔雀绿等。抑菌剂的主要作用是抑制其他杂菌，特别是革兰阳性菌的生长。

中国国家标准中乳糖胆盐发酵管利用胆盐作为抑菌剂，行业标准中 LST 肉汤利用十二烷基硫酸钠作为抑菌剂，BGLB 肉汤利用煌绿和胆盐作为抑菌剂。

抑菌剂虽然可抑制样品中的一些杂菌，有利于大肠菌群细菌的生长和挑选，但对大肠菌群中的某些菌株有时也产生一些抑制作用。有些抑菌剂用量甚微，称量时稍有误差，即可对抑菌作用产生影响，因此抑菌剂的添加应严格按照标准方法进行。

[习题]

1. 什么是大肠菌群？大肠菌群有何特点？
2. 简述大肠菌群的卫生学意义。
3. 检验食品中大肠菌群常用什么培养基？其中各种成分的主要作用是什么？
4. 大肠菌群检验常用的方法及其原理是什么？
5. 简述大肠菌群平板计数法检验流程。
6. 简述大肠菌群 MPN 计数法检验流程。
7. 比较大肠菌群平板计数法和大肠菌群 MPN 计数法的优缺点。
8. 简述大肠菌群复发酵试验过程及结果判定。
9. 本次实训中出现了哪些问题？试分析其中的原因。
10. 结合本次实训任务，请选择某食品企业，调查其产品的检验状况、存在的主要问题、具体的处理办法等，写 1 份调查报告。

项目八　食品中霉菌和酵母菌的检验

【知识目标】

（1）掌握食品中霉菌、酵母菌的计数方法。

（2）学会霉菌、酵母菌的报告方式。

【能力目标】

（1）能够按照食品安全国家标准独立完成食品中某种微生物的测定。

（2）能够分析总结实验结果，并做出正确、规范的实验报告。

【素质目标】

培养团队协作精神，树立无菌观念和产品质量意识，培养学生对微观事物科学的、实事求是的、认真细致的学习和工作态度。

【案例导入】

据报道，芜湖幼儿园使用过期米醋和霉变大米，执法人员已对上述产品进行扣押，对幼儿园食品库房予以查封，同时对食品留样和餐饮具抽样送检，该园股东、园长梁某某因涉嫌销售不符合安全标准食品罪，被刑事拘留。

被霉菌污染后的大米，会产生致癌毒草素——黄曲霉菌素。黄曲霉菌素摄入量与肝癌的发生有关。黄曲霉菌素对热、酸、碱有一定的耐性，在100℃以上高温，加热 2 h才能使黄曲霉菌素减少 80%，如果食用对人的健康是非常有害的。

由于中毒是因为自然的因素，其症状需根据霉菌的种类、暴露于毒素的量及时间、年龄、健康情形、性别及其他协同的因子，包括遗传的、食物的状况及是否有其他毒物的损害。因此严重的霉菌毒素中毒可能还混合有维生素的缺乏、热紧迫及其他疾病感染的状况，霉菌毒素中毒可增加对微生物疾病的感受性，并使营养失调严重恶化。

霉菌一旦进入食品，影响霉菌生长繁殖及产毒的因素是很多的，与食品关系密切的有水分、温度、基质、通风等条件。为此，控制这些条件，可以对食品中霉菌分布及产毒造成很大的影响。

控制措施主要有：①强制通风控制空气湿度。车间湿度长期全自动控湿在 30% ~ 50%RH，才能有效解决这个问题，使用排风使空气循环。②加强卫生管理。发现有类似情况，就进行清理。③选择安全环保的消毒产品。

任务 1　霉菌和酵母菌的平板计数法

一、任务目标

（1）了解霉菌、酵母菌在食品安全检验中的意义。

（2）学习并掌握食品中霉菌、酵母菌的测定方法。

二、任务相关知识

霉菌是真菌的一种，菌丝体较发达，无较大的子实体。有细胞壁，寄生或腐生方式生存。霉菌有的使食品转变为有毒物质，有的可能在食品中产生毒素，即霉菌毒素。自从发现黄曲霉毒素以来，霉菌与霉菌毒素对食品的污染日益引起重视。对人体健康造成的危害极大，主要表现为慢性中毒、致癌、致畸、致突变作用。霉菌菌落的特征：形态较大，质地疏松，外观干燥，不透明，呈现或松或紧的形状。菌落和培养基间的连接紧密，不易挑取，菌落正面与反面的颜色、构造，以及边缘与中心的颜色、构造常不一致。霉菌的菌丝有营养菌丝和气生菌丝的分化，而气生菌丝没有毛细管水，故它们的菌落必然与细菌或酵母菌不同，较接近放线菌。

霉菌有着极强的繁殖能力，而且繁殖方式也是多种多样的。虽然霉菌菌丝体上任意片段在适宜条件下都能发展成新个体，但在自然界中，霉菌主要依靠产生形形色色的无性或有性孢子进行繁殖。孢子有点像植物的种子，不过数量特别多，特别小。霉菌在我们的生活中无处不在，他比较青睐于温暖潮湿的环境，一旦有合适的环境就会大量繁殖，必须采取措施来阻止霉菌繁殖或切断其传播途径，就可以摆脱霉菌的感染。

酵母是一种单细胞真菌，并非系统演化分类的单元。一种肉眼看不见的微小单细胞微生物，能将糖发酵成酒精和二氧化碳，分布于整个自然界，是一种典型的异养兼性厌氧微生物，在有氧和无氧条件下都能够存活，是一种天然发酵剂。目前，已知极少部分酵母被分类到子囊菌门。酵母菌在自然界分布广泛，主要生长在偏酸性潮湿的含糖环境。

酵母菌的菌落比细菌菌落大而厚，菌落表面光滑、湿润、黏稠，容易挑起，菌落质地均匀，正反面和边缘、中央部位的颜色都很均一，菌落多为乳白色，少数为红色，个别为黑色。酵母菌的生殖方式分无性繁殖和有性繁殖两大类。无性繁殖包括芽殖、裂殖、芽裂，有性繁殖方式是子囊孢子。

酵母菌可作为供人类食用的干酵母粉或颗粒状产品。美国、日本及欧洲一些国家，在普通的粮食制品（如面包、蛋糕、饼干和烤饼）中掺入5%左右的食用酵母粉，以提高食品的营养价值。酵母自溶物可作为肉类、果酱、汤类、乳酪、面包类食品、蔬菜及调味料的添加剂；在婴儿食品、健康食品中，作为食品营养强化剂。由酵母自溶浸出物制得的5′－核苷酸与味精配合，可作为强化食品风味的添加剂。从以乳清为原料生产的酵母中提取的乳糖酶，可用于牛奶加工，以增加甜度，防止乳清浓缩液中乳糖的结晶，适应不耐乳糖症的消费者的需要。

三、任务所需器材

冰箱（2 ~ 5℃）、恒温培养箱［(28 ± 1)℃］、恒温水浴锅［(46 ± 1)℃］、均质器或无菌乳钵、振荡器、天平（精度为0.1 g）、菌落计数器或放大镜、无菌吸管（1 mL，具0.01 mL刻度；10 mL，具有0.1 mL刻度）、无菌锥形瓶（250 mL、500 mL）、无菌培养皿（直径90 mm）、无菌试管、无菌牛皮纸袋、塑料袋、灭菌刀、剪子、镊子、试管架和记号笔等。

四、任务技能训练

（一）培养基和试剂

1. 马铃薯－葡萄糖－琼脂培养基

成分：马铃薯（去皮切块）300 g，葡萄糖20.0 g，琼脂20.0 g，氯霉素0.1 g，蒸馏水1 000 mL。

制法：将马铃薯去皮切块，加入1 000 mL蒸馏水，煮沸10 ~ 20 min，再用纱布过滤，补加蒸馏水至1 000 mL，调节pH值为7.0 ± 0.2。加入葡萄糖和琼脂，加热熔化，分装后，121℃高压灭菌20 min。倾注于培养皿前，用少量乙醇溶解氯霉素加入培养基中。

2. 孟加拉红培养基

成分：蛋白胨5.0 g，葡萄糖10.0 g，磷酸二氢钾1.0 g，硫酸镁（无水）0.5 g，琼脂20.0 g，1/3 000孟加拉红溶液100 mL，氯霉素0.1 g，蒸馏水1 000 mL。

制法：将上述各成分加入蒸馏水中，加热熔化，补足蒸馏水至 1 000 mL，分装后，121 ℃高压灭菌 20 min。倾注于培养皿前，用少量乙醇溶解氯霉素加入培养基中。

3.0.9% 灭菌生理盐水。

4. 磷酸盐缓冲溶液。

（二）检验流程

如图 8-1 所示 。

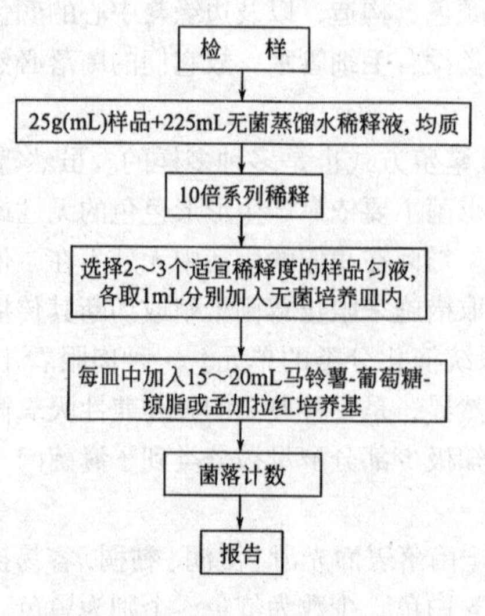

图 8-1 检验流程

（三）操作步骤

1. 样品的稀释

(1) 固体和半固体样品。称取 25 g 样品至盛有 225 mL 无菌蒸馏水的锥形瓶中，充分摇匀。或放入盛有 225 mL 无菌蒸馏水的均质袋中，用拍击式均质器拍打 2 min，即为 1 ∶ 10 的样品匀液。

(2) 液体样品。以无菌吸管吸取 25 mL 样品至盛有 225 mL 无菌蒸馏水的锥形瓶中（可在瓶内预置适当数量的无菌玻璃珠）中，充分摇匀，制成 1 ∶ 10 的样品匀液。

(3) 样品稀释。用 1 mL 无菌吸管吸取 1 ∶ 10 稀释液 1 mL，沿管壁徐徐注入含有 9 mL 无菌水的试管中，另换 1 支 1 mL 无菌吸管反复吹吸，此液为 1 ∶ 100 的稀释液。按上述操作程序，制备 10 倍递增稀释液，如此每递增稀释 1 次，即更换 1 次无菌吸管。

2. 倾注培养

根据对样品污染状况的估计，选择 2 ~ 3 个适宜稀释度的样品匀液，分别在制 10 倍递增稀释液的同时，以吸取该稀释度的吸管移取 1 mL 稀释液于无菌平皿中，每个稀释度做 2 个平皿。

及时将冷却至 46℃马铃薯 – 葡萄糖 – 琼脂培养或孟加拉红培养基倾注平皿 15 ~ 20 mL，并转动平皿，使其混合均匀。同时将马铃薯 – 葡萄糖 – 琼脂培养基倾入加有 1 mL 稀释液（不含样品）的无菌平皿内作空白对照。待琼脂凝固后，将平板倒置，于 (28 ± 1)℃温箱内培养 5 d，观察并记录。

3. 菌落计数

肉眼观察，必要时可用放大镜或菌落计数器，记录各稀释倍数和相应的霉菌和酵母菌。菌落计数以菌落形成单位 CFU（colony-forming units）表示。

选取菌落数在 10 ~ 150 CFU 的平板，根据菌落形态分别计数霉菌和酵母数。霉菌蔓延生长至覆盖整个平板可记录为“多不可计”。菌落数应采用两个平板的平均数。

4. 结果计算

计算两个平板菌落数的平均值，再将平均值乘以相应的稀释倍数计算。

(1) 若所有平板上菌落数均大于 150 CFU，则对稀释度最高的平板计数，其他平板可记录为“多不可计”，结果按平均菌落数乘以最高稀释倍数计算。

(2) 若所有平板上菌落数均小于 10 CFU，则应按稀释度最低的平均菌落数乘以稀释倍数计算。

(3) 若所有稀释度平板无菌落生长，则以小于 1 乘以最低稀释倍数计算；如为原液，则以小于 1 计数。

5. 菌落总数的报告

(1) 菌落数在 100 CFU 以内，按“四舍五入”原则修约，采用两位有效数字报告。

(2) 菌落数大于或等于 100 CFU 时，前 3 位数字采用“四舍五入”原则修改后，取前 2 位数字，后面用 0 代替位数来表示结果；也可用 10 的指数形式来表示，也按“四舍五入”原则修约，采用 2 位有效数字。

(3) 称重取样以 CFU/g 为单位报告，体积取样以 CFU/mL 为单位报告。

五、任务考核指标

菌落总数检验操作的考核见下表 8–1。

表 8–1 菌落总数检验操作考核表

考核内容		考核指标	分值
准备工作	手部消毒	未用酒精棉球消毒	2
	酒精灯准备	未点燃就开始操作 酒精灯位置不当	4
	试管标记	未注明稀释度	2
	平皿标记	标记做在盖上 未注明稀释度	4
稀释及加样	无菌水准备	移液管选择不当 取水量不准	8
	样品处理	加样前未摇匀 取水量不准	10
	梯度稀释	移液管放样方法不对 稀释液未混合均匀 加样顺序错误	10
	加样	打开皿盖手法不对 加样量不准 操作远离酒精灯	15
培养基加入 棉塞放置桌面 加培养基时打开皿盖手法不对 倒培养基时远离酒精灯 未做平旋混合水样		打开瓶盖手法错误	25
培养 包装后出现平皿暴露 未做倒置培养 未调节培养箱温度		未用原包装纸包扎	10
报告 报告方式错误		报告原理利用错误	10
合计		——	100

任务 2　霉菌直接镜检计数法

一、任务目标

（1）掌握直接镜检法的工作原理。

（2）学习并掌握霉菌直接镜检法的测定方法。

二、任务相关知识

各种加工的水果和蔬菜制品，如番茄酱原料、果酱和果汁等易受霉菌的污染。适宜条件下，霉菌不仅能生长，还能繁殖。霉菌直接镜检计数采用霍华德计测法，此法是在一个标准计数器中计数显微镜视野所含的霉菌菌丝。霍华德计测装置包括载玻片、盖玻片和测微计。

载玻片中央有 15 ~ 20 mm 的长方形平面，周围有界沟，两侧有高于平面 0.1 mm 肩堤，平面和肩堤具光学性能。平面中间刻有相聚 1.382 mm 的两条平行线。

盖玻片表面具有光学性能。使用时，将盖玻片置于载玻片的两条肩堤上，盖玻片与载玻片的平面相距 0.1 mm，当两者平面的光洁度达到一定程度时，彼此接触处可出现 1 圈圈红、黄、蓝、绿等多彩的彩环，称为牛顿环。使用前，用酒精擦载玻片的肩堤和盖玻片，使其达到一定的光洁度，才易使两者紧密结合而产生牛顿环。

测微计为中央刻有方格的圆形玻片，使用时放在显微镜的光栏孔上，显微镜一定要有一个标准化的视野。在显微镜放大倍数为 90 ~ 125 倍时，视野直径为 1.382 mm，配片小方格的每边长相当于视野（光栏孔直径）的 1/6，则该视野为标准视野。标准视野要具备两个条件：一是载玻片上相距 1.382 mm 的两条平行线与视野相切；二是测微计的大方格四边也与视野相切。2 个条件，只要 1 个不符合，就必须调整后再使用。

三、任务所需器材和试剂

霍华德计测装置：载玻片、盖玻片和测微计。

显微镜、折光仪或糖度计、烧杯、量筒、天平等。

样品：番茄酱。

磷酸盐缓冲液：磷酸二氢钾 34.0 g，蒸馏水 500 mL（稀释液需要 1 000 mL）。

贮存液：将 34.0 g 磷酸二氢钾溶于 500 mL 蒸馏水中，用大约 175 mL 的 1 moL/L 氢氧化钠溶液调节 pH 至 7.2，用蒸馏水稀释至 1 000 mL 后贮存冰箱。

稀释液：取贮存液 1.25 mL 用蒸馏水稀释至 1 000 mL 分装于适宜容器，121℃高压灭菌 15 min。

生理盐水：氯化钠 8.5 g，蒸馏水 1 000 mL，将称取好的氯化钠溶于 1 000 mL 蒸馏水中，121℃高压灭菌 15 min。

四、任务技能训练

1. 检测流程

取样→称样→稀释→调节视野→涂片→观察→记录→计算。

2. 检验步骤

（1）取样。

抽样数量按每班成品 5 t 以下取样 1 罐，产量每增加 5 t，取样量增加 1 罐。不同浓度和规格可以混合计算，不足五吨按每班取样 1 罐。

（2）检样制备。

用小烧杯在天平上称取 10 g（浓度约 28.5%）番茄酱。向小烧杯中加入 26 mL 蒸馏水，用玻璃棒搅拌均匀，即为折光指数为 1.344 ~ 1.3 460（即浓度为 7.9% ~ 8.8%）的标准样液。用糖度计或折光仪测定折光指数或浓度，如果折光指数过大或过小，须加水或样品，直至配成标准样液，才能进行检验。

（3）标准视野的调节。

霉菌计测用的显微镜，要求物镜放大倍数为 90 ~ 125 倍，其视野直径的实际长度为 1.382 mm，则该视野为标准视野。

检查标准视野：将载玻片放在载物台上，配片置于目镜的光栏孔上，然后观察。标准视野要具备两个条件：载玻片上相距 1.382 mm 的两条平行线与视野相切；配片（测微器）的大方格四边也与视野相切。如果发现上述2个条件中有1条不符合，需经校正后再使用。

（4）涂片。

检查玻片，首先用擦镜纸或绸布沾酒精将载玻片和盖玻片擦净。检查是否擦干净，可将盖盖玻片置于载玻片的两条突肩上观察盖玻片与载玻片突肩的接触处是否产生牛顿环，如果没有产生牛顿环，表明没有擦净，必须重新擦，直至产生牛顿环，方可使用。

（5）加样。

用滴管或玻棒取一大滴混合均匀的样液，均匀地摊布于载玻片中央的平坦面上，盖上盖玻片（盖玻片可直接盖上去，也可以从突肩边沿处吻合切入）。如果发现样液涂布不均匀、有气泡，或样液流入沟内、从盖玻片与突肩处流出、盖玻片与载玻片的突肩处不产生牛顿环等，应弃去不用，重新制作。

（6）观察记录。

观察视野数及分布，对一般样品，每个涂片均检查50个视野，所检查的50个视野要均匀地分布在计测室上，可用显微镜载物台上带有标尺的推进器来控制，从上到下，或从左到右，一行行有规律地进行观察。

霉菌菌丝往往与番茄组织难以区别，但能够很有把握地加以区别，这是保证计测结果准确的重要环节之一。在同一视野内，霉菌菌丝的特征是：霉菌菌丝一般粗细均匀；体内含有颗粒，具有一定的透明度；有的霉菌菌丝有横隔，有的有分支。而番茄组织的细胞壁大多呈环状，粗细不均匀，细胞壁较厚，且透明度不一致。当在标准视野下不能确认为霉菌菌丝时，可放大200倍或400倍上下调节视野，观察不同平面的菌丝。

（7）记录结果。

阳性视野与阴性视野的判断：在标准视野下，上下调节焦距发现有霉菌菌丝，其长度超过标准视野直径（1.382 mm）的1/6（即1个小方格的边长），或3根菌丝总长度超过标准视野直径的1/6，这个视野称为阳性视野，否则称为阴性视野。

有时，在标准视野中出现极细的菌丝丛或小菌落，则以其直径来计算，超过视野直径1/6为阳性视野，否则为阴性视野。阳性视野用“+”表示，阴性视野用“-”表示。

对初次学习菌计测法者，作记录前，先在记录纸上划出计测室上50视野均匀分布的小格，观察1个标准视野，立即在相应的方格内作“+”或“-”的记录，或“-”以空格表示。

如果1个样品做2个片子，观察结果误差较大（超过6%），则另取样涂片，观察测定至误差 < 6%时为止。

（8）结果计算。

霍德华霉菌计测数值又称霉菌数，用百分比表示。其含义如下：将0.15 mm^3 标准样液，均匀地摊布成厚0.1 mm、直径为1.382 mm、面积为1.5 mm^2 的标准视野，在显微镜下检查。按100个视野数计算，其中发现有霉菌菌丝存在的视野数（即阳性视野数）。

（9）注意事项。

部颁标准为阳性视野不超过40%，在国际贸易中，合同上无要求时按部颁标准执行，合同上有要求时按合同执行；每抽取一罐样品制两个片子，每片观察50个视野，如果超过标准指标，应该继续制片，但片子数量不得少于3片，即150个视野，如果计测结果相近时，可取其平均值；如对抽样结果有异议，应加倍抽样。全部合格，作为合格处理。其中有一罐不合格，该批作为不合格处理。

[学习拓展]

一、霉菌概述

霉菌是形成分枝菌丝的真菌的统称。在分类上属于真菌门的各个亚门。构成霉菌体的基本单位称为菌丝，呈长管状，宽度2～10 μm，自前端不断生长并分枝。无隔或有隔，具1至多个细胞核。细胞壁分为3层：外层无定形的β葡聚糖（87 nm）；中层是糖蛋白，蛋白质网中间填充葡聚糖（49 nm）；内层是几丁质微纤维，夹杂无定形蛋白质（20 nm）。在固体基质上生长时，部分菌丝深入基质吸收养料，称为基质菌丝或营养菌丝；向空中伸展的称气生菌丝，可进一步发育为繁殖菌丝，产生孢子。大量菌丝交织成绒毛状、絮状或网状等，称为菌丝体。菌丝体常呈白色、褐色、灰色，或呈鲜艳的颜色（菌落为白色毛状的是毛霉，绿色的为青霉，黄色的为黄曲霉），有的可产生色素使基质着色。霉菌繁殖迅速，常造成食品、用具大量霉腐变质，但许多有益种类已被广泛应用，是人类实践活动中最早利用和认识的一类微生物。

构成霉菌营养体的基本单位是菌丝。菌丝是一种管状的细丝，把它放在显微镜下观察，很像一根透明胶管，它的直径一般为 3 ~ 10 μm，比细菌和放线菌的细胞约粗几倍到几十倍。菌丝可伸长并产生分枝，许多分枝的菌丝相互交织在一起，就叫菌丝体。

根据菌丝中是否存在隔膜，可把霉菌菌丝分成两种类型：无隔膜菌丝和有隔膜菌丝。无隔膜菌丝中无隔膜，整团菌丝体就是 1 个单细胞，其中含有多个细胞核。这是低等真菌所具有的菌丝类型。有隔膜菌丝中有隔膜，被隔膜隔开的 1 段菌丝就是 1 个细胞，菌丝体由很多个细胞组成，每个细胞内有 1 个或多个细胞核。在隔膜上有 1 个至多个小孔，使细胞之间的细胞质和营养物质可以相互沟通。这是高等真菌所具有的菌丝类型。

二、影响霉菌生长的因素

影响霉菌生长繁殖及产毒的因素很多，与食品关系密切的有水分、温度、基质、通风等。为此，控制这些条件，可以对食品中霉菌分布及产毒造成很大的影响。

1. 水分

霉菌生长繁殖主要的条件之一是必须保持一定的水分。一般来说，米麦类水分在 14% 以下，大豆类在 11% 以下，干菜和干果品在 30% 以下，微生物是较难生长的。食品中真正能被微生物利用的水分称为水分活性（Wateractivity，缩写为 Aw），Aw 越接近于 1，微生物最易生长繁殖。食品中的 Aw 为 0.98 时。微生物最易生长繁殖，当 Aw 降为 0.93 以下时，微生物繁殖受到抑制，但霉菌仍能生长，当 Aw 在 0.7 以下时，则霉菌的繁殖受到抑制，可以阻止产毒的霉菌繁殖。

2. 温度

温度对霉菌的繁殖及产毒均有重要的影响，不同种类的霉菌，其最适温度是不一样的。大多数霉菌繁殖的最适宜温度为 25 ~ 30℃，在 0℃以下或 30℃以上时，不能产毒或产毒力减弱。如黄曲霉的最低繁殖温度范围是 6 ~ 8℃，最高繁殖温度是 44 ~ 46℃，最适生长温度 37℃左右。但产毒温度则不一样，略低于生长最适温度，如黄曲霉的最适产毒温度为 28 ~ 32℃。

3. 食品基质

与其他微生物生长繁殖的条件一样，不同的食品基质霉菌生长的情况是不同的。一般而言，营养丰富的食品，其霉菌生长的可能性就大，天然基质比人工培养基产毒为好。实验证实，同一霉菌菌株在同样培养条件下，以富于糖类的小麦、米为基质比以油料为基质的黄曲霉毒素产毒量高。另外，缓慢通风较快速风干霉菌容易繁殖产毒。

4. 霉菌种类

不同种类的霉菌，其生长繁殖的速度和产毒的能力是有差异的。霉菌毒素中，毒性最强者有黄曲霉毒素、赭曲霉毒素、黄绿青霉素、红色青霉素及青霉酸。已知有 5 种毒素可引起动物致癌，它们是黄曲霉毒素、黄天精、环氯素、杂色曲霉素和展青霉素。

三、食品中霉菌的预防

预防食品霉变的方法主要有以下几种：

（1）低氧保藏防霉。霉菌多属于需氧微生物，生长繁殖需要氧气，所以瓶（罐）装食品在灭菌后，充以氮气或二氧化碳，加入脱氧剂，将食物夯实，进行脱气处理或加入油封等，都可以造成缺氧环境，防止大多数霉菌繁殖。

（2）低温防霉。在 0℃的低温下，肉类食品可以保存 20 d 不变；年糕完全浸泡在装有水的瓷缸内，水温保持在 10℃以下，即可防霉变。

（3）加热杀菌法。对于大多数霉菌，加热至 80℃，持续 20 min 即可杀灭；霉菌抗射线能力较弱，可用放射性同位素放出的射线杀灭霉菌。但黄曲霉毒素耐高温，巴氏消毒（80℃）都不能破坏其毒性。

四、酵母菌概述

酵母菌与人类的关系密切，是工业上最重要、应用最广泛的一类微生物，在酿造、食品、医药工业等方面占有重要地位，可用来制面包；发酵生产酒精和含酒精的饮料，如啤酒、葡萄酒和白酒；生产食品工业的酶，如蔗糖酶、半乳糖苷酶；也可用来提取核苷酸、麦角甾醇、辅酶 A、细胞色素 C、凝血质和维生素等生化药物；酵母菌细胞蛋白质含量高达细胞干重的 50%，并含有人体必需的氨基酸，因此酵母菌可用于生产饲用、食用和药物的单细胞蛋白（single cell protein，SCP）。有的酵母菌还具有氧化石蜡降低石油凝固点的作用，或者以烃类为原料发酵制取柠檬酸、反丁烯二酸、脂肪酸、甘油、甘露醇、酒精等。

五、酵母菌的危害

酵母菌也常给人类带来危害。腐生型酵母菌能使食物、纺织品及其他原料腐败变质，少数嗜高渗透压的酵母菌，如鲁氏酵母（*Saccharomyces rouxii*）、蜂蜜酵母（*Saccharomy-cesmellis*）可使蜂蜜、果酱败坏；有的是发酵工业的污染菌，它们消耗酒精，降低产量或产生不良气味，影响产品质量。有些酵母菌能引起植物的病害，少数还能寄生在人、畜和昆虫体上。例如：白假丝酵母（*Candida albicans*，又称白色念珠菌）可引起皮肤、黏膜、呼吸道以及泌尿系统等多种疾病，新型隐球酵母（*Cryptococcus neoformans*）可引起慢性脑膜炎、肺炎等。

六、酵母菌的生长条件

1. 营养

酵母菌同其他活的有机体一样需要相似的营养物质，像细菌一样，它有一套胞内和胞外酶系统，用以将大分子物质分解成细胞新陈代谢易利用的小分子物质，属于异养。

2. 水分

像细菌一样，酵母菌必须有水才能存活，但酵母菌需要的水分比细菌少，某些酵母菌能在水分极少的环境中生长，如蜂蜜和果酱，这表明它们对渗透压有相当高的耐受性。

3. 酸度

酵母菌能在 pH 值为 3.0 ~ 7.5 的范围内生长，最适 pH 值为 4.5 ~ 5.0。

4. 温度

在低于水的冰点或者高于 47℃的温度下，酵母细胞一般不能生长，最适生长温度一般在 20 ~ 30℃。

5. 氧气

酵母菌在有氧和无氧的环境中都能生长，即酵母菌是兼性厌氧菌。在有氧的情况下，它把糖分解成二氧化碳和水，在有氧存在时，酵母菌生长较快。在缺氧的情况下，酵母菌把糖分解成酒精和二氧化碳。

七、食品和药品中的酵母菌

1. 食品酵母

不具有发酵力的繁殖能力，供人类食用的干酵母粉或颗粒状产品。它可通过回收啤酒厂的酵母泥，或为了人类营养的要求专门培养并干燥而得。美国、日本及欧洲一些国家在普通的粮食制品，如面包、蛋糕、饼干和烤饼中掺入 5% 左右的食用酵母粉，以提高食品的营养价值。酵母自溶物可作为肉类、果酱、汤类、乳酪、面包类食品、蔬菜及调味料的添加剂；在婴儿食品、健康食品中，作为食品营养强化剂。由酵母自溶浸出物制得的 5′ –核苷酸与味精配合，可作为强化食品风味的添加剂。从安琪酵母中提取的浓缩转化酶，用作夹心巧克力的液化剂。从以乳清为原料生产的酵母中提取的乳糖酶，可用于牛奶加工，以增加甜度，防止乳清浓缩液中乳糖的结晶，适应不耐乳糖症的消费者的需要。

2. 药用酵母

制造方法和性质与食品酵母相同。由于它含有丰富的蛋白质、维生素和酶等生理活性物质，医药上将其制成酵母片（如干酵母片），用于治疗因不合理的饮食引起的消化不良症。体质衰弱的人服用后，能起到一定程度的调整新陈代谢机能的作用。在酵母培养过程中，如添加一些特殊的元素制成含硒、铬等微量元素的酵母，对一些疾病具有一定的疗效。例如：含硒酵母用于治疗克山病和大骨节病，并有一定防止细胞衰老的作用；含铬酵母可用于治疗糖尿病等。

[习题]

1. 简述霉菌、酵母菌的个体形态。
2. 简述霉菌、酵母菌的菌落特征。
3. 霉菌、酵母菌的最适生长 pH 值是多少？
4. 霉菌、酵母菌的最适生长温度是多少？
5. 霉菌、酵母菌的最适生长时间是多少？
6. 请描述食品中霉菌、酵母菌检验的基本流程。
7. 食品中霉菌、酵母菌检验的步骤和注意事项有哪些？
8. 简述霍华德计测装置的原理和使用方法。
9. 试述霍华德霉菌计测过程中应注意的问题。
10. 简述阳性视野和阴性视野的判断标准。

项目九　食品中致病菌的检验

【知识目标】

（1）熟悉常见致病菌的含义、卫生学意义和检验程序。

（2）了解常见致病菌的致病机理、危害和控制方式。

（3）掌握常见致病菌检验的基本原理。

【能力目标】

（1）具备检测食品检样中几种常见致病菌的检测能力。

（2）会分析总结试验结果，并做出正确、规范的实验报告。

【素质目标】

培养学生对微观事物科学的、实事求是的、认真细致的学习和工作态度。

【案例导入】

1994年9月10日，××市××幼儿园突然出现以高热、腹痛、腹泻为主要症状的262名儿童发病住院，属于重病抢救者3名，占12.6%。

（一）发病经过及流行病学调查

该幼儿园地处市中心，无论从规模、设备还是教学管理方面，都是较好的一所幼儿园，但厨房设备陈旧，卫生状况一般。全园有日托班7个，194名幼儿；全托班11个，356名幼儿。全园共有幼儿550名和教师、保育员等131人。幼儿园9月9日一天三餐进食的样品有早餐：牛奶、豆沙面包；午餐：蒜蓉豆豉蒸鱼、丝瓜炒牛肉末、冬瓜草菇肉末汤、香蕉；晚餐：莲藕炒猪肉、葱花虾米蒸蛋、炒青菜。下午3时，收到饼家送来该园给留宿幼儿做夜宵的食品——奶油蛋卷355份，由朱××等厨工用手直接点收，并分发到各班食物桶内，存放于厨房。5时30分，随晚餐被取回各班。晚上7时30分至8时分发给在园留宿的341名幼儿进食，其中有少数留宿幼儿被接回家，并把蛋卷带走，实际吃蛋卷者336人。9月10日凌晨3时，幼儿开始陆续发病，先后有258人被分别送到市内10家医院治疗。其中5人虽吃蛋卷，但在吃蛋卷前已发病或在吃蛋卷时刚发病，没吃蛋卷的有6人发病，症状与吃蛋卷的患者相同。最后一例发病时间在9月14日14时，该园合计发病262人，发病率为76.83%。

蛋卷是某饼家于当天上午7时30分制作，制作后露空存放在案板上。调查发现，该饼家卫生许可证已过期一个月，14名职工中有6人无有效的健康证上岗，生产环境卫生差，苍蝇多，制作食品的裱花间无消毒手及工具的消毒水。蛋卷从制作、存放、运输、点收、分发到食用的时间长达13小时，污染机会多。医院调查：住院262人，作痢疾菌培养163人，检出福氏2a痢疾杆菌阳性62人，检出率为38.04%。厨工朱××于幼儿发病前两天已发病。保育员陈××于幼儿发病一周前已患病，症状都是腹泻、腹痛，并自服小檗碱、腹可安等药物，而未进行隔离治疗（陈××9月14日复发又入院治疗）。另外，医院还从220份患者粪便中检出金葡菌23份，检出率为10.45%；检出蜡样芽孢杆菌6份，检出率为2.73%；××市防疫站从幼儿吃剩的奶油蛋卷中检出蜡样芽孢杆菌2.2×10^6个/克食物。

（二）临床特点

潜伏期：最短7小时，最长107 h（4天半），平均潜伏期11小时44分，发病时间大多数集中在3～14 h内，发病人数199人，占75.95%。症状和病程：多数患者第一天出现高热，最高达41.5℃，39℃以上者占发热总数的70.75%，超过40℃的有41人；阵发性腹痛伴腹泻、恶心。第二天腹泻加剧，每日3 ~ 30次，无明显恶臭。腹泻为黏液血便和水样稀便，部分患者伴里急后重。其中，33名重患者出现休克、神志不清、心肌炎等症状，经抢救全部脱险。多数患者经使用大剂量广谱抗生素、输液等治疗后4 d开始出院，35 d内全部出院，无一例死亡。

（三）实验室检查

（1）调查采集幼儿园退回饼家的奶油蛋卷1份，检出蜡样芽孢杆菌 1×10^6 个/g食物。

（2）用肛拭法采取幼儿园厨房工作人员大便培养18份，检出福氏2 a痢疾杆菌1份（厨工朱××）。

（3）用肛拭法采取教职员工大便培养23份，检出两人带福氏2 a痢疾杆菌（均为全托班保育员）。

（4）采集患者呕吐物5份，没检出致病菌。

（5）用肛拭法采取职工大便培养14份（每人做两次）及用具3份，其他食品7份均无检出致病菌。对幼儿园的水、厕所、小儿玩具、配菜台、水龙头等厨具进行采样31份，没检出致病菌。

任务1　食品中沙门氏菌的检验

一、任务目标

（1）了解食品中沙门氏菌检验的安全学意义。

（2）掌握食品中沙门氏菌检验的原理和方法。

二、任务相关知识

（一）病原菌

沙门氏菌（*Salmonella*）属于肠道病原菌，现已发现有1 800多种血清型，有些专门对人致病，有些专门对动物致病，有些是人畜共患。

（二）生物学特性

1. 形态与染色特性

沙门氏菌是革兰阴性菌，无芽孢，无荚膜，生长温度是37 ℃，pH值为6.8 ~ 7.8，600 ℃加热15 ~ 20 min即可死亡。除鸡沙门菌无鞭毛外，大多数菌有周身鞭毛，有菌毛。形态上均与大肠杆菌相似。

2. 培养特性

本菌为需氧及兼性厌氧菌。生长温度范围为6.7 ~ 45.6℃，最适生长温度为37℃。生长的pH值范围为4.1 ~ 9.0，最适生长pH值为6.8 ~ 7.8。营养要求不高，在普通琼脂培养基上均能生长良好，培养24 h后，形成中等大小、圆形、表面光滑、无色、半透明、边缘整齐的菌落。

3. 生化特性

致病性的沙门氏菌的生化特性比较一致，但也有个别菌株的个别特性有差异。一般特性是：可发酵葡萄糖、麦芽糖、甘露醇和山梨醇产酸产气；不发酵乳糖、蔗糖和侧金盏花醇，不产生吲哚，不水解尿素，对苯丙氨酸不脱氨。

4. 抵抗力

本菌对热、消毒药及外界环境的抵抗力不强，60℃、15 ~ 20 min即可死亡。在水中能存活2 ~ 3周，在粪便中可存活1 ~ 2个月，在牛乳及肉类中能存活数月，在含有10% ~ 15%食盐的腌肉中可存活2 ~ 3个月。当水煮或油炸大块鱼、肉、香肠时，若食品内部达不到足以杀死本菌的温度条件，本菌仍能存活下去，由此常常引起食物中毒。本菌在–25℃低温环境中可存活10个月左右，即冷冻保存食品对本菌无杀伤作用。

5. 中毒机理及症状

沙门氏菌食物中毒的发生，与食物中的带菌量、菌体毒力及人体本身的防御能力等因素有关。食物中，沙门氏菌的带菌量在 10^5 ~ 10^9 个 /g 范围可以引起食用者中毒，低于这一带菌量的食物一般不会使食用者产生中毒症状。当沙门氏菌随食物进入消化道后，可以在小肠和结肠内繁殖，引起组织的炎症，并可经淋巴系统进入血液，引起全身感染。这一过程主要有两种菌体毒素参与作用：一种是菌体代谢分泌的肠道毒素，另一种是菌体细胞裂解释放出的菌体内毒素。由于中毒主要是摄食一定量活菌并在人体内增殖所引起的，所以沙门氏菌引起的食物中毒主要属于感染型食物中毒。

沙门氏菌食物中毒的临床症状一般在进食染菌食物 12 ~ 24 h 后出现。主要表现为发热、恶心、呕吐、腹痛、腹泻等。病程为 3 ~ 7 d，一般预后良好，但老人、儿童和体弱者如不及时进行急救处理，也可致死。沙门氏菌食物中毒的病死率通常低于 1%。

6. 病菌来源及预防措施

沙门菌食物中毒多是由于食用动物性食物引起的，特别是畜肉类及其制品，其次是禽肉、蛋类及其制品。常见食物受沙门菌污染大体有以下四种情况：一是家畜或家禽在宰前已感染沙门菌，或是在宰杀后被带沙门菌的粪便、容器、污水等所污染；二是禽蛋在经泄殖腔排出时，蛋壳表面可在肛门里被沙门菌污染，沙门菌通过蛋壳气孔侵入蛋内；三是烹调后的荤菜，如熟肉、肉、内脏、煎蛋等，由于生熟容器不分等因素，可再次受到沙门菌的污染；四是带有沙门菌的奶，污染了无菌的奶。

关于沙门氏菌食物中毒的预防，除采取一般食品卫生检测措施外，应注意以下几点：

（1）严禁食用病死畜禽。

（2）在烹调时，采用炒、烧、煮、煸等任何一种方法，都应使食物达到烧熟的温度，以防止内生外熟（一般加热到食物内温度在 80℃时以上，即可杀死沙门菌）。

（3）在烹制食物过程中，要做到容器、刀、砧等生熟分开使用，严防食物交叉污染。

（4）禁止家畜家禽进入厨房和其他食品加工室。

（5）剩菜、食品充分加热后再食用。

（6）严格执行急宰牲畜的肉产品处理办法。

（7）彻底消灭厨房、食品加工厂、储藏室和食堂等处的苍蝇和老鼠。

（三）检验方法

按国家标准方法，沙门氏菌的检验有五个基本步骤：前增菌，选择性增菌，平板分离沙门氏菌，生化试验鉴定到属，血清学分型鉴定。目前，检验食品中的沙门氏菌按统计学取样方案为基础，以 25 g（mL）食品为标准分析单位。

1. 前增菌

用无选择性的培养基，使处于濒死状态的沙门氏菌恢复活力。沙门氏菌在食品加工、储藏等过程中，常常受到损伤而处于濒死状态，因此对食品检验沙门氏菌时应进行前增菌，即用不加任何抑菌剂的培养基缓冲蛋白胨水（BPW）进行增菌。一般增菌时间为 8 ~ 18 h，不宜过长，因为 BPW 培养基中没有抑菌剂，时间太长了，杂菌也会相应增多。

2. 选择性增菌

前增菌后需要选择性增菌，使沙门氏菌得以增殖，而大多数其他细菌受到抑制。沙门氏菌选择性增菌常用的增菌液有：亚硒酸盐胱氨酸（SC）增菌液、四硫磺酸钠煌绿（TTB）增菌液。这些选择性培养基中都加有抑菌剂，SC 培养基中的亚硒酸盐与某些硫化物形成硒硫化合物可起到抑菌作用，胱氨酸可促进沙门氏菌生长；TTB 中的主要抑菌剂为四硫磺酸钠和煌绿。SC 更适合伤寒沙门氏菌和甲型副伤寒沙门氏菌的增菌，最适增菌温度为 36℃；而 TTB 更适合其他沙门氏菌的增菌，最适增菌温度为 42℃，时间皆为 18 ~ 24 h。所以增菌时，必须用 1 个 SC，同时再用 1 个 TTB，培养温度也有差别，这样可提高检出率，以防漏检。因为沙门氏菌有 2 000 多个血清型，一种增菌液不可能适合所有的沙门氏菌增菌，因此，沙门氏菌增菌要同时用两种以上的培养基增菌。

3. 平板分离沙门氏菌

分离沙门氏菌的培养基为选择性鉴别培养基。经过选择性增菌后，大部分杂菌已被抑制，但仍有少部分杂菌未被抑制。因此在设计分离沙门氏菌的培养基时，应根据沙门氏菌及与其相伴随的杂菌的生化特性，在培养基中加入指示系统，使沙门氏菌的菌落特征与杂菌的菌落特征能最大限度地区分开，这样才能将沙门氏菌分离出来。沙门氏菌主要来源于粪便，而粪便中埃希氏菌属占绝对优势，所以选择性增菌后，与沙门氏菌相伴随的主要是埃希氏菌属。因此，在培养基中加入的指示系统主要是使沙门氏菌和埃希氏菌属的菌落特征最大限度地区分开。

常用的分离沙门氏菌的选择性培养基有亚硫酸铋（BS）琼脂、木糖赖氨酸脱氧胆盐（XLD）琼脂、HE琼脂、沙门氏菌属显色培养基。BS中没有乳糖指示系统，培养基中只有葡萄糖，沙门氏菌利用葡萄糖将亚硫酸铋还原为硫化铋，产硫化氢的菌株形成黑色菌落，其色素掺入培养基内并扩散到菌落周围，对光观察有金属光泽，不产硫化氢的菌株形成绿色的菌落。XLD、HE显色培养基中既有乳糖指示系统，又有硫化氢指示系统。例如：HE的乳糖指示系统中的酸碱指示剂为溴麝香草酚蓝，分解乳糖的菌株产酸使溴麝香草酚蓝变为黄色菌落亦为黄色。不分解乳糖的菌株分解牛肉膏蛋白胨产碱，使溴麝香草酚蓝变为蓝绿色或蓝色，菌落亦呈蓝绿色或蓝色。

BS较其他培养基选择性强，即抑菌作用强，以至于沙门氏菌生长亦被减缓，所以要适当延长培养时间，培养40 ~ 48 h。而XLD、HE、显色培养基相对于BS来说，选择性弱。再者，BS更适合于分离伤寒沙门氏菌。1种培养基不可能适合所有的沙门氏菌分离，分离沙门氏菌要同时用两种以上的培养基，必须用一个BS，同时再用1个XLD或HE或显色培养基，这样互补，可提高检出率，以防漏检。

4. 生化试验鉴定到属

在沙门氏菌选择性琼脂平板上符合沙门氏菌特征的菌落，只能说可能是沙门氏菌，也可能是其他杂菌。因为肠杆菌科中的某些菌属和沙门氏菌在选择性平板上的菌落特征相似，而且埃希氏菌属中的极少部分菌株也不发酵乳糖，所以只能称为可疑沙门氏菌，是不是沙门氏菌，还需要做生化试验进一步鉴定。首先做初步的生化试验，然后再做进一步的生化试验。

（1）初步生化试验。做三糖铁（TSI）琼脂试验和赖氨酸脱羧酶试验。三糖铁琼脂试验主要是测定细菌对葡萄糖、乳糖、蔗糖的分解、产气和产硫化氢情况，可谓一举多得。培养基做好后，摆成高层斜面，培养基颜色为砖红色。接种时，将典型或可疑菌株先在斜面划线、后底层穿刺接种，再接种子（接种针不要灭菌）赖氨酸脱羧酶试验培养基，初步生化试验为沙门氏菌可疑时，需要做进一步的生化试验。

（2）进一步的生化试验。在接种三糖铁琼脂和赖氨酸脱羧酶试验培养基的同时，可直接接种蛋白胨水（供做靛基质试验）、尿素琼脂（pH值为7.2）、氰化钾（KCN）培养基，也可在初步判断结果后，从营养琼脂平板上挑取可疑菌落接种，按生化试验反应判定结果。

5. 血清学分型试验

可疑菌株被鉴定为沙门氏菌属后，进行血清学分型鉴定，以确定菌型。血清学分型试验采用玻片凝集试验。血清有单因子血清、多因子血清及多价血清。含有一种抗体的血清称为单因子血清，含有两种抗体的血清称为复因子血清，含有两种以上抗体的血清称为多价血清。

三、任务所需器材

（一）实验器材

恒温培养箱：（36 ±1）℃，（42 ±1）℃；冰箱：2 ~ 5℃；天平：感量为0.1 g；吸管：10 mL（具有0.1 mL刻度），1 mL（具有0.01 mL刻度）或微量移液器及吸头；锥形瓶：容量250 mL，500 mL；试管：3 mm × 50 mm，10 mm × 75 mm；培养皿：直径为90 mm；毛细管；pH计或pH比色管或精密pH试纸；均质器；振荡器；电炉；酒精灯；瓷量杯；等等。

微生物实验室常规灭菌及培养设备。

（二）培养基、试剂和样品

1. 培养基和试剂

缓冲蛋白胨水（BPW），6- 四硫磺酸钠煌绿（TTB）增菌液，6- 亚硒酸盐胱氨酸（SC）增菌液，6- 亚硫酸铋琼脂（BS）琼脂，6-HE 琼脂或木糖赖氨酸脱氧胆盐（XLD）琼脂或沙门氏菌属显色培养基，6- 三糖铁（TSI）琼脂，6- 蛋白胨水、靛基质试剂，6- 尿素琼脂（pH7.2），6- 氰化钾（KCN）培养基，6- 赖氨酸脱羧酶试验培养基，6- 糖发酵管，6- 邻硝基酚 β-D 半乳糖苷（ONPG）培养基，6- 丙二酸钠培养基，沙门氏菌 O 和 H 诊断血清，等等。

2. 样品

酱牛肉、饼干、茶饮料、豆腐等。

四、任务技能训练

（一）检验程序

沙门氏菌检验程序如图 9-1 所示。

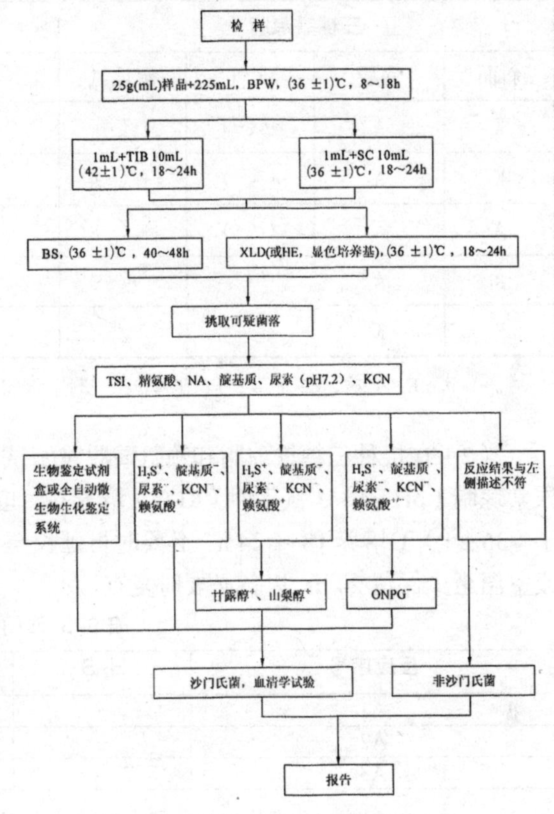

图 9-1 沙门氏菌检验程序

（二）操作步骤

1. 前增菌

称取 25 g（mL）检样置于盛有 225 mL BPW 的无菌均质杯中，以 8 000 ~ 10 000 r/min 均质 1 ~ 2 min，或放入盛有 225 mL BPW 的无菌均质袋中，用拍击式均质器拍打 1 ~ 2 min。若检样为液态，不需要均质，振荡混匀；如需要测定 pH 值，用 1 mol/L 无菌 NaOH 溶液或 1 mol/L HC1 溶液调节 pH 值至 6.8 ± 0.2。以无菌操作将样品转至 500 mL 锥形瓶中，如用均质袋，可直接培养，于（36 ± 1）℃培养 8 ~ 18 h。

如为冷冻产品，应在 45℃以下不超过 15 min，或 2 ~ 5℃不超过 18 h 解冻。

2. 增菌

轻轻摇动培养过的样品混合物，移取 1 mL，转种于 10 mL 四硫磺酸钠煌绿（TTB）增菌液内，于（42 ±1）℃培养 18 ~ 24 h。另取 1 mL，转种于 10 mL 亚硒酸盐胱氨酸（SC）增菌液内，于（36 ±1）℃培养 18 ~ 24 h。

3. 选择性平板分离

将增菌培养液混匀，分别用接种环取 1 环，划线接种于 1 个亚硫酸铋琼脂（BS）平板和 1 个 XLD 琼脂平板（或 HE 琼脂平板或沙门氏菌属显色培养基平板）。于（36 ± 1）℃分别培养 18 ~ 24 h（XLD 琼脂平板、HE 琼脂平板、沙门氏菌属显色培养基平板）或 40 ~ 48 h（BS 琼脂平板），观察各个平板上生长的菌落，沙门氏菌属在各个平板上的菌落特征见表 9-1。

表 9-1 沙门氏菌属在不同选择性琼脂平板上的菌落特征

选择性琼脂平板	沙门氏菌
HS 琼脂	菌落为黑色有金属光泽、棕褐色或灰色，菌落周围培养基可呈黑色或棕色；有些菌株形成或绿色的菌落，周围培养基不变
HE 琼脂	蓝绿色或蓝色，多数菌落中心黑色或几乎全黑色；有些菌株为黄色，中心黑色或几乎全黑色
XLD 琼脂	菌落呈粉红色，带或不带黑色中心，有些菌株可呈现大的带光泽的黑色中心，或呈现全部黑色的菌落；有些菌株为黄色菌落，带或不带黑色中心
沙门氏菌属显色培养基	按照显色培养基的说明进行判定

4. 生化试验

（1）自选择性琼脂平板上分别挑取2个以上典型或可疑菌落，接种三糖铁琼脂，先在斜面划线，再于底层穿刺，接种针不要灭菌，直接接种赖氨酸脱羧酶试验培养基和营养琼脂平板，于（36 ±1）℃培养18 ~ 24 h，必要时可延长至48 h。在三糖铁琼脂和赖氨酸脱羧酶试验培养基内，沙门氏菌属的反应结果见表9–2。

表9–2 沙门氏菌属在三糖铁琼脂和赖氨酸脱羧酶试验培养基内得反应结果

三糖铁琼脂				赖氨酸脱羧酶试验培养基	初步判断
斜面	底层	产气	硫化氢		
K	A	+（–）	+（–）	+	可疑沙门氏菌
K	A	+（–）	+（–）	–	可疑沙门氏菌
A	A	+（–）	+（–）	+	可疑沙门氏菌
A	A	+/–	+/–	–	非疑沙门氏菌
K	K	+/–	+/–	+/–	非疑沙门氏菌

注：K：产碱，A：产酸；+：阳性，–：阴性；+（–）：多数阳性，少数阴性；+/–：阳性或阴性。

（2）在接种三糖铁琼脂和赖氨酸脱羧酶试验培养基的同时，可直接接种蛋白胨水（供做靛基质试验）、尿素琼脂（pH7.2）、氰化钾（KCN）培养基，也可在初步判断结果后从营养琼脂平板上挑取可疑菌落接种。于（36±1）℃培养18 ~ 24 h，必要时可延长至48 h，按表9–3判定结果。将已挑菌落的平板储存于2 ~ 5℃或室温至少保留24 h，以备必要时复查。

表9–3 沙门氏菌属生化反应初步鉴别表

反应序号	H_2S	靛基质	pH 7.2 尿素	KCN	赖氨酸脱羧酶
A1	+	—	—	—	+
A2	+	+	—	—	+
A3	—	—	—	—	+/—

注：+：阳性，–：阴性；+/–：阳性或阴性。

反应序号A1：典型反应判定为沙门氏菌属。如尿素、KCN和赖氨酸脱羧酶试验3项中有1项异常，按表9–4可判定为沙门氏菌。如有2项异常，则为非沙门氏菌。

反应序号A2：补做甘露醇和山梨醇试验，沙门氏菌靛基质阳性变体两项试验结果均为阳性，但需要结合血清学鉴定结果进行判定。

反应序号A3：补做ONPG。ONPG阴性为沙门氏菌，同时赖氨酸脱羧酶阳性，甲型副伤寒沙门氏菌为赖氨酸脱羧酶阴性。

表9–4 沙门氏菌属生化反应初步鉴别表

pH值7.2尿素	KCN	赖氨酸脱羧酶	判定结果
–	–	–	甲型副伤寒沙门氏菌（要求血清学鉴定结果）
–	+	+	沙门氏菌Ⅳ或Ⅴ（要求符合本群生化特性）
+	–	+	沙门氏菌个别受体（要求血清学鉴定结果）

注：+：阳性，–：阴性。

必要时按表 9–5 进行沙门氏菌生化群的鉴别。

表 9–5　沙门氏菌属各生化群的鉴别

项目	Ⅰ	Ⅱ	Ⅲ	Ⅳ	Ⅴ	Ⅵ
卫矛醇	+	+	−	−	+	−
山梨醇	+	+	+	+	+	−
水杨苷	−	−	−	+	−	−
ONPG	−	−	+	−	+	−
丙二酸盐	−	+	+	−	−	−
KCN	−	−	−	+	+	−

注：+：阳性，−：阴性。

（3）如选择生化鉴定试剂盒或全自动微生物生化鉴定系统，可根据（1）初步判断结果，从营养琼脂平板上挑取可疑菌落，用生理盐水制备成浊度适当的菌悬液，使用生化鉴定试剂盒或全自动微生物生化鉴定系统进行鉴定。

5. 血清学鉴定

在上述进一步的生化实验后，如需做血清学检验证实时，一般用沙门氏菌属 A ~ F 多价“0”诊断血清进行鉴定。

步骤：在洁净的玻片上划出 2 个约为 1 cm × 2 cm 的区域，用接种环挑取 1 环待测菌，各放 1/2 环于玻片上的每个区域上部，在其中 1 个下部加 1 滴沙门氏菌多价抗血清，在另一区域下部加入 1 滴生理盐水，作为对照。再用无菌的接种针或环分别将两个区域内的菌落研成乳状液，将玻片摇动 60 s，并对着黑色背景进行观察（最好用放大镜观察）。任何程度的凝聚现象都为阳性反应。

6. 结果与报告

综合以上生化试验和血清学鉴定的结果，报告 25 g（mL）样品中检出或未检出沙门氏菌。

（三）实验结果

对检样进行沙门氏菌检验时的原始记录填入表 9–6 中，并报告检验结果。

表 9–6　沙门氏菌检验的原始记录

<table>
<tr><td colspan="4">前增菌</td></tr>
<tr><td colspan="4">25 g样品处理后加入 225 mLBPW，培养温度 ____℃，时间 ____h，取 1 mL 接种于 10 mLTTB 内，培养温度 ____℃，时间____h，另取 1 mL 接种于 10 mLSC 内，培养温度 ____℃，时间____h</td></tr>
<tr><td colspan="4">选择性平板分离</td></tr>
<tr><td colspan="2">接自 TTB 增菌液</td><td colspan="2">接自 SC 增菌液</td></tr>
<tr><td>BS 上菌落特征</td><td>HE 上菌落特征</td><td>BS 上菌落特征</td><td>HE 上菌落特征</td></tr>
<tr><td>现象：</td><td>现象：</td><td>现象：</td><td>现象：</td></tr>
<tr><td>判定：</td><td>判定：</td><td>判定：</td><td>判定：</td></tr>
<tr><td colspan="4">生化试验与血清学试验</td></tr>
<tr><td>现象：</td><td>现象：</td><td>现象：</td><td>现象：</td></tr>
<tr><td>判定：</td><td>判定：</td><td>判定：</td><td>判定：</td></tr>
<tr><td>综合生化试验与
血清学试验报告</td><td></td><td></td><td></td></tr>
</table>

五、任务考核指标

沙门氏菌检验操作的考核见表 9–7。

表 9–7　沙门氏菌检验的操作考核表

考核内容	考核指标		分值
菌的鉴别	菌落形态、大小、边缘、颜色、色泽描述	SS、DHL	25
		HE、WS	
		BS	
		三糖铁	
三糖铁斜面接种鉴定	接种前准备	物品准备	35
		手消毒	
		废物处理	
		酒精灯的使用	
	取菌	接种环的拿法	
		接种环的灭菌	
		接种环的冷却	
		平皿的拿法与开盖	
		挑选菌落正确	
	接种操作	斜面的拿法	
		棉塞的拿法	
		棉塞过火焰	
		试管口灭菌	
		斜面划线接种正确	
		穿刺接种正确	
		接种环的灭菌	
		火焰区操作	
	接种后的整理	记号正确	
		台面清洁	
	分离效果	效果好，结果正确	
		一般	
		差	
生化试验 结果判定正确		现象描述恰当	20
显微镜操作 镜头选择正确 调焦操作正确 视野清晰、图片均匀 形态描述正确 擦镜头 显微镜复原		采光、对光的操作	20
合计	——	——	100

任务2 食品中金黄色葡萄球菌的检验

一、任务目标

（1）掌握食品中金黄色葡萄球菌的检验和计数方法。

（2）学会金黄色葡萄球菌的报告方式。

二、任务相关知识

（一）病原菌

革兰阳性菌。无芽孢，无鞭毛，不能运动，呈葡萄状排列。兼性厌氧，生长温度35 ~ 37℃，最适pH值7.4，80℃下0.5 ~ 1 h才能杀死。

（二）毒素和酶

溶血毒素、杀白细胞毒素、肠毒素、凝固酶、溶纤维蛋白酶、透明质酸酶、DNA酶等。

（三）中毒原因及症状

金黄色葡萄球菌是人类化脓感染中最常见的病原菌，可引起局部化脓感染，也可引起肺炎、伪膜性肠炎、心包炎等，甚至出现败血症、脓毒症等全身感染。

当金黄色葡萄球菌污染了含淀粉及水分较多的食品，如牛奶和奶制品、肉、蛋等，在温度条件适宜时，经8 ~ 10 h即可分解相当数量的肠毒素。肠毒素可耐受100℃煮沸30 min而不被破坏，它引起的食物中毒症状是呕吐和腹泻。此外，金黄色葡萄球菌还产生溶表皮素、明胶酶、蛋白酶、脂肪酶、肽酶等。

（四）病菌来源及预防措施

1. 金黄色葡萄球菌在自然界中无处不在

空气、水、灰尘及人和动物的排泄物中都可找到。作为人和动物的常见病原菌，其主要存在于人和动物的鼻腔、咽喉、头发上，50%以上健康人的皮肤上都有金黄色葡萄球菌存在。因而，食品受其污染的机会很多。

近年来，据美国疾病控制中心报告，由金黄色葡萄球菌引起的感染占第二位，仅次于大肠杆菌。

金黄色葡萄球菌的流行病学一般有如下特点：季节分布，多见于春夏季；中毒食品种类多，如奶、肉、蛋、鱼及其制品。此外，剩饭、油煎蛋、糯米糕及凉粉等引起的中毒事件也有报道。上呼吸道感染患者鼻腔带菌率达83%，人、畜化脓性感染部位常成为污染源。

一般说，金黄色葡萄球菌可通过以下途径污染食品：食品加工人员、炊事员或销售人员带菌，造成食品污染；食品在加工前本身带菌，或在加工过程中受到了污染，产生了肠毒素，引起食物中毒；熟食制品包装不严，运输过程受到污染；奶牛患化脓性乳腺炎或禽畜局部化脓时，对肉体其他部位的污染。

金黄色葡萄球菌肠毒素是个世界性的卫生问题。在美国，由金黄色葡萄球菌肠毒素引起的食物中毒占整个细菌性食物中毒的33%；加拿大则更多，占45%；我国每年发生的此类中毒事件也非常多。

肠毒素的形成条件：存放温度在37℃内，温度越高，产毒时间越短；存放地点通风不良、氧分压低易形成肠毒素；含蛋白质丰富、水分多，同时含一定量淀粉的食物，肠毒素易生成。

2. 防止金黄色葡萄球菌污染食品的措施

（1）防止带菌人群对各种食物的污染，定期对生产加工人员进行健康检查，患局部化脓性感染（如疥疮、手指化脓等）、上呼吸道感染（如鼻窦炎、口腔疾病等）的人员要暂时停止其工作或调换岗位。

（2）防止金黄色葡萄球菌对奶及其制品的污染。例如：牛奶厂要定期检查奶牛的乳房，不能挤用患化脓性乳腺炎奶牛的牛奶；挤挤出后，要迅速冷至 -10℃以下，以防毒素生成、细菌繁殖。奶制品要以消毒牛奶为原料，注意低温保存。

（3）对肉制品加工厂，患局部化脓感染的禽、畜尸体，应除去病变部位，经高温或其他适当方式处理后，才可进行加工生产。防止金黄色葡萄球菌肠毒素的生成，应在低温和通风良好的条件下贮藏食物，以防肠毒素形成；在气温高的春夏季，食物置冷藏或通风阴凉处也不应超过 6 h，并且食用前要彻底加热。

（五）金黄色葡萄球菌的检验

国家标准金黄色葡萄球菌检验的原理如下：金黄色葡萄球菌耐盐性强，在 100 ~ 150 g/L 的氯化钠培养基中能生长，适宜生长的盐含量为 5% ~ 7.5%，可以利用这个特性对金黄色葡萄球菌增菌，抑制杂菌。金黄色葡萄球菌可产生溶血素，在血平板上生长，菌落周围有透明的溶血环，可产生卵磷脂酶，分解卵磷脂，产生甘油酯和可溶性磷酸胆碱，所以在 Baird-Parker（含卵黄和亚碲酸钾）平板上生长，菌落为黑色，周围有一混浊带，在其外层有一透明圈，利用此特性可分离金黄色葡萄球菌。金黄色葡萄球菌还可产生凝固酶，凝固酶可使血浆中的血浆蛋白酶原变成血浆蛋白酶，使血浆凝固，这是鉴定致病性金黄色葡萄球菌的重要指标。是不是致病的金黄色葡萄球菌，主要看它是否产生凝固酶。

金黄色葡萄球菌数量的测定采用稀释平板法中的涂菌法，采用 Baird-Parker 培养基，1 mL 样品稀释液分成 0.3 mL、0.3 mL 和 0.4 mL，分别接入 3 个平板中，然后用 L 形玻璃棒涂匀，倒置培养。注意不能像混菌法那样一个平板接种 1 mL，因为琼脂吸收不了 1 mL 样品稀释液，倒置培养时，样品稀释液会流出来。在平板上，随机挑取 5 个可疑为金黄色葡萄球菌的菌落，做证实试验，计算出平板上金黄色葡萄球菌的比例数，最后计算出每克（毫升）样品中的金黄色葡萄球菌数。

三、任务所需器材

（一）实验器材

恒温培养箱：（36 ± 1）℃；冰箱：2 ~ 5℃；恒温水浴锅：37 ~ 65℃；天平：感量为 0.1 g；吸管：10 mL（具 0.1 mL 刻度）、1 mL（具 0.01 mL 刻度）或微量移液器及吸头；锥形瓶：容量 100 mL/500 mL；试管：16 mm × 160 mm，13 mm × 130 mm；培养皿：直径为 90 mm；注射器：0.5 mL；pH 计或 pH 比色管或精密 pH 试纸；均质器；振荡器；电炉；酒精灯；等等。

微生物实验室常规灭菌及培养设备。

（二）培养基、试剂和样品

1. 培养基和试剂

7.5% 氯化钠肉汤（或 10% 氯化钠胰酪胨大豆肉汤）、血琼脂平板、Baird-Parker 琼脂平板、脑心浸出液肉汤（BHD）、生理盐水（或磷酸盐缓冲液）、冻干血浆或兔血浆、营养琼脂小斜面、革兰染色液。

2. 样品

酱牛肉、芝麻糊、面包、酱油等。

四、任务技能训练

（一）金黄色葡萄球菌定性检验（第一法）实验步骤

1. 金黄色葡萄球菌定性检验程序

如图 9-2 所示。

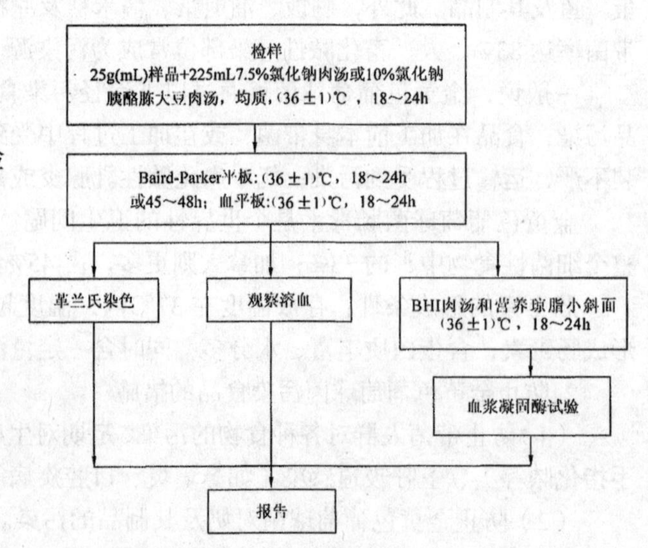

图 9-2　金黄色葡萄球菌定性检验（第一法）程序

2. 操作步骤

（1）检样处理。

称取 25 g 样品至盛有 225 mL7.5% 氯化钠肉汤或 10% 氯化钠胰酪胨大豆肉汤的无菌均质杯内，8 000 ~ 10 000 r/min 均质 1 ~ 2 min，或放入盛有 225 mL7.5% 氯化钠肉汤或 10% 氯化钠胰酪胨大豆肉汤的无菌均质袋中，用拍击式均质器拍打 1 ~ 2 min。若样品为液态，吸取 25 mL 样品至盛有 225 mL7.5% 氯化钠肉汤或 10% 氯化钠胰酪胨大豆肉汤的无菌锥形瓶（瓶内可预置适当数量的无菌玻璃珠）中，振荡混匀。

（2）增菌和分离培养：

①将上述样品匀液于（36 ± 1）℃培养 18 ~ 24 h。金黄色葡萄球菌在 7.5% 氯化钠肉汤中呈混浊生长，污染严重时，在 10% 氯化钠胰酪胨大豆肉汤内呈混浊生长。

②将上述培养物，分别划线接种到 Baird–Parker 平板和血平板，血平板置于（36 ± 1）℃培养 18 ~ 24 h。Baird–Parker 平板置于（36 ± 1）℃培养 18 ~ 24 h 或 45 ~ 48 h。

③金黄色葡萄球菌在 Baird–Parker 平板上，菌落直径为 2 ~ 3 mm，颜色呈灰色到黑色，边缘为淡色，周围为一混浊带，在其外层有一透明圈。用接种针接触菌落有似奶油至树胶样的硬度，偶然会遇到非脂肪溶解的类似菌落，但无混浊带及透明圈。长期保存的冷冻或干燥食品中所分离的菌落，比典型菌落所产生的黑色较淡些，外观可能粗糙并干燥。在血平板上，形成菌落较大，圆形、光滑凸起、湿润、金黄色（有时为白色），菌落周围可见完全透明溶血圈。挑取上述菌落进行革兰氏染色镜检及血浆凝固酶试验。

（3）鉴定：

①染色镜检：金黄色葡萄球菌为革兰阳性球菌，排列呈葡萄球状，无芽孢、无荚膜，直径为 0.5 ~ 1.0 μm。

②血浆凝固酶试验：挑取 Baird–Parker 平板或血平板上可疑菌落 1 个或以上，分别接种到 5 mL BHI 和营养琼脂小斜面上，置于（36 ± 1）℃培养 18 ~ 24 h。

取新鲜配制兔血浆 0.5 mL，放入小试管中，再加入 BHI 培养物 0.2 ~ 0.3 mL，振荡摇匀，置于（36 ± 1）℃温箱内，每半小时观察 1 次，观察 6 h。如呈现凝固（即将试管倾斜或倒置时，呈现凝块）或凝固体积大于原体积的一半，则被判定为阳性结果。同时，以血浆凝固酶试验阳性和阴性葡萄球菌菌株的肉汤培养物作为对照。也可用商品化的试剂（如冻干血浆），按说明书操作即可。

结果如有可疑，挑取营养琼脂小斜面的菌落到 5 mL BHI，置于（36 ± 1）℃培养 18 ~ 48 h，重复试验。

（4）结果与报告。

结果判定：符合上述 Baird–Parker 平板和血平板菌落特征、革兰染色特征及血浆凝固酶试验阳性者，可判定为金黄色葡萄球菌。

结果报告：25 g（mL）样品中检出或未检出金黄色葡萄球菌。

（二）Baird–Parker 平板计数（第二法）实验步骤

1. 金黄色葡萄球菌平板计数程序（如图 9–3 所示）。

2. 操作步骤

（1）检样的稀释：

①固体和半固体样品：称取 25 g 检样置于盛有 225 mL 无菌生理盐水或磷酸盐缓冲液的均质杯内，8 000 ~ 10 000 r/min 均质 1 ~ 2 min，或放入盛有 225 mL 稀释液的无菌均质袋中，用拍击式均质器拍打 1 ~ 2 min，制成 1 ∶ 10（即 10^{-1}）的样品匀液。

②液体样品：以无菌吸管吸取 25 mL 样品置盛有 225 mL 无菌生理盐水或磷酸盐缓冲液的锥形瓶内（瓶内预置适当数量的玻璃珠），充分混匀，制成 1 ∶ 10（即 10^{-1}）的样品匀液。

③用 1 mL 无菌吸管或微量移液器吸取 1 ∶ 10 稀释液 1 mL，沿管壁缓慢注于盛有 9 mL 稀释液的无菌试管中（注意吸管或吸头尖端不要触及稀释液面），振摇试管或换 1 支 1 mL 无菌吸管反复吹打使其混合均匀，做成 1 ∶ 100（即 10^{-2}）的样品匀液。

④另取 1 mL 无菌吸管，按上述操作顺序，做 10 倍递增稀释液，如此每递增稀释 1 次，即换用 1 支 1 mL 无菌吸管。

（2）接种与培养：

①根据对样品污染状况的估计，选择2 ~ 3个适宜稀释度的样品匀液（液体样品可包括原液），在进行10倍递增稀释时，每个稀释度分别吸取1 mL，样品匀液以0.3 mL、0.3 mL、0.4 mL接种量分别加入3块Baird–Parker平板，然后用无菌L型玻璃棒涂布整个平板，注意不要触及平板边缘。使用前，如Baird–Parker平板表面有水珠，可放在25 ~ 50℃的培养箱里干燥，直到平板表面的水珠消失。

②在通常情况下，涂布后，将平板静置10 min，如样品不容易吸收，可将平板放在（36±1）℃培养箱中培养1 h，等样品匀液吸收后翻转培养皿，倒置于培养箱，（36±1）℃培养45 ~ 48 h。

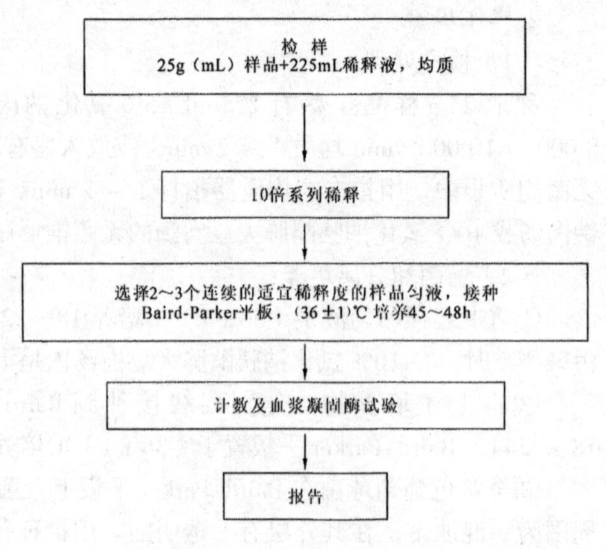

图9-3 金黄色葡萄球菌Baird–Parker平板计数（第二法）程序

（3）典型菌落计数和确认：

①金黄色葡萄球菌在Baird–Parker平板上，菌落直径为2 ~ 3 mm，颜色呈灰色到黑色，边缘为淡色，周围为一混浊带，在其外层有一透明圈。用接种针接触菌落有似奶油至树胶样的硬度。偶然会遇到非脂肪溶解的类似菌落，但无混浊带及透明网。长期保存的冷冻或干燥食品中，所分离的菌落比典型菌落所产生的黑色较淡些，外观可能粗糙并干燥。

②选择有典型的金黄色葡萄球菌菌落的平板，并且同一稀释度3个平板所有菌落数合计在20 ~ 200 CFU之间的平板，计数典型菌落数。

●如果只有1个稀释度平板上的菌落数在适宜计数范围内（20 ~ 200 CFU）并且有典型菌落，计数该稀释度平板上的典型菌落。

●最低稀释度平板的菌落数小于20 CFU，并且有典型菌落，计数该稀释度平板上的典型菌落。

●某一稀释度平板的菌落数大于200 CFU，并且有典型菌落，但下一稀释度平板上没有典型菌落，应计数该稀释度平板上的典型菌落。

●某一稀释度平板的菌落数大于200 CFU，并且有典型菌落，同时下一稀释度平板上有典型菌落，但其平板上的菌落数不在20 ~ 200 CFU之间，应计数该稀释度平板上的典型菌落。

以上按公式9–1计算。

●2个连续稀释度的平板菌落数在适宜计数范围内（20 ~ 200 CFU），按公式9–2计算。

③从典型菌落中任选5个菌落（小于5个全选），分别做血浆凝固酶试验。

（4）结果计算：

$$T=\frac{AB}{Cd} \quad (9\text{–}1)$$

式中：T——样品中金黄色葡萄球菌菌落数；

A——某一稀释度典型菌落的总数；

B——某一稀释度血浆凝固酶试验阳性的菌落数；

C——某一稀释度用于血浆凝固酶试验的菌落数；

D——稀释因子。

$$T=\frac{A_1B_1/C_1+A_2B_2/C_2}{1.1d} \quad (9\text{–}2)$$

式中：T——样品中金黄色葡萄球菌菌落数；

A_1——第一稀释度（低稀释倍度）典型菌落的总数；

A_2——第二稀释度（高稀释倍度）典型菌落的总数；

B_1——第一稀释度（低稀释倍度）血浆凝同酶试验阳性的菌落数；

B_2——第二稀释度（高稀释倍度）血浆凝固酶试验阳性的菌落数；

C_1——第一稀释度（低稀释倍度）用于血浆凝固酶试验的菌落数；

C_2——第二稀释度（高稀释倍度）用于血浆凝固酶试验的菌落数；

1.1——计算系数；

D——稀释因子（第一稀释度）。

（5）结果与报告：

根据Baird-Parker平板上金黄色葡萄球菌的典型菌落数，按公式9-1或公式9-2计算，报告每克（毫升）样品中金黄色葡萄球菌数，以CFU/g（mL）表示；如T值为0，则以小于1乘以最低稀释倍数报告。

3. 实验结果

（1）将对检样进行金黄色葡萄球菌定性检验（第一法）的原始记录填入表9-8和表9-9中，并报告检验结果。

表9-8 增菌和分离培养的原始记录

增菌
25 g样品处理后加入225 mL增菌液，均质，培养温度____℃，时间____h，现象
平板分离
Baird-Parker琼脂平板（培养温度____℃，时间____h） 血平板（培养温度____℃，时间____h） 菌落特征： 菌落特征： 判定： 判定：

表9-9 鉴定原始记录

革兰氏染色和血浆凝固酶试验			
取可疑菌落____个，培养温度____℃，时间____h			
试验项目	可疑菌落1	可疑菌落2	可疑菌落3
革兰染色			
形态			
染色反应			
血浆凝固酶试验	判定：	判定：	判定：
综合平板特征、染色与血浆凝固酶试验，报告			

（2）将对检样进行金黄色葡萄球菌BP平板计数（第二法）的原始记录填入表9-10中，并报告检验结果。

表9-10 BP平板计数的原始记录

检样稀释与接种				
25 g样品处理后加入225 mL无菌生理盐水中，制成____稀释液，均质，10倍稀释，选择适宜稀释度为____；每个稀释度分别吸取0.3 mL、0.3 mL、0.4 mL，涂布BP平板，培养温度____℃，时间____h。				
金黄色葡萄球菌典型菌落计数				
稀释度	10^{-1}	10^{-2}	10^{-3}	10^{-4}
0.3 mL				
0.3 mL				
0.4 mL				
合计				
计数稀释度		典型菌落数（CFU）		

五、任务考核指标

金黄色葡萄球菌检验操作的考核见表 9-11。

表 9-11　金黄色葡萄球菌检验的操作考核表

考核内容	考核指标		分值
菌的鉴别	菌落形态、大小、边缘、颜色、色泽等	血平板中的生长现象	25
		卵黄高盐平板中的生长现象	
菌的分离培养	接种前准备（4 分）	物品准备	35
		手消毒	
		废物处理	
		酒精灯的使用	
	取菌（6 分）	接种环的拿法	
		接种环的灭菌	
		接种环的冷却	
		棉塞的拿法与开盖	
		取菌操作	
	接种操作（7 分）	平皿的拿法与开盖	
		火焰区操作	
		划线（力度、速度、角度）	
		接种后的灭菌	
	接种后的整理（3 分）	记号正确	
		倒置培养	
		台面清洁	
	分离效果（15 分）	效果好，有单个菌落	
		能基本分离	
		一般	
		差	
细菌涂片与革兰氏染色	取菌（5 分）	手的消毒方法正确	20
		接种环的灭菌	
		选菌与取菌正确	
		火焰区操作	
	制片（5 分）	玻片的拿法正确	
		涂片操作正确、规范	
		干燥操作正确	
		固定操作正确	
		细菌涂片厚薄均匀	
	染色（10 分）	试剂瓶使用正确	
		染色步骤正确	
		时间控制适当	
		冲水操作正确	
		桌面等操作环境清洁	
显微镜操作 镜头选择正确 调焦操作正确 视野清晰、涂片均匀 形态描述正确 擦镜头 显微镜复原		采光、对光操作正确	20
合计		——	100

[学习拓展]

一、大肠埃希菌食物中毒

1. 病原菌

大肠埃希菌为（0.4 ~ 0.7）μm×（1 ~ 3）μm 中等大小的革兰阴性杆菌。无芽孢，多数菌株有周身鞭毛，能运动。有普通菌毛和性菌毛，有些菌株还有致病性菌毛。肠外感染菌株常有多糖包膜（微荚膜）。

此菌对理化因素的抵抗力在无芽孢菌中是最强的一种，在室温可存活数周，在土壤、水中存活数月，耐寒力强。但是，在 30 min 内快速冷冻，将 37℃降至 4℃的过程，可杀死此菌。60℃加热 30 min，此菌可灭活。对漂白粉、酚、甲醛等较敏感，水中 1 μg/L 氯可杀死此菌。此菌耐胆盐。

2. 食物中毒原因及症状

致泻性大肠杆菌是引起人体以腹泻症状为主的全球性疾病，其中尤以 EPEC、ETEC 所占比例较大。虽然目前报道的各地主要腹泻病是由志贺菌或轮状病毒引起的，但是多年来，致泻性大肠杆菌引起的腹泻病例始终位于第二位，可见大肠杆菌肠道传染的广泛性。还有，致泻性大肠杆菌亦可常年引发人体腹泻，以夏秋季为高峰。据统计，在患者感染住院率中，婴幼儿占60%以上。近来，EHEC 0 157 ∶ H7为世界卫生组织（WHO）定为新的食源性致病菌，其引发的出血性肠炎的暴发或散发病例，自 1983 年以来，在北美洲（美国、加拿大）地区逐年增多，英国、日本亦有暴发和散发病例报道。我国也发现散发病例，尚未有暴发 EHEC 的报道。

3. 病菌来源及预防措施

大肠埃希菌在人和动物的粪便中大量存在，其中有少数几种能引起人类食物中毒。根据致病性的不同，致泻性大肠埃希菌被分为产肠毒素性、侵袭性、致病性、黏附性和出血性 5 种。部分埃希菌株与婴儿腹泻有关，并可引起成人腹泻或食物中毒的暴发。大肠埃希菌 0 157 ∶ H7 是导致 1996 年日本食物中毒暴发的罪魁祸首，它是出血性大肠埃希菌中的致病性血清型，主要侵犯小肠远端和结肠。常见导致中毒的食品为各类熟肉制品、冷荤、牛肉、生牛奶，其次为蛋及蛋制品、乳酪及蔬菜、水果、饮料等食品。中毒原因主要是受污染的食品在食用前未经彻底加热。

预防措施：预防第二次污染，预防交叉污染，控制食源性感染。

二、变形杆菌中毒

1. 病原菌

变形杆菌属包括普通变形杆菌、奇异变形杆菌、莫根变形杆菌、雷极变形杆菌四群。变形杆菌为腐物寄生菌，在自然界分布广泛，粪便、食品等均可检出该菌。人和动物的带菌率可高达 10% 左右，肠道病患者的带菌率较健康人更高，为 13.3% ~ 52%。

变形杆菌呈明显的多形性，有球形和丝状，为周鞭毛菌，运动活泼。革兰阴性菌在固体培养基上呈扩散生长，形成迁徙生长现象。若在培养基中加入 0.1% 石炭酸或 0.4% 硼酸，可以抑制其扩散生长，形成一般的单个菌落。在平板上可以形成圆形、扁薄、半透明的菌落，易与其他肠道致病菌混淆。培养物有特殊臭味，能迅速分解尿素。根据菌体抗原分群，再以鞭毛抗原分型。

2. 食物中毒原因及症状

食品被污染和中毒发生的原因：在烹调制作食品的过程中，处理生熟食品的工具、容器未严格分开使用，使制成的熟食品受到重复污染。或者操作人员（不讲究卫生）通过手污染熟食品，受污染的熟食品在较高的温度下存放时间长，细菌大量繁殖，食用前不再回锅加热或加热不彻底，食后引起中毒。

潜伏期一般为 12 ~ 16 h，短者 1 ~ 3 h，长者 60 h。主要表现为腹痛、腹泻、恶心、呕吐、发热、头晕、头痛、全身无力，重者有脱水、酸中毒、血压下降、惊厥、昏迷、腹痛剧烈等症状，多呈脐周围部的剧烈绞痛或刀割样疼痛，腹泻多为水样便，1 d 数次至十余次，体温一般在 38 ~ 39℃。发病率的高低随着食品污染程度和进食者健康状况而有所不同，一般为 50% ~ 80%。病程比较短，一般在 1 ~ 3 d 内恢复，多数在 24 h 内恢复。

3. 病菌来源及预防措施

（1）防止食品被变形杆菌污染。

（2）控制食品中变形杆菌的繁殖，彻底杀死变形杆菌。预防工作的重点在于加强食品管理，注意饮食卫生。

三、蜡状芽孢杆菌中毒

1. 病原菌

杆状，（1.0 ~ 1.2）μm×（3.0 ~ 5.0）μm。末端方，成短或长链。革兰阳性菌，无荚膜，运动。芽孢椭圆形，中生或次端生，1.0 ~ 1 μm，孢囊无明显膨大。菌落大，表面粗糙，扁平，不规则。蜡状芽孢杆菌可用于明胶液化、牛奶胨化、还原硝酸盐、水解淀粉。

广泛分布于土壤、灰尘、牛奶以及植物外表。另外还有其变种——蕈状芽孢杆菌，也是土壤中常见的细菌。

蜡状芽孢杆菌能产生细菌蛋白酶，可用于麻脱胶，也是各种抗生素抗菌活性的测定菌。

2. 食物中毒原因及症状

剩饭、剩菜等储存在较高温度下，加之时间较长，会引起食物中毒。一种症状为恶心、呕吐、头昏、四肢无力、寒战、眼结膜充血，发病期较短，病程 8 ~ 12 h；另一种症状为腹泻、腹痛、水样便等，病程 16 ~ 36 h。

3. 病菌来源及预防措施

做好防鼠、防苍蝇、防尘等各项工作。米饭、肉类、奶类等食品要在低温下短时间存放，剩饭及其他熟食在食用前一定要彻底加热。

四、肉毒梭菌食物中毒

1. 病原菌

肉毒梭状芽孢杆菌（肉毒梭菌）为肉毒中毒的病原菌，是常见的食物中毒菌之一。到目前为止，全国已有 15 个省、自治区发生肉毒梭菌食物中毒，新疆地区发病率尤高。在自然界中分布较广，存在于土壤、江河湖海淤泥、动物的肠道以及一些食品中。

2. 食物中毒原因及症状

引起肉毒中毒的食品主要为家庭自制的豆谷类食品，如臭豆腐、豆豉、豆酱等，这些发酵食品所用的粮和豆类带有肉毒梭菌芽孢，发酵过程往往密封于容器中，在 20 ~ 30℃时发酵，在厌氧菌适合的温度、温度下，污染的肉毒梭菌得以增殖和产毒。潜伏期短者 5 ~ 6 h，长者 8 ~ 10 d。我国中毒潜伏期一般较长，因中毒食品往往为佐餐食品，一次性食入量少，可形成蓄积性中毒。

中毒的主要症状：先出现视力模糊、眼睑下垂，严重者瞳孔散大，有的张口、伸舌困难，继而吞咽困难，呼吸麻痹。进食被肉毒毒素污染的食物后，1 ~ 7 d 出现头晕、无力、视物模糊、眼睑下垂、复视，随后出现咀嚼无力、张口困难、言语不清、声音嘶哑、吞咽困难、头颈无力、垂头等。严重的导致呼吸困难，多因呼吸停止而死亡。

3. 病菌来源及预防措施

对可疑污染食物进行彻底加热是预防肉毒梭菌中毒的可靠措施。自制发酵酱类时，盐量要达到14%以上，并提高发酵温度；要经常日晒，充分搅拌，使氧气供应充足；应注意不吃生酱。

[习题]

1. 食品中常见的致病菌有哪些？
2. 简述金黄色葡萄球菌的个体形态。
3. 金黄色葡萄球菌有哪些重要代谢产物？
4. 怎样鉴别病原性与非病原性葡萄球菌？
5. 简述金黄色葡萄球菌的检验过程。
6. 金黄色葡萄球菌在血平板或 B-P 平板上的菌落特征如何？
7. 金黄色葡萄球菌的血浆凝固酶试验操作过程和反应如何？
8. 简述沙门氏菌检验的基本流程。
9. 沙门氏菌检验的方法及步骤有哪些？

模块三　药品微生物检验技术

项目十　药品生产环境的微生物检验

【知识目标】

（1）了解空气洁净度的标准。
（2）掌握空气洁净级别的检测方法。

【能力目标】

（1）学会设定采样点和采样时间。
（2）能够检测空气的洁净级别。

【素质目标】

培养学生对微观事物科学的、实事求是的、认真细致的学习和工作态度。

【案例导入】

2001 年，国家药品监督管理局将制药企业完成 GMP 认证时间提前至 2004 年 6 月 30 日。GMP 标准对于企业来说是一项国家强制执行的政策，限期达不到要求的企业将停产。GMP 认证的核心内容就是药品生产质量全面管理控制，其内容概括为软件管理和硬件设施两大部分。

硬件设施中，洁净厂房是资金投入最大的部分之一，洁净厂房建成后，能否达到设计目的，是否符合 GMP 的要求，最终要通过检测来确认。在检测洁净厂房的过程中，有部分洁净度检测不合格，有的是厂房局部，也有整个工程。如果检测不合格，虽然甲乙双方通过整改、调试、清洁等，最终达到了要求，但往往浪费了大量人力和物力，耽误了工期，延误了 GMP 认证的进程。有些原因和缺陷在检测前是完全可以避免的。我们在检测工作中发现，造成洁净度不合格的主要原因有以下几个：

1. 工程设计不合理

这种现象比较少见，主要是在一些小型的净化级别要求不太高的洁净车间建造上。现在，净化工程的竞争比较激烈，一些施工单位为了得到工程，在投标中给出了较低的报价。在后期施工中，利用一些单位不太懂行的情况，偷工减料，使用功率较低的空调通风压缩机组，使送风功率与面积不匹配，导致洁净度不合格。还有另外一个原因，使用单位在设计施工开始后，又增加了新的要求和净化面积，这也会使原先的设计不能达到要求，这种先天性的缺陷是难以改进的，要在工程设计阶段避免。某业内人士也发现个别施工单位在验收时，预先堵塞部分送风口，以图蒙混过关。

2. 用低档产品替代高档产品

在洁净车间高效过滤器的应用上，国家规定在洁净度 10 万级或高于 10 万级以上的空气净化处理，应采用初效、中效、高效过滤器的三级过滤。而某业内人士在验证过程中，曾发现某个大型的净化工程在一万级的净化级别上，采用亚高效空气过滤器代替高效空气过滤器，从而造成了洁净度不合格。最终更换了高效过滤器才符合了 GMP 认证的要求。

3. 送风管或过滤器密封不好

这种现象是施工粗糙造成的，在验收时会表现出在同一系统中某个房间或局部不合格，改进的方法是，送风管采用漏光试验法检漏，过滤器用粒子计数器对过滤器的断面、封胶、安装框架进行扫描，找出泄露位置，精心密封。

4. 回风管道或回风口设计、调试不好

在设计方面的原因，有时因空间所限未能采用“顶送侧回”或者回风口数量不够，在设计方面的原因排除后，回风口的调试也是重要的施工环节。如果调试不好，回风口阻力过大，回风量小于送风量，也会造成洁净车间的洁净度不合格。另外在施工中，回风口离地面的高度对洁净度也有影响。

5. 检测时，净化空调系统自净时间不够

国家标准规定，应在净化空调系统正常运行 30 min 后开始测试工作。如果运行时间太短，也会造成洁净度不合格。这种情况下，适当延长空调净化系统运行时间即可。

6. 净化空调系统没有清扫干净

在施工过程中，整个净化空调系统，尤其是送风管道、回风管道都不是一次完成，施工人员和环境都会造成通风管道和过滤器的污染。如不清洁干净，将直接影响检测结果。改进措施是：边施工边清洁，对前一段管道安装完成彻底清洁后，可用塑料薄膜密封，避免环境等因素造成的污染。

7. 洁净厂房清洁不彻底

毋庸置疑，洁净车间在检测前必须彻底全面清扫，才能进行检测。要求最后的擦拭人员身着洁净工作服进行清扫，以排除清扫人员人体造成的污染。清洗剂可以选用自来水、纯水、有机溶剂、中性洗涤剂等。有防静电要求的，最后用沾有防静电液的抹布全面擦拭一遍。

任务　空气洁净度测定

一、任务目标

（1）了解空气洁净度的标准。

（2）掌握空气洁净级别的检测方法。

（3）学会设定采样点和采样时间。

（4）能够检测空气的洁净级别。

二、任务相关知识

在药品生产过程中，要求从操作环境中除去微生物和尘粒，防止微生物在调配、分装过程中进入终端产品。因此生产环境的微生物和尘粒的检测，成为确保产品质量的重要环节，特别是不能采用终端灭菌处理的产品（如蛋白质类）和不含防腐剂的产品。本项目通过学习空气中浮游菌、沉降菌的测试，学会检测医药工业洁净室（区）中空气洁净度的微生物检测技术。

（一）空气洁净度标准

现在医药和医疗器械行业，特别是洁净厂房（室）的建造质量标准中，一般都采用A、B、C、D分级标准（表10–1）。虽然空气洁净度分级法与洁净厂房控制环境中微生物水平并没有发现直接的联系，但医药行业均使用和这些分级相应的微生物水平作为一种标准来执行。

表 10–1 空气洁净度分级标准

洁净度级别	尘粒最大允许数 /m³		尘粒最大允许数 /m³	
	静态		动态	
	≥0.5 μm	≥5 μm	≥0.5 μm	≥5 μm
A	3 520	20	3 520	20
B	3 520	29	352 000	2 900
C	352 000	2 900	3520 000	29 000
D	3520 000	29 000	不作规定	不作规定

（二）空气洁净度测定有关概念

1. 洁净区（室）

需要对尘粒及微生物含量进行控制的房间（区域），其建筑结构、装备及其使用均具有减少对该区域内污染的介入、产生和滞留的功能。

2. 洁净工作台

一种封闭围挡的工作区域，具有能过滤空气或气体的过滤装置。包括垂直层流罩、水平层流罩、垂直层流洁净工作台、水平层流洁净工作台和自净器等。

3. 空气洁净度

洁净环境内单位体积空气中尘粒和微生物的量（程度）。含尘（微生物）浓度高则洁净度低，含尘（微生物）浓度低则洁净度高。

4. 悬浮粒子

可悬浮在空气中，尺寸一般在 0.001 ~ 1 000 μm 之间的固态、液态物质或两者的混合物，包括生物粒子和非生物粒子。

5. 沉降菌

利用自然沉降原理收集到的微生物粒子，通过专用的培养基，在适宜的生长条件下繁殖到可见的菌落。

6. 静态测试

洁净区（室）净化空调系统已处于正常运行状态，工艺设备已安装，在洁净区（室）内没有生产人员的情况下进行测试。

7. 单向流（层流）

沿着平行流线，以一定流速、单一通路、单一方向流动的气体。

8. 非单向流（乱流）

具有多个通路循环特性或气流方向不平行，不满足单向流定义的气流。

（三）洁净室（区）悬浮粒子的测试方法

洁净室（区）悬浮粒子通常采用计数浓度法测试，即通过测定洁净环境内单位体积空气中含大于或等于某粒径的悬浮粒子数，来评定洁净室（区）的悬浮粒子洁净度等级。

1. 测试依据

依据《药品生产质量管理规范（2010 年修订）》附录 1 无菌药品。

2. 测试仪器

医药工业洁净室（区）悬浮粒子测试使用的仪器是尘埃粒子计数器（图 10–1）。

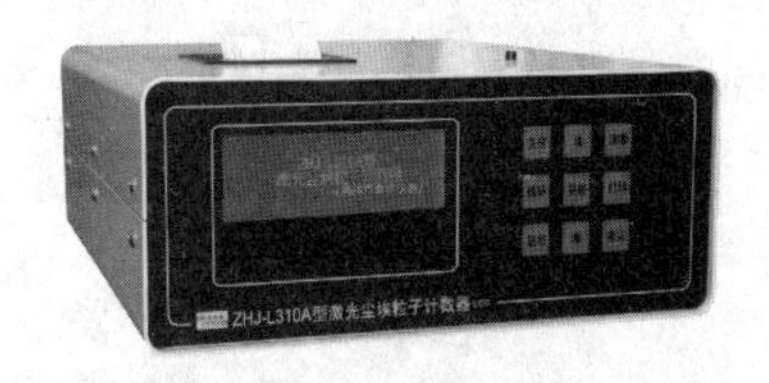

图 10-1　尘埃粒子计数器

3. 测试步骤

（1）采样悬浮粒子洁净度检测的采样点。

数目和采样量根据不同的洁净度级别而有所不同。一般采样点应均匀分布于整个面积内，并位于工作区的高度，悬浮粒子洁净度监测的采样点数目及其布置，应根据产品的生产及工艺关键操作区设置。

①最少采样点数目。悬浮粒子洁净度检测的最少采样点数目可以查表 10–2 确定。对任何小洁净室或局部空气净化区域，采样点的数目不得少于 2 个，总采样次数不得少于 5 次。每个采样点的采样次数可以多于 1 次，且不同采样点的采样次数可以不同。

②采样点的布置。采样点一般在离地面 0.8 m 高度的水平面上均匀布置。采样点多于 5 点时，也可以在离地面 0.8 ~ 1.5 m 高度的区域内分层布置，但每层不少于 5 点。避免在回风口附近取样，而且测试人员应站在取样口的下风侧。样管口宜向上。

表 10–2 最小采样点数目

面积 S / m^2	洁净度级别			
	A	B	C	D
＜10	2～3	2	2	2
10 ≤ S ＜ 20	4	2	2	2
20 ≤ S ＜ 40	8	2	2	2
40 ≤ S ＜ 100	16	4	2	2
100 ≤ S ＜ 200	40	10	3	2

注：表中的面积，对于单向流洁净室，指的是送风面积；对非单向流洁净室，指的是房间面积。

③采样量。不同的洁净级别，采样量不同。悬浮粒子洁净度测试的最小采样量可查表 10–3 确定。

表 10–3 每次采样的最小采样量

洁净级别	采样量（L/ 次）	
	≥ 0.5 μm	≥ 0.5 μm
A	5.66	
B	2.83	8.5
C	2.83	8.5
D	2.83	8.5

（2）测试：

①测试条件。

温度和湿度：洁净室（区）的温度和相对湿度应与其生产及工艺要求相适应（温度控制在 18 ~ 26℃，相对湿度控制在 45% ~ 65% 之间为宜）。

压差：空气洁净级别不同的相邻洁净室（区）之间的静压差应大于 5 Pa，洁净室（区）与室外大气的静压差应大于 10 Pa。

②测试状态。通常采用静态测试，即洁净室（区）净化空气调节系统已处于正常运转状态，工艺设备已安装，洁净室（区）内没有生产人员的情况下进行测试，且室内测试人员不得多于 2 人。

③测试时间。对单向流测试，应在净化空气调节系统正常运转时间不少于 10 min 后开始。对非单向流测试，应在净化空气调节系统正常运转时间不少于 30 min 后开始。

④检测结果的计算。

●计算每个取样点的粒子 (≥ 0.5 μm) 平均浓度。公式为：

$$A=\frac{C_1+C_2+\ldots+C_i}{N} \tag{10–1}$$

式中，A 为某一采样点的平均粒子浓度（粒 /m^3）；Ci 为某一采样点某一次采样的粒子浓度（i=1，2，…，N）（粒 /m^3）；N 为某一采样点上的采样次数（次）。

●计算洁净室粒子平均浓度。公式为：

$$M=\frac{A_1+A_2+\ldots+A_i}{L} \tag{10–2}$$

式中，M 为洁净室粒子平均浓度（粒 /m^3）；Ai 为某一采样点的粒子平均浓度（i=1，2，…，N）（粒 /m^3）；L 为某一洁净室（区）内的总采样点数（个）。

●计算 95% 置信上限（$S\mu$ ）。公式为：

$$S\mu=M+t\frac{S}{\sqrt{L}} \qquad (10\text{-}3)$$

式中，M 为洁净室粒子平均浓度（粒 /m³）；t 为 95% 置信系数，可由表 10–4 查得；S 为洁净室（区）粒子浓度的标准偏差，其计算公式如下：

$$S=\sqrt{\frac{(A_1-M)^2+(A_2-M)^2+\ldots+(A_i-M)^2}{L-1}} \qquad (10\text{-}4)$$

表 10–4 不同采样点数的 95% 置信上限 t 值

采样点数	2	3	4	5	6	7	8	9
t	6.31	2.92	2.35	2.13	2.02	1.94	1.90	1.86

⑤结果评定。判断悬浮粒子洁净度级别应依据以下两个条件。

●当洁净室(区)内的总采样点数L大于9个时,采样点的粒子平均浓度必须低于或等于规定的级别界限，即 Ai ＜级别界限，则该洁净室（区）符合该洁净级别。

●如果一个洁净室（区）内所有的取样点的空气悬浮粒子平均浓度总均值的 95% 置信上限（针对取样点少于 10 个的洁净室），均小于或等于相应级别下最大允许粒子浓度，即 $S\mu$ ＜级别界限，则该洁净室（区）符合既定的洁净级别。

（四）洁净室（区）沉降菌的测试方法

1. 测试依据

依据《药品生产质量管理规范（2010 年修订）》附录 1 无菌药品。

2. 测试方法

采用沉降法，即通过自然沉降原理，收集在空气中的生物粒子于含适宜培养基的平皿中，经若干时间，在适宜的条件下，让其繁殖到可见的菌落进行计数，以平板培养皿中的菌落数来判定洁净环境内的活微生物数，并以此来评定洁净室（区）的洁净度。

3. 测试规则

（1）测试状态。沉降菌测试前，被测试洁净室（区）的温湿度需达到规定的要求，静压差、换气次数、空气流速必须控制在规定值内。被测试洁净室（区）已经过消毒。

测试状态有静态和动态两种，测试状态的选择必须符合生产要求，并在报告中注明测试状态。生产企业一般是静态测试。

（2)测试人员。测试人员必须穿戴符合环境洁净级别的工作服。静态测试时,室内测试人员不得多于2人。

（3）测试时间。对单向流洁净室，如 A 级净化房间及层流工作台，测试应在净化空调系统正常运行不少于 10 min 后开始。

对非单向流洁净室,如B级、C级以上的净化房间,测试应在净化空调系统正常运行不少于30 min后开始。

4. 测试步骤

（1）制备平板。按肉汤琼脂培养基配方配制好培养基，灭菌，冷至约 45℃。在无菌条件下，将培养基注入直径为 90 mm 的培养皿中，每皿 15 ~ 20 mL，待培养基凝固后，将培养基作灵敏度和无菌检查，经检查合格后，培养基在 2 ~ 8℃的环境中存放，备用。

（2）采样：

①采样点数。沉降的最少采样点数同悬浮粒子测定点数（表 10–2）。

②采样点的布置。采样点一般在离地面 0.8 ~ 1.5 m 高度的水平面（略高于工作台）上均匀布置，避免采样点局部过于集中或过于稀疏，也可在关键设备或关键工作活动范围处增加采样点。

③培养皿数。在满足最少测点数的同时，还应满足最少培养皿数（表 10–5）。

表 10-5　最少培养皿数

洁净度级别	培养皿数
A	14
B	2
C	2
D	2

④采样。将已制备好的培养皿，按洁净室沉降菌采样点布置图（图 10-2）的要求放置，打开培养皿盖，使培养基表面暴露 30 min，再将培养皿盖盖上后倒置。

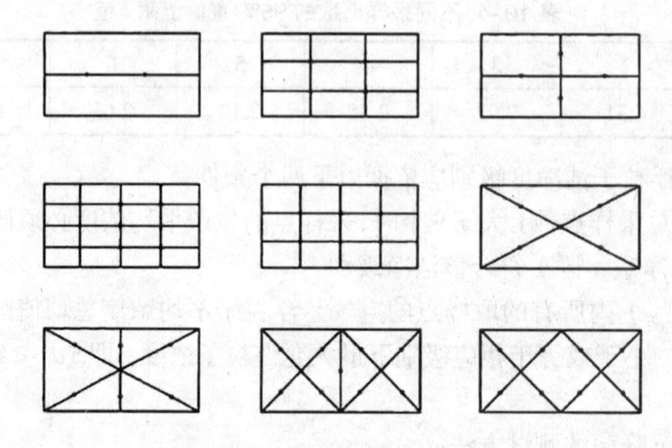

图 10-2　沉降菌采样点布置图

⑤培养。全部采样结束后，将培养皿倒置于恒温培养箱中，在 30 ~ 35℃培养箱中培养，时间不少于 48 h。每批培养基应有对照试验，检验培养基本身是否污染。可每批选定 3 只培养皿作对照培养。

⑥菌落计数。用肉眼直接计数，标记或在菌落计数器上点计，然后用 5 ~ 10 倍放大镜检查，有否遗漏。若培养皿上有 2 个或 2 个以上的菌落重叠，在分辨时仍以 2 个或 2 个以上菌落计数。

⑦结果计算。用计数方法得出各个培养皿的菌落数，再计算出每皿平均数，公式如下：

$$\overline{m}=\frac{m_1+m_2+\ldots+M_n}{n} \tag{10-5}$$

式中，$\overline{m}$为平均菌落数；m_1为 1 号培养皿菌落数；m_2为 2 号培养皿菌落数；m_n为 n 号培养皿菌落数；n为培养皿总数。

5. 结果评定

用平均菌落数判断洁净室（区）空气中的微生物。洁净室（区）内的平均菌落数必须低于所选定的评定标准。若某洁净室（区）内的平均菌落数超过评定标准，则必须对此区域先进行消毒，然后重新采样两次，测试结果均须合格（见表 10-6）。

表 10-6 控制环境中空气微生物测试

采样区域	采样频率	采样时间	限度（cfu/ 皿）
超净工作台（A 级洁净区）	1 次 /4 周	30 min	1
B 级洁净区	1 次 /4 周	30 min	3

三、任务所需器材

（1）设备：高压蒸汽灭菌锅、恒温培养箱。

（2）培养基：肉汤琼脂培养基或《药典》认可的其他培养基。

四、任务技能训练

1. 培养基平板的制备

（1）将直径 90 mm 培养皿洗净、干燥、包扎后，于 121℃高压蒸汽灭菌 20 min。

（2）按肉汤琼脂培养基配方配制好培养基，灭菌后，冷至约 45℃。在无菌条件下，将培养基注入直径 90 mm 培养皿中，每皿约 15 ~ 20 mL。待培养基凝固后，将培养基作灵敏度和无菌检查，经检查合格后，待用。培养基可在 2 ~ 8℃的环境中存放，不宜久放。

2. 测试前准备

（1）被测试洁净工作台已经过消毒且净化空调系统正常运行不少于 30 min。

（2）被测试洁净工作台的温湿度需达到规定的要求，静压差、换气次数、空气流速必须控制在规定值内。

（3）静态测试时，室内测试人员不得多于 2 人。测试人员必须穿戴符合环境洁净级别的工作服。

3. 采样

（1）按洁净度级别确定采样点数和平皿数，采样点合理布置，位置离地 0.8 ~ 1.5 m（略高于工作台）。

（2）将已制备好的培养皿，按洁净工作台沉降菌采样点布置图的要求放置，打开培养皿盖，使培养基表面暴露 30 min，再将培养皿盖盖上后倒置。

4. 培养

将培养皿倒置于恒温培养箱中，在 30 ~ 35℃培养箱中培养，时间不少于 48 h。同时选定 3 只培养皿做对照试验，检验培养基本身是否污染。

5. 菌落计数

用肉眼直接计数，标记或在菌落计数器上点计，然后用 5 ~ 10 倍放大镜检查有否遗漏。若培养皿上有 2 个或 2 个以上的菌落重叠，可分辨时仍以 2 个或 2 个以上菌落计数。

6. 结果计算与结果评定

（1）用计数方法得出各个培养皿的菌落数，再计算出每皿平均菌落数。

（2）将测得的平均菌落数与相应洁净度的评定标准比较。

若洁净工作台内的平均菌落数低于所选定的评定标准，则判断该洁净工作台空气中微生物数符合规定；否则，则必须对此区域先进行消毒，然后重新采样测试 2 次，测试结果均须合格。

洁净工作台沉降区测试报告

测试单位：　编号：

测试依据：

环境温度：　相对湿度：　静压差：　测试状态：

培养基批号：　培养温度：

检测日期：　报告日期：

	1	2	3	4	平均数	洁净级别	标准规定	判定

结论：　检验者：　复核者：

五、任务考核指标

洁净工作台沉降菌测试操作要点及考核标准

评价指标	操作要点	考核标准	分值
试验前准备（30 分）	培养基平板的制备	培养皿洗涤、包扎和灭菌是否规范	3
		肉汤琼脂培养基的配制与灭菌是否正确	5
		倒平板是否规范	5
		平板是否进行无菌检查和灵敏度检查	5
	测试前准备	被测试工作台是否经过消毒	3
		净化空调系统运行是否正常	2
		温湿度、静压差是否符合规定	5
		测试人员是否符合要求	2
试验过程（30 分）	采样与培养	采样点数、平皿数和采样点布局是否合理	20
		采样过程是否规范	10
结果判断（10 分）	采样与培养	每皿平均菌落数是否符合规定	10
记录与报告（20 分）	规范填写测试报告	内容是否规范	20
后处理（10 分）	试验物品清洗	清晰是否干净	5
	打扫清理实训室	清扫是否整洁	5
合计		——	100

[学习拓展]

洁净区的设计必须符合相应的洁净度要求，包括达到“静态”和“动态”的标准。“静态”是指所有生产设备均已安装就绪，但未运行且没有操作人员的状态。“动态”是指生产设备按预定的工艺模式运行，并有规定数量的操作人员在现场操作的状态。无菌药品生产所需的洁净区可分为以下 4 个级别：

一、A 级

高风险操作区，如灌装区、放置胶塞桶、敞口安瓿瓶、敞口西林瓶的区域及无菌装配或连接操作的区域。通常用层流操作台（罩）来维持该区的环境状态。层流系统在其工作区域必须均匀送风，风速为 0.36 ~ 0.54 m/s。应有数据证明层流的状态并须验证。

在密闭的隔离操作器或手套箱内，可使用单向流或较低的风速。

二、B 级

B 级是指无菌配制和灌装等高风险操作 A 级区所处的背景区域。

三、C 级和 D 级

C 级和 D 级是指生产无菌药品过程中重要程度较次的洁净操作区（只专注于医疗器械领域）。

（1）根据光散射悬浮粒子测试法，在指定点测得等于和 / 或大于粒径标准的空气悬浮粒子浓度。应对 A 级区“动态”的悬浮粒子进行频繁测定，并建议对 B 级区“动态”也进行频繁测定。

A 级区和 B 级区空气总的采样量不得少于 1.3^{m}，C 级区也达到此标准。

（2）生产操作全部结束，操作人员撤离生产现场并经 15 ~ 20 min 自净后，洁净区的悬浮粒子应达到表中的“静态”标准。药品或敞口容器直接暴露环境的悬浮粒子动态测试结果，应达到表中 A 级的标准。灌装时，产品的粒子或微小液珠会干扰灌装点的测试结果，可允许这种情况下的测试结果并不始终符合标准。

（3）为了达到 B、C、D 级区的要求，空气换气次数应根据房间的功能、室内的设备和操作人员数决定。空调净化系统应当配有适当的终端过滤器，如 A、B 和 C 级区应采用不同过滤效率的高效过滤器（HEPA）。

（4）本附录中“静态”及“动态”条件下悬浮粒子最大允许数，基本上对应于ISO14644国际净化标准10.5 μm悬浮粒子的洁净度级别。

（5）这些区域应完全没有大于或等于5 μm的悬浮粒子，由于无法从统计意义上证明不存在任何悬浮粒子，因此将标准设成1个/m^3，但考虑到电子噪声、光散射及二者并发所致的误报因素，可采用20个/m^3的限度标准。在进行洁净区确认时，应达到规定的标准。

（6）须根据生产操作的性质来决定洁净区的要求和限度。

温度、相对湿度等其他指标取决于产品及生产操作的性质，这些参数不应对规定的洁净度造成不良影响。

[习题]

1. 简述空气洁净度的标准。
2. 简述洁净室沉降菌的测试方法和测试步骤。
3. 如何设定采样点和采样时间。
4. 空气的洁净级别分为哪几种?

项目十一　灭菌药物的无菌检查

【知识目标】

（1）了解无菌检查的意义和适用范围。

（2）掌握无菌检查的一般方法、操作步骤和注意事项。

【能力目标】

（1）能够根据检验样品的性质、特点和数量，设计合适的无菌检查方案。

（2）能够根据自己制定的检查方案，设计无菌检查的详细标准操作规程（SOP）。

【素质目标】

（1）树立无菌观念、质量意识与责任意识。

（2）学习认真，态度积极，操作细心。

（3）能以小组为单位合理分工，共同完成检验任务，增强协作精神与沟通能力。

【案例导入】

2006 年 7 月 27 日，国家食品药品监督管理局接到 ×× 省食品药品监督管理局报告，×× 市部分患者在使用某药厂生产的“欣弗”后，出现了胸闷、心悸、心慌、寒战、肾区疼痛、腹痛、腹泻等症状。随后，广西、浙江、黑龙江、山东等地食品药品监督管理部门，也分别报告在本地发现相同品种出现相似的临床症状的病例。

经查，该公司 2006 年 6 月至 7 月生产的欣弗未按标准工艺参数灭菌，降低灭菌温度，缩短灭菌时间。按照批准的工艺，该药品应当经过 105℃、30 min 的灭菌过程，但该公司却擅自将灭菌温度降低到 100 ~ 104℃不等，将灭菌时间缩短到 1 ~ 4 min 不等，明显违反规定。此外，增强灭菌柜装载量，影响了灭菌效果。经中国药品生物制品检定所对相关样品进行检验，结果表明，无菌检查和热源检查不符合规定。

不良事件发生后，药品监管部门采取了果断的控制措施，开展了全国范围拉网式检查，尽全力查控和收回所涉药品。经查，该药厂自 2006 年 6 月份以来，共生产欣弗产品 3 701 120 瓶，售出 3 186 192 瓶，流向全国 26 个省份。除未售出的 484 700 瓶已被封存外，截至 8 月 14 日 13 点，企业已收回 1 247 574 瓶，收回途中 173 007 瓶，异地查封 403 170 瓶。

欣弗事件给公众健康和生命安全带来了严重威胁，致使 11 人死亡，并造成了恶劣的社会影响。

任务 1　0.9% 氯化钠注射剂的无菌检查

一、任务目标

（1）掌握无菌检查的程序和操作要点。

（2）能够进行注射剂的无菌检验。

（3）能够正确判断无菌检验的结果。

二、任务相关知识

广泛分布于自然界中的微生物，以其在自然界的物质转换作用中，绝大多数对人类是有益的，但从药品生产的卫生学而论，微生物对药品原料、生产环境和成品的污染，却是造成生产失败、成品不合格、直接或间接对人类造成危害的重要因素。

（一）药品无菌检查法

无菌检查法是针对无菌或灭菌药品、敷料、器械等的无菌可靠性而建立的检查法，即药品、敷料、器械等无菌的可靠性可通过无菌检查来确认，而无菌检测的可信度与抽样量、检查用的培养基质量、材料、操作环境、无菌技术等有关。

1. 无菌检查的概念及范围

（1）无菌检查的概念。

无菌检查是指检查无菌或灭菌制品、敷料、缝合线、无菌器具，以及适用于《中华人民共和国药典》要求无菌检查的其他品种是否无菌的一种方法。也就是说，凡直接进入人体血液循环系统、肌肉、皮下组织，或接触创伤、溃疡等部位而发生作用的制品或要求无菌的材料、灭菌器具等，都要进行无菌检查。

（2）无菌检查的范围。

需要进行无菌检查的药品、敷料、灭菌器具的范围主要有以下几类：各种注射剂、眼用及外伤用制剂、植入剂、可吸收的止血剂、外科用敷料、器材。按无菌检查法规定，上述各类制剂均不得检出需氧菌、厌氧菌、真菌等任何类型的活菌。从微生物类型的角度看，即不得检出细菌、放线菌、酵母菌、霉菌等活菌。

无菌检查的结果为无菌时，在一定意义上讲，它要受抽验样本数量的限制，同时也要受灭菌工艺的限制，对最终灭菌品达到 10^{-6} 的微生物存活概率，就认为灭菌的注射制品合格。所以并非绝对无菌，这个结果也是有相对意义的。

2. 培养基及培养基灵敏度试验

（1）无菌检查用培养基：

①需氧菌、厌氧菌培养基（硫乙醇酸盐液体培养基）。现在采用的硫乙醇酸盐液体培养基基本上适用于需氧菌与厌氧菌的生长要求。

②真菌培养基。《中华人民共和国药典》2015 年版规定的真菌培养基，其处方为改良马丁培养基，与《中国生物制品规程》2000 年版收载的真菌培养基是一致的。

③选择性培养基。对氨基苯甲酸培养基（用于磺胺类药物的无菌检查），聚山梨酸培养基（用于油剂药品的无菌检查）。

（2）培养基灵敏度试验：

①菌种。《中华人民共和国药典》与英、美药典规定的菌种：需氧菌有藤黄微球菌、金黄色葡萄球菌、枯草杆菌、铜绿假单胞菌；厌氧菌有生孢梭菌和普通拟杆菌；真菌有白色念珠菌和黑曲霉。加菌量皆在 10 ~ 100 个之间。

②细菌计数方法。采用细菌标准浓度比浊法和原菌培养液直接稀释法。

③培养基临用前的检查。需氧菌、厌氧菌培养基在临用前必须做检查，培养基上部 1/10 ~ 1/15 处呈现淡红色时可以使用，若淡红色部分超过 1/3 高度时，应将培养基用水浴或其他方法加热，直到无色后，冷却至 45℃以下时，再立即接种待检品。但用沸水加热法去除培养基内游离氧时，每批培养基只限加热 1 次，否则影响培养基的质量。全管呈现淡红色时，不得再用。

3. 阳性对照菌及抑细菌、抑真菌试验

（1）阳性对照菌。

阳性对照菌液是为供试品做阳性对照试验使用的。阳性对照试验的目的是检查阳性菌在加入供试品的培养基中能否生长，以验证供试品有无抑菌活性物质和试验条件是否符合要求。阳性菌生长表明使用的技术条件恰当，反之，试验无效。因此，无论有无抗菌活性的供试品都应做阳性对照试验，以此作为评定检查方法的可行性的重要依据。

（2）抑细菌和抑真菌试验。

在用直接接种法无菌检查前，必须对供试品的抑菌性有所了解。为此，可用如下方法测定供试品是否具有抑细菌和抑真菌作用。用需氧菌、厌氧菌培养基4管及真菌培养基2管，分别接种金黄色葡萄球菌、生孢梭菌、白色念珠菌均10 ~ 100个菌各2管，其中1管加供试品规定量，所有培养基管置规定的温度，培养3 ~ 5 d。如培养基各管24 h内微生物生长良好，则供试品无抑菌作用。如加供试品的培养基管与未加供试品的培养基管对照比较，微生物生长微弱、缓慢或不生长，均判为供试品有抑菌作用。该供试品需用稀释法（相同量的供试品接种到较大量培养基中）或中和法、薄膜过滤法处理，消除供试品的抑菌性后，方可接种至培养基。

4. 无菌检查方法

各国药典的无菌检查法均包括直接接种法和薄膜过滤法。前者适用于非抗菌作用的供试品，后者适用于有抗菌作用的或大容量的供试品。

（1）直接接种法。

①供试品的制备。以无菌的方法取内容物。如在真空下包装的管状内容物，用适当的无菌装置进入无菌空气。如一种需附加含无菌过滤材料的注射器。

●液体。供试品如为注射液、供角膜创伤及手术用的滴眼剂或灭菌溶液，按规定量取供试品，混合。

●固体。注射用灭菌粉末，或无菌冻干品，或供直接分装成供注射用的无菌粉末原料，加无菌水或0.9%无菌氯化钠溶液，或加该药品项下的溶剂用量制成一定浓度的供试品溶液。按规定量取供试品，混合。a. 软膏：从11个容器中，每个取100 mg加至1个含100 mL适当稀释剂，如含无菌的豆蔻酸异丙酯的容器中，使其均化，按薄膜过滤法检查。b. 油剂：其培养基加0.1%（质量 / 体积，4– 叔氧基辛苯）聚乙氧基乙醇或1%聚山梨酯80或别的适当乳化剂，在无任何抗菌性的浓度下检查。

●供试品如为青霉素类药品。按规定量取供试品，分别加入足够使青霉素灭活的无菌青霉素酶溶液适量，摇匀，混合后，按上述操作项进行。亦可按薄膜过滤法检查。

●供试品如为放射性药品。取供试品1瓶（支），接种于装量为7.5 mL的培养基中，每管接种量为0.2 mL。

②操作。取上述备妥的供试品，以无菌操作将供试品分别接种于需氧菌、厌氧菌培养基6管。其中，1管接种金黄色葡萄球菌对照用菌液1 mL作阳性对照，另接种于真菌培养基5管，轻轻摇动，使供试品与培养基混合，需氧菌、厌氧菌培养基管置30 ~ 35℃，真菌培养基管置20 ~ 25℃培养7 d。在培养期间，应观察并记录是否有菌生长，阳性对照管在24 h内应有菌生长，如在加入供试品后，培养基出现浑浊，培养7 d后，不能从外观上判断有无微生物生长，可取该培养液适量转种至同种新鲜培养基中或斜面培养基上继续培养，细菌培养2 d，真菌培养3 d，观察是否再出现浑浊或斜面有无菌生长，或用接种环取培养液涂片，染色，用显微镜观察是否有菌。

有轻微抑菌性的供试品，可加入扩大量的每种培养基中，使供试品稀释至不具抑菌活性浓度即可。含磺胺类的供试品，接种至PABA培养基中。

直接接种法阴性对照试验可针对固体供试品所用的稀释剂和相应溶剂，取相应接种量加入1管需氧菌、厌氧菌培养基，1管真菌培养基中，作阴性对照。培养时间与检查供试品相同。

青霉素产品，如用青霉素酶法，每批也应有阴性对照。分别取1 mL无菌青霉素酶加至100 mL需氧菌、厌氧菌培养基，100 mL真菌培养基培养。培养温度和时间与检查供试品相同。

（2）薄膜过滤法。

如供试品有抗菌作用，按规定量取样，按该药品项下规定的方法处理后，全部加至含0.9%无菌氯化钠溶液或其他适宜的溶剂至少100 mL的适当容积的容器中，混合后，通过装有孔径不大于0.45 μm、直径约50 mm的薄膜过滤器，然后用0.9%无菌氯化钠溶液或其他适宜的溶液冲洗滤膜至阳性对照菌正常生长。阳性对照管应根据供试品的特性（抗细菌药物，以金黄色葡萄球菌为对照菌；抗厌氧菌药物，以生孢梭菌为对照菌；抗真菌药物，以白色念珠菌为对照菌），加入相应的对照菌菌液1 mL。阳性对照管的细菌应在24 ~ 48 h生长，真菌应在24 ~ 72 h有菌生长。

无菌检查均应取相应溶剂和稀释剂，同法操作，作阴性对照。阴性对照的目的是检查取样用的吸管、针头、注射器、稀释剂、溶剂、冲洗液、过滤器等是否无菌，同时也是对无菌检查区域及无菌操作技术等条件的测试。

（二）微生物限度检查法

1. 药品微生物限度标准

微生物限度规定的作用是为药品生产提供一个标准或指导，以确保药品使用的安全。各国药典标准分为强制性的（要求无菌）和非强制性的（允许有一定数量的菌）可达到的限度标准，这些指标正确、有效地规范了药品生产、核定和监督的程序。

2. 供试品的制备

（1）供试品的检查量。

①抽样。供试品应按批号随机抽样，抽样量为检验用量（2 个以上最小包装单位）的 3 倍量。

②检验量。每批供试品的检验量：固体制剂为 10 g；液体制剂为 10 mL；外用的软膏、栓剂、眼膏剂等为 5 g；膜剂为 10 cm²；贵重的或极微量包装的药品，口服固体制剂不得少于 3 g，液体制剂不得少于 3 mL，外用药不得少于 5 g。

③取样数。供试品均需取自 2 个以上的包装单位；膜剂还应取自 4 片以上样品；中药蜜丸至少应取 4 丸以上，共 10 g。

（2）一般供试品的制备。

①固体供试品。称取 10 g，置研钵中，以 100 mL 稀释剂分次加入，研磨细匀，使成 1:10 供试液。对吸水膨胀或黏度大的供试品，可制成 1:20 之供试液。

②液体供试品。量取 10 mL，加入 90 mL 稀释剂中，使成 1:10 供试液。合剂（含王浆、蜂蜜者）滴眼剂可以原液为供试液。

③软膏剂、乳膏剂等非水溶性制剂。称取供试品 5 g，置乳钵或烧杯中，加 8 mL 灭菌吐温 80，充分研匀，加入西黄蓍胶或羧甲基纤维素 2.5 g，充分研匀，加 92 mL、45℃的稀释剂，边加边研磨，使成均匀的乳剂，即成 1:20 供试液。或称取供试品 5 g，加灭菌液状石蜡 20 mL，研匀，加 20 mL 吐温 80，研匀，将 60 mL 稀释剂少量多次加入，边加边研磨，使充分乳化，即得 1:20 供试液。

④难溶的胶囊剂、胶丸剂、胶剂等。可将供试品加稀释剂，在 45℃水浴中保温、振摇、助溶，使成 1:10 供试液。

3. 细菌总数的测定

（1）测定方法。

采用平板菌落计数法，一般采用 3 个稀释级，分别作 10 倍递增稀释，每个稀释级用 2 ~ 3 个平皿，每皿中加 1 mL 稀释液。加 15 mL 已融化并冷却至 45℃的 0.001% TTC 肉汤琼脂培养基，随即摇匀，待冷凝，倒置于（36 ± 1）℃培养 48 h，点数平板上的菌落，求出各稀释级的平均菌落数，再乘以稀释倍数，即得每克或每毫升供试品所含菌落总数。

由于细菌体内含有多种脱氢酶，遇 TTC 指示剂菌落呈红色，在测定细菌总数时，培养基中加入适量的 TTC，即可限制细菌蔓延生长又容易点数菌落。

（2）菌落计数。

接种的平板在适合温度下培养到规定的时间后，应作菌落计数，计数时应注意以下问题。

①应选择平板菌落数在 30 ~ 300 个的范围内。

②生长之菌落用肉眼直接标记计数。若平板上有片状或花斑状菌落，该平板无效。若平板上有 2 个或 2 个以上的菌落挤在一起，但可分辨开，仍按 2 个或 2 个以上菌落计。并用 5 ~ 10 倍放大镜检查，防止遗漏。记录每一平板之菌落数。

4. 霉菌和酵母菌数测定

考察供试品中每克或每毫升内所污染的霉菌和酵母菌的活菌数量。

（1）测定方法。

供试液按细菌总数测定项下的方法进行制备，合剂（含蜂蜜或王浆者）和滴眼剂可用原液作第一级供试液。每稀释级作 2 ~ 3 个平皿，每一平皿加 15 mL 融化并冷却至 45℃的孟加拉红琼脂培养基，随即摇匀，待凝后，倒置于 25 ~ 28℃培养 72 h。

一般制剂用孟加拉红琼脂作霉菌测定（液体制剂包括酵母菌数）。但含蜂蜜或王浆的合剂用葡萄糖琼脂培养基作酵母菌的测定，而霉菌数测定仍用孟加拉红琼脂培养基。

在霉菌培养基中加入孟加拉红或四氯四碘荧光素，常作为细胞质染色剂，是一种弱酸性荧光染料，对霉菌的生长有较好的选择性，对细菌的生长有抑制作用。

（2）菌落计数方法。

①霉菌和酵母菌种属繁多，采用一种培养基和培养条件，不可能适合所有霉菌和酵母菌生长繁殖。故本法的测定结果只能是在本法规定的条件下平板生长的霉菌和酵母菌菌落数。

②霉菌计数一般以 72 h 报告之。但有些霉菌的生长速度较快，应在 24 h、48 h、72 h 分别计数。如根霉、毛霉，其菌落特征为菌毛呈毛丝状，蔓延生长而影响其他菌落的计数，遇此情况应及时取出计数。

③霉菌生长过程中，很快形成孢子，成熟的孢子散落在培养基上，又可萌发形成新的菌落。因此在观察过程中，不要反复翻转平板，以免影响结果的准确性。

④以肉眼直接标记计数，必要时用放大镜检查，以防遗漏。

（3）菌数报告方法。

①选择菌落数在 30 ~ 100 之间的稀释级平板计数，以该稀释级的平均菌落数乘以稀释倍数报告之。

②各级平均菌落数不足 30 时，以最低稀释级平均菌落数乘以稀释倍数报告之。

③报告的规则同细菌菌落报告方法。

三、任务所需器材

（1）0.9% 氯化钠注射液（0.9%NS），需氧菌、厌氧菌培养基（硫乙醇酸盐液体培养基），真菌培养基（改良马丁培养基）。

（2）金黄色葡萄球菌 [*Staphylococcus aureus*，CMCC(B)26003]、生孢梭菌 [*Clostridiunz sporogenes*，CMCC(B)64941]、白色念珠菌 [*Candida albicans*，CMCC(F)98001]。

（3）无菌生理盐水、无菌吸管、针头、注射器等，消毒小砂轮、酒精棉球、无菌镊子、酒精灯。

四、任务技能训练

（一）训练任务

1. 配制无菌检验培养基

以小组为单位配制需氧菌、厌氧菌、霉菌培养基，灭菌后，待用。

2.0.9% 氯化钠注射液的无菌检验

每位同学检测一只 0.9% 氯化钠注射液，判断结果。

（二）训练操作

无菌检查的基本原则是采用严格的无菌操作方法，取一定量被检查的药物，将其接种于适合各种不同微生物生长的培养基中，于合适的温度下，培养一定时间后，观察有无微生物生长，以判断被检药品是否合格。

注射液无菌检查的取样方法及程序必须按照《中国华人民共和国药典》的规定进行。

1. 试验方法

（1）抽取待检注射剂 2 支，用酒精棉球将安瓿外部消毒，再用消毒小砂轮轻挫安瓿颈部，用无菌镊子打断安瓿颈部。

（2）用无菌注射器吸取药液，分别加入需氧菌、厌氧菌及霉菌的培养基中，各接种两管。使药液与培养基混匀，待检注射剂取量与培养基的分装量应根据待检注射剂装量，按《中国华人民共和国药典》要求取用（见表 11–1）。

表 11–1 注射剂无菌检验的每管接种量与培养基分装量

供试品装量	每管接种量 /mL	培养基分装量 /mL
2 mL 或 2 mL 以下	0.5	15
2 ～ 20 mL	1.0	15
20 mL 以上	5.0	40

（3）用 3 支无菌吸管，分别取上述 3 种阳性对照菌液各 1 mL，分别接种于需氧菌、厌氧菌、霉菌培养基中，作为阳性对照。

（4）将上述待检管和对照管按规定要求分别进行培养（见表 11–2）。

表 11–2 无菌检验用培养基种类、数量、培养温度及培养时间

培养基种类	培养温度 /℃	培养时间 /d	培养基数量 / 支	
			测试管	对照管
需氧培养基	30 ～ 37	5	2	2
厌氧培养基	30 ～ 37	5	2	2
霉菌培养基	20 ～ 28	7	2	2

2. 结果判断

取出上述各管，先观察对照管，再观察待检管。

（1）阳性对照管。各管培养基均显浑浊，经涂片、染色、镜检后，检出相应阳性对照菌。

（2）待检管。分别观察需氧菌、厌氧菌、霉菌试验管，如澄清或虽显浑浊，但经涂片、染色、镜检后，证实无菌生长时，判为待检注射剂合格；如待检管浑浊，经涂片、染色、镜检确认有菌生长，应进行复试。复试时，待检药物及培养基量均需加倍。若复试后仍有相同菌生长，可确认被检注射剂无菌检验不合格。若复试后有不同细菌生长，应再做一次试验。若仍有菌生长，即可判定被检注射剂无菌检验不合格。

3. 报告内容

（1）简述无菌检验操作过程的要点。

（2）描述对照管和待检管中微生物的生长情况。

（3）根据试验结果判断注射剂是否无菌。

五、任务考核指标

细菌的接种（液体到液体）操作考核见表 11–3。

表 11–3 细菌的接种（液体到液体）操作考核表

考核内容	考核指标	分值
取菌	酒精灯点火正确	45
	手的消毒方法正确	
	接种环的拿法正确	
	接种环的灭菌正确	
	接种环有冷却	
	菌种管和培养基管握持方法正确	
	菌种管和培养基管塞子打开方式正确	
	菌种管和培养基管管口灭菌操作正确	
	选菌和取菌正确	
	在火焰无菌区操作	
接种	接种操作正确	40
	塞塞子操作正确	
	接种环有灭菌	
	在火焰无菌区操作	
	盖灭酒精灯的操作正确	
培养及结果观察	培养温度、液体管放置正确	15
	细菌生长现象正确	
合计	——	100

任务2　维生素B_{12}注射剂的无菌检查

一、任务目标

（1）通过维生素B_{12}注射液的无菌检查工作任务的训练，熟悉药品无菌检查的工作程序与方法。

（2）掌握无菌检查中培养基的配制与灭菌、菌液制备、供试液制备及直接接种法等的无菌操作技能。

（3）能够根据检查结果学会结果判断，能规范书写记录与报告。

二、任务相关知识

（一）无菌检查的一般方法及操作步骤

1. 无菌检查的一般方法

无菌检查需用最严格的无菌操作法，将被检查的药品或材料的样本，分别接种于适合各种微生物生长的不同培养基中，于不同的适宜温度下培养一定的时间，逐日观察微生物的生长情况，并结合阳性和阴性对照试验的结果，判断供试品是否被微生物污染，从而判断供试品是否合格。

无菌检查法一般包括薄膜过滤法和直接接种法。前者适用于有抗菌作用或大容量的供试品，如抗生素青霉素钠注射液和5% 葡萄糖注射液（500 mL）；后者适用于小容量非抗菌作用的供试品，如维生素B_{12}注射液（1 mL）。

2. 无菌检查的范围

凡进入人体无菌部位（人体的血液循环系统、肌肉、皮下组织），或接触创伤、溃疡面等部位而发生作用的制品，或要求无菌的材料、无菌器具，均应进行无菌检查。对于规定灭菌的药物，包括注射剂及用于体腔、严重烧伤、溃疡及眼科用药等，必须做到严格无菌，即在规定检验量的供检品中不得检出活微生物。

需要进行无菌检查的品种包括药典要求无菌的药品、生物制品、医疗器具、原料、辅料及其他要求无菌的品种，主要包括以下几类。

（1）注射剂。包括注射液、注射用无菌粉末和注射用浓溶液，包括用于肌内、皮下和静脉的各种针剂。

（2）植入剂。是指将药物与辅料制成供植入体内的无菌固体制剂，即用于包埋于人体内的药物制剂，如不溶于水的激素、避孕药物、免疫药物及抗肿瘤药物等要求无菌的制剂。心脏瓣膜以及固定金属板和有机器材等。

（3）冲洗剂。即用于冲洗开放性伤口或腔体的冲洗剂。

（4）眼用制剂。

（5）用于烧伤、创伤或溃疡的制剂。包括：用于烧伤或严重创伤的局部用散剂、凝胶剂、软膏剂、乳膏剂；用于烧伤、创伤或溃疡的气雾剂和喷雾剂等。

（6）用于手术、耳部伤口或耳膜穿孔的滴耳剂或洗耳剂。

（7）用于手术或创伤的鼻用制剂。

（8）用于止血并可被组织吸收的制剂。如明胶发泡剂、凝血酶等，用于止血并可被组织吸收的各种药物制剂。

（9）无菌的医疗器械。包括外科用敷料、器材。如外科手术刀片、输血（输液）袋、博士伦等。

（10）其他要求无菌的产品。

3. 无菌检查一般步骤

（1）玻璃仪器的洗涤、干燥、包扎、灭菌。

（2）培养基的制备及适应性检查（可用）。

（3）无菌检查环境的测定。

（4）菌悬液的制备。

（5）检查方法验证。

（6）样品的无菌检查。

（7）报告检查结果。

（二）培养基的制备及其适用性检查

1. 培养基的配制

无菌检查常用的培养基为硫乙醇酸盐流体培养基（需氧菌、厌氧菌培养基）和改良马丁培养基（真菌培养基）等。

培养基按配方称取、溶解后，调节 pH（比规定的 pH 略高 0.2 ~ 0.4），分装，装量不宜超过容器的 2/3，以免灭菌时溢出。培养基必须防潮、避光、阴凉处（2 ~ 25℃）保存，配制好的培养基应在 3 周内使用。若保存于密闭容器内，一般可在 1 年内使用。

目前，药厂、药检所或科研机构一般使用按该处方生产的符合规定的脱水培养基。也就是按所需培养基的量，称取脱水培养基，加水溶解，分装、灭菌即可。

以欲检查的维生素 B_{12} 为例，因是小容量非抗菌注射液，常采用直接接种法做无菌检查，应配制硫乙醇酸盐流体培养基 500 mL，分装 12 mL、15 管；15 mL，20 管。改良马丁培养基 250 mL，分装 9 mL，10 管；10 mL，15 管。115℃灭菌 30 min，备用。以检查青霉素注射剂为例，因是革兰阳性菌抗生素，常采用薄膜过滤法做无菌检查，应配制硫乙醇酸盐流体培养基 800 mL，改良马丁培养基 700 mL，115℃灭菌 30 min，备用。

为确保检查结果的准确性，配制好的每批培养基需进行适用性检查（包括培养基的无菌性检查和灵敏度检查）。培养基的无菌性检查可在供试品的无菌检查前或与供试品的无菌检查同时进行，一旦所用培养基不符合无菌要求，供试品的无菌检查结果应视为无效。

2. 培养基的无菌性检查

每批培养基随机取不少于 5 支（瓶），按规定温度（细菌培养基需在 30 ~ 35℃，真菌培养基需在 23 ~ 28℃）培养 14 d，应无菌生长。如有菌生长，应重新配制培养基。

3. 培养基的灵敏度检查

培养基灵敏度检查是指加入的各代表性菌种在培养基中均生长良好。

（1）试验菌株。

试验所用的菌株传代次数不得超过 5 代，并采用适宜的菌种保藏技术进行保存，以保证试验菌株的生物学特性。

（2）菌悬液制备。

取金黄色葡萄球菌、枯草芽孢杆菌、大肠埃希菌、铜绿假单胞菌的新鲜培养物少许接种至营养肉汤培养基中，生孢梭菌的新鲜培养物少许接种至硫乙醇酸盐流体培养基中，（32.5 ± 2.5）℃培养 18 ~ 24 h；白色念珠菌的新鲜培养物接种至改良马丁培养基或改良马丁琼脂培养基，（25.5 ± 2.5）℃培养 24 ~ 48 h，上述培养物用 0.9% 无菌氯化钠溶液制成每毫升含菌小于 100 菌落形成单位（cfu）的菌悬液。

将黑曲霉菌斜面的新鲜培养物接种至改良马丁琼脂斜面培养基上，（25.5 ± 2.5）℃培养 5 ~ 7 d，使大量的孢子成熟，加入 3 ~ 5 mL 含 0.05%（mL/mL）聚山梨酯 80 的 0.9% 无菌氯化钠溶液，用玻棒轻轻振摇将孢子洗脱。然后，用管口带有能过滤菌丝的装置（如薄层无菌棉花或纱布的无菌毛细吸管）的吸管吸出孢子悬液至无菌试管内，用含 0.05%（mL/mL）聚山梨酯 80 的 0.9% 无菌氯化钠溶液，将其稀释至每毫升含小于 100 cfu 的孢子悬液。

菌液制备后若在室温下放置，应在 2 h 内使用；若保存在 2 ~ 8℃，可在 24 h 内使用。黑曲霉孢子悬液可保存于 2 ~ 8℃，在验证过的贮存期内使用。

（3）培养基灵敏度检查的操作。

取每管装量为 12 mL 的硫乙醇酸盐流体培养基 9 支，分别接种金黄色葡萄球菌、铜绿假单胞菌、枯草芽孢杆菌、生孢梭菌各 2 支，每支接种菌量为 1 mL（含菌小于 100 cfu），另 1 支不接种作为空白对照，培养3天；取每管装量为9 mL的改良马丁培养基5支，分别接种白色念珠菌、黑曲霉各2支，每支接种菌量为1 mL（含菌小于100 cfu），另1支不接种作为空白对照，培养5天；逐日观察结果。

（4）结果判定。

空白对照管应无菌生长，若加菌的培养基管均生长良好，判该培养基的灵敏度检查符合规定。

（三）方法验证试验

当建立了产品的无菌检查法时，应进行方法的验证，以证明所采用的方法适合于该产品的无菌检查。

验证时，按“供试品的无菌检查”的规定及下列要求进行操作，对每一试验菌逐一进行验证。若该产品的组分或原检验条件发生改变时，检验方法应重新验证。

方法验证也可与供试品的无菌检查同时进行。

1. 直接接种法验证试验

（1）接种菌悬液。

①取适量装置的硫乙醇酸盐流体培养基8管，分别加入金黄色葡萄球菌、枯草芽孢杆菌、铜绿假单胞菌、生孢梭菌的菌液各两管。

②取适量装量的改良马丁培养基4管，分别加入白色念珠菌、黑曲霉菌菌液各两管。每管加菌量小于100 cfu。

（2）接种供试品。将每组中的一管接入规定量的供试品，另一管作为阳性对照。

（3）培养。各试验管按相应规定的温度（30 ~ 35℃或23 ~ 28℃）培养3 ~ 5 d。

2. 薄膜过滤法验证试验

（1）稀释剂、冲洗液的配制。

稀释液、冲洗液配制后，应采用验证合格的灭菌程序灭菌。

① 0.1%蛋白胨水溶液：取蛋白胨1.0 g，加水1 000 mL，微温溶解，滤清，调节pH至7.1 ± 0.2，分装，灭菌。

② pH值为7.0氯化钠 – 蛋白胨缓冲液：取磷酸二氢钾3.56 g、磷酸氢二钠7.23 g、氯化钠4.30 g、蛋白胨1.0 g，加水1 000 mL，微温溶解，滤清，分装，灭菌。

（2）滤膜的选用。

薄膜过滤法应优先采用封闭式薄膜过滤器，也可使用一般薄膜过滤器。无菌检查用的滤膜孔径应为0.45 μm，直径约为50 mm。

根据供试品及其溶剂的特性选择滤膜材质。例如：硝酸纤维素膜可用于水溶性、油类及低浓度乙醇的样品；醋酸纤维素膜可用于高浓度乙醇样品；特殊的样品需用特殊滤膜，如抑菌性供试品（如抗生素）应选择低吸附性的滤器及滤膜。滤器及滤膜使用前，应采用适宜的方法进行灭菌。使用时，应保证滤膜在过滤前后的完整性。

水溶性供试液过滤前，先将少量的冲洗液过滤以润湿滤膜。油类供试品，其滤膜和过滤器在使用前应充分干燥。为发挥滤膜的最大过滤效率，应注意保持供试品溶液及冲洗液覆盖整个滤膜表面。供试液经薄膜过滤后，若需要用冲洗液冲洗滤膜，每张滤膜每次冲洗量一般为100 mL，且每片滤膜的总冲洗量不得超过1 000 mL，以避免滤膜上的微生物受损伤。

（3）薄膜过滤法验证试验步骤。

①过滤、冲洗。将规定量的供试品按薄膜过滤法过滤，用冲洗液冲洗滤膜，冲洗次数由试验确定，每张滤膜每次冲洗量为100 mL。每片滤膜的总过滤量不宜过大，以避免滤膜上的微生物受损伤。

②加入试验菌。在最后一次的冲洗液中加入小于100 cfu的试验菌，过滤。

③滤膜接种。如用封闭式薄膜过滤器，分别将100 mL培养细菌或真菌的培养基加入滤筒内。如采用一般薄膜过滤器，取出滤膜，按无菌检查方法置于含50 mL硫乙醇酸盐流体培养基或改良马丁培养基的容器中。

④阳性对照试验。取另一装有同体积培养基的培养容器加入等量的试验菌，按规定温度培养3 ~ 5 d后与对照管比较，如含供试品的各容器中微生物生长良好，则供试品的该检验量在该检验条件下无抑菌作用。

⑤培养。将含培养基的容器按规定温度（细菌 30 ~ 35℃；真菌 23 ~ 28℃）培养 3 ~ 5 d。

（四）结果判定

与阳性对照比较，如含供试品各容器中的试验菌（供试品组）均生长良好，并且与阳性对照组的培养结果相似，则供试品在该检验量和该检验条件下无抑菌作用或抑菌作用可忽略不计，供试品可按该法进行无菌检查。

若含供试品的任一容器中微生物生长微弱、缓慢或不生长，则供试品的该检验量在该检验条件下有抑菌作用。若采用的是直接接种法，可根据实际情况增加培养基的用量、在冲洗液或培养基中使用中和剂（如β－内酰胺酶、对氨基苯甲酸、聚山梨酯 80），或改为薄膜过滤法。若采用的是薄膜过滤法，可采用增加冲洗液的用量、改变冲洗液的种类、更换滤膜品种等方法，消除供试品的抑菌作用，并重新进行验证试验。

（五）供试品的无菌检查

1. 检验数量

检验数量是指一次试验所用供试品最小包装容器的数量。检验数量的多少受很多方面因素的制约，如检查的目的、要求、代表性及抽样方法以及实际工作量和经济损失等因素。

《中华人民共和国药典》（2015 年版）规定：除另有规定外，出厂产品按表 11–4 规定；上市产品监督检验按表 11–5、表 11–6 规定。一般情况下，供试品无菌检查若用薄膜过滤法，应增加 1/2 的最小检验数量作阳性对照；若采用直接接种法，应增加供试品无菌检查时每个培养基容器接种的样品量作阳性对照用。

（1）批出厂产品最少检验数量（表 11–4）。

表 11–4　批出厂产品最少检验数量

供试品	批产量 N/ 个	接种每种培养基所需的最少检验数量
小体积注射剂（≤ 100）	≤ 100	10% 或 4 个（取较多者）
	100 ＜ N ≤ 500	10 个
	＞ 500	2% 或 20 个（取较少者）
大体积注射剂（＞ 100）		2% 或 10 个（取较少者）
眼用及其他非注射产品	≤ 200	5% 或 2 个（取较多者）
	＞ 200	10 个
桶装固体原料	≤ 4	每个容器
	4 ＜ N ≤ 50	20% 或 4 个容器（取较多者）
	＞ 50	2% 或 10 个容器（取较多者）
抗生素原料		6 个容器
医疗器具	≤ 100	10% 或 4 件（取较多者）
	100 ＜ N ≤ 500	10 件
	＞ 500	2% 或 20 件（取较少者）

（2）液体制剂最少检验量及上市抽检样品的最少检验量（表 11–5）。

表 11–5　液体制剂最少检验量及上市抽检样品的最少检验数量

供试品装量 V/mL	每支供试品接入每种培养基的最少量	供试品最少检验数量（瓶或支）
≤ 1	全量	10①
1 ＜ V ＜ 5	半量	10
5 ≤ V ＜ 20	2 mL	10
20 ≤ V ＜ 50	5 mL	10
50 ≤ V ＜ 100	10 mL	10
50 ≤ V ＜ 100（静脉给药）	半量	10
100 ≤ V ≤ 500	半量	10
V ＞ 500	500 mL	6①

（3）固体制剂最少检验量及上市抽检样品的最少检验数量（表 11–6）。

表 11–6 固体制剂最少检验量及上市抽检样品的最少检验数量

供试品装量 M	每支供试品接入每种培养基的最少量	供试品最少检验数量（瓶或支）
M＜50 mg	全量	10①
500 mg≤M＜300 mg	半量	10
300 mg≤M＜5 g	150 mg	10
M≥5 g	500 mg	10②
外科用敷料棉花及纱布		10
缝合线、一次性医用材料	整个材料③	10①
带导管的一次性医疗器具（如输液袋）		10
其他医疗器具	整个器具③（切碎或拆散）	10①

注：①若每个容器内的供试品装量不够接种两种培养基，那么表中的最少检验数量加倍。

②抗生素粉针剂（≥5 g）及抗生素原料药（≥5 g）的最少检验数量为 6 瓶（支），桶装固体原料的最少检验数量为 4 个包装。

③如果医用器械体积过大，培养基用量可在 2 000 mL 以上，将其完全浸没。以欲检查的上市产品维生素 B_{12} 注射液（规格：1 mL：0.05 mg）为例，参照表 11–5，每支供试品接入每种培养基的最少量为全量，即 1 mL，供试品最少检验数量为 10 支。但由于每个容器的供试品装量不够接种两种培养基，所以检验数量应加倍为 20 支，10 支接种硫乙醇酸盐流体培养基，10 支接种改良马丁培养基。

2. 检验量

检验量是指一次试验所用的供试品总量（g 或 mL）。除另有规定外，每份培养基接种的供试品量按表 11–5、表 11–6 规定。若每支（瓶）供试品的装量按规定足够接种两份培养基，则应分别接种硫乙醇酸盐流体培养基和改良马丁培养基。

采用薄膜过滤法时，检验量应不少于直接接种法的供试品总接种量，只要供试品特性允许，应将所有容器内的全部内容物过滤。以欲检查上市产品青霉素钠注射剂（规格 0.48 g：80 万单位）为例，参照表 11–6，每支供试品接入每种培养基的最少量为 150 mg，供试品最少检验数量为 10 支。但由于青霉素为抗生素，应采用薄膜过滤法，将每支全部内容物过滤冲洗。

3. 阳性对照

应根据供试品特性选择阳性对照菌：无抑菌作用（如维生素 B_{12} 注射液）及抗革兰阳性菌（如青霉素钠注射剂）为主的供试品，以金黄色葡萄球菌为对照菌；抗革兰阴性菌为主的供试品，以大肠埃希菌为对照菌；抗厌氧菌的供试品，以生孢梭菌为对照菌；抗真菌的供试品，以白色念珠菌为对照菌。阳性对照试验的菌液制备同方法验证试验，加菌量小于 100 cfu，供试品用量同供试品无菌检查每份培养基接种的样品量。阳性对照管培养 48 ~ 72 h 应生长良好。

4. 阴性对照

供成品无菌检查时，应取相应溶剂和稀释液或冲洗液替代供试品溶液，作为阴性对照。阴性对照不得有菌生长。

无菌试验过程中，若需使用表面活性剂、灭活剂、中和剂等试剂，应证明其有效，且对微生物无毒性。

三、任务所需器材

火柴、镊子、75% 乙醇棉、记号笔等、50 支试管、注射器 10 支、针头 1 盒、硫乙醇酸盐流体培养基 500 mL，分装 12 mL，15 管；15 mL，20 管。改良马丁培养基 250 mL，分装 9 mL，10 管；10 mL，15 管。115℃灭菌 30 min，备用。浓度为 10 ~ 100 cfu/mL 的金黄色葡萄球菌、铜绿假单胞菌、枯草芽孢杆菌、生孢梭菌菌悬液各 10 mL。

四、任务技能训练

1. 实验前的准备

（1）供试品在移入缓冲间前应除去外包装、消毒外表面并编号。

（2）无菌室、无菌工作台的消毒灭菌，开启空气过滤器 30 min 以上。

（3）操作人员操作前，用肥皂、水清洗双手，关闭紫外光灯，进入缓冲间，换拖鞋，再用 75% 乙醇棉球擦手，穿戴衣、帽、口罩、手套。将所需物品剥去牛皮纸，移入无菌间，每次试验中所用物品必须计划好，并有备用物品。

2. 培养基适用性检查

（1）培养基的无菌性检查。

每批培养基随机取不少于 5 支（瓶），按规定温度（细菌培养基需在 30 ~ 35℃，真菌培养基需在 23 ~ 28℃）培养 14 d，应无菌生长。如有菌生长，应重新配制培养基。

（2）培养基的灵敏度检查。

取每管装量为 12 mL 的硫乙醇酸盐流体培养基 9 支，分别接种金黄色葡萄球菌、铜绿假单胞菌、枯草芽孢杆菌、生孢梭菌各 2 支，每支接种菌量为 1 mL（含菌小于 100 cfu），另一支不接种作为空白对照，培养 3 天；取每管装量为 9 mL 的改良马丁培养基 5 支，分别接种白色念珠菌、黑曲霉各 2 支，每支接种菌量为 1 mL（含菌小于 100 cfu），另一支不接种作为空白对照，培养 5 d；逐日观察结果。

3. 供试品的制备

在无菌室内，先用 75% 乙醇或碘附棉球擦拭供试品内包装外壁及瓶塞，待干，以无菌的方式取内容物，制成一定浓度的供试品溶液（本品已为溶液无须稀释）。

4. 方法验证试验

（1）接种菌悬液。

①取装量为 15 mL 的硫乙醇酸盐流体培养基 8 管，分别加入 1 mL 金黄色葡萄球菌、枯草芽孢杆菌、铜绿假单胞菌、生孢梭菌的菌液各 2 管。

②取装量为 10 mL 的改良马丁培养基 4 管，分别加入 1 mL 白色念珠菌、黑曲霉菌菌液各 2 管。

（2）接种供试品。将每组中的一管接入规定量的供试品，另一管作为阳性对照。

（3）培养。各试验管按相应规定的温度（30 ~ 35℃或 23 ~ 28℃），培养 3 ~ 5 d。

（4）验证结果判定。与阳性对照比较，如含供试品各容器中的试验菌（供试品组）均生长良好，并且与阳性对照组的培养结果相似，则供试品在该检验量和该检验条件下无抑菌作用或抑菌作用可忽略不计，供试品可按该法进行无菌检查。

5. 供试品无菌检查的接种

（1）供试品组。按无菌操作取上述供试品溶液 1 mL，沿着培养基管壁分别接种于装有 15 mL 硫乙醇酸盐流体培养基 10 管和装有 10 mL 改良马丁培养基 10 管，轻轻摇动均匀。

（2）阳性对照。另取 1 管硫乙醇酸盐流体培养基，按无菌操作取上述供试品溶液 1 mL，移至接种室内接种金黄色葡萄球菌对照菌液 1 mL 作为阳性对照。

（3）阴性对照。再取 1 管硫乙醇酸盐流体培养基和 1 管改良马丁培养基，在无菌室内分别接种 1 mL 稀释剂作为阴性对照。

6. 培养及观察

硫乙醇酸盐流体培养基管均置 30 ~ 35℃，培养 14 d；改良马丁培养基管于 23 ~ 28℃，培养 14 d。培养期间，应逐日观察并记录是否有菌生长、填写检查记录表，阳性对照管培养 24 h 后应有菌生长。

如加入供试品后的培养基在培养过程中出现浑浊，培养 14 d 后，不能从外观上判断无微生物生长，可取该培养液适量接种于同种新鲜培养基中或斜面上，继续培养，细菌培养 48 h，真菌培养 72 h，观察是否再现浑浊或斜面上有无菌生长；或用接种环取培养液涂片，染色，显微镜下镜检，进行判断是否有菌。

7. 结果判定

（1）若供试品管均澄清，或虽显浑浊但经确证并无菌生长，判供试品符合规定。

（2）若供试品管中任何一管显浑浊并确证有菌生长，判供试品不符合规定。除非能充分证明试验结果无效，即生长的微生物非供试品所含。当符合下列至少 1 个条件时，方可判断实验结果无效。

①无菌检查试验所用的设备及环境监控结果不符合无菌检查要求；

②回顾无菌试验过程中，发现有可能引起微生物污染的因素；

③供试品管中生长的微生物经鉴定后，确证是因无菌试验中所使用的物品和 / 或无菌操作技术不当引起的。

试验若经确认无效，应重试。重试时，重新取同量供试品，依法重试，若无菌生长，判供试品符合规定；若有菌生长，判供试品不符合规定。

【注意事项】

（1）供试品检验全过程必须符合无菌技术要求。使用灭菌用具时，不能接触可能污染的任何器物。

（2）供试液从制备至加入检验用培养基，不得超过 1 h。

（3）操作过程中注意避免来回走动，动作的幅度尽量减小，以免搅动空气中的微生物或造成交叉污染。

（4）阳性对照要转移至阳性接种间操作，以免造成无菌室的交叉污染。

（5）操作完毕，无菌室内物品经传递窗传出，操作人员将无菌室重新消毒灭菌，备用。

【结果记录】

培养基灵敏度检查记录

培养温度：　　硫乙醇酸盐流体培养基：改良马丁培养基：

培养时间：　　硫乙醇酸盐流体培养基：改良马丁培养基：

计数结果单位：cfu/mL

菌液	硫乙醇酸盐流体培养基					改良马丁培养基		
	金黄色葡萄球菌	铜绿假单胞菌	枯草芽孢杆菌	生孢梭菌	空白对照	白色念珠菌	黑曲霉	空白对照
批号								
第 1 天								
第 2 天								
第 3 天								
第 4 天	/	/	/	/	/			
第 5 天	/	/	/	/	/			

生长良好（浑浊）即为阳性，记为“+”；无菌生长（澄清）即为阴性，记为“–”。

结果分析：符合规定不符合规定

检验人：　　　　复核人：

检验日期：　　　　复核日期：

直接接种法无菌检查实验记录

检品名称：　　　　　　　　检品编号：

样品：常规样品非水溶性样品抑菌性样品

供试液制备：

对照菌株：金黄色葡萄球菌 [CMCC (B) 26 003]　黑曲霉菌 [CMCC (F) 98 003]

生孢梭菌 [CMCC (B) 64 941]　　　　　白色念珠菌 [CMCC (F) 98 001]

培养：1. 细菌培养基批号：　　　　　培养温度：

　　　2. 真菌培养基批号：　　　　　培养温度：

培养管号		培养时间 /d														
1		2	3	4	5	6	7	8	9	10	11	12	13	14		
硫乙醇酸盐流体培养基	1															
	2															
	3															
	4															
	5															
	6															
	7															
	8															
	9															
	10															
改良马丁培养基	1															
	2															
	3															
	4															
	5															
	6															
	7															
	8															
	9															
细菌阳性对照																
细菌阴性对照																
真菌阴性对照																

注：“+”表示有菌生长，“－”表示无菌生长

结论：

检验者：　　　　　　　　　　复核者：

五、任务考核指标

维生素 B_{12} 注射剂无菌检查操作要点与考核标准

评价指标		操作要点	考核标准	分值	得分	备注
实验前的准备（20 分）	无菌室的检查工作	1. 查看生化培养箱等设备运行情况和卫生清洁情况，并填写设备运行记录	1. 是否检查生化培养箱的运行及卫生	1		
			2. 是否记录	1		
		2. 检查岗位温度是否在 20 ～ 24℃，相对湿度是否在 45%～60%，并填写“无菌室温湿度记录”。若温湿度不符合要求，应及时通知动力房调整	1. 是否检查温湿度	1		
			2. 是否记录	1		
			3. 有异常是否上报	1		
		打开超净工作台开关，检查超净工作台的运行是否正常并填写“超净工作台使用记录”	1. 是否检查	1		
			2. 是否记录	1		
	无菌室的清洁工作	按照先里后外、先上后下的原则，先用水后用 0.1% 的苯扎溴铵擦拭净化工作台顶部、台面、地面、桌面	1. 清洁的顺序是否正确	1		
			2. 清洁的是否全面、到位、规范	3		
	实验物品的准备	1. 将供试品除去外包装，消毒外表面并编号，移入传递窗	是否除去外包装，是否编号	3		
		2. 按照检验任务将所有已灭菌的培养基管（瓶）、稀释剂、一次性培养器等用 0.1% 苯扎溴铵或乙醇棉擦拭瓶（管）外壁，经传递窗移至无菌室内	准备的物品的种类规格、数量是否齐全，是否擦拭外壁	3		
		3. 将已灭菌的无菌衣、帽、口罩移入缓冲间更衣柜内，并开启紫外灯灭菌	是否准备、是否开启紫外灯消毒	1		
		4. 开启空气过滤装置，并使其工作不低于 30 min	是否开启并达到规定时间	1		
		5. 开启无菌室紫外杀菌灯，并使其工作不低于 30 min	是否开启并达到规定时间	1		
操作人员进入无菌室（10 分）	操作人员入无菌室更衣消毒程序	1. 关闭紫外杀菌灯	是否关闭紫外杀菌灯	1		
		2. 用肥皂洗手，进入缓冲间，换工作鞋	洗手、更衣程序是否规范	2		
		3. 进入第二缓冲间，再用 0.1% 苯扎溴铵溶液或其他消毒液洗手或乙醇棉球擦手，穿戴无菌衣、帽、口罩、手套	洗手、消毒、更衣程序是否规范	4		
		4. 操作前，先用乙醇棉球擦手	是否按要求手部消毒	3		
操作过程（55 分）	供试液的制备（10 分）	1. 供试品的打开方法：先用乙醇棉球将安瓿外部擦拭消毒待干，用砂轮轻轻割安瓿颈部，过火焰数次，拆开安瓿颈部	操作是否规范	5		
		2. 供试液的制备方式：按照各品种项下要求制备	制备方式是否正确；无菌操作是否得当	5		
	接种（35 分）	用无菌注射器在火焰附近，直接吸取规定量的供试品，在近火焰处，右手握拳，以小指夹住培养基管的塞子，拔开塞子，注射器的针头穿过火焰，沿着培养基管壁分别接种规定量的供试液于硫乙醇酸盐流体培养基 11 管，改良马丁培养基 10 管，各管接种后轻轻摇动	操作是否规范；接种数量是否正确	15		
		接种量参照表 8-1、表 8-2、表 8-3	接种量是否正确	5		
		阴性对照：取硫乙醇酸盐流体培养基和改良马丁培养基各 1 支，加入 1 mL 稀释剂做阴性对照	操作是否正确、规范	5		
		阳性对照：在阳性接种间接种 1 mL 金黄色葡萄球菌菌液	是否在阳性接种间操作；是否规范	5		
		标记：各培养基管上要标记清楚，与产品、阴性、阳性一一对应	标记是否清楚	5		
	培养（10 分）	硫乙醇酸盐流体培养基管置 30 ～ 35℃培养 14 d；改良马丁培养基管置 23 ～ 28℃培养 14 d	培养温度、时间是否正确	5		
		检验日期、结束日期要标记清楚	是否标记日期	5		

续 表

评价指标		操作要点	考核标准	分值	得分	备注
职业素质（10分）	操作完后无菌室的清洁消毒	1. 将本次试验过程中的所有废弃物品运出实验室	是否清理干净	2		
		2. 将工作台面、地面擦拭、消毒，开启紫外灯 30 min	是否按规范要求认真消毒	2		
		3. 清洗实验器皿	是否清洗干净	2		
		4. 实验用具装盒或包装灭菌	是否灭菌，灭菌条件是否正确	2		
		5. 整个操作过程系统、流畅、有条不紊、无菌意识强，无菌操作熟练规范	是否符合要求	2		
检验记录（5分）	结果记录	规范的填写无菌检查原始检验记录	书写规范、正确	5		

[学习拓展]

对于每类药品的每种检查项目，一般的药厂、药检部门都要建立自己的标准操作规程（SOP），下面列举两个例子。

一、维生素 C 注射液无菌检查 SOP

这是小容量注射剂（无抑菌作用）采用直接接种法的一个实例。

1. 目的 制定维生素 C 注射液无菌检验标准操作规程，保证检验人员操作标准化、规范化。

2. 职责 QC 检验人员负责文件起草，QC 主任负责审核，质量部经理负责批准。

3. 范围 适用于本公司生产的维生素 C、利巴韦林等小容量、无抑菌作用的注射剂。

4. 内容

（1）标准依据《中华人民共和国药典》2015 年版二部。

（2）试剂：

①培养基：硫乙醇酸盐流体培养基、改良马丁培养基。

培养基灵敏度检查：依《培养基灵敏度检验标准操作规程》。

②阳性对照菌液：金黄色葡萄球菌（*Staplzylococcus aureus*）菌液 (10 ~ 100 cfu/mL)。

阳性对照菌液的制备：依《培养基灵敏度检验标准操作规程》。

③稀释剂：0.9% 无菌氯化钠稀释液。

④待检样品：维生素 C 注射液，规格：2 mL ∶ 0.5 g。

（3）仪器与用具：恒温培养箱及生化培养箱；高压蒸汽灭菌柜；注射器（2 mL、5 mL、10 mL）、铝制饭盒；无菌衣、裤、帽、口罩；砂石；试管架；量筒、锥形瓶、刻度吸管；无菌室内应准备好盛有消毒用 5% 甲酚或其他适宜消毒溶液的玻璃缸、乙醇灯、火柴、镊子、75% 乙醇棉、碘仿棉等。

凡无菌检查过程中所使用的器皿，均应采用不同的灭菌方式进行灭菌后使用。适于湿热灭菌的，采用 121℃灭菌 30 min；适于干热灭菌的，采用 160℃灭菌 120 min。

（4）操作前准备：

①无菌室无菌程度检查。

a. 依据《医药工业洁净区沉降菌检测标准操作规程》，每周对无菌室进行 1 次沉降菌检测，应符合规定。

b. 依据《医药工业洁净区悬浮粒子、浮游菌检测标准操作规程》，每月对无菌室进行 1 次检测，应符合规定。

②无菌室的清洗与消毒：依据“无菌室的消毒”要求进行。

③实验物品的准备：依据“无菌检查实验物品的准备”。

④检验数量与检验量：

a. 检验数量：因为供试品规格为 5 mL，依据“《中华人民共和国药典》对出厂产品及上市产品的检验数量与检验量的具体规定”，确定出厂产品检验数量为 20 支，上市产品为 10 支。

b. 检验量：每支接种至每种培养基为 2 mL。上市抽检产品为 1 支分别接种至二种培养基中，出厂产品为 1 支接种至一种培养基内。

⑤操作人员进入无菌室：按照“操作人员进入无菌室”的规定和要求更衣、清洗消毒双手。

（5）操作方法——直接接种法。

①供试品的打开方法：先用酒精棉球将安瓿外部擦拭消毒待干，用砂轮轻轻割安瓿颈部，过火焰数次，打开安瓿颈部。

②供试液的制备：依据“无菌检查供试液的制备方法”。

③接种及培养：用灭菌注射器（注射器针头过火焰数次）在火焰附近，直接吸取规定量的供试品，在近火焰处，右手握拳，以小指夹住培养基管的塞子，拨开塞子，注射器的针头穿过火焰，沿着培养基管壁分别接种规定量的供试液于硫乙醇酸盐流体培养基 11 管（其中，1 管于操作结束后移至阳性接种间接种 1 mL 金黄色葡萄球菌菌液做阳性对照），改良马丁培养基 10 管，各管接种后轻轻摇动。

阴性对照：取硫乙醇酸盐流体培养基和改良马丁培养基各 1 支，加入 1 mL 稀释剂做阴性对照。

培养：硫乙醇酸盐流体培养基管置 30 ~ 35℃培养 14 d；改良马丁培养基管置 23 ~ 28℃培养 14 d，逐日观察，并填写无菌检验记录。

④结果判定：在阴性对照试验呈阴性、阳性对照试验呈阳性的前提下，若供试品均澄清，或虽显浑浊但经确证无菌生长，判供试品符合规定；若供试品管中任何一管显浑浊并确证有菌生长，判断供试品不符合规定。

5. 注意事项

（1）供试品检验全过程必须符合无菌技术要求。使用灭菌用具时，不能接触可能污染的任何器物。

（2）供试液从制备至加入检验用培养基，不得超过 1 h。

（3）操作过程中注意避免来回走动，动作的幅度尽量减小，以免搅动空气中的微生物或造成交叉污染。

（4）阳性对照要转移至阳性接种间操作，以免造成无菌室的交叉污染。

（5）操作完毕，无菌室内物品经传递窗传出，操作人员将无菌室重新消毒灭菌，备用。

二、葡萄糖氯化钠注射液无菌检查 SOP

1. 目的 制定无菌检查操作规程，保证检验操作标准、规范，确保检验结果准确可靠。

2. 适用范围 本标准适用于无抑菌活性的液体制剂的无菌检查操作。

3. 责任 质检部无菌检查岗位。

4. 定义 无菌检查是用于确定要求无菌的药品、医疗器具、原料、辅料及其他品种是否染有活菌的一种方法。

检验依据《中华人民共和国药典》2015 年版二部附录 IB 注射剂通则，《中华人民共和国药典》2015 年版二部附录Ⅺ H 无菌检查法。

5. 程序

(1) 仪器设备：

①检验场所：无菌室，环境洁净度 B 级，操作区为洁净度 A 级的超净工作台。

a. 操作前消毒：操作前 1 h，开启无菌室空气净化系统，无菌室、超净工作台紫外灯 1 h。

b. 操作过程监测沉降菌：取 3 个营养琼脂平板分别置操作台左、中、右，打开平皿盖暴露 30 min，盖上皿盖倒置于 30 ~ 35℃培养 48 h，计数，平均菌落数应≤ 1 cfu/ 皿。每次供试品无菌检查同时进行本检测。

c. 操作完成后消毒：用 0.1% 苯扎溴铵（或 2% 甲酚皂，每周交替使用）擦拭操作台表面，用浸泡过以上消毒液的拖布擦拭无菌室的地面。然后开无菌室及操作台紫外灯 30 min。

d. 日常管理与消毒：每周用 2% 的过氧乙酸溶液（8 mL/m^3）喷雾消毒，保持时间为 50 min，然后打开风机。每季度检测无菌室空气洁净度，包括悬浮粒子、沉降菌、浮游菌、表面接触菌和手套菌。应符合背景洁净度 B 级，操作台洁净度 A 级。

②设备：高压蒸汽灭菌器、冰箱、恒温培养箱、生化培养箱、开放式薄膜过滤装置、水浴锅、电炉、不锈钢锅。

③实验器具：试管、量筒、锥形瓶、吸量管、培养皿、冲洗液瓶、烧杯、洗瓶、消毒缸、手术剪、尖嘴钳、金属镊子、不锈钢药勺、天平、酒精灯、脱脂棉球、纱布、火柴。

④实验器材的灭菌：

a. 开放式薄膜过滤装置灭菌：将滤筒、过滤支架、抽气瓶及瓶塞洗净晾干后用双层纱布包好，再用牛皮纸包紧，121℃高压蒸汽灭菌 30 min。

b. 滤膜独立包装后再用牛皮纸包好，115℃高压蒸汽灭菌 30 min。或直接购买独立包装无菌滤膜。

c. 连接胶管放 0.1% 苯扎溴铵消毒液中浸泡消毒。

d. 玻璃器皿、衣物等用具的灭菌。

（a）吸量管上端塞少许棉花后每支用报纸包裹好，捆好一扎。

（b）金属镊子、尖嘴钳、手术剪用纱布分层包好，装于铝制饭盒内。

（c）衣服、裤子、口罩、帽子、长筒耐高温无菌鞋叠好，配套装于专用布袋内。

（d）脱脂棉、纱布分别用纱布包好。

上述玻璃器皿、衣物等物品外面再分别用牛皮纸包裹好，置 121℃高压蒸汽灭菌 30 min。

（e）培养皿 10 套一组用牛皮纸包好，置 121℃高压蒸汽灭菌 30 min。

以上实验器材（除滤膜、胶管外）灭菌后取出，放于约 50℃的烘箱中烘干后备用。

（2）试液及培养基制备：

①消毒液制备：

a. 用于操作人员消毒：75% 乙醇。

b. 用于无菌室消毒：0.1% 苯扎溴铵，2% 甲酚皂、2% 过氧乙酸（喷雾）。

c. 用于带菌吸量管、试管等器械浸泡消毒：5% 石炭酸，盛放于无菌室消毒缸中。

②调节 pH 用溶液：1 mol/L 盐酸溶液及 1 mol/L 氢氧化钠溶液。

③稀释液及培养基制备：制备方法参考《中华人民共和国药典》2015 年版二部附录Ⅺ H 无菌检查法。

a. 0.9% 氯化钠溶液：用于制备阳性对照菌液。按《中华人民共和国药典》配方要求溶解后分装试管，10 mL/ 管，121℃高压蒸汽灭菌 20 min。

b. 营养肉汤培养基：用于制备阳性对照菌液。按配方要求溶解，调 pH 后分装试管，10 mL/ 管，121℃高压蒸汽灭菌 20 min。

c. 营养琼脂培养基：用于检测操作台沉降菌及菌液计数。按配方要求溶解调 pH 后分装锥形瓶，约 150 mL/ 瓶，121℃高压蒸汽灭菌 20 min。

d. 硫乙醇酸盐流体培养基：用于需、厌气菌培养。按配方要求制备，溶解调 pH 后分装大试管，50 mL/ 管，115℃高压蒸汽灭菌 20 min。使用前氧化层（粉红色层）

高度不得超过培养基高度的 1/5，否则，须经 100℃水浴加热至粉红色消失（不超过 20 min）后，迅速冷却，只限加热 1 次。

e. 改良马丁培养基：用于真菌培养。按配方要求制备，溶解调 pH 后分装试管，50 mL/ 管，115℃高压蒸汽灭菌 20 min。

f. 培养基的适用性检查：培养基使用前应进行无菌性检查和灵敏度检查。检查方法参考《中华人民共和国药典》2015 年版二部附录Ⅺ H 无菌检查法。

（3）阳性对照菌液制备：

①菌种：金黄色葡萄球菌 [CMCC (B)26003]。

②菌种的接种培养：用接种环取 1 环金黄色葡萄球菌新鲜培养物至 10 mL 营养肉汤培养基中，置 30 ~ 35℃培养 18 ~ 24 h。

③菌液的稀释：取上述培养液 0.1 mL 加入至 10 mL 0.9% 无菌氯化钠溶液中，摇均，按 10 倍递减稀释

法稀释至10–9。

④菌悬液计数：取10–9的菌悬液1 mL，加入平皿中，立即倾注熔化冷却到45℃左右的营养琼脂培养基。凝固后，倒置于30 ~ 35℃培养48 h，取出计数，即得每1 mL的菌落数。制备2个平板。菌液浓度<100 cfu/mL，24 h内用完。本操作可与供试品无菌检查同时进行。

（4）抽样：

抽取葡萄糖氯化钠注射液（规格为100 mL：葡萄糖5 g与氯化钠0.9 g）9瓶，做无菌检查。

（5）检查操作前的准备：

①操作前消毒：见程序（1）仪器设备①中a项。

②供试品及用具准备：除去供试品外包装，用0.1%苯扎溴铵擦拭外表，培养基等玻璃器皿同法擦拭消毒，放于同法消毒的塑料蓝中，放置于传递窗，开启传递窗上的紫外灯1 h。

③消毒1 h后关闭紫外，开启风机10 min。

④操作人员进入无菌室：按规范程序进入，在第一缓冲间更鞋、脱衣→第二缓冲间洗手，手消毒，穿无菌衣、裤、鞋，带无菌帽、口罩、手套→风淋→操作间。

⑤操作前物品消毒：用0.1%苯扎溴铵（或2%甲酚皂，交替使用）擦拭操作台，然后取传递窗上的物品放于操作间实验台上，取出供试品及培养皿等物品，除去外包装纸，用0.1%苯扎溴铵擦拭外表后放于操作台上。用消毒液擦拭消毒双手。

⑥检测操作台沉降菌。方法见程序（1）仪器设备①中b项。

（6）供试品检查操作：

①过滤装置的准备：

a. 安装过滤装置：将灭菌后的过滤器组件、过滤支架、抽气瓶及减压抽气泵等装置连接起来。

b. 润洗滤膜：取约20 mL 0.9%氯化钠溶液倒入滤筒，开启抽气泵，过滤润洗滤膜，并检查过滤装置是否正常。

②供试品过滤：擦拭消毒供试品瓶身及瓶塞，用尖嘴钳打开塞上的铝塑盖，瓶口过火焰，打开内胶塞，瓶口周围再次过火焰灭菌，将内容物全部倒入滤筒，开启抽气泵，过滤集菌。9瓶供试品同法操作，加入同一滤筒，逐一过滤。

③供试品接种：

a. 分剪滤膜：用镊子取出滤筒内的集菌滤膜，用手术剪将集菌滤膜剪分为3等份。

b. 接种：取装量均为50 mL的硫乙醇酸盐流体培养基两管、改良马丁培养基1管，分别加入一份集菌滤膜，滤膜应完全浸泡于培养基内。

④阳性对照试验：取上述加有集菌滤膜的硫乙醇酸盐流体培养基1管，加入阳性对照菌液1 mL，菌量小于100 cfu，作阳性对照。加入阳性对照菌液，应在阳性对照接种室中进行，不得与供试品检查在同一操作台上。

⑤阴性对照试验：分别取50 mL的硫乙醇酸盐流体培养基管及改良马丁培养基管，与供试品相同条件培养，作阴性对照。

⑥操作完毕后处理：

a. 物品经传递窗送出。

b. 带菌吸量管置无菌室消毒缸内浸泡消毒后再清洗。

c. 无菌室消毒处理，参见程序（1）仪器设备①中c项。

d. 操作人员在第二缓冲间脱下无菌衣物，叠好放于布袋内。用75%乙醇消毒双手，在第一缓冲间穿好普通工作服，走出无菌室。

⑦培养与观察：将硫乙醇酸盐流体培养基管置于30 ~ 35℃、改良马丁培养基管置于23℃ ~ 28℃，均培养14 d。阳性对照管培养48 ~ 72 h，逐日观察记录结果。

⑧结果判断：参考《中华人民共和国药典》2015年版二部附录Ⅺ H无菌检查法。

(7) 书写检验记录：

①记录名称：无菌检查记录。

②保存部门：质检部门。

③保存时间：药品有效期后1年。

[习题]

1. 试述培养基适用性检查的操作过程和意义。
2. 试述无菌检查结果如何判定。
3. 简述无菌检查的概念和范围。
4. 简述无菌检查的一般方法。
5. 简述无菌检查的操作步骤和注意事项。
6. 什么是培养基的灵敏度试验？主要方法有哪些？
7. 简述阳性对照菌及抑细菌、抑真菌试验的意义。
8. 简述微生物限度检查法的操作步骤。

项目十二　常见药品中微生物总数的检查

【知识目标】

（1）熟悉常见致病菌的含义、卫生学意义和检验程序。
（2）掌握药品中细菌、酵母菌及霉菌数检测的方法。

【能力目标】

（1）学会用平板菌落计数法检测药品中的微生物总数。
（2）学会用薄膜过滤法检测药品中的微生物总数。

【素质目标】

培养学生对微观事物科学的、实事求是的、认真细致的学习和工作态度。

【案例导入】

今日下午，北京市食药监局公布了2015年第二季度北京全市药品安全监测情况。根据抽检结果，有3批次药品不合格，其中“金莲花胶囊”检出细菌数超标、“银黄胶囊”检出含量不达标、“硝苯地平缓释片”检出释放度不合格。据介绍，这3批次药品的抽样地点来自北京百安康健大药房、北京宏佳源煤炭公司诊所等处。

今年以来，北京市食药监局在全市范围内开展药品生产、经营、使用环节的安全监测。上半年，全市药品安全监测工作完成监督抽检2 165批次，其中第二季度完成1 863批次，不合格3批次，合格率为99.84%。同时，2015年上半年全市药包材监督抽检共完成142批次，合格率100%。

对于不合格药品，市食药监局将依据相关规定进行查处，并根据情况在本辖区内继续进行跟踪抽样检验。

任务1　葡萄糖酸钙口服溶液的微生物总数检查

一、任务目标

（1）学会用平皿法检查口服制剂微生物总数。
（2）学会菌落计数方法和报告规则。
（3）能规范操作，规范填写实验记录和书写实验报告。

二、任务相关知识

微生物广泛存在于自然界中，药品在生产、运输和储存过程中很容易受其污染，导致药品变质，影响质量。药品微生物总数检查是检测非规定灭菌制剂及其原、辅料受微生物污染程度的方法，也是用于评价生产企业的药用原料、辅料、设备、器具、工艺流程、环境和操作者的卫生状况的重要手段和依据。药品微生物总数检查包括细菌数、霉菌数及酵母菌数的检查，是对单位质量、体积或面积的药品中所污染活菌数量的检查；检查方法为平板菌落计数法和薄膜过滤法；检查的药品有口服液体制剂、酊剂、中药丸剂、栓剂、软膏剂、膜剂、散剂、鼻用制剂、洗剂、灌肠剂、部分特殊部位使用的片剂和含中药原粉、豆豉、神曲、动物组织的各种口服制剂。对一般胶囊剂、颗粒剂、片剂等，《中华人民共和国药典》不强制要求做微生物总数检查，由药品生产单位自行控制、抽查，结果必须符合规定。通过学习本项目中的基本理论知识并进行适当的实训操作，能在以后的实际工作中正确进行药品中微生物总数的检查，并对检查结果做出合理判断。

（一）检测环境及操作人员要求

药品微生物总数检查应在环境洁净度B级以下的局部洁净度A级的单向流空气区域内进行。单向流空气区域、工作台面及环境应定期按现行国家标准进行洁净度验证。

检验人员在进入无菌环境前，应先做好个人卫生工作。先用肥皂或适宜消毒液洗手，进入缓冲间，换工作鞋。再用0.1%苯扎溴铵溶液或其他消毒液洗手或用乙醇棉擦手，穿戴无菌衣、帽、口罩、手套。检验人员在整个的检验过程中必须进行无菌操作。

（二）供试品的取样要求

1. 抽样

一般采用随机抽样方法，其抽样量应为检验用量（2个以上最小包装单位）的3 ~ 5倍量（以备复试或留样观察）。抽样时，凡发现有异常或可疑的样品，应选取有疑问的样品。机械损伤、明显破裂的包装不得作为样品。凡能从药品、瓶口（外盖内侧及瓶口周围）外观看出长螨、发霉、虫蛀及变质的药品，可直接判为不合格品，无须再抽样检验。

2. 检验量

所有剂型的检验量均需取自2个以上包装单位(中药蜜丸须取自4丸、膜剂取4片以上)。固体及半固体(黏稠性供试品）制剂检验量为10 g，液体制剂检验量为10 mL。膜剂除另有规定外，检验量为100 cm^2。要求检查沙门菌的供试品，其检验量应增加20 g或20 mL（其中10 g或10 mL用于阳性对照试验）。特殊贵重或微量包装的药品，检验量可酌减，除另有规定外。口服固体制剂不低于3 g，液体制剂采用原液者不得少于6 mL，采用供试液者不得少于3 mL，外用药品不得少于5 g。

3. 样品的保存

供试品在检验之前，应保存在阴凉干燥处，勿冷藏或冷冻，以防供试品内污染菌因保存条件不妥致死、损伤或繁殖。供试品在检验之前，应保持原包装状态，严禁开启。包装已开启的样品不得作为供试品进行检查。

（三）药品微生物总数检查的一般步骤

微生物总数检查是指用无菌操作技术将被检药品的供试液分别接种于适合细菌、霉菌和酵母菌生长的培养基中，逐日观察有无细菌、霉菌和酵母菌生长，以判断被检药品是否符合《中华人民共和国药典》的相关规定。

三、任务所需器材

1. 设备、仪器

（1）设备恒温培养箱（30 ~ 35℃）、生化培养箱（23 ~ 28℃）。

（2）仪器菌落计数器、锥形瓶（250 ~ 300 mL，500 mL，1 000 mL）、培养皿（直径9 cm）、带塞试管（18 mm × 180 mm，28 mm × 198 mm）、吸管（1 mL分度0.01，10 mL分度0.1)。玻璃器皿均于高压蒸汽121℃，灭菌30 min，烘干。

（3）用具酒精灯、灭菌剪刀和镊子、试管架、火柴、记号笔、白瓷盆、实验记录纸。

2. 试剂及培养基

0.9%无菌氯化钠溶液、pH7.0无菌氯化钠 – 蛋白胨缓冲液。营养琼脂培养基、玫瑰红钠琼脂培养基、酵母浸出粉胨葡萄糖（YPD）琼脂培养基。

四、任务技能训练

1. 供试液制备

取供试品10 mL，加入90 mL的pH值为7.0无菌氯化钠 – 蛋白胨缓冲液配制成1:10的供试液。

2. 稀释

取1:10供试液1 mL加入含9 mL pH值为7.0无菌氯化钠 – 蛋白胨缓冲液的试管中制成1:10^2的供试液，

再取 $1:10^2$ 的供试液 1 mL 加入另一支含 9 mL pH 值为 7.0 无菌氯化钠 – 蛋白胨缓冲液的试管中，制成 $1:10^3$ 稀释级的供试液。

3. 吸样注皿

分别吸取上述 3 个稀释级供试液各 1 mL（每个稀释级用 1 支灭菌吸管），至每个直径 90 mm 的灭菌平皿中进行细菌、霉菌和酵母菌数测定，每一稀释级每种培养基至少注 2 ～ 3 个平皿（一般为左手持平皿，将盖半开，右手持吸管），注皿时，将 1 mL 供试液慢慢全部注入平皿中，管内无残留液体，防止反流到吸管尖端部。

4. 阴性对照

待各级稀释液注皿完毕后，用 1 支 1 mL 吸管吸取稀释剂（pH 值为 7.0 无菌氯化钠 – 蛋白胨缓冲液）各 1 mL，分别注入 4 个平皿中。其中 2 个作细菌数阴性对照；另 2 个作霉菌、酵母菌数阴性对照。

5. 倾注培养基

分别将预先配制好的细菌计数用的营养琼脂培养基，霉菌、酵母菌计数用的玫瑰红钠琼脂培养基，倾注上述各个平皿约 15 mL，以顺时针或逆时针方向快速旋转平皿，使供试液或稀释液与培养基混匀，置操作平台上待凝。在旋转平皿时，切勿将培养基溅到皿边及皿盖上。

6. 培养

将细菌计数平板倒置于 30 ～ 35℃培养箱中培养 3 d，霉菌、酵母菌计数平板倒置于 23 ～ 28℃培养箱中培养 5 d，必要时延长至 7 d。逐日观察菌落生长情况。

7. 菌落计数

将平板置菌落计数器上或从平板的背面直接以肉眼点计，以透射光衬以暗色背景，仔细观察。勿漏计细小的琼脂层内和平皿边缘生长的菌落。

8. 菌数报告

按菌数报告规则报告菌落数。

9. 结果报告

（1）菌落数在 100 以内时，按实有数据报告。

（2）菌落数大于 100 时，取两位有效数字报告，第三位按数字修约规则处理。

10. 复试

供试品细菌数、霉菌及酵母菌数其中任一项 1 次检验不合格，应从同一批样品中随机重新取 2 倍包装量的供试品，依法作单项复试 2 次，以 3 次检验结果的均值报告。若 3 次结果的平均值超过该品种项下的规定，判供试品不符合规定；否则，判供试品符合规定。

【结果记录】

药品微生物总数检验记录

文件编号		检品编号	
室温 /℃		湿度 /1%	
检品名称		规格	
生产批号		包装日期	
生产单位		检品数量	
供样单位		收检日期	
检验目的		检验日期	
检验依据		报告日期	
沉降菌菌落数	无菌室：左中右 净化台：左中右空白对照		
供试品 / 液			
检验方法			
供试品 /（g/mL）		缓冲液 /mL	
细菌培养箱编号		生化培养箱编号	

<table>
<tr><th colspan="10">细菌数、霉菌和酵母菌数检查</th></tr>
<tr><td rowspan="2">项目
稀释度
平板数</td><td colspan="3">细菌数
（营养琼脂培养基
30 ～ 35℃培养 3 d）</td><td colspan="3">霉菌、酵母菌数
（玫瑰红钠琼脂培养基
23 ～ 28℃培养 5 d）</td><td colspan="3">酵母浸出粉胨葡萄糖
琼脂培养基</td></tr>
<tr><td>1 ： 10</td><td>1 ： 10^2</td><td>1 ： 10^3</td><td>1 ： 10</td><td>1 ： 10^2</td><td>1 ： 10^3</td><td>1 ： 10</td><td>1 ： 10^2</td><td>1 ： 10^3</td></tr>
<tr><td>1</td><td></td><td></td><td></td><td></td><td></td><td></td><td></td><td></td><td></td></tr>
<tr><td>菌落数 /（cfu/mL）</td><td></td><td></td><td></td><td></td><td></td><td></td><td></td><td></td><td></td></tr>
<tr><td>结果分析</td><td></td><td></td><td></td><td></td><td></td><td></td><td></td><td></td><td></td></tr>
<tr><td>结论</td><td colspan="9">□（均）符合规定□（均）不符合规定</td></tr>
</table>

五、任务考核指标

葡萄糖酸钙口服液微生物总数检查操作要点及考核标准

<table>
<tr><th>评价指标</th><th>操作要点</th><th>考核标准</th><th>分值</th><th>得分</th></tr>
<tr><td>实训准备
（10 分）</td><td>无菌环境：无菌室、超净工作台
设备：恒温培养箱（30 ～ 35℃）、生化培养箱（23 ～ 28℃）；
仪器：菌落计数器、锥形瓶（250 ～ 300 mL，500 mL，1 000 mL）、培养皿（直径 9 cm）、带塞试管（18 mm×180 mm，28×198 mm）、吸管（1 mL 分度 0.01，1 mL 分度 0.1）、玻璃器皿均于高压蒸汽 121℃灭菌 30 min，烘干；
用具：酒精灯、灭菌剪刀和镊子、试管架、火柴、记号笔、白瓷盆、记录纸；
试剂及培养基：0.9% 无菌氯化钠溶液、pH 值为 7.0 无菌氯化钠 - 蛋白胨缓冲液、营养琼脂培养基、玫瑰红钠琼脂培养基、酵母浸出粉胨葡萄糖（YPD）、琼脂培养基</td><td>是否准备齐全</td><td>10</td><td></td></tr>
<tr><td rowspan="10">实训过程
（50 分）</td><td>选择滤膜</td><td rowspan="10">操作是否规范</td><td>5</td><td></td></tr>
<tr><td>供试液的制备</td><td>5</td><td></td></tr>
<tr><td>过滤</td><td>5</td><td></td></tr>
<tr><td>冲洗</td><td>5</td><td></td></tr>
<tr><td>阴性对照</td><td>5</td><td></td></tr>
<tr><td>贴滤膜</td><td>5</td><td></td></tr>
<tr><td>培养计数</td><td>5</td><td></td></tr>
<tr><td>菌数报告</td><td>5</td><td></td></tr>
<tr><td>结果报告</td><td>5</td><td></td></tr>
<tr><td>复试</td><td>5</td><td></td></tr>
<tr><td>检验记录
（10 分）</td><td>认真填写检验记录</td><td>是否符合要求</td><td>10</td><td></td></tr>
<tr><td>实训结果
（10 分）</td><td>根据检验记录，查阅药典，判断药品微生物总数检查是否符合规定</td><td></td><td>10</td><td></td></tr>
<tr><td rowspan="3">清场
（5 分）</td><td>清洗实训用品</td><td>是否干净</td><td>2</td><td></td></tr>
<tr><td>打扫清理实训室</td><td>是否整洁</td><td>2</td><td></td></tr>
<tr><td>关好实训室水、电、门、窗</td><td>是否完成</td><td>1</td><td></td></tr>
<tr><td>讨论
（10 分）</td><td>实训过程中遇到的问题及解决办法</td><td>是否积极参与</td><td>10</td><td></td></tr>
<tr><td>实训报告
（5 分）</td><td>认真书写实训报告</td><td>是否符合要求</td><td>5</td><td></td></tr>
</table>

任务2　双黄连口服液的微生物总数检查

一、任务目标

（1）学会用薄膜过滤法检查口服制剂微生物总数。

（2）能独立进行菌落计数和报告。

（3）能规范操作，规范填写实验记录和书写实验报告。

二、任务相关知识

（一）平皿计数法

1. 吸样注皿

在上述进行10倍递增稀释的同时，以该稀释级吸管，吸取该稀释级供试液各1 mL至每个直径90 mm的灭菌平皿中，或从高稀释级至低稀释级吸液时，可用1支吸管吸取供试液各1 mL至每个灭菌平皿中。每一稀释级每种培养基至少注2 ~ 3个平皿（一般为左手执平皿，将盖半开，右手执吸管），注皿时，将1 mL供试液慢慢全部注入平皿中，管内无残留液体，防止反流到吸管尖端部。

2. 阴性对照

待各级稀释液注皿完毕后，用1支1 mL吸管吸取试验用稀释剂（pH值为7.0氯化钠－蛋白胨缓冲液）各1 mL，分别注入4个平皿中。其中2个作细菌数阴性对照；另2个作霉菌、酵母菌数阴性对照，如另用YPD琼脂培养基测定酵母菌数时，则再增加2个平皿作酵母菌数阴性对照。

3. 倾注培养基

将预先配制好的细菌计数用的营养琼脂培养基；霉菌、酵母菌计数用的玫瑰红钠琼脂培养基；含蜂蜜、王浆液体制剂用玫瑰红钠琼脂培养基（霉菌）和YPD琼脂培养基（酵母菌）熔化，冷至约45℃时，倾注上述各个平皿约15 mL，以顺时针或反时针方向快速旋转平皿，使供试液或稀释液与培养基混匀，盖上陶瓦盖，或半盖盖，除去冷凝水后，再移去陶瓦盖后，盖上平皿盖，置操作平台上待凝固。在旋转平皿时，切勿将培养基溅到皿边及皿盖上。

4. 培养

细菌计数平板倒置于30 ~ 35℃培养箱中培养3 d。霉菌、酵母菌计数平板倒置于23 ~ 28℃培养箱中培养5 d，必要时延长至7 d。逐日观察菌落生长情况，点计菌落数。

5. 菌落计数

（1）一般将平板置菌落计数器上或从平板的背面直接以肉眼点计，以透射光衬以暗色背景，仔细观察。勿漏计细小的琼脂层内和平皿边缘生长的菌落。注意细菌菌落、霉菌菌落和酵母菌菌落之间，以及菌落与供试品颗粒、培养基沉淀物、气泡、油滴等的区别。必要时用放大镜或用低倍显微镜直接观察，或挑取可疑物涂片镜检。

（2）供试品如为微生物制剂，应将有效微生物菌落排除，不可点计在细菌、霉菌和酵母菌数内。排除的方法需按该制剂微生物品种而定，并观察菌落特征及染色形态。

（3）供试品稀释液常含有不溶性原料、辅料，培养基注皿后亦可能产生沉淀物，经过培养后有时形成数量很多的有形物，且难与菌落相区别。为了有利于菌落计数，可在操作时将适宜稀释级的供试液多增加注皿（1 ~ 2个平皿），注皿后不经培养而放置于冰箱（勿结冻）中，在计数菌落时作为对照。或用含TTC营养琼脂注皿，经培养后该培养基生长的菌落为红色，衬于白色背录上易于点计细菌菌落和区分其他有形物。有些软膏等非水溶性供试品，经营养琼脂注皿后呈乳白色，培养后生长的菌落不易辨认和点计，为防止这种情况，也可用含TTC营养琼脂注皿。TTC的用量应以不抑制微生物生长为宜，通常使用的浓度为0.001%。

（4）若平板上有2个或2个以上菌落重叠，肉眼可辨别时，仍以2个或2个以上菌落计数；若平板生长有链状或片状、云雾状菌落，菌落间无明显界线，一条链、片作为一个菌落计，但若链、片上出现性状与链、片状菌落不同的可辨菌落时，仍应分别计数，若生长蔓延的较大的片状菌落或花斑样菌落，其外缘有若干性状相似的单个菌落，一般不宜作为计数用。

（5）菌落生长呈蔓延趋势者，细菌需在24 h、霉菌需在48 h做初步点计（点计霉菌菌落时，轻轻翻转平板，勿反复翻转，否则使早期形成的孢子散落在平板的其他部位，又萌生新的霉菌菌落，导致计数误差）。

（6）在培养3 d点计细菌，培养5 d点计霉菌时，如菌落极小，不易辨认，细菌计数可延长培养时间至5 d；霉菌及酵母菌计数可延长培养时间至7 d，再点计菌落数。

（7）对有异议的供试品以YPD培养基作酵母菌计数时，可培养至1周，再点计菌落数。

（8）含蜂蜜、王浆液体制剂用玫瑰红钠琼脂培养基点计霉菌数，YPD琼脂培养基点计酵母菌数。两者合并计数。

（9）在特殊情况下，若营养琼脂培养基上长有霉菌和酵母菌、玫瑰红钠琼脂培养基上长有细菌，则应分别点计霉菌和酵母菌、细菌菌落数。然后将营养琼脂培养基上的霉菌和酵母菌数或玫瑰红钠琼脂培养基上的细菌数，与玫瑰红钠琼脂培养基中的霉菌和酵母菌数或营养琼脂培养基中的细菌数进行比较，以菌落数多的培养基中的菌数为计数结果。

6. 菌数报告规则

（1）宜选取细菌、酵母菌平均菌落数小于300 cfu、霉菌菌落数平均数小于100 cfu的平板计数作为菌数报告（取两位有效数字）的依据。

（2）当仅有1个稀释级的菌落数符合上述规定，以该级的平均菌落数乘以稀释倍数报告菌数；当有2个或2个以上稀释级的菌落数符合上述规定，以最高的平均菌落数乘以稀释倍数值的值报告。

（3）如各稀释级的平板均无菌落生长，或仅最低稀释级的平板有菌落生长，但平均菌落数小于1时，以小于1乘以最低稀释倍数报告菌数。

菌数报告规则示例见表12–1。

表12–1 菌数报告规则示例

菌数报告规则示例	各稀释级（供试液1 mL/皿）平均菌落计数（cfu）				菌数报告数（cfu/g，mL，10 cm^2）
	原液	1 ∶ 10	1 ∶ 10^2	1 ∶ 10^3	
1	—	64	8	2	640
2	—	420	64	8	6 400
3	—	不可计	420	64	64 000
4	—	0	0.5	0	＜100
5	—	—	0	0	＜100
6	—	0	0	0	＜10
7	0	0	0	—	＜1

（二）薄膜过滤法

1. 薄膜过滤法的优点

薄膜过滤法主要起到富集微生物、分离去除样品中对微生物生长产生的干扰因素作用，可以有效提高检查结果的灵敏度和可靠性，是近年来微生物检查领域中日益广泛应用的一种技术手段。

2. 滤膜的选择

薄膜过滤法采用的滤膜孔径应不大于0.45 μm。滤膜直径一般为50 mm，为便于计数，以及减轻供试液堵塞滤膜的情况，在便于操作的前提下，可以选用直径更大的滤膜或薄膜过滤器。采用不同直径的滤膜，冲洗量应进行相应的调整。选择滤膜材质时，应保证供试品及其溶剂不影响微生物的充分被截留。滤器及滤膜使用前，应采用适宜的方法灭菌。使用时，应保证滤膜在过滤前后的完整性。

经薄膜过滤后，若需要用冲洗液冲洗滤膜，以滤膜直径为50 mm的滤膜计，每张滤膜每次冲洗量不超过100 mL，总冲洗量不得超过1 000 mL；其他直径的滤膜及薄膜过滤器可按膜面积比例调整，总的原则是避免大体积、过高流速的冲洗造成滤膜上的微生物受损伤。

4. 控制滤膜两侧的压力差

由于供试液中一些不能通过滤膜的颗粒存在，常常造成滤膜堵塞、压力升高，严重情况时可能发生过滤装置炸裂，造成安全事故或实验室污染；也可能发生由于压力过大滤膜开裂或滤膜孔径变大，造成滤膜对微生物的过滤截留失败。所以，实际操作中应考虑对薄膜过滤中的压力控制和设备的安全性，设置一定的安全压力限度，如滤膜两侧压差不得过 50 psi。具体压力限度应根据具体薄膜过滤装置及滤膜确定。采用适当方法去除供试液中的颗粒（前提是不能影响微生物的回收率）、适当增加薄膜面积或降低过滤液体流速，可以有效地降低滤膜两侧的压力差。

5. 取样接种

取相当于每张滤膜含 1 g、1 mL 或 10 cm^2 供试品的供试液，加至适量的稀释剂中，混匀，过滤。若供试品每 1 g、1 mL 或 10 cm^2 所含的菌数较多时，可取适宜稀释级的供试液 1 mL，过滤。用 pH 值为 7.0 无菌氯化钠–蛋白胨缓冲液或其他适宜的冲洗液冲洗滤膜。冲洗后取出滤膜，菌面朝上贴于营养琼脂培养基或玫瑰红钠琼脂培养基或酵母浸出粉胨葡萄糖琼脂培养基平板上培养。每种培养基至少制备 1 张滤膜。滤膜贴于平板上时不得有空隙或气泡，否则影响微生物生长。贴膏剂宜采用薄膜过滤法进行细菌、霉菌及酵母菌计数。

6. 阴性对照试验

取试验用的稀释液 1 mL 照上述薄膜过滤法操作，作为阴性对照。阴性对照不得有菌生长。

7. 培养和计数

培养条件和计数方法同平皿法，每片滤膜上的菌落数应不超过 100 cfu。

8. 菌数报告规则

以相当于 1 g、1 mL 或 10 cm^2 供试品的菌落数报告菌数；若滤膜上无菌落生长，以 <1 报告菌数（每张滤膜过滤 1 g、1 mL 或 10 cm^2 供试品），或 <1 乘以最低稀释倍数的值报告菌数。

（三）结果报告

菌落数在 100 以内时，按实有数据报告。

菌落数大于 100 时，取两位有效数字报告，第三位按数字修约规则处理。

（四）复试

供试品细菌数、霉菌及酵母菌数其中任一项 1 次检验不合格，应从同一批样品中随机重新取 2 倍包装量的供试品，依法作单项复试 2 次，以 3 次检验结果的均值报告。若 3 次结果的平均值超过该品种项下的规定，判供试品不符合规定；否则，判供试品符合规定。

三、任务所需器材

1. 设备、仪器

（1）设备恒温培养箱（30 ~ 35℃）、生化培养箱（23 ~ 28℃）、0.45 μm 滤膜及薄膜过滤器。

（2）仪器菌落计数器、锥形瓶（250 ~ 300 mL，500 mL，1 000 mL）、培养皿（直径 9 cm）、带塞试管（18 mm × 180 mm，28 mm × 198 mm）、吸管（1 mL 分度 0.01，10 mL 分度 0.1）。玻璃器皿均于高压蒸汽 121℃，灭菌 30 min，烘干。

（3）用具酒精灯、灭菌剪刀和镊子、试管架、火柴、记号笔、白瓷盆、实验记录纸。

2. 试剂及培养基

0.9% 无菌氯化钠溶液、pH 值为 7.0 无菌氯化钠–蛋白胨缓冲液。营养琼脂培养基、玫瑰红钠琼脂培养基、酵母浸出粉胨葡萄糖（YPD）琼脂培养基。

四、任务技能训练

（1）选择滤膜。取滤膜孔径不大于 0.45 μm、直径不小于 50 mm 可拆卸的滤器。滤器及滤膜使用前，应采用适宜的方法进行灭菌。使用时，必须保证滤膜在过滤前后的完整性。

（2）供试液的制备。按平皿法制备 1:10 的供试液 100 mL。

（3）过滤。取上述供试液（相当于 1 g 或 1 mL 的供试品）过滤。

（4）冲洗。取 100 mL pH 值为 7.0 无菌氯化钠 – 蛋白胨缓冲液冲洗滤膜，总冲洗量不得超过 1 000 mL。

（5）阴性对照。取试验用 pH 值为 7.0 无菌氯化钠 – 蛋白胨缓冲液 1 mL，同供试液方法过滤、冲洗，作为阴性对照。

（6）贴滤膜。冲洗后取出滤膜，菌面朝上贴于培养基平板上（营养琼脂培养基、玫瑰红钠琼脂培养基、酵母浸出粉胨葡萄糖琼脂培养基各贴 1 张滤膜）。滤膜贴于平板上时不得有空隙或气泡，否则影响微生物生长。

（7）培养计数。培养及菌落计数方法同平皿法，每片滤膜上的菌落数应不多于 100 cfu。若菌落数超过 100 cfu，不便计数时，可取高稀释级的供试液同法操作，点计滤膜上的菌落数。

（8）菌数报告。以相当于 1 g 或 1 mL 供试品的菌落数报告；若滤膜上无菌落生长，以小于 1 报告菌数（每张滤膜过滤 1 g 或 1 mL 供试品），或以小于 1 乘以稀释倍数的值报告菌数。

（9）结果报告：

①菌落数在 100 以内时，按实有数据报告。

②菌落数大于 100 时，取两位有效数字报告，第三位按数字修约规则处理。

（10）复试。供试品细菌数、霉菌及酵母菌数其中任一项 1 次检验不合格，应从同一批样品中随机重新取 2 倍包装量的供试品，依法作单项复试 2 次，以 3 次检验结果的均值报告。若 3 次结果的平均值超过该品种项下的规定，判供试品不符合规定；否则，判供试品符合规定。

【结果记录】

药品微生物总数检验记录

文件编号		检品编号	
室温 /℃		湿度 /%	
检品名称		规格	
生产批号		包装日期	
生产单位		检品数量	
供样单位		收检日期	
检验目的		检验日期	
检验依据		报告日期	
沉降菌菌落数	无菌室：左中右 净化台：左中右空白对照		
供试品 / 液			
检验方法			
供试品 /（g/mL）		缓冲液 /mL	
细菌培养箱编号		生化培养箱编号	

五、任务考核指标

评价指标	操作要点	考核标准	分值	得分
实训准备 （10分）	无菌环境：无菌室、超净工作台 设备：恒温培养箱（30～35℃）、生化培养箱（23～28℃）、0.45 μm滤膜及薄膜过滤器； 仪器：菌落计数器、锥形瓶（250～300 mL，500 mL，1 000 mL）、培养皿（直径9 cm）、带塞试管（18 mm×180 mm，28×198 mm）、吸管（1 mL分度0.01，1 mL分度0.1）、玻璃器皿均于高压蒸汽121℃灭菌30 min，烘干； 用具：酒精灯、灭菌剪刀和镊子、试管架、火柴、记号笔、白瓷盆、记录纸； 试剂及培养基：0.9%无菌氯化钠溶液、pH值为7.0无菌氯化钠-蛋白胨缓冲液、营养琼脂培养基、玫瑰红钠琼脂培养基、酵母浸出粉胨葡萄糖（YPD）、琼脂培养基	是否准备齐全	10	
实训过程 （50分）	选择滤膜	操作是否规范	5	
	供试液的制备		5	
	过滤		5	
	冲洗		5	
	阴性对照		5	
	贴滤膜		5	
	培养计数		5	
	菌数报告		5	
	结果报告		5	
	复试		5	
检验记录 （10分）	认真填写检验记录	是否符合要求	10	
实训结果 （10分）	根据检验记录，查阅药典，判断药品微生物总数检查是否符合规定		10	
清场 （5分）	清洗实训用品	是否干净	2	
	打扫清理实训室	是否整洁	2	
	管号实训室水、电、门、窗	是否完成	1	
讨论 （10分）	实训过程中遇到的问题及解决办法	是否积极参与	10	
实训报告 （5分）	认真书写实训报告	是否符合要求	5	

[习题]

1. 药品中常见致病菌有哪些？
2. 药品微生物总数检查前，对检测环境及操作人员有哪些要求？
3. 简述药品中常见致病菌的卫生学意义和检验程序。
4. 试述药品中细菌、酵母菌及霉菌数检测的方法。
5. 简述薄膜过滤法的基本原理和操作方法。

项目十三　药品的控制菌检查

【知识目标】

（1）掌握控制菌检查的基本原则、基本步骤。

（2）掌握控制菌检查的基本知识及《中华人民共和国药典》相关的规定。

【能力目标】

（1）掌握无菌条件下，每种控制菌检查的增菌培养、分离培养、镜检及生化试验等基本的试验操作和结果判断。

（2）能独立进行药品控制菌检查的测定项目。

（3）在项目完成过程中，实验设计、实验自主准备、实验组织、实验开展、数据处理的能力得到提高。

【素质目标】

培养学生对微观事物科学的、实事求是的、认真细致的学习和工作态度。

【案例导入】

1970 年 10 月和 1971 年 4 月，美国疾病控制中心（CDC）报告有败血症流行，该病的流行与静脉输液药剂有关。该中心报告说，截止到 1971 年 3 月 6 日，在美国 7 个州中的 8 家医院里发现有 150 例细菌污染病例。1 周以后，败血症的病例升至 350 例。到 1971 年 3 月 27 日则达到 405 人。

1971 年 4 月 22 日生产导致上述败血症的输液厂家的注册文号被取消。

美国 1976 年的统计数字表明，前 10 年内因质量问题从市场撤回输液产品的事件超过 600 起，410 人受到伤害，54 人死亡。

任务 1　口服液药品中大肠埃希菌检查

一、任务目标

（1）掌握大肠埃希菌的检查的程序及注意事项。

（2）能按着下达的任务要求，完成大肠埃希菌检查的试验设计。

（3）能根据试验设计完成试验的准备及试验的具体操作。

二、任务相关知识

（一）简述

大肠埃希菌（*Escherichia coli*）即大肠杆菌，为肠杆菌科埃希菌属的模式种。大肠埃希菌是人和温血动物肠道内的栖居菌，随粪便排出体外。在药品中检出大肠埃希菌，表明该样品受到人和温血动物的粪便污染，即可能污染肠道病原体。

大肠埃希菌除普通大肠埃希菌外，尚有致病性大肠埃希菌，可引起婴幼儿、成人爆发性腹泻。为保证人体健康，口服药品必须检查大肠埃希菌。

1. 形态特征

大肠埃希菌为两端钝圆的短小直杆菌，革兰染色阴性，无芽孢，多有鞭毛，以周身鞭毛运动或不运动。许多菌株有荚膜和微荚膜。

2. 培养特征

大肠埃希菌最适培养温度为37℃，可在15 ~ 46℃生长，最适pH值是7.4 ~ 7.6，兼性厌氧。在营养肉汤培养基中，37℃培养24 h，形成菌膜，管底有黏液状沉淀，培养物有粪臭味；在营养肉汤琼脂培养基中，可形成凸起、光滑、湿润、乳白色、边缘整齐的菌落。

3. 生化反应

大肠埃希菌能迅速分解葡萄糖、乳糖、麦芽糖、甘露醇等多种糖类，产酸产气，不分解尿素，靛基质试验阳性，甲基红试验阳性，VP试验阴性，不利用枸橼酸盐，不液化明胶。

4. 抵抗力

大肠埃希菌对理化因素的抵抗力，在无芽孢菌中是较强的一种，在室温可存活数周，在土壤、水中存活数月，耐寒力强，能过冬。加热60℃，30 min能被杀死。对漂白粉、酚、甲醛和戊二醛等均较敏感，水中含(0.5 ~ 1)/106氯能被杀死。

大肠埃希菌对丁胺卡那及头孢菌素类较敏感，对磺胺类、链霉素、氯霉素、金霉素、四环素等产生不同程度的耐药性。

（二）检查程序

检查程序见图13–1。

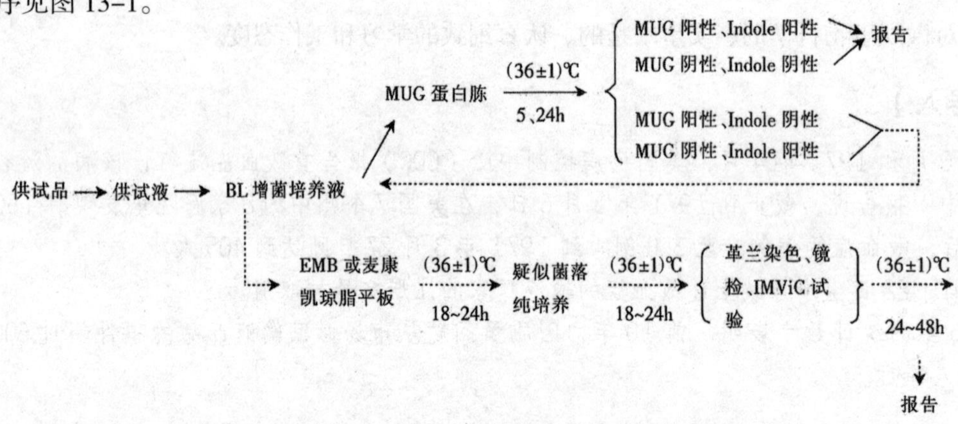

图13–1 大肠埃希菌检查程序

供试液的制备：见“药品中微生物总数的检查”。

阳性对照试验：供试品进行控制菌检查时，应做阳性对照试验。阳性对照试验的加菌量为10 ~ 100 cfu，供试品和增菌培养基用量及检查按供试品的控制菌检查。阳性对照试验应检出相应的控制菌。

阳性对照试验的目的：检查供试品是否有抑菌作用及培养条件是否适宜。

阴性对照试验：取稀释剂10 mL加入100 mL（或200 mL）相应控制菌检查用的增菌培养基中，培养，应无菌生长。

阴性对照试验的目的：检查稀释剂是否满足要求及培养条件是否适宜。

1. 增菌培养

取胆盐乳糖培养基（BL）3瓶，每瓶各100 mL。2瓶分别加入规定量的供试液，其中1瓶加入对照菌10 ~ 100个作阳性对照，第3瓶加入与供试液等量的稀释剂作阴性对照。

于（36 ± 1）℃培养18 ~ 24 h，必要时可延至48 h，阴性对照应无菌生长。

2.MUG – Indole快速检查

分别从上述增菌培养后的胆盐乳糖增菌培养基中取0.2 mL，分别于装有5 mL MUG培养基的试管中，(36 ± 1)℃培养，于5 h、24 h在366 nm紫外光下观察。同时，用未接种的MUG培养基作本底对照。

若管内培养物呈现荧光，为 MUC 阳性；不呈现荧光，为 MUG 阴性。观察后，沿培养管的管壁加入数滴靛基质试液，液面呈玫瑰红色，为靛基质阳性；呈试剂本色，为靛基质阴性。

本底对照为 MUG 阴性和靛基质阴性。如果 MUG 阳性、靛基质阳性，判供试品检出大肠埃希菌；如果 MUC 阴性、靛基质阴性，判断供试品未检出大肠埃希菌。

3. 曙红亚甲蓝琼脂或麦康凯琼脂平板划线分离

如果 MUG 阳性、靛基质阴性或 MUG 阴性、靛基质阳性，均应在曙红亚甲蓝琼脂（EMB）培养基或麦康凯琼脂培养基平板划线分离。

分离如下：将增菌培养后的胆盐乳糖培养液轻轻摇动，以接种环沾取 1 ~ 2 环培养液划线于曙红亚甲蓝琼脂（EMB）培养基或麦康凯琼脂培养基平板上，（36 ± 1）℃分离培养 18 ~ 24 h，观察菌落特征（表 13–1）。

表 13–1 大肠埃希菌菌落形态特征

培养基	菌落形态
曙红亚甲蓝琼脂（EMB）平板	呈紫黑色、浅紫色、蓝紫色或粉红色，菌落中心呈深紫色或无明显暗色中心，圆形，稍凸起，边缘整齐，表面光滑，湿润，常有金属光泽
麦康凯琼脂（MacC）平板	鲜桃红色或微红色，菌落中心呈深桃红色，圆形，扁平，边缘整齐，表面光滑，湿润

当阳性对照的平板呈典型菌落生长时，如果 EMB 或麦康凯琼脂平板上生长的菌落与表 13–1 特征菌落不符，报告未检出大肠埃希菌。如果有疑似大肠埃希菌的菌落，则进行分离、纯化、染色镜检和 IMViC 试验，确认是否为大肠埃希菌。

4. 纯培养选择

平板菌落典型特征相符或疑似菌的 2 ~ 3 个菌落，分别接种于营养琼脂培养基斜面上，培养 18 ~ 24 h 后，取营养琼脂培养基斜面的培养物进行检查。

5. 革兰染色镜检

以接种环沾取无菌水于洁净载玻片上，取上述可疑菌落的营养琼脂斜面新鲜培养物少许，制成均匀涂片，通过火焰 2 ~ 3 次干燥固定。

初染：滴加结晶紫染液，染色 1 min，水洗。

媒染：滴加碘液，媒染 1 min，水洗。

脱色：滴加 95% 乙醇，脱色 20 ~ 30 s，至流出液无色，水洗。

复染：滴加沙黄染液，复染 1 min，水洗，待干后，镜检。

革兰阳性菌呈蓝紫色，革兰阴性菌呈红色。

大肠埃希菌为革兰阴性短杆菌，或球杆菌状，亦有杆菌状。

6. 生化试验

（1）靓基质试验（I）。将纯培养物接种于蛋白胨水培养基中，37℃培养 24 ~ 48 h，沿管壁加入对甲氨基苯甲醛试液 0.3 ~ 0.6 mL，观察液面是否有红色环。大肠埃希菌应有红色环，液面有红色环为阳性。

（2）甲基红试验（M）。将纯培养物接种于磷酸盐葡萄糖蛋白胨水培养基中，37℃培养 24 ~ 48 h，加甲基红指示剂数滴，观察结果，红色为阳性，黄色为阴性。大肠埃希菌应是阳性。

（3）已酰甲基甲醇生成试验（VP）。将纯培养物接种于磷酸盐葡萄糖蛋白胨水培养基中，37℃培养 24 ~ 48 h，加入 VP 试剂甲液 1 mL，混匀，再加入 VP 试剂乙液 0.4 mL，充分振摇，观察结果，数分钟后出现红色为阳性，黄色为阴性；4 h 后出现红色为阳性反应。大肠埃希菌应是阳性。

（4）枸橼酸盐利用试验（C）。将纯培养物接种于枸橼酸盐琼脂培养基中，37℃培养 24 ~ 48 h。观察结果，培养基由绿色变成蓝色为阳性，黄色为阴性。大肠埃希菌应是阴性。

最后要把据靓基质试验（I）、甲基红试验（M）、乙酰甲基甲醇生成试验（VP）、枸橼酸盐利用试验（C）和革兰染色镜检结果确认。

MUG 阳性、靛基质阴性、IMViC 试验为–+––、革兰阴性杆菌，报告 1 g、1 mL 供试品检出大肠埃希菌；

MUG 阴性、靛基质阳性、IMViC 试验为++--、革兰阴性杆菌，报告 1 g、1 mL 供试品检出大肠埃希菌。若与以上不符，报告 1 g、1 mL 供试品中未检出大肠埃希菌。

当阴性对照有菌生长或阳性对照无菌生长或生长菌落不是大肠埃希菌，不能做出检验报告。

7. 注意事项

（1）配制 MUG 培养基时，务必校正 pH，灭菌后 pH 不得过 7.4，否则 pH 偏高，MUG 会分解，本身则显荧光；分装 MUG 培养基的试管应挑选，试管、蛋白胨不得显荧光。

（2）在曙红亚甲蓝琼脂或麦康凯琼脂平板上的菌落形态特征时有变化，挑取可疑菌落往往凭经验，主观性较大，务必挑选 2 ~ 3 个以上菌落分别做 IMViC 试验鉴别，挑选菌落多，挑选阳性菌的概率越高，如仅挑选一个菌落 IMViC 试验的鉴别，则易漏检。

（3）在 IMViC 试验中，沾取菌苔后按 C 盐、I、M、Vi 次序接种，勿将培养基带入 C 盐斜面上，以免产生阳性结果，同时培养天数改为 2 ~ 4 d。

（4）阳性对照试验是检查供试品是否有抑菌作用及培养条件是否适宜。

阳性对照菌液的制备、计数及加入含供试品的培养基中的操作，不能在检测供试品的洁净试验室或净化台上进行。必须在单独的隔离间或者净化台操作，以免污染供试品及操作环境。

（5）检测大肠埃希菌及其他控制菌，按 1 次检出结果为准，不准抽样复检。检出的大肠埃希菌及其他控制菌培养物须保留 1 个月，备查。

三、任务所需器材

（1）分装好的 BL 培养基 3 瓶，每瓶 100 mL（用于增菌培养）。

（2）分装好的 MUG 培养基 3 个试管，每管 5 mL（分装前调 pH，用于 MUG 试验）。

（3）EMB 培养基 100 mL（用于制成平板，划线分离）。

（4）培养皿数个，足量（用于制平板）。

（5）10 mL 和 1 mL 移液管数根，要求足量（有于移取液体）。

（6）营养琼脂培养基分装至试管（制备纯化斜面使用）。

（7）蛋白胨水培养基 1 个试管，磷酸盐葡萄糖蛋白胨水培养基 2 个试管，枸橼酸盐琼脂培养基 1 个试管铺成斜面（用于 IMViC 试验）。

（8）分装好的稀释剂 2 瓶，每瓶 90 mL（用于供试品的制备及阴性对照）。

以上物品经高压蒸汽灭菌后，无菌检查合格后使用。

以上物品在试验操作前要提前准备好。

（9）大肠埃希菌菌悬液提前准备好，1 mL 含 10 ~ 100 cfu。

（10）无菌室、超净台提前灭菌，准备好酒精灯、乙醇棉球、火柴、接种环、试管架、消毒缸等。

（11）靛基质试剂、革兰染色用试剂。

（12）阳性对照超净台。

（13）培养箱、无菌服等。

以上物品在试验前应准备好，并且相应物品应足量。

四、任务技能训练

（1）供试品。

普通液体供试液的制备方法: 取供试品 10 mL, 加 pH 值为 7.0 无菌氯化钠 – 蛋白胨缓冲液至 100 mL, 混匀，作为 1:10 的供试液。检验量的要求：检验时，应从两个最小包装单位中抽取样品。葡萄糖酸钙口服液是属于普通的液体供试品，按以上要求完成供试液的制备，制成 1:10 的供试液。

（2）增菌培养。

（3）MUC -lndole 检查。

（4）分离培养。

（5）纯培养。

（6）染色镜检。

（7）IMViC 试验。

【结果记录】

大肠埃希菌检查记录

检品编号：　　　　　　　　　　室温：　　　　　　　　　　湿度：

检品名称		检品编号	
批号		包装效期	
生产单位		检品数量	
供样单位		验收日期	
检验目的		检验日期	
检验依据		报告日期	

供试液制备：

（1）常规法供试品 ___g（mL），0.9% 无菌氯化钠溶液或 pH 值为 7.0 无菌氯化钠 - 蛋白胨缓冲液 ___ mL。

①匀浆仪档 ___min；②研钵法；③保温振摇法。

（2）非水溶性供试品供试品 ___g（mL）加乳化剂 ___g（mL）。

（3）含抑菌性供试品处理方法供试品 ___g（mL），0.9% 无菌氯化钠溶液或 pH 值为 7.0 无菌氯化钠 - 蛋白胨缓冲液 ___mL。

大肠埃希菌检查

	供试品	阳性对照
BL 增菌培养基 MUG -I（靛基质） EMB 或 MacC 革兰染色，镜检 IMViC 试验结果 结果 标准	不得检出	

五、任务考核指标

大肠埃希菌检查操作要点及考核标准

<table>
<tr><th>评价指标</th><th colspan="2">操作要点</th><th>考核标准</th><th>分值</th><th>得分</th><th>备注</th></tr>
<tr><td rowspan="2">试验前准备（20分）</td><td colspan="2">1. 需要灭菌的物品准备（BL培养基、MUG培养基、EMB培养基、蛋白胨水培养基、磷酸盐葡萄糖蛋白胨水培养基、枸橼酸盐琼脂培养基、培养皿、移液管、稀释剂等）</td><td>是否准备充分</td><td>10</td><td></td><td>少1样扣1分</td></tr>
<tr><td colspan="2">2. 非灭菌物品的准备（大肠埃希菌菌悬液，无菌室、超净台提前灭菌，超净台上的酒精灯、乙醇棉球、火柴、接种环、试管架、消毒缸、靛基质试剂、革兰染色用试剂，阳性对照超净台，培养箱、无菌服等）</td><td>是否检查</td><td>10</td><td></td><td>少1样扣1分</td></tr>
<tr><td rowspan="12">试验过程（60分）</td><td rowspan="3">1. 供试液制备</td><td rowspan="3"></td><td>1. 是否消毒</td><td>2</td><td></td><td></td></tr>
<tr><td>2. 是否无菌要求</td><td>3</td><td></td><td></td></tr>
<tr><td>3. 是否规范</td><td>2</td><td></td><td></td></tr>
<tr><td>2. 增菌培养</td><td></td><td>操作是否规范</td><td>5</td><td></td><td></td></tr>
<tr><td>3. MUG - Indole检查</td><td></td><td>操作是否规范</td><td>10</td><td></td><td></td></tr>
<tr><td>4. 分离培养</td><td></td><td>是否得单菌落</td><td>5</td><td></td><td></td></tr>
<tr><td>5. 纯培养</td><td></td><td>是否规范</td><td>5</td><td></td><td></td></tr>
<tr><td>6. 染色镜检</td><td></td><td>是否规范</td><td>10</td><td></td><td></td></tr>
<tr><td rowspan="4">7. 生化试验</td><td>I</td><td rowspan="4">按规范操作</td><td>5</td><td></td><td></td></tr>
<tr><td>M</td><td>5</td><td></td><td></td></tr>
<tr><td>Vi</td><td>5</td><td></td><td></td></tr>
<tr><td>C</td><td>5</td><td></td><td></td></tr>
<tr><td>结果判断（5分）</td><td colspan="2">MUG - Indole检查、分离培养、染色镜检、IMViC试验</td><td>是否得出正确结论</td><td>5</td><td></td><td></td></tr>
<tr><td rowspan="2">记录与报告（5分）</td><td>1. 规范填写试验报告单</td><td></td><td></td><td>3</td><td></td><td></td></tr>
<tr><td>2. 发出检验报告</td><td></td><td></td><td>2</td><td></td><td></td></tr>
<tr><td rowspan="3">后处理（10分）</td><td>1. 试验物品清洗</td><td></td><td>是否干净</td><td>2</td><td></td><td></td></tr>
<tr><td>2. 打扫清理试验室</td><td></td><td>是否整洁</td><td>3</td><td></td><td></td></tr>
<tr><td>3. 有菌的阳性对照</td><td></td><td>是否消毒</td><td>5</td><td></td><td></td></tr>
</table>

任务2 维生素C泡腾片中铜绿假单胞菌检查

一、任务目标

（1）掌握铜绿假单胞菌检查的基本步骤。

（2）熟悉铜绿假单胞菌检验的流程和注意事项。

（3）能根据试验设计完成试验的准备及试验的具体操作。

二、任务相关知识

（一）简述

铜绿假单胞菌（*Pseudomonas aerugmosa*）为假单胞菌属（*Pseudomorzas*）的模式种。本菌首先从临床样本中分离所得，该菌感染使脓汁呈铜锈样的蓝绿色，故命名为铜绿假单胞菌，习称绿脓杆菌。此菌广泛分布在土壤、水及空气，人和动物的皮肤、肠道、呼吸道均有存在，故可通过环境和生产的各个环节污染药品。本菌是常见的化脓性感染菌，在烧伤、烫伤、眼科及其他外科疾患中常引起继发感染，由于本菌对许多抗菌药物具有天然的耐药性，增加了治疗难度，国内外药典均将铜绿假单胞菌检查列为检查项目之一。铜绿假单胞菌按增菌、分离、纯培养、革兰染色镜检及生化试验等步骤进行检验。

1. 形态特征

铜绿假单胞菌为革兰阴性、直或微弯曲的杆菌，无芽孢，无荚膜，有 1 ~ 3 根的单端鞭毛，运动活泼。

2. 培养特征

铜绿假单胞菌除在硝酸盐培养基中以外，都是专性好氧。最适生长温度为 35℃，在含硝酸盐及亚硝酸盐培养基中于 42℃能发育生长是本菌的特点之一。此菌营养要求不高，基本培养基生长良好，因是专性好氧菌，在培养基表面生长较旺盛，在液体深部发育不良，在条件适宜的营养肉汤培养基中生长迅速，24 h 液面出现菌膜，菌液表面呈现蓝绿色或黄绿色水溶性色素，本菌能产生水溶性绿脓色素与荧光素；在固体培养基上形成湿润、扁平、边缘不整齐、较大的菌落，并具有生姜味。在血平板上大多数菌株能形成溶血环。

3. 生化反应

铜绿假单胞菌能分解葡萄糖，产酸不产气，不分解乳糖、麦芽糖、甘露醇、蔗糖。靛基质试验 -，尿素酶 +，氧化酶 +，硝酸盐还原产气试验 +，枸橼酸盐利用试验 +，不产生 H_2S，液化明胶试验 +。

4. 抵抗力

铜绿假单胞菌对热抵抗力不强，56℃、30 min 可被杀死。在 1% 石炭酸、0.2% 甲酚皂溶液处理 5 min 可将其杀死。对青霉素、链霉素等不敏感，对新霉素、庆大霉素、多黏菌素 B 轻度或中度敏感，但易产生耐药性。本菌对十六烷三甲基溴化铵有抗性，故可用于该菌分离。此外，本菌在陈旧培养物极易死亡，保存时须注意。

（二）检查程序

供试液的制备：见“药品中微生物总数的检查”。

阳性对照试验：供试品进行控制菌检查时，应做阳性对照试验。阳性对照试验的加菌量为 10 ~ 100 cfu，供试品和增菌培养基用量吸检查按供试品的控制菌检查。阳性对照试验应检出相应的控制菌。

阳性对照试验的目的：检查供试品是否有抑菌作用及培养条件是否适宜。

阴性对照试验：取稀释剂 10 mL 加入 100 mL（或 200 mL）相应控制菌检查用的增菌培养基中，培养，应无菌生长。

阴性对照试验的目的：检查稀释剂是否满足无菌要求及培养条件是否适宜。

1. 增菌培养

胆盐乳糖培养基 3 份，每份 100 mL。1 份加入 1:10 供试液 10 mL（相当于供试品 1 g 或 1 mL），1 份加入供试液及阳性对照菌，1 份加入与供试液等量的稀释剂作阴性对照。于（36 ± 1）℃培养 18 ~ 24 h（必要时可延至 48 h）。阴性对照菌应无菌生长。

2. 分离培养

轻轻摇动上述增菌培养液，以接种环沾取 1 ~ 2 环培养液（如有菌膜应挑取之），划线接种于溴代十六烷基三甲胺琼脂平板，于（36 ± 1）℃培养 18 ~ 24 h。铜绿假单胞菌在该培养基平板上的典型菌落为扁平、圆形或无定形、边缘不齐，光滑湿润，呈灰白色，周边略呈扩散现象，在菌落相邻处常有融合现象。菌落周围常有水溶性蓝绿色素扩散，使培养基显蓝绿色，但亦有不产色素的菌株。菌落还有粗糙型和黏液型等，应注意挑选。

3. 纯培养

供试品分离平板生长所述典型菌落呈疑似菌落时，以接种针轻轻接触单个菌落的表面中心，沾取培养物，应挑取 2 ~ 3 个疑似菌落，分别接种于营养琼脂斜面，培养，做以下检查。

4. 革兰染色镜检

（1）革兰染色。见大肠埃希菌检查。

（2）镜检。铜绿假单胞菌为革兰阴性、无芽孢杆菌，单个、成对或成短链排列。

5. 生化试验

用铜绿假单孢菌 [CMCC（B）10 104] 做生化试验的阳性对照株。

（1）氧化酶试验。

取一小块白色洁净的滤纸置平皿内，以无菌玻棒挑取营养琼脂斜面培养物少许，涂在滤纸上，随即滴加一滴新配制的 1% 二盐酸二甲基对苯二胺试液，在 30 s 内，纸片上的培养物出现粉红色，逐渐变为紫红色，即为氧化酶试验阳性反应。若培养物不变色或仅显粉色为阴性反应。本试验应注意：

①试验菌落（苔）必须新鲜，陈旧培养物反应不可靠；

②试验避免与铁、镍等金属接触，不可用普通接种针（环）（白金材料除外）挑取菌落（苔），否则易出现假阳性，宜用玻璃棒或木棒；

③试剂宜新鲜配制，放置过久，二盐酸二甲基对苯二胺氧化变色不可用；

④反应需在有氧条件下进行，勿滴加试剂过多，以免浸没培养物，使之与空气隔绝，造成假阳性反应；

⑤麦康凯、SS 琼脂培养基等含糖培养基上的菌落，不适于做氧化酶试验。因为糖分解产酸，抑制氧化酶活性。

（2）绿脓菌素试验。

取营养琼脂斜面培养物接种于绿脓菌素测定用培养基（PDP）斜面上，（36 ± 1）℃培养 24 h 后，观察斜面有无色素，如有色素，在试管内加三氯甲烷 3 ～ 5 mL，以无菌玻璃棒搅碎培养基并充分振摇。使培养物中的色素完全萃取在三氯中烷液内。静置片刻，待三氯甲烷分层，用吸管将三氯甲烷移至另一试管中，加入盐酸试液（1 mol/L）振摇后静置片刻，如在盐酸液层内出现粉红色即为阳性反应，无粉红色出现为阴性反应。本试验可用未接种的 PDP 琼脂培养基斜面作阴性对照，阴性对照试验应呈阴性。如培养基斜面无色素产生，应于室温培养 1 ～ 2 d 再按上法试验。凡经再次检验，绿脓菌素试验仍为阴性者，应继续以下试验。

（3）硝酸盐还原产气试验

以接种环沾取少许营养琼脂斜面培养物接种于硝酸盐胨水培养基中，置（36 ± 1）℃培养 24 h，观察结果。如在培养基内的小导管中有气体产生，即为阳性反应，表明该培养物能还原硝酸盐，并将亚硝酸盐分解产生氮气。导管内无气泡者为阴性反应。

（4）42℃生长试验

以接种环沾取少许营养琼脂斜面培养物于 0.9% 无菌氯化钠液中，制成菌悬液。然后，将菌悬液划线接种于营养琼脂斜面上，立即置（42 ± 1）℃的恒温水浴箱内，使整个斜面浸没在水浴中，培养 24 ～ 48 h，斜面如有菌苔生长者为阳性反应；无菌苔生长为阴性反应。

（5）明胶液化试验以接种针沾取营养琼脂斜面培养物少许，穿刺接种于明胶培养基中，穿刺深度应接近培养基的底部，于（36 ± 1）℃培养 24 h。取出放入 0 ～ 4℃冰箱内 10 ～ 30 min。如培养基呈溶液状，即为明胶液化试验阳性反应；如明胶呈凝固状，为阴性反应。本试验应注意：

①本试验接种前，培养基应为固态，否则需将培养基置冰箱内使之凝固后，再穿刺接种；

②本试验应同时设未接种细菌的阴性对照管，与试验管同时培养并观察结果。

6. 结果报告

（1）供试品培养物经证实为革兰阴性杆菌，氧化酶试验及绿脓菌素试验皆为阳性者，即报告 1 g 或 1 mL 供试品检出铜绿假单胞菌。

（2）供试品培养物氧化酶试验阳性，镜检为革兰阴性杆菌的培养物，绿脓菌素试验阴性时，其硝酸盐还原产气试验、42℃生长试验及明胶液化试验皆为阳性时，亦报告 1 g 或 1 mL 供试品检出铜绿假单胞菌。

与以上不符合者，报告未检出铜绿假单胞菌。

三、任务所需器材

（1）分装好的 BL 培养基 3 瓶，每瓶 100 mL（用于增菌培养）。

（2）溴代十六烷基三甲胺琼脂（用于分离培养）。

（3）硝酸盐胨水培养基、0.9% 无菌氯化钠液、明胶培养基（用于生化试验）。
（4）培养皿数个，足量（用于制平板）。
（5）10 mL 和 1 mL 移液管数根，要求足量（有于移取液体）。
（6）营养琼脂培养基分装至试管（制备纯化斜面使用）。
（7）绿脓菌素测定用培养基（PDP）（灭菌后铺成斜面，绿脓菌素试验使用）。
（8）分装好的稀释剂 2 瓶，每瓶 100 mL（用于供试品的制备及阴性对照）。
（9）铜绿假单胞菌菌悬液提前准备好，每 1 mL 含 10 ~ 100 cfu。
（10）无菌室、超净台提前灭菌，准备好超净台上的酒精灯、乙醇棉球、火柴、接种环、试管架、消毒缸等。
（11）1% 二盐酸二甲基对苯二胺试液。
（12）阳性对照超净台。
（13）培养箱、无菌服。
（14）三氯甲烷溶液、1 mol/L 盐酸试液等。
以上物品在试验前应准备好，并且相应物品应足量。

四、任务技能训练

1. 试验操作（检验程序见图 13-2）
（1）供试品。
普通固体供试液的制备方法：取供试品 10 g 加 pH 值为 7.0 无菌氯化钠 - 蛋白胨缓冲液至 100 mL，混匀，作为 1:10 的供试液。
检验量的要求：检验时，应从两个最小包装单位中抽取样品。
维生素 C 泡腾片是属于普通的固体供试品，按以上要求完成供试液的制备，制成 1:10 的供试液。
（2）增菌培养。
（3）分离培养。
（4）纯培养。
（5）染色镜检。
（6）生化试验（氧化酶试验、绿脓菌素试验、硝酸盐还原产气试验、42℃生长试验、明胶液化试验）。
以上物品经高压蒸汽灭菌后，无菌检查合格后使用。

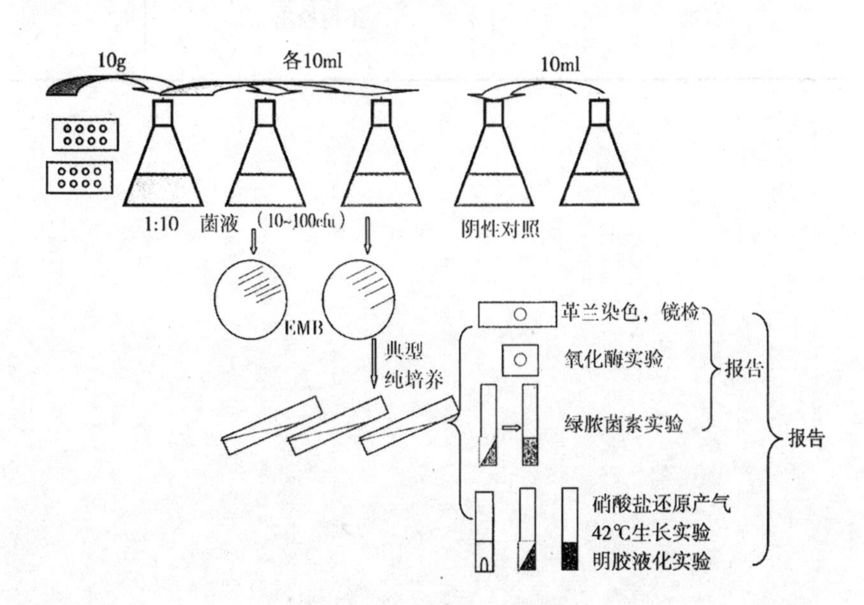

图 13-2　铜绿假单胞菌的检验程序

【结果记录】

铜绿假单胞菌检查记录

检品编号：　　　　室温：　　　　湿度：

检品名称		检品编号	
批号		包装效期	
生产单位		检品数量	
供样单位		验收日期	
检验目的		检验日期	
检验依据		报告日期	

供试液制备：

（1）常规法供试品 ___g (mL)，0.9% 无菌氯化钠溶液或 pH 值为 7.0 无菌氯化钠－蛋白胨缓冲液 ____ mL。

①匀浆仪 ____ 档 ____ min；②研钵法；③保温振摇法

（2）非水溶性供试品供试品 ___g (mL) 如乳化剂 ___g (mL)。

（3）含抑菌性供试品处理方法供试品 ___g(mL)，0.9% 无菌氯化钠溶液或 pH 值为 7.0 无菌氯化钠－蛋白胨缓冲液 ___mL。

大肠埃希菌检查

	供试品	阳性对照
BL 增菌培养基 溴代十六烷基三甲胺平板 革兰染色，镜检 氧化酶、绿脓菌素 硝酸盐还原产气 明胶液化、42 C 生长 结果 标准	不得检出	

五、任务考核指标

维生素C泡腾片中铜绿假单胞菌检查操作要点及考核标准

评价指标	操作要点		考核标准	分值	得分	备注
试验前准备（20分）	1. 需要灭菌的物1扎准备（BL培养基、溴代十六烷基三甲胺琼脂、硝酸盐胨水培养基、0.9%无菌氯化钠液、明胶培养攮、培养皿、10 mL和1 mL移液管、营养琼脂培养基、绿脓菌素测定用培养基、分装好的稀释剂）		是否准备充分	10		少1样扣1分
	2. 非灭菌物品的准备（铜绿假单胞菌菌悬液，无菌室、超净台提前灭菌，超净台上的酒精灯、乙醇棉球、火柴、接种环、试管架、消毒缸等，1%二盐酸二甲基对苯二胺试液，阳性对照超净台，培养箱、无菌服，三氯甲烷溶液、 mol/L盐酸		是否检查	10		少1样扣1分
试验过程（55分）	1. 供试液制备		1. 是否消毒	2		
			2. 是否无菌要求	3		
			3. 是否规范	2		
	2. 增菌培养		操作是否规范	5		
	3. 分离培养		是否得单菌落	8		
	4. 纯培养		是否规范	5		
	5. 染色镜检		是否规范	5		
	6. 生化试验	氧化酶试验	按规范操作	5		
		绿脓菌素试验		5		
		硝酸盐还原产气试验		5		
		42℃生长试验		5		
		明胶液化试验		5		
结果判断（5分）	分离培养、染色镜检、生化试验		是否得出正确结论	5		
记录与报告（5分）	1. 规范填写试验报告单			3		
	2. 发出检验报告			2		
后处理（15分）	1. 试验物品清洗		是否干净	5		
	2. 打扫清理试验室		是否整洁	5		
	3. 有菌的阳性对照		是否消毒	5		

[学习拓展]

一、大肠埃希菌检查相应试验的原理

1. 大肠埃希菌检查的原理

大肠埃希菌中含有β-葡萄糖醛酸酶（CUD），它可以分解MUG（4-甲基伞形酮-β-D-葡萄糖醛酸苷），分解产物在366 nm紫外灯下呈现蓝白色荧光，可作为大肠埃希菌的指示剂。但只有94%的大肠埃希菌含有GUD，MUC鉴别大肠埃埃希菌漏检率达6%，而98%的大肠埃希菌靛基质试验（I）阳性，因此将MUC与靛基质试验结合，再辅以曙红亚甲蓝琼脂（EMB）平板分离，IMViC试验，理论上可使大肠埃希菌检出率达99%。

2.MUC-Indole试验检查的原理

将MUC作为目标菌的基本营养物加入培养基中，被目标菌（大肠埃希菌）的β-葡萄糖醛酸酶（GUD）直接分解，其产物又作为一种指示系统，在366 nm紫外光下呈现蓝白色荧光，即MUC阳性；若无荧光，即MUC阴性。

由于大多数大肠埃希菌靛基质试验为阳性，当加入对－甲氨基苯甲醛试剂呈玫瑰红色，生化上称吲哚（I）反应。根据这一性质，对 MUC 呈阳性者，再加对－甲氨基苯甲醛试剂数滴，轻摇试管，培养液上层呈现玫瑰红色者（I 阳性），报告检出大肠埃希菌。

3. 曙红亚甲蓝琼脂（伊红及亚甲蓝）平板划线分离培养原理

曙红亚 2 蓝琼脂中含有乳糖、伊红及亚甲蓝等，大肠埃希菌生长后，分解乳糖产酸，使 pH 下降，伊红与亚甲蓝结合成紫黑色化合物，故其菌落形成紫黑色或中心紫黑色，圆形，稍凸起，边缘整齐，表面光滑并具有金属光泽的菌落，不分解乳糖的不着色（无色）或呈粉红色。另外伊红、亚甲蓝两种染料还具有抑制革兰阳性细菌生长的作用。

4. 麦康凯琼脂平板划线分离培养原理

因麦康凯琼脂中含有乳糖、胆盐和中性红等，如为大肠埃希菌可分解乳糖产酸，使 pH 值下降，使培养基中的指示剂显红色，因此菌落呈桃红色或中心桃红，圆形，扁平，光滑湿润。不分解乳糖的菌落呈粉红色或不着色（无色）。

二、沙门菌检查试验原理

1. 预增菌的原理

药品中的沙门菌，因受到加温、冷冻、酸碱、高渗等加工过程的影响，未死的沙门菌受到不同程度的损伤，如果将供试品直接进行增菌培养，往往不易得到阳性结果。故在增菌培养之前，将供试品直接接种在无选择性的营养肉汤增菌培养基中，培养 18 ～ 24 h，使受损伤的沙门菌得以修复，然后再转种至增菌培养基中。

2. 初步鉴别试验的原理

三糖铁琼脂培养基含有两套指标系统，检查糖类发酵和 H_2S 的产生。三糖铁琼脂中，乳糖、蔗糖、葡萄糖的比例为 10 ∶ 10 ∶ 1，以酚红作指示剂，沙门菌仅能发酵葡萄糖，产生酸量较少，斜面部分由于沙门菌生长氧化分解蛋白胨而释放氨基，使培养基 pH 上升，酚红指示剂显示出碱性色（红色），而底层部分由于含氧量较低，仍保持酸性反应，呈酸性色（黄色）。三糖铁琼脂斜面中的硫代硫酸钠和硫酸亚铁是 H ∶ S 反应的指示系统，产生 H ∶ S 的沙门菌使硫代硫酸钠分解，产生的 H ∶ S 和亚铁离子形成硫化亚铁不溶性黑色沉淀。反应须在较为厌氧的条件下进行，故观察到的黑色反应在培养基的底层。

3. 沙门菌属琼脂、志贺菌属琼脂分离培养原理

沙门菌属琼脂、志贺菌属琼脂培养中成分有乳糖、牛肉膏、蛋白胨、煌绿、胆盐、硫代硫酸钠、枸橼酸钠，中性红、琼脂。乳糖为鉴别用糖，中性红为酸碱指示剂，牛肉膏、蛋白胨为营养物质。其中，煌绿、胆盐、硫代硫酸钠、枸橼酸钠能抑制非病原菌的生长，胆盐既是抑制剂又是促进病原菌沙门菌的生长剂。沙门菌不分解乳糖而分解蛋白胨产生碱性物质，中性红呈碱性颜色黄色，使菌落呈现微黄色；沙门菌产生 H ∶ S，枸橼酸铁与 H ∶ S 反应，生成黑色的硫化亚铁，使菌落中心呈现黑色；硫代硫酸钠有缓和胆盐对沙门菌的有害作用，并能中和煌绿与中性红染料的毒性。

4. 铜绿假单胞菌检查试验原理

（1）氧化酶试验原理。

铜绿假单胞菌具有氧化酶或细胞色素氧化酶，在有分子氧和细胞色素存在时，可将二甲基对苯二胺氧化成带红颜色的醌类化合物。

（2）绿脓菌素试验原理。

绿脓菌素为水溶性的色素，当用三氯甲烷提取时，在三氯甲烷溶液中呈蓝绿色。移至另一试管，用稀盐酸萃取后，在稀盐酸内呈粉红色。原理：绿脓菌素从有机相中转到酸性水相中，会由蓝绿色变为粉红色。

5. 金黄色葡萄球菌检查试验原理

（1）血浆凝固酶试验原理。

由于金黄色葡萄球菌具有血浆凝固酶，能使加有抗凝剂的血浆凝固不动，可利用该特性进行鉴定。当阴性对照管的血浆流动自如、阳性对照管血浆凝固时，试验管血浆凝固者为血浆凝固酶试验阳性，

否则为阴性。

（2）亚碲酸钠肉汤增菌培养原理。

因亚碲酸钠可抑制革兰阴性菌的生长，有利于金黄色葡萄球菌的生长增殖。原理：当金黄色葡萄球菌生长时，可将亚碲酸盐还原为黑色，使溶液增加碱性，亚碲酸盐并可与蛋白胨中含硫氯基酸结合，形成亚碲酸与硫的复合物，有抗细菌硫酸代谢作用，因而抑制其他细菌生长繁殖。

（3）卵黄氯化钠琼脂培养原理。

卵黄氯化钠琼脂中的卵黄含有卵磷脂，金黄色葡萄球菌含有卵磷脂酶，可将卵黄高盐琼脂分解而出现乳浊圈，可帮助分离鉴定。

金黄色葡萄球菌在卵黄氯化钠琼脂上显示金黄色，圆形凸起，边缘整齐，外围有卵磷脂分解的乳浊圈，菌落直径 1 ~ 2 mm。

（4）甘露醇氯化钠琼脂培养原理。

甘露醇氯化钠培养基的组成中含有氯化钠、甘露醇、酚红。其中，氯化钠的含量较高，抑制革兰阴性菌的生长，由于金黄色葡萄球菌耐高盐，金黄色葡萄球菌仍能生长，起到了分离的作用；甘露醇可被致病性金黄色葡萄球菌分解产生酸，在酸性环境中，酚红指示剂呈现酸性颜色，浅橙黄色。因此，若有致病性金黄色葡萄球菌，培养基呈浅橙黄色。

[习题]

1. 大肠埃希菌检查的原理是什么？

2.MUG－Indole 试验的原理是什么？

3. 沙门菌检查时，为什么要进行预增菌培养？

4. 沙门菌初步鉴别试验的原理是什么？

5. 什么是大肠菌群？

6. 请写出铜绿假单胞菌的检查程序。

7. 请写出金黄色葡萄球菌的检查程序。

模块四　微生物检验综合技能实训

项目十四　综合技能实训

【知识目标】

（1）掌握常用设备的名称、使用、维护、安全保护知识和仪器正确使用知识。
（2）掌握构建微生物检验室各室的基本要求。
（3）掌握细菌菌落总数、大肠菌群的检验程序及工作流程，并能进行物品准备。
（4）掌握细菌菌落计数原则、大肠菌群结果的查表方法、数据统计分析、报告表填报与评价。

【能力目标】

（1）学会按功能区划分布局微生物检验室，掌握微生物检验室各功能区所需要的仪器设备、试剂、玻璃器皿及其他物品。
（2）具备仪器设备使用、维护能力。
（3）能独立进行微生物检验的测定项目。
（4）在项目完成过程中，实验设计、实验自主准备、实验组织、实验开展、数据处理的能力得到提高。

【素质目标】

培养学生对微观事物科学的、实事求是的、认真细致的学习和工作态度。

【案例导入】

2008 年 06 月 12 日　羊城晚报报讯（记者刘虹、通讯员习文江报道）　长期以来，公众都将大气污染归咎于粉尘、化学物质等，殊不知微生物也是祸首之一。广东的一项最新研究表明，随着环境污染加剧，大气中的微生物污染日益严重，南方潮湿的天气此问题更为突出，近来一些重大公共卫生事件，如流感、手足口病等，微生物污染都难脱干系。

这项由省微生物研究所和广州大学承担的省科技攻关项目名为“珠三角城市群空气微生物气溶胶污染及快速检测技术研究”。项目历经几年研究，总结出珠三角城市群空气微生物的种群特征及分布规律，最近通过有关部门验收。

两成呼吸道疾病，祸起大气微生物污染

项目研究人员介绍，微生物对大气的污染，与普通环境污染关系密切。比如：粉尘增多，造成灰霾天气，会减少阳光照射，从而为微生物创造了生存的条件。广东潮湿的气候十分适合微生物生长，加上菌种数量较多，大气微生物污染的情况比内陆省份更严重。

大气微生物污染对人们的健康带来很大危害。专家指出，有 20% 的呼吸道疾病是因大气微生物污染引起的。世界上最主要的 41 种重大传染性疾病，其中有 14 种是由空气中的微生物传播的。近年来，一些公共卫生事件的发生，都和大气微生物污染有很大关系，如今年香港发生的导致多名儿童死亡的流感以及内地发生的手足口病等。

据介绍，受到微生物严重污染的空气，还会对粮食、电子、食品、饮料、化妆品等带来二次污染。

工业化程度越高，大气微生物污染越重

研究人员几年间在广州、深圳、中山、惠州、东莞、江门、珠海、佛山等8个城市设置了50多个样点，对当地大气中的微生物进行采样分析，最终得出珠三角空气微生物的分布特点。

总体上，空气微生物污染的严重程度为：工业区最严重，其次依次是交通枢纽区（火车站、汽车站）、商业区、居民区。在各个城市中，则工业化程度高的城市污染较为严重，依次为东莞、深圳、广州等，中山、珠海情况相对较好。在季节上，冬春两季的大气微生物污染相对严重一些。

对于防治大气微生物污染，研究人员提出了对策。例如：加强对垃圾的处理和管理；对城市各个功能区要进行合理布局；重视绿化，因植物对减少微生物污染有明显作用；推进清洁生产，减少化学废气的产生……

微生物污染危机，若无防备会猛然爆发

针对此次调研情况，研究人员提出了珠三角室内外空气微生物污染与卫生标准的建议值。据了解，在此之前，国家虽然也有一个关于空气微生物污染的标准，但由于各个地区的环境以及气候的不同，这个标准很难覆盖全国。目前，大气污染公布的指标中，还是以粉尘、化学等物质为主，微生物指标则较少提及。

专家建议，设立关于大气微生物污染的标准，经常对其进行监测，掌握其规律，以便及时采取有效防治手段。

任务1　微生物检验实验室建设方案策划

一、任务目标

学生完成本项目的学习后，能够做到通过自己仔细观察，认真搜集资料，对企业微生物检验室的布局、所需设备和常用物品有较全面的了解。

二、任务相关知识

（一）微生物实验室的设计

微生物实验室由准备室、洗涤室、灭菌室、无菌室、恒温培养室和普通实验室六部分组成。这些房间的共同特点是地板和墙壁的质地光滑坚硬，仪器设备的摆设简洁，便于打扫卫生。

（二）微生物实验室的基本要求

1. 准备室

准备室用于配制培养基和样品处理等。室内设有试剂柜、存放器具或材料的专柜、实验台、电炉、冰箱和上下水道、电源等。

2. 洗涤室

洗涤室用于洗刷器皿等。由于使用过的器皿已被微生物污染，有时还会存在病原微生物。因此在条件允许的情况下，最好设置洗涤室。室内应备有加热器、蒸锅以及洗刷器皿用的盆、桶等，还应有各种瓶刷、去污粉、肥皂、洗衣粉等。

3. 灭菌室

灭菌室主要用于培养基、各种器具及使用后被污染的物品的灭菌，室内应备有高压蒸汽灭菌器、烘箱等灭菌设备及设施。

4. 无菌室

无菌室也称接种室，是系统接种、纯化菌种等无菌操作的专用实验室。在微生物检验工作中，菌种的接种移植是一项主要操作，这项操作的特点就是要保证菌种纯种，防止杂菌的污染。在一般环境的空气中，由于存在许多尘埃和杂菌，容易造成污染，对接种工作干扰很大。因此，接种工作要在空气经过灭菌的环境里进行，小规模的可利用超净工作台，大规模的则在无菌室里操作。

（1）无菌室的设置。

无菌室应根据既经济又科学的原则来设置。其基本要求有以下几点：

①无菌室应有内、外两间，内间是无菌室，外间是缓冲室。房间容积不宜过大，以便于空气灭菌。内间面积 $2\times2.5=5$（m^2），外间面积 $1\times2=2$（m^2），高以 2.5 m 以下为宜，都应有天花板。

②内间应当设拉门，以减少空气的波动，门应设在离工作台最远的位置上；外间的门最好也用拉门，要设在距内间最远的位置上。

③在分隔内间与外间的墙壁或“隔窗”上，应开一个小窗，作接种过程中必要的内外传递物品的通道，以减少人员进出内间的次数，降低污染程度。小窗宽 60 cm、高 40 cm、厚 30 cm，内外都挂对拉的窗扇。

④无菌室容积小而严密，使用一段时间后，室内温度很高，故应设置通气窗。通气窗应设在内室进门处的顶棚上（即离工作台最远的位置），最好为双层结构，外层为百叶窗，内层可用抽板式窗扇。通气窗可在内室使用后、灭菌前开启，以流通空气。有条件可安装恒温恒湿机。

（2）无菌室内设备和用具。

①无菌室内的工作台，不论是什么材质、用途的，都要求表面光滑、台面水平。光滑是便于用消毒药剂擦洗，水平是在倒琼脂平板时可以保证培养皿内平板的厚度一致。

②在内室和外室各安装一个紫外灯（多为 30 W）。内室的紫外线灯应安装在经常工作的座位正上方，离地面 2 m，外室的紫外线灯可安装在外室中央。

③外室应有专用的工作服、鞋、帽、口罩、盛有来苏水的瓷盆和毛巾、手持喷雾器和 5% 石炭酸溶液等。

④内室应有酒精灯、常用接种工具、不锈钢制的刀、剪、镊子、70% 的酒精棉球、工业酒精、载玻璃片、特种蜡笔、记录本、铅笔、标签纸、胶水、废物筐等。

（3）无菌室的灭菌消毒。

①紫外线杀菌。

无菌室在使用前，应首先搞好清洁卫生，再打开紫外灯，照射 20 ~ 30 min，基本可以使室内空气、墙壁和物体的表面无菌。为了确保无菌室经常保持无菌状态，可定期打开紫外灯进行照射杀菌，最好每隔 1 ~ 2 d 照射 1 次。

紫外灯每次开启 30 min 左右即可，时间过长，紫外灯管易损坏，且产生过多的臭氧，对工作人员不利。经过长时间使用后，紫外灯的杀菌效率会逐渐降低，所以隔一定时间后要对紫外灯的杀菌能力进行实际测定，以决定照射的时间或更换新的紫外灯。紫外线对物质的穿透力很小，对普通玻璃也不能通过，因此紫外线只能用于空气及物体表面的灭菌。紫外线对眼结膜及视神经有损伤作用，对皮肤有刺激作用，所以开着紫外灯的房间人不要进入，更不能在紫外灯下工作，以免受到损伤。

②喷洒石炭酸。

③熏蒸。主要采用甲醛熏蒸消毒法。

④无菌室工作规程：

●无菌室灭菌。每次使用前，开启紫外线灯照射 30 min 以上，或在使用前 30 min，对内外室用 5% 石炭酸喷雾。

●用肥皂洗手后，把所需器材搬入外室；在外室换上已灭菌的工作服、工作帽和工作鞋，戴好口罩，然后用 2% 甲酚皂液将手浸洗 2 min。

●将各种需用物品搬进内室清点、就位，用5% 石炭酸在工作台面上方和操作员站位空间喷雾，返回外室，5 ~ 10 min 后再进内室工作。

●接种操作前，用 70% 酒精棉球擦手；进行无菌操作时，动作要轻缓，尽量减少空气波动和地面扬尘。

●工作中应注意安全。如遇棉塞着火，用手紧握或用湿布包裹熄灭，切勿用嘴吹，以免扩大燃烧；如遇有菌培养物洒落或打碎有菌容器时，应用浸润 5% 石炭酸的抹布包裹后，丢到废物筐内，并用浸润 5% 石炭酸的抹布擦拭台面或地面，用酒精棉球擦手后再继续操作。工作中用完的火柴、废纸等，应丢到废物筐内。

●工作结束，立即将台面收拾干净，将不应在无菌室存放的物品和废弃物全部拿出无菌室后，对无菌室用 5% 石炭酸喷雾，或开紫外线灯照射 30 min。

⑤超净工作台。

超净工作台作为代替无菌室的一种设备，具有占地面积小、使用简单方便、无菌效果可靠、无消毒剂对人体的危害、可移动等优点，现在已被广泛采用。

超净工作台是一种局部层流装置，它由工作台、过滤器、风机、静压箱和支撑体等组成。其工作原理是：借助箱内鼓风机将外界空气强行通过一组过滤器，净化的无菌空气连续不断地进入操作台面，并且台内设有紫外线杀菌灯，可对环境进行杀菌，保证了超净工作台面的正压无菌状态，能在局部造成高洁度的工作环境。

使用前，将所用物品事先放入超净台内，再将无菌风及紫外灯开启，对工作区域进行照射杀菌，30 min 后便可使用。

使用时，先关闭紫外灯，但无菌风不能关闭，打开照明灯。用酒精棉或白纱布将台面及双手擦拭干净，再进行有关的操作。在使用超净台的过程中，所有的操作尽量要连续进行，减少染菌的机会。

操作区为层流区，因此物品的放置不应妨碍气流正常流动，工作人员应尽量避免能引起扰乱气流的动作，如对着台面说话、咳嗽等，以免造成人身污染。

工作完毕后将台面清理干净，取出培养物品及废物，再次用酒精棉擦拭台面，再打开紫外灯照射 0.5 h 后，关闭无菌风，放下防尘帘，切断电源后方可离开。

放置超净工作台的房间要求清洁无尘，应远离有震动及噪声大的地方，以防止震动对它的影响。超净工作台用三相四线 380 V 电源，通电后检查风机转向是否正确，风机转向不对，则风速很小，将电源输入线调整即可。

每 3 ~ 6 个月用仪器检查超净工作台性能有无变化，测试整机风速时，采用热球式风速仪（QDF–2 型）。如操作区风速低于 0.2 m/s，应对初、中、高三级过滤器逐级做清洗除尘。

5. 恒温培养室

每一类微生物生长所需的温度范围各不相同，且各有其最适温度。如果温度较低，微生物代谢低下，则生长缓慢。如果温度适宜，微生物代谢旺盛，生长快。如果温度太高，则会因为高温将导致蛋白质变性，使酶失去活力而抑制生长，甚至引起死亡。恒温培养室就是对接种微生物提供恒定适宜温度进行培养的场所。

（1）培养室的设置：

①培养室应有内、外两间，内室是培养室，外室是缓冲室。房间容积不宜大，以利于空气灭菌，内室面积在 $3.2 \times 4.4 = 14.08$（m^2）左右，外室面积在 $3.2 \times 1.8 = 5.76$（m^2）左右，高以 2.5 m 左右为宜，都应有天花板。

②分隔内室与外室的墙壁上部应设带空气过滤装置的通风口，使内室有良好的空气供应，以满足好氧微生物对氧的需要。

③为满足微生物对温度的需要，需安装恒温恒湿机。恒温恒湿机的主机部分应安装在内室以外。

④内外室都应在室中央安装紫外线灯，以供灭菌用。

（2）培养室内设备及用具：

①内室通常配备培养架和摇瓶机（摇床）。常用的摇瓶机有旋转式、往复式两种。

②外室应有专用的工作服、鞋、帽、口罩、手持喷雾器和 5% 石炭酸溶液、70% 酒精棉球等。

（3）培养室的灭菌、消毒：

小规模的培养可不启用恒温培养室，而在恒温培养箱中进行。

6. 普通实验室

普通实验室是进行微生物的观察、计数和生理生化测定工作的场所。室内的陈设因工作侧重点不同而有很大的差异。一般均配备实验台、显微镜、柜子及凳子。实验台要求平整、光滑，实验柜要足以容纳日常使用的用具、药品等。

教学用的微生物实验室，通常按 80 m²/40 名学生设计，最好是长方形，应设置讲台、黑板、实验桌。实验桌上配有药品架，药品架的适当高度安装日光灯，作为观察微生物时的光源。

在非专业化实验时或条件有限时，准备室、洗涤室、普通实验室的划分并不十分明确，甚至合而为一。在专业化研究或条件允许的情况下，上述六室最好都单独设置。

7. 实验室其他要求

水、电、气等的容量、布设、性能均应满足实验室工作的需要。

（三）常用仪器及其使用要领

1. 恒温培养箱

恒温培养箱可分为两大类：直热式恒温培养箱和隔水式恒温培养箱。

（1）直热式恒温培养箱。

为直接加热空气方式的培养箱，采用“继电器控温电加热空气”技术，结构为保温板材，箱内装继电器、控温电加热器。这种培养箱造价低，制造工艺简单，但恒温效果较差，温度波动大。

（2）隔水式恒温培养箱。

为间接加热空气方式的培养箱，采用“继电器控温电加热水控制空气温度”技术，结构为：薄钢板外壳内衬玻璃棉，内置紫铜板水箱，水箱内装继电器控温电加热器，设双层门。这种培养箱制造工艺复杂，造价高，但由于先用电加热水层，再由水传热至箱内空气，因而温度上升和下降缓慢，加之可通过双层门的玻璃内门观察，对箱内温度影响小，故恒温效果好，调温为（20 ~ 60）℃ ±0.5℃，很适于微生物培养之用，如图 14-1 所示。

图 14-1　培养箱

2. 冰箱

用于储存培养基和培养物的设备，储存病毒必须使用低温冰箱，储存一般培养基和培养物使用普通冰箱即可。低温冰箱的整个箱壁内侧围绕冷却管，可保持 -70 ~ -20℃的低温。

3. 水浴箱

水浴箱也叫水温箱（见图 14-2），用于融化培养基和各种保温操作。该设备是金属制成的长方形箱，箱内盛水，箱底装有电热丝，并有自动调节温度装置控制温度恒定。

图 14-2　水浴箱

4. 超净工作台

用于创造局部无菌环境的设备。超净工作台（见图 14-3）是一个由预过滤器、高效过滤器、空气幕风机组成，能有效排除空气中的悬浮灰尘、微生物，由紫外灯或喷雾灭菌，装有照明灯、操作台面板、配电装置，并有消音、减震设备的箱体。超净工作台是设有建设无菌室的微生物实验室的必备设备，也可用于有更严格无菌要求或其他小环境条件要求的微生物接种、分离、鉴定等操作。

图 14-3　超净工作台

5. 电动抽气机

电动抽气机又叫真空泵（见图 14-4），由电动机转轮、轮带、偏心轮等组成。通电后，电动机带动偏心轮，即可将与其相关的容器内的空气抽出。

图 14-4　电动抽气机

6. 电动离心机

离心机为进行致病菌病毒检验鉴定中不可缺少的工具。离心机的种类很多，实验室常用小型倾斜电动离心机。小型倾斜电动离心机机顶正中有孔盖，以便放入和取出离心试管，内有离心管座 4 个或 6 个，均匀地绕离心轴排列，底座上装有开关和调速器（见图 14–5）。

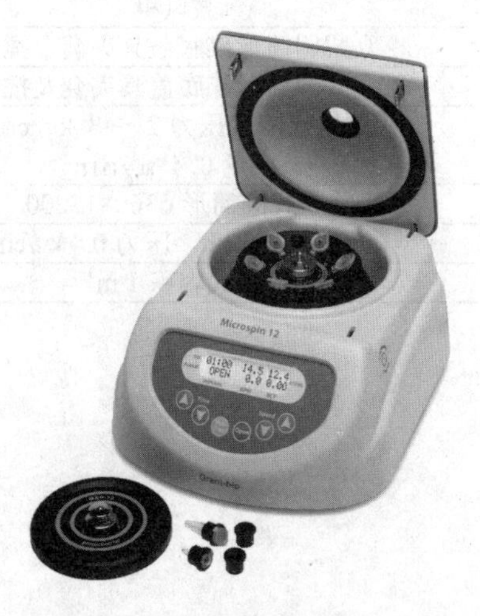

图 14-5　小型倾斜电动离心器

7. 天平

（1）粗天平。

粗天平又称工业天平或药物天平，是用于粗略称量的仪器。常用的有 100 g、200 g、500 g、1 000 g 四种，感量为 1/1 000，供配制普通试剂和粗略称量之用。

（2）电子天平。

电子天平只有 1 个盘，构造比一般天平复杂，但使用起来却十分方便。

（四）微生物实验室常用的玻璃器皿

微生物实验室常用的玻璃器皿见表 14–1。

表 14–1 常用的玻璃器皿

名 称	规 格
试 管	18 mm×180 mm、15 mm×150 mm、10 mm×100 mm，杜氏小管
培养皿	直径为 900 mm，高为 15 mm
吸 管	0.1 mL、0.2 mL、0.5 mL、1.0 mL、5.0 mL、10.0 mL 的刻度吸管
量 筒	10.0 mL、50.0 mL、100 mL、500 mL、1 000 mL
漏 斗	直径 3.0 cm、6.0 cm、10.0 cm
烧 杯	50 mL、100 mL、250 mL、500 mL、800 mL、1 000 mL
容量瓶	各种容量
试剂瓶	各种容量（白色和棕色）
滴 瓶	一般用 125 mL（白色和棕色）
载玻片	2.5 cm×7.5 cm，厚 0.01 ~ 0.13 cm
盖玻片	1.8 cm×1.8 cm，厚 0.17 cm
干燥器	不同直径的普通干燥器

（五）实例——小型微生物厂主要仪器及设备

小型微生物厂的主要仪器及设备见表 14–2。

表 14–2 小型微生物厂的主要仪器及设备一览表

名称	数量	规模	制造材料	备注
无菌柜	1	长 110 ~ 120 cm，宽 80 cm，高 70 cm		
摇瓶机	1	往复式或旋转式，能放 500 mL 三角瓶 20 个	钢木	放在恒温室内
显微镜	1	放大 1 000 ~ 1 500 倍		带血球计数板
分析天平	1	1/1 000		
恒温箱	1	100 cm×130 cm×80 cm		可自制
电冰箱	1			
恒温干燥箱	1	鼓风机		
种子罐	2	立式圆筒形碟底盖具夹套及搅拌		
发酵罐	3	立式圆筒形碟底盖具夹套及搅拌		
空压机	2	固定水冷式压力 2 ~ 3 kg/cm^2，风量 0.4 m^3/min		两台轮换使用
总空气过滤器	2	立式圆筒形 φ360×1 200	钢	
锅炉	1	蒸发量 0.3 t/h，压力 0.4 kg/cm^2		
消毒柜	1	柜式容积 1 m^3	钢	每 4 h 消一柜
其他	温度表、酒精灯、小天平、试管、试管架、漏斗架、吸管、三角瓶、培养皿、烧杯、量筒、玻璃棒、牛皮纸、架子、小勺、石棉网、洗瓶刷、橡皮管、钟表、紫外线			

三、任务所需器材

微生物准备室、无菌室、灭菌室、实验室等场地，各场地内仪器设备、物品、实验公共区域现有布置。

四、任务技能训练

为某新建食品厂策划微生物检验实验室的建设方案。

（1）学生分组。

（2）设定学生为检验室主管。

（3）考察学院现有的微生物实验教学用房、仪器设备及涉及的物品。

（4）描绘出几间微生物实验室的相对位置图，列出实验室常用设备及物品清单。

（5）拟定微生物检验实验室的建设方案。

（6）每组选派一名学生代表进行主动推介自己的策划（限时 3 min），其他同学补充完善。

（7）采用相互评比方式，进行投票选出最佳策划。

（8）取长补短，进一步完善各组策划书。

五、任务考核指标

微生物检验实验室建设技能的考核见表 14-3。

表 14-3　微生物检验实验室建设技能考核表

考核内容	考核指标	分值
场地考察	表格设计	20
	考察全面、仔细	
方案制订	布局合理	60
	设备满足需要	
	物品齐备	
简答题	电力系统是否需要同步考虑	20
	各场地的装饰要求是否应该一致	
合计	——	100

任务 2　食品生产环境的微生物检测

一、任务目标

（1）了解食品生产车间空气、与食品有直接接触设备的微生物检测的意义。

（2）掌握食品生产环境空气和工作台的微生物检测方法。

二、任务相关知识

空气中有较强的紫外辐射，具有较干燥、温度变化大、缺乏营养等特点。因此，空气不是微生物生长繁殖的场所。虽然空气中微生物数量多，但只是暂时停留。微生物在空气中停留时间的长短由风力、气流和雨、雪等气象条件决定，但它最终要沉降到土壤、水中、建筑物和植物上。

（一）空气微生物的种类、数量和分布

空气中微生物来源很多，尘土飞扬可将土壤微生物带至空中，小水滴飞溅将水中微生物带至空中，人和动物身体的干燥脱落物，呼吸道、口腔内含微生物的分泌物，通过咳嗽、打喷嚏等方式飞溅到空气中。室外空气中，微生物数量与环境卫生状况、环境绿化程度等有关。室内空气中，微生物数量与人员密度和活动情况、空气流通程度关系很大，也与室内卫生状况有关。

空气微生物没有固定类群，在空气中存活时间较长的主要有芽孢杆菌、霉菌和放线菌的孢子、野生酵母菌、原生动物及微型原生动物的胞囊。

（二）空气微生物的卫生标准

空气是人类与动植物赖以生存的极为重要的条件，也是传播疾病的媒介。为了防止疾病传播，提高人类的健康水平，要控制空气中微生物的数量。目前，空气还没有统一的卫生标准，一般以室内 1 m³ 空气中细菌总数为 500 ～ 1 000 个以上作为空气污染的指标。

（三）空气微生物检测

我国检测空气微生物所用的培养皿直径为 90 mm，也有用 100 mm 的。

评价空气的洁净程度需要测定空气中的微生物数量和空气污染微生物。测定的细菌指标有细菌总数和绿色链球菌，在必要时则测病原微生物。

1. 空气微生物的测定方法

（1）固体法。

①平皿落菌法。将营养琼脂培养基融化倒入 90 mm 无菌平皿中制成平板。将它放在待测点（通常设 5 个测点），打开皿盖暴露于空气 5 ～ 10 min，以待空气微生物降落在平板表面上，盖好皿盖，置于培养箱中培养 48 h 后取出计菌落数，即为菌落数。

②撞击法。以缝隙采样器为例，用吸风机或真空泵将含菌空气以一定流速穿过狭缝而被抽吸到营养琼脂培养基平板上。狭缝长度为平皿的半径，平板与缝的间隙有 2 mm，平板以一定的转速旋转。通常平板转动一周，取出置于 37℃恒温培养箱中培养 48 h，根据空气中微生物的密度可调节平板转动的速度。

（2）过滤法。

过滤法用于测定空气中的浮游微生物，主要是浮游细菌。该法将一定体积的含菌空气通入无菌蒸馏水或无菌液体培养基中，依靠气流的冲击使微生物均匀分布在介质中，然后取一定量的菌液涂布于营养琼脂平板上，或取一定量的菌液于无菌培养皿中，倒入 10 mL 融化（45℃）的营养琼脂培养基，混匀，待冷凝制成平板，置于 37℃恒温箱中培养 48 h，取出计菌落数。再以菌液体积和通入空气量计算出单位体积空气中的细菌数。

2. 空气微生物的检测点数

空气微生物的检测点数越多越准确，为了方便工作，又相对准确，以 20 ～ 30 个测点数为宜，最少测点数为 5 ～ 6 个。

3. 空气微生物的培养温度和时间

培养空气细菌的温度和时间是 37℃、48 h，培养一般细菌和细菌总数以 31 ～ 32℃，24 h 或 48 h；培养真菌以 25℃、96 h 为好。

4. 浮游菌最小采样量和最小沉降面积

在测浮游菌时，为了避免出现“0”粒的概率，确保测定结果的可靠性，须考虑最小采样量。同样，在测定落菌时，要考虑最小沉降面积（见表 14–4 和表 14–5）。

表 14–4 浮游菌最小采样量

浮游菌上限浓度 / [个 / (cm²/min)]	计算最小采样量 / m³	浮游菌上限浓度 / [个 / (cm²/min)]	计算最小采样量 / m³
10	0.3	0.5	6
5	0.6	0.1	30
1	3	0.05	60

表 14-5　落菌法测细菌所需要的最小培养皿数（沉降 0.5 h）

含尘浓度最大值 /（pc/L）	需要 90 mm 培养皿数	含尘浓度最大值 /（pc/L）	需要 90 mm 培养皿数
0.35	40	350	2
3.5	13	3 500 ～ 35 000	1
35	4		

在食品卫生环境中，必须保证洁净的空气和工作台，才能防止和减少来自空气和工作台的微生物污染。在自然条件下，空气中和工作台存在的微生物，以球菌、芽孢杆菌和一些真菌孢子为主，它们在空气和工作台中的分布是不均匀的，常随着灰尘等悬浮微粒的数量变化而变化。在工作机器和人群活动的地方以及在潮湿的空气中，其微生物数量多。因此，在食品生产中，应采取相应措施防止来自空气中的微生物的污染，并对食品生产的环境进行空气和工作台的微生物学检测，从而保证食品生产环境卫生，保证食品的安全。

三、任务所需器材

（一）实验器材

恒温培养箱：（36 ± 1）℃，（44.5 ± 0.5）℃；冰箱：2 ~ 5℃；恒温水浴锅：（46 ± 1）℃；天平：感量为 0.1 g；吸管：10 mL（具 0.1 mL 刻度），1 mL（具 0.01 mL 刻度）或微量移液器及吸头；锥形瓶：容量 250 mL，500 mL；试管：16 mm × 160 mm；培养皿：直径为 90 mm；显微镜：10 × ~ 100 ×；放大镜或菌落计数器；pH 计或精密 pH 试纸；小导管；紫外灯：6 W，波长 366 nm；接种环；电炉；载玻片；酒精灯；等等。

（二）培养基、试剂和样品

1. 培养基和试剂

平板计数琼脂、结晶紫中性红胆盐琼脂（VRBA）、7.5% 氯化钠肉汤（或 10% 氯化钠胰酪胨大豆肉汤）、Baird-Parker 琼脂平板、脑心浸出液肉汤（BHI）、生理盐水、冻干血浆。

2. 样品

空气、工作台等。

四、任务技能训练

（一）空气的采样与测试方法

1. 空气的采样

（1）取样频率。

①车间转换不同卫生要求的产品时，在加工前进行采样，以便了解车间卫生清扫消毒情况。

②全厂统一放长假后，车间生产前，进行采样。

③产品检验结果超内控标准时，应及时对车间进行采样，如有检验不合格点，整改后再进行采样检验。

④正常生产状态的采样，每周 1 次。

（2）采样方法。

在动态下进行，室内面积不超过 30 m²，在对角线上设里、中、外三点，里、外点位置距墙 1 m；室内面积超过 30 m²，设东、西、南、北、中五点，周围四点距墙 1 m。采样时，将含平板计数琼脂培养基的平板（直径 9 cm）置采样点（约桌面高度），并避开空调、门窗等空气流通处，打开培养皿盖，使平板在空气中暴露 5 min。采样后，必须尽快对样品进行相应指标的检测，送检时间不得超过 6 h，若样品保存于 0 ~ 4℃条件时，送检时间不得超过 24 h。

2. 测试方法

（1）在采样前，将准备好的平板计数琼脂培养基平板置（36 ± 1）℃培养 24 h，取出检查有无污染，将污染培养基剔除。

（2）将已采集样品的培养基在 6 h 内送至实验室，细菌总数于（36±1）℃培养 48 h 观察结果，计数平板上细菌菌落数。

（3）记录平均菌落数．用“CFU/皿”来报告结果。用肉眼直接计数，标记或在菌落计数器上点计，然后用 5～10 倍放大镜检查，不可遗漏。若培养皿上有 2 个或 2 个以上的菌落重叠，可在分辨时仍以 2 个或 2 个以上菌落计数。

（二）工作台（机械器具）表面与操作工人手表面采样与测试方法

1. 样品采集

（1）取样频率。

①车间转换不同卫生要求的产品时，在加工前进行擦拭检验，以便了解车间卫生清扫消毒情况。

②全厂统一放长假后，车间生产前，进行全面擦拭检验。

③产品检验结果超内控标准时，应及时对车间可疑处进行擦拭，如有检验不合格点，整改后再进行擦拭检验。

④对工作台表面消毒产生怀疑时，进行擦拭检验。

⑤正常生产状态的擦拭，每周 1 次。

（2）采样方法。

①工作台（机械器具）：用浸有灭菌生理盐水的棉签在被检物体表面（取与食品直接接触或有一定影响的表面）取 25 cm^2 的面积，在其内涂抹 10 次，然后剪去手接触部分棉棒，将棉签放入含 10 mL 灭菌生理盐水的采样管内送检。

②操作工人的手：被检人五指并拢，用浸湿生理盐水的棉签在右手指曲面，从指尖到指端来回涂擦 10 次，然后剪去手接触部分棉棒，将棉签放入含 10 mL 灭菌生理盐水的采样管内送检。

擦拭时，棉签要随时转动，保证擦拭的准确性。对每个擦拭点应详细记录所在分场的具体位置、擦拭时间及所擦拭环节的消毒时间。

2. 测试方法

将放有棉棒的试管充分振摇，此液为 1∶10 稀释液。如污染严重，可 10 倍递增稀释，吸取 1 mL 1∶10 样液加入 9 mL 无菌生理盐水中，混匀，此液为 1∶100 稀释液。

（1）细菌总数。

以无菌操作，选择 1～2 个稀释度各取 1 mL 样液分别注入无菌平皿内，每个稀释度做两个平皿（平行样），将已融化冷却至 45℃左右的平板计数琼脂培养基倾入平皿，每皿约 15 mL，充分混合。待琼脂凝固后，将平皿翻转，置（36±1）℃培养 48 h 后计数。以 25 cm^2 食品接触面中的菌落数或每只手的菌落数报告结果。

（2）大肠菌群。

工作台（机械器具）表面与操作工人手表面的大肠菌群检测一般采用平板法：以无菌操作，选择 1～2 个稀释度各取 1 mL 样液分别注入无菌平皿内，每个稀释度做两个平皿（平行样），将已融化冷却至 45℃左右的结晶紫中性红胆盐琼脂培养基倾入平皿，每皿约 15 mL，充分混合。待琼脂凝固后，再覆盖 1 层培养基，约 3～5 mL。待琼脂凝固后，将平皿翻转，置 36℃ ±1℃培养 24 h 后计数，以平板上出现紫红色菌落的个数乘以稀释倍数得出。以每 25 cm^2 食品接触面中的菌落数或每只手的菌落数报告结果。

（3）金黄色葡萄球菌。

①定性检测：取 1 mL 稀释液注入灭菌的平皿内，倾注 15～20 mL 的 Baird-Parker 培养基（或是吸取 0.1 稀释液，用 L 棒涂布于表面干燥的 Baird-Parker 琼脂平板），放进（36±1）℃的恒温箱内培养（48±2）h。从每个平板上至少挑取 1 个可疑金黄色葡萄球菌的菌落做血浆凝固酶试验。如 Baird-Parker 琼脂平板的可疑菌落的血浆凝固酶试验为阳性，即报告工作台或手上有金黄色葡萄球菌存在。

②定量检测：以无菌操作，选择 3 个稀释度各取 1 mL 样液分别接种到含 10% 氯化钠胰蛋白胨大豆肉汤培养基中，每个稀释度接种 3 管。

置肉汤管于（36±1）℃的恒温箱内培养 48 h。划线接种于表面干燥的 Baird-Parker 琼脂平板，置（36±1）℃培养 45～48 h。从 Baird-Parker 琼脂平板上，挑取典型或可疑金黄色葡萄球菌菌落接种肉汤培养基，（36±1）℃

培养 20 ~ 24 h。取肉汤培养物做血浆凝固酶试验，记录试验结果。

根据凝固酶试验结果， 查 MPN 表，报告每 25 cm^2 食品接触面中的金黄色葡萄球菌值或每只手的金黄色葡萄球菌值。

（三）实验结果

对食品生产环境空气、工作台和操作人员的手的微生物检测进行适当记录，并报告检验结果。

五、任务考核指标

配制培养基和灭菌技术的考核见表 14–6。

表 14–6 培养基的配制和灭菌技术考核表

考核内容		考核指标	分值
称量	称量前准备	托盘是否洁净	5
		是否检查天平平衡	
	天平的使用	称量操作是否正确	5
		读书和记录是否正确	
	称量后的处理	砝码是否归位	5
		称量后是否清洁托盘和台面	
加热融化 是否有培养基溢出现象 加热过程中是否注意补充水分		加热过程中是否经常搅拌，有没有发生焦化现象	30
pH 调节 调节 pH 过程中有无过度		pH 判断是否正确	20
分装 每瓶分装的量是否过多或过少		分装时瓶口是否沾有培养基	20
包扎 包扎是否合格		包扎过程中是否污染瓶塞	15
合计		—	100

任务 3　食品生产用水的微生物检验

一、任务目标

（1）了解微生物指标在食品生产用水中的重要性。

（2）掌握生活饮用水中微生物指标的测定方法。

二、任务相关知识

在食品工业中，水不仅仅是制作食品的成分，在生产过程中各种设备和容器等的洗涤、冷却均需要水，因此水的卫生状况会直接影响食品的安全状况，为了确保食品安全，《食品安全法》第二十七条明确规定：食品生产用水应当符合国家规定的生活饮用水的卫生标准。根据 GB5 749–2 006 生活饮用水卫生标准，生活饮用水包括微生物指标、毒理指标、感官形状与一般化学指标和放射性指标。微生物指标包括菌落总数、总大肠菌群、耐热大肠菌群和大肠埃希氏菌四项，GB/T 5 750.12–2 006 规定了这些指标的检测方法。

菌落总数是指水样在一定条件下培养后（培养基成分，培养温度和时间、pH、需氧性质等）所 1 mL 水样所含菌落的总数。按本方法规定所得结果，只包括一群能在营养琼脂上发育的嗜中温的需氧的细菌菌落总数，它反映的是水样中活菌的数量，水中菌落总数采用平板计数法测定。

总大肠菌群系指一群在37℃培养、24 h能发酵乳糖、产酸产气、需氧和兼性厌氧的革兰阴性无芽孢杆菌。在正常情况下，肠道中主要有大肠菌群、粪链球菌、厌氧芽孢杆菌等多种细菌，这些细菌都可随人、畜排泄物进入水源。由于大肠菌群在肠道内数量最多，所以，水源中大肠菌释的数量，是直接反映水源被人畜排泄物污染的一项重要指标。目前，国际上已公认大肠菌群的存在是粪便污染的指标，因而对饮用水必须进行大肠菌群的检查。

水中总大肠菌群采用多管发酵法、滤膜法和酶底物法测定。本实验按照多管发酵法测定，其检验原理是通过三步实验证明水中是否有符合大肠菌群生化特性和形态特性的菌，以此来报告。

耐热大肠菌群系指在44.5℃仍能生长的大肠菌群。水中耐热大肠菌群采用多管发酵法和滤膜法测定。本实验按照多管发酵法测定，其检验原理是：用提高培养温度的方法，将自然环境中大肠菌群与粪便中的大肠菌群区分开。作为一种卫生指标菌，耐热大肠菌群中很可能含有粪源微生物，因此耐热大肠菌群的存在表明水很可能受到了粪便污染，与总大肠菌群相比，水中含肠道致病菌和食物中毒菌的可能性更大，同时可能存在大肠杆菌。

大肠埃希氏菌是耐热大肠菌群中的一种，只有它是粪源特异性的，是最准确和最专一的粪便污染指示菌，可采用多管发酵法、滤膜法和酶底物法测定。

本实验按照多管发酵法测定，其检验原理是：利用大肠埃希氏菌能产生3-葡萄糖醛酸酶分解MUG，使培养液在波长366 nm紫外光下产生荧光，来判断水样中是否含有大肠埃希氏菌。

根据GB5 749-2 006生活饮用水卫生标准，生活饮用水中的总大肠菌群、耐热大肠菌群和大肠埃希氏菌（MPN或CFU/100 mL）均不得检出，菌落总数应≤ 100 CFU/mL。

三、任务所需器材

（一）实验器材

恒温培养箱：（36 ± 1）℃，（44.5 ± 0.5）℃；冰箱：2 ~ 5℃；恒温水浴锅：（46 ± 1）℃；天平：感量为0.1 g；吸管：10 mL（具有0.1 mL刻度），1 mL（具有0.01 mL刻度）或微量移液器及吸头；锥形瓶：容量250 mL，500 mL；试管：16 mm × 160 mm；培养皿：直径为90 mm；显微镜：10 × ~ 100 ×；放大镜或菌落计数器；pH计或精密pH试纸；小导管；紫外灯：6 W，波长366 nm；接种环；电炉；载玻片；酒精灯；等等。

（二）培养基、试剂和样品

1. 培养基和试剂

营养琼脂、乳糖蛋白胨培养液、二倍（双料）浓缩乳糖蛋白胨培养液、伊红亚甲蓝琼脂培养基、革兰氏染色液、EC培养基、EC-MUG培养基。

2. 样品

自来水、水箱水等。

四、任务技能训练

（一）菌落总数的测定

1. 生活饮用水

（1）以无菌操作方法，用灭菌吸管吸取1 mL充分混匀的水样，注入灭菌平皿中，倾注约15 mL已融化并冷却到45℃左右的营养琼脂培养基，立即旋摇平皿，使水样与培养基充分混匀。每次检验时，应做一平行接种，同时另用一个平皿只倾注营养琼脂培养基作为空白对照。

（2）待冷却凝固后，翻转平皿，使底面向上，置于（36 ± 1）℃培养箱内培养48 h，进行菌落计数，即为水样1 mL中的菌落总数。

2. 水源水

（1）以无菌操作方法吸取1 mL充分混匀的水样，注入盛有9 mL灭菌生理盐水的试管中，混匀成1: 10

稀释液。

（2）吸取 1 ∶ 10 的稀释液 1 mL，注入盛有 9 mL 灭菌生理盐水的试管中，混匀成 1 ∶ 100 稀释液。按同法依次稀释成 1 ∶ 1 000、1 ∶ 10 000 稀释液等备用。如此递增稀释 1 次，必须更换 1 支 1 mL 灭菌吸管。

（3）用灭菌吸管取未稀释的水样和 2 ~ 3 个适宜稀释度的水样 1 mL，分别注入灭菌平皿内。以下操作同生活饮用水的检验步骤。

3. 菌落计数及报告方法

作平皿菌落计数时，可用眼睛直接观察，必要时用放大镜检查，以防遗漏。在记下各平皿的菌落数后，应求出同稀释度的平均菌落数，供下一步计算时应用。在求同稀释度的平均数时，若其中一个平皿有较大片状菌落生长时，则不宜采用，而应以无片状菌落生长的平皿作为该稀释度的平均菌落数。若片状菌落不到平皿的一半，而其余一半中菌落数分布又很均匀，则可将此半皿计数后乘以 2 以代表全皿菌落数。然后再求该稀释度的平均菌落数。

4. 不同稀释度的选择及报告方法

（1）首先选择平均菌落数在 30 ~ 300 之间者进行计算，若只有一个稀释度的平均菌落数符合此范围时，则将该菌落数乘以稀释倍数报告之（见表 14–7 中实例 1）。

（2）若有两个稀释度，其生长的平均菌落数在 30 ~ 300 之间，则视两者之比值来决定。若其比值小于 2，应报告两者的平均数（见表 14–7 中实例 2）。若大于 2，则报告其中稀释度较小的菌落总数（见表 14–7 中实例 3）。若等于 2，亦报告其中稀释度较小的菌落数（见表 14–7 中实例 4）。

（3）若所有稀释度的平均菌落数均大于 300，则应按稀释度最高的平均菌落数乘以稀释倍数报告之（见表 14–7 中实例 5）。

（4）若所有稀释度的平均菌落数均小于 30，则应以按稀释度最低的平均菌落数乘以稀释倍数报告之（见表 14–7 中实例 6）。

（5）若所有稀释度的平均菌落数均不在 30 ~ 300 之间，则应以最接近 30 或 300 的平均菌落数乘以稀释倍数报告之（见表 14–7 中例 7）。

（6）若所有稀释度的平板上均无菌落生长，则以未检出报告之。

（7）菌落计数的报告：菌落数在 100 以内时，按实有数报告；大于 100 时，采用两位有效数字，在两位有效数字后面的数值，以四舍五入方法计算，为了缩短数字后面的零数也可用 10 的指数来表示（见表 14–7“报告方式”栏）。

表 14–7　稀释度选择及菌落总数报告方式

实例	稀释液及菌落数			两个稀释度菌落数之比	菌落总数（CFU/mL）	报告方式（CFU/mL）
	10^{-1}	10^{-2}	10^{-3}			
1	多不可计	164	20		16 400	16 000 或 1.6×10^4
2	多不可计	295	46	1.6	37 750	38 000 或 3.8×10^4
3	多不可计	271	60	2.2	27 100	27 000 或 2.7×10^3
4	150	30	8	2	1 500	1 500 或 1.5×10^3
5	多不可计	多不可计	313		313 000	310 000 或 3.1×10^5
6	27	11	5		27030 500	270 或 2.7×10^2
7	多不可计	305	12			31 000 或 3.1×10^4

（二）总大肠菌群的测定—多管发酵法

1. 乳糖发酵试验

取 10 mL 水样接种到 10 mL 双料乳糖蛋白胨培养液中，取 1 mL 水样接种到 10 mL 单料乳糖蛋白胨培养液中，另取 1 mL 水样注入 9 mL 灭菌生理盐水中，混匀后吸取 1 mL（即 0.1 mL 水样）注入 10 mL 单料乳糖蛋白胨培养液中，每一稀释度接种5管。对已处理过的出厂自来水，需经常检验，可直接接种5份10 mL水样双料培养基，每份接种10 mL水样。

检验水源水时，如污染较严重，应加大稀释度，可接种1 mL、0.1 mL、0.01 mL，甚至0.1 mL、0.01 mL、0.001 mL，每个稀释度接种5管，每个水样共接种15管。接种1 mL以下水样时，必须作10倍递增稀释后，取1 mL接种，每递增稀释1次，换用1支1 mL灭菌刻度吸管。

将接种管置于(36 ± 1)℃培养箱内，培养(24 ± 2)h。如所有乳糖蛋白胨培养管都不产气产酸，则可报告为总大肠菌群阴性；如有产酸产气者，则按下列步骤进行。

2. 分离培养

将产酸产气的发酵管分别转种在伊红亚甲蓝琼脂平板上，于(36 ± 1)℃培养箱内培养18 ~ 24 h，观察菌落形态，挑取符合下列特征的菌落：深紫黑色、具有金属光泽的菌落，紫黑色、不带或略带金属光泽的菌落，淡紫红色、中心较深的菌落，做革兰染色、镜检和证实试验。

3. 证实试验

经上述染色镜检为革兰阴性无芽孢杆菌，同时接种乳糖蛋白胨培养液，置(36 ± 1)℃培养箱中培养(24 ± 2)h，有产酸产气者，即证实有总大肠菌群存在。

4. 结果报告

根据证实为总大肠菌群阳性的管数，查MPN检索表，报告每100 mL水样中的总大肠菌群最可能数(MPN)值。5管法结果见表14–8，15管法结果见表14–9。稀释样品查表后所得结果应乘以稀释倍数。如所有乳糖发酵管均呈阴性时，可报告未检出总大肠菌群。

表14–8 用5份10 mL水样时各种阳性阴性结果组合时的最可能数（MPN）

5个10 mL管中阳性管数	最可能（MPN）	5个10 mL管中阳性管数	最可能（MPN）
0	< 2.2	3	9.2
1	2.2	4	16.0
2	5.1	5	> 16

表14–9 总大肠菌群最可能数（MPN）检索表

（总接种量55.5 mL，其中5份10 mL水样，5份1 mL水样，5份0.1 mL水样）

接种量/mL			总大肠菌群数/（MPN/100 mL）	接种量/mL			总大肠菌群数/（MPN/100 mL）
10	1	0.1		10	1	0.1	
2	3	0	12	3	4	0	21
2	3	1	14	3	4	1	24
2	3	2	17	3	4	2	28
2	3	3	20	3	4	3	32
2	3	4	22	3	4	4	36
2	3	5	25	3	4	5	40
2	4	0	15	3	5	0	25
2	4	1	17	3	5	1	29
2	4	2	20	3	5	2	32
2	4	3	23	3	5	3	37
2	4	4	25	3	5	4	41
2	4	5	28	3	5	5	45
2	5	0	17	4	0	0	13
2	5	1	20	4	0	1	17
2	5	2	23	4	0	2	21
2	5	3	26	4	0	3	25
2	5	4	29	4	0	4	30
2	5	5	32	4	0	5	36

续 表

接种量 /mL			总大肠菌群数 /（MPN/100 mL）	接种量 /mL			总大肠菌群数 /（MPN/100 mL）
10	1	0.1		10	1	0.1	
3	0	0	8	4	1	0	17
3	0	1	11	4	1	1	21
3	0	2	13	4	1	2	26
3	0	3	16	4	1	3	31
3	0	4	20	4	1	4	36
3	0	5	23	4	1	5	42
3	1	0	8	4	2	0	22
3	1	1	11	4	2	1	26
3	1	2	13	4	2	2	32
3	1	3	16	4	2	3	38
3	1	4	20	4	2	4	44
3	1	5	23	4	2	5	50
3	2	0	14	4	3	0	27
3	2	1	17	4	3	1	33
3	2	2	20	4	3	2	39
3	2	3	24	4	3	3	45
3	2	4	27	4	3	4	52
3	2	5	31	4	3	5	59
4	4	0	34	5	2	0	49
4	4	1	40	5	2	1	70
4	4	2	47	5	2	2	94
4	4	3	54	5	2	3	120
4	4	4	62	5	2	4	150
4	4	5	69	5	2	5	180
4	5	0	41	5	3	0	79
4	5	1	48	5	3	1	110
4	5	2	56	5	3	2	140
4	5	3	64	5	3	3	180
4	5	4	72	5	3	4	210
4	5	5	81	5	3	5	250
5	0	0	23	5	4	0	130
5	0	1	31	5	4	1	170
5	0	2	43	5	4	2	220
5	0	3	58	5	4	3	280
5	0	4	76	5	4	4	350
5	0	5	95	5	4	5	430
5	1	0	33	5	5	0	240
5	1	1	46	5	5	1	350
5	1	2	63	5	5	2	540
5	1	3	84	5	5	3	920
5	1	4	110	5	5	4	1 600
5	1	5	130	5	5	5	> 1 600

（三）耐热大肠菌群的测定——多管发酵法

1. 检验步骤

自总大肠菌群乳糖发酵试验中的阳性管中取 1 滴转种于 EC 培养基中，（44.5 ± 0.5）℃培养（24 ± 2）h。如所有管均不产气，则可报告为阴性；如有产气者，则转种于伊红亚甲蓝琼脂平板上，于（44.5 ± 1）℃培养箱内培养 18 ～ 24 h，凡平板上有典型菌落者，则证实为耐热大肠菌群阳性。

2. 结果报告

根据证实为耐热大肠菌群阳性的管数，查 MPN 检索表，报告每 100 mL 水样中耐热大肠菌群最可能数（MPN）值。

（四）大肠埃希氏菌的测定——多管发酵法

1. 检验步骤

将总大肠菌群用多管发酵法，并且初发酵产酸或产气的管进行大肠埃希氏菌的检测。用灭菌的接种环或无菌棉签将上述试管中的液体接种到 EC-MUG 管中，（44.5 ± 0.5）℃培养（24 ± 2）h。

2. 结果观察与报告

将培养后的 EC-MUG 管在暗处用波长 366 nm、功率 6 W 的紫外灯照射，如果有蓝色荧光产生，则表示水样中含有大肠埃希氏菌。计算 EC-MUG 的阳性管数，查对应的 MPN 检索表，报告每 100 mL 水样中大肠埃希氏菌最可能数（MPN）值。

（五）实验结果

1. 将对实验水样菌落总数检测的原始记录填入表 14-10 中，并说明计数稀释度的选定依据。

表 14-10 对实验水样菌落总数检测的原始记录

水样来源：　　　　　　　　　　　　　　　　　　　检验日期：

皿次	原液	10^{-1}	10^{-2}	10^{-3}	空白
1					
2					
平均					
计数稀释度			菌量 [CFU/g（mL）]		

2. 将对实验水样总大肠菌群检测（多管发酵法）的原始记录填入表 14-11 中。

表 14-11 对实验水样总大肠菌群检测（多管发酵法）的原始记录

水样来源：　　　　　　　　　　　　　　　　　　　检验日期：

加水样量																
试管编号																
乳糖发酵试验																
分离培养																
证实试验																
大肠菌群判定																
检索表（MPN/100 mL）																

注：乳糖发酵试验、证实试验中产酸产气，记为“+”；不产酸产气，记为“-”。

3. 对实验水样耐热大肠菌群检测（多管发酵法）的原始记录填入表 14-12 中。

表 14-12 对实验水样耐热大肠菌群检测（多管发酵法）的原始记录

水样来源：　　　　　　　　　　　　　　　　　　　检验日期：

加水样量														
试管编号														
乳糖发酵试验														
EC 培养基														
EMB 培养基														
耐热大肠菌群判定														
检索表（MPN/100 mL）														

注：乳糖发酵试验、EC 培养基试验中产酸和 / 或产气，记为“+”；不产酸和 / 或不产气，记为“-”。

4. 对实验水样大肠埃希氏菌检测（多管发酵法）的原始记录填入表 14-13 中。

表 14-13 对实验水样大肠埃希氏菌检测（多管发酵法）的原始记录

水样来源：　　　　　　　　　　　　　　　　　　　　　　　　检验日期：

加水样量															
试管编号															
乳糖发酵试验															
EC-MUG 培养基															
紫外线灯照射															
大肠埃希氏菌判定															
检索表（MPN/100 mL）															

注：①乳糖发酵试验、EC-MUG 培养基试验中产酸和 / 或产气，记为“+”；不产酸和 / 或不产气，记为“-”。

②紫外线灯照射后，有蓝色荧光，记为“+”；无蓝色荧光，记为“-”。

5. 根据生活饮用水的标准评价该水样微生物指标的安全情况（见表 14-14）。

表 14-14 水样微生物指标的安全情况评价表

微生物指标	限值	测定值	单项判定
菌落总数（CFU/mL）	100		
总大肠菌群（MPN/100 mL）	不得检出		
耐热大肠菌群（MPN/100 mL）	不得检出		
大肠埃希氏菌（MPN/100 mL）	不得检出		

五、任务考核指标

水样中菌落总数的测定考核见表14–15和表14–16。

表14–15 水样中菌落总数的测定考核表

考核内容		考核指标	分值
准备	物品摆放及酒精擦手	物品摆放合理，酒精擦手正确，得10分	15
		摆放的物品影响操作，扣0.5分	
		取菌前未用酒精擦手，扣0.5分	
	编号（试管、培养皿）	都编号且正确，得5分	
		每漏编1个，扣0.5分	
		每错编1个，扣0.5分	
样品稀释	样品混匀（原始样品、稀释样品）	进行且操作正确（平摇、手心振摇试管或吸管吹放），得5分	40
		原始样品没有混匀，扣1分	
		稀释样品没有混匀，1个扣1分	
		吸管吸放时棉花掉落，1支扣1分	
	吸管使用（打开方式、取液、调节液面、放液、稀释顺序）	吸管使用正确，得5分	
		放液时若吸管外壁碰到试管口却没有灼烧试管口，1次扣1分	
		吸取刻度不准确，1次扣1分	
		将移取过高浓度菌液的吸管插入低浓度试管中，1次扣1分	
		移液过程中液体流滴在试管外面，1次扣1分	
	试管、开盖瓶操作（开塞、管口灭菌、持法、盖塞）	试管操作正确，得5分	
		开塞盖塞不正确，1次扣1分	
		持法不正确，1次扣0.5分	
		接种试管开塞未灼烧，扣1分	
	接种（换管、培养皿个数）	操作正确，得5分	
		将移取过高浓度菌液的吸管插入低浓度试管中，1次扣1分	
		吸管外壁碰到培养皿壁，1次扣0.5分	
		漏接培养皿，1个扣0.5分	
		试管被污染，每根扣1分	
	加培养基（培养皿持法、加入量、污染皿壁、混匀）	正确（单手持皿，平端，自如开盖）得5分	
		加入培养基量低于10 mL，1次扣0.5分	
		培养基污染皿壁，1次扣1分	
		培养基有凝块、不透明，1次扣1分	
	酒精灯附近区操作	在酒精灯附近区操作，得5分	
		未在酒精灯附近区操作，扣2分	
	空白	进行，得5分	
		未进行，1个扣1分	
	操作熟练程度	熟练，得5分	
		较熟练，得3分	
		一般，得1分	
		不熟练，得0分	
培养	琼脂凝固	凝固，得5分	10
		没有凝固，1个扣2分	
	翻转培养皿	正确培养，得5分	
		培养时未翻转培养皿，1个扣1分	
文明操作	实验后台面整理	整理，得5分	10
		未整理，扣1分	
	器皿破损	未破损，得5分	
		破损，扣1分	
结果判断 菌落不成稀释梯度，扣2分 空白平板有菌落，1个平板扣2分		菌落成稀释度、无片状，空白无菌落，得15分	15
报告结果规范、正确 每改1次，扣1分		清楚、无涂改，得10分	10
合计		——	100

表 14-16 水样中细菌得革兰氏染色操作考核表

考核内容		考核指标	分值
准备	物品摆放及检查清洁载玻片	物品摆放合理及检查清洁载玻片，得 5 分	10
		摆放的物品影响操作，扣 2 分	
		未检查、清洁载玻片，扣 2 分	
	酒精擦手	取菌前用酒精擦手，得 5 分	
		取菌前未用酒精擦手，扣 2 分	
革兰氏染色	接种环的使用（灼烧灭菌、冷却、取菌、灼烧多余菌液）	操作正确，得 5 分	35
		接种环灼烧不彻底，扣 0.5 分	
		灼烧后接种环未冷却直接取菌，扣 0.5 分	
		取菌时将培养基划破，扣 0.5 分	
		涂片后未灼烧多余菌液，扣 1 分	
	涂片（滴加无菌生理盐水、涂片、干燥）	操作正确，得 3 分	
		涂片区域直径超过 1.2～1.5 cm，扣 0.5 分	
		漏液在桌面，扣 0.5 分	
	固定	操作正确，得 3 分	
		未在外焰区来回 3～5 次，扣 1 分	
	染色试剂的使用	染色试剂错用，扣 6 分	
	初染（时间、漏液）	操作正确，得 3 分	
		不正确，扣 1 分	
	媒染（时间、漏液）	操作正确，得 3 分	
		不正确，扣 1 分	
	脱色（时间、漏液）	操作正确，得 3 分	
		不正确，扣 1 分	
	复染（时间、漏液）	操作正确，得 3 分	
		不正确，扣 1 分	
	水洗、干燥	操作正确，得 3 分	
		不正确，扣 1 分	
	操作熟练程度	熟练，得 3 分	
		较熟练，得 2 分	
		一般，得 1 分	
		不熟练，得 0 分	
镜检	摆放（显微镜摆放、载玻片放置）	正确，得 5 分	25
		显微镜摆放不正确，扣 1 分	
		未从低倍镜到高倍镜调节，扣 1 分	
		在油镜下使用粗调旋钮，扣 1 分	
		油镜观察时未滴加油，扣 1 分	
		图像不清晰，扣 2 分	
	显微镜清洗	正确，得 5 分	
		镜检结束显微镜未清洗或清洗方法不正确，扣 2 分	
	操作熟练程度	熟练，得 5 分	
		较熟练，得 3 分	
		一般，得 1 分	
		不熟练，得 0 分	
		涂片不均匀，重叠低于 25%，扣 2 分	
		视野过暗或过亮影响观察，扣 1 分	
		染色结果不正确，扣 10 分	
文明操作	实验后台面整理	整理，得 5 分	10
		未整理，扣 1 分	
	器皿破损	未破损，得 5 分	
		破损，扣 1 分	
合计		——	100

附录一 常用试剂和染色液的配制

1. 吕氏碱性亚甲蓝染液

A 液：亚甲蓝 0.6 g，95% 酒精 30 mL。

B 液：KOH 0.01 g，蒸馏水 100 mL。

分别配制 A 液和 B 液，配好后混合即可。

2. 石炭酸复红染色液

A 液：碱性复红 0.3 g；95% 酒精 10 mL。

B 液：石炭酸 5.0 g，蒸馏水 95 mL。

将碱性复红在研钵中研磨后，逐渐加入 95% 酒精，继续研磨使其溶解，配成 A 液。将石炭酸溶解于水中，配成 B 液。混合 A 液及 B 液即成。通常可将此混合液稀释 5 ~ 10 倍使用，稀释液易变质失效，1 次不宜多配。

3. 革兰染色液

（1）草酸铵结晶紫染液。

A 液：结晶紫 2 g，95% 酒精 20 mL。

B 液：草酸铵 0.8 g，蒸馏水 80 mL。

混合 A、B 二液，静置 48 h 后使用。

（2）卢戈氏碘液。

碘片 1.0 g，碘化钾 2.0 g，蒸馏水 300 mL。

先将碘化钾溶解在少量水中，再将碘片溶解在碘化钾溶液中，待完全溶化后，加足水分即成。

（3）95% 的酒精溶液。

（4）番红复染液。

番红 2.5 g，95% 酒精 100 mL。

取上述配好的番红酒精溶液 10 mL 与 80 mL 蒸馏水混匀即成。

（5）沙黄复染液。

沙黄 0.25 g，95% 乙醇 10.0 mL，蒸馏水 90.0 mL。

将沙黄溶解于乙醇中，然后用蒸馏水稀释。

4. 芽孢染色液

（1）孔雀绿染液。

孔雀绿 5 g，蒸馏水 100 mL。

（2）番红水溶液。

番红 0.5 g，蒸馏水 100 mL。

（3）苯酚品红溶液。

碱性品红 11 g，无水酒精 100 mL。

制法取上述溶液 10 mL 与 100 mL 5% 的苯酚溶液混合，过滤备用。

（4）黑色素溶液。

水溶性黑色素 10 g，蒸馏水 100 mL。

称取 10 g 黑色素溶于 100 mL 蒸馏水中，置沸水浴中 30 min 后，滤纸过滤 2 次，补加水到 100 mL，加 0.5 mL 甲醛，备用。

5. 荚膜染色液

（1）黑色素水溶液。

黑色素 5 g，蒸馏水 100 mL，福尔马林（40% 甲醛）0.5 mL。

将黑色素在蒸馏水中煮沸 5 min，然后加入福尔马林作防腐剂。

（2）番红染液。

与革兰染液中番红复染液相同。

6. 鞭毛染色液

A 液：单宁酸 5 g，$FeCl_3$ 1.5 g，蒸馏水 100 mL，福尔马林（15%）2.0 mL，NaOH（1%）1.0 mL。配好后，当日使用，次日效果差，第三日则不宜使用。

B 液：$AgNO_3$ 2 g，蒸馏水 100 mL。

待 $AgNO_3$ 溶解后，取出 10 mL 备用，向其余的 90 mL $AgNO_3$ 中滴入浓 NH_4OH，使之成为很浓厚的悬浮液，再继续滴加 NH_4OH，直到新形成的沉淀又重新刚刚溶解为止。再将备用的 10 mL $AgNO_3$ 慢慢滴入，则出现薄雾，但轻轻摇动后，薄雾状沉淀又消失，再滴入 $AgNO_3$，直到摇动后仍呈现轻微而稳定的薄雾状沉淀为止。如雾不重，可使用 1 周；如雾重，则银盐沉淀出，不宜使用。

7.Bouin 氏固定液

苦味酸饱和水溶液 75 mL，福尔马林（40% 甲醛）25 mL，冰醋酸 5 mL，1 g 苦味酸可制成 75 mL 饱和水溶液。

先将苦味酸溶解成水溶液，然后再加入福尔马林和冰醋酸摇匀即成。

8. 乳酸石炭酸棉蓝染色液

石炭酸 10 g，乳酸 10 mL，甘油 20 mL，蒸馏水 10 mL，棉蓝 0.02 g。

将石炭酸加在蒸馏水中加热溶解，然后加入乳酸和甘油，最后加入棉蓝，使其溶解即成。

9. 瑞氏染色液

瑞氏染料粉末 0.3 g，甘油 3 mL，甲醇 97 mL。

将染料粉末置于干燥的乳钵内研磨，先加甘油，后加甲醇，放玻璃瓶中过夜，过滤即可。

10. 亚甲蓝染液

在 52 mL 95% 酒精和 44 mL 四氯乙烷的三角烧瓶中，慢慢加入 0.6 g 氯化亚甲蓝，旋摇三角烧瓶，使其溶解。放 5 ~ 10℃下，12 ~ 24 h，然后加入 4 mL 冰醋酸。用滤纸过滤，贮存于清洁的密闭容器内。

附录二　培养基的制备

1. 平板计数琼脂（plate count agar，PCA）培养基

（1）成分。

胰蛋白胨 5.0 g，酵母浸膏 2.5 g，葡萄糖 1.0 g，琼脂 15.0 g，蒸馏水 1 000 mL。

（2）制法。

将上述成分加于蒸馏水中，煮沸溶解，调节 pH 值至 7.0 ± 0.2，分装三角瓶或试管，高压蒸汽灭菌（121℃，15 min）。

2. 无菌生理盐水

（1）成分。

氯化钠 8.5 g，蒸馏水，1 000 mL。

（2）制法。

称取 8.5 g 氯化钠溶于 1 000 mL 蒸馏水中，分装三角瓶或试管，高压蒸汽灭菌（121℃，15 min）。

3. 结晶紫中性红胆盐琼脂（VRBA）

（1）成分

蛋白胨 7.0 g，酵母膏 3.0 g，乳糖 10.0 g，氯化钠 5.0 g，胆盐或 3 号胆盐 1.5 g，中性红 0.03 g，结晶紫 0.002 g，琼脂 15 ~ 18 g，蒸馏水 1 000 mL，pH 值为 7.4 ± 0.1。

（2）制法

将上述成分溶于蒸馏水中，静置几分钟，充分搅拌，调节 pH 至 7.4 ± 0.1，煮沸 2 min，将培养基冷却至 45 ~ 50℃倾注平板。使用前临时制备，不得超过 3 h。

4. 10% 氯化钠胰酪胨大豆肉汤

（1）成分。

胰酪胨（或胰蛋白胨）17.0 g，植物蛋白胨（或大豆蛋白胨）3.0 g，氯化钠 100.0 g，磷酸氢二钾 2.5 g，丙酮酸钠 10.0 g，葡萄糖 2.5 g，蒸馏水 1 000 mL。

（2）制法。

将上述成分混合，加热，轻轻搅拌并溶解，调节 pH 值至 7.3 ± 0.2，分装，每瓶 225 mL，高压蒸汽灭菌（121℃，15 min）。

5.Baird-Parker 琼脂平板

（1）成分。

胰蛋白胨 10.0 g，牛肉膏 5.0 g，酵母膏 1.0 g，丙酮酸钠 10.0 g，甘氨酸 12.0 g，氯化锂（$LiCl·6H_2O$）5.0 g，琼脂 20.0 g，蒸馏水 950 mL。

（2）增菌剂的配法。

30% 卵黄盐水 50 mL 与经过过滤除菌的 1% 亚碲酸钾溶液 10 mL 混合，保存于冰箱内。

（3）制法。

将各成分加到蒸馏水中，加热煮沸至完全溶解。调节 pH 值至 7.0 ± 0.2。分装每瓶 95 mL，高压蒸汽灭菌（121℃，15 min）。临用时加热溶化琼脂，冷却至 50℃，每 95 mL 加入预热至 50℃的卵黄亚碲酸钾增菌剂 5 mL，摇匀后倾注平板。培养基应是致密不透明的，使用前在冰箱里储存不得超过 48 h。

6. 脑心浸出液肉汤（BHI）

（1）成分。

胰蛋白胨 10.0 g，氯化钠 5.0 g，磷酸氢二钠 2.5 g，葡萄糖 2.0 g，牛心浸出液 500 mL。

（2）制法。

加热溶解，调节 pH 值至 7.4 ± 0.2。分装 16 mm × 160 mm 试管，每管 5 mL，高压蒸汽灭菌（121℃，15 min）。

7. 营养琼脂

（1）成分。

蛋白胨 10.0 g，牛肉膏 3.0 g，氯化钠 5.0 g，琼脂 15.0 ~ 20.0 g，蒸馏水 1 000 mL。

（2）制法。

将各成分混合后，加热溶解，调节 pH 值至 7.4 ~ 7.6。加入琼脂，加热煮沸，使琼脂溶化。分装锥形瓶，高压蒸汽灭菌（121℃，20 min）。

8. 乳糖蛋白胨培养液

（1）成分。

蛋白胨 10.0 g，牛肉膏 3.0 g，乳糖 5.0 g，氯化钠 5.0 g，1.6% 溴甲酚紫乙醇溶液 1.0 mL，蒸馏水 1 000 mL。

（2）制法。

将蛋白胨、牛肉膏、乳糖及氯化钠加热溶解于蒸馏水中，调节 pH 值至 7.2 ~ 7.4。加入 1.6% 溴甲酚紫乙醇溶液 1 mL，充分混匀，分装于有小例管的试管中，高压蒸汽灭菌（115℃，20 min）。

二倍（双料）乳糖蛋白胨培养液：除蒸馏水外，其他成分量加倍。

9. 伊红亚甲蓝琼脂培养基（EMB 培养基）

（1）成分。

蛋白胨 10.0 g，乳糖 10.0 g，磷酸氢二钾 2.0 g，琼脂 20.0 ~ 30.0 g，蒸馏水 1 000 mL，2% 伊红水溶液 20.0 mL，0.5% 亚甲蓝水溶液 13.0 mL。

（2）制法。

将蛋白胨、磷酸二氢钾和琼脂溶解于蒸馏水中，调节 pH 值至 7.2。加入乳糖，混匀后分装，高压蒸汽灭菌（115℃，20 min），临用时加热溶化琼脂，冷却至 50 ~ 55℃，加入伊红水溶液及亚甲蓝水溶液，混匀后，倾注平板。

10.EC 培养基

（1）成分。

胰蛋白胨 20.0 g，乳糖 5.0 g，氯化钠 5.0 g，磷酸氢二钾 4.0 g，磷酸二氢钾 1.5 g，3 号胆盐 1.5 g。

（2）制法。

将上述成分加热搅拌溶解于蒸馏水中，分装到带有小导管的试管中，高压蒸汽灭菌（115℃，20 min），最终 pH 值为 6.9 ± 0.2。

11.EC–NUG 培养基

（1）成分。

胰蛋白胨 20.0 g，乳糖 5.0 g，氯化钠 5.0 g，磷酸氢二钾 4.0 g，磷酸二氢钾 1.5 g，3 号胆盐或混合胆盐 1.5 g，4– 甲基伞形酮 –3–D– 葡萄糖醛酸苷（MUG）0.05 g。

（2）制法。

将干燥成分加入水中，充分混匀，加热溶解，在 366 nm 紫外光下检查无自发荧光后分装于试管中，高压蒸汽灭菌（115℃，20 min），最终 pH 值 6.9 ± 0.2。

12.7.5% 氯化钠肉汤

（1）成分。

蛋白胨 10.0 g，牛肉膏 5.0 g，氯化钠 75.0 g，蒸馏水 1 000 mL。

（2）制法。

将上述成分加热溶解，调节 pH 值至 7.4，分装，每瓶 225 mL，高压蒸汽灭菌（121℃，15 min）。

13. 血琼脂平板

（1）成分。

蛋白胨 1.0 g，牛肉膏 0.3 g，氯化钠 0.5 g，琼脂 1.5 g，蒸馏水 100 mL，脱纤维羊血（或兔血）5 ~ 10 mL。

（2）制法。

除新鲜脱纤维羊血外，加热溶化上述各组分，121℃高压灭菌 15 min，冷到 50℃，以无菌操作加入新鲜脱纤维羊血，摇匀，倾注平板。

14. 兔血浆

（1）成分。

枸橼酸钠 3.8 g，蒸馏水 100 mL。

（2）制法。

枸橼酸钠 3.8 g，加蒸馏水 100 mL，溶解后过滤，装瓶，高压蒸汽灭菌（121℃，15 min）。

兔血浆制备：取 3.8% 枸橼酸钠溶液 1 份，加兔全血 4 份，混匀后静置（或以 3 000 r/min 离心 30 min），使血液细胞下降，即可得血浆。

15. 营养肉汤培养基

（1）成分。

牛肉浸出粉 3.0 g，蛋白胨 10.0 g，NaCl 5.0 g，水 1 000 mL，pH 值为 7.4 ~ 7.6。

（2）制法。

将所有成分混合过滤，分装后，121℃，20 min 高压蒸汽灭菌。

16. 硫乙醇酸盐流体培养基

（1）成分。

酪胨（胰酶水解）15.0 g，酵母浸出粉 5.0 g，葡萄糖 5.0 g，氯化钠 2.5 g，L- 胱氨酸 0.5 g，新配制的 0.1% 刃天青溶液 1.0 mL，硫乙醇酸钠 0.5 g（或硫乙醇酸 0.3 mL），琼脂 0.75 g，水 1 000 mL。

（2）制法。

除葡萄糖和刃天青溶液外，取上述成分加入大烧杯中，混合，微温溶解，调节 pH 为弱碱性，煮沸，滤清，加入葡萄糖和刃天青溶液，摇匀，调节 pH 值使灭菌后为 7.1 ± 0.2。分装于 24 支大试管中，灭菌。供试品接种前，培养基氧化层的颜色不得超过培养基深度的 1/3，否则，须经 100℃水浴加热至粉红色消失（不超过 20 min），迅速冷却，只限加热 1 次，并防止被污染。

17. 改良马丁培养基

（1）成分。

蛋白胨 5.0 g，磷酸氢二钾 1.0 g，酵母浸出粉 2.0 g，硫酸镁 0.5 g，葡萄糖 20.0 g，水 1 000 mL。

（2）制法。

除葡萄糖外，取上述成分加入大烧杯中，混合，微温溶解，调节 pH 值约为 6.8，煮沸，加入葡萄糖溶解后，摇匀，滤清，调节 pH 值使灭菌后为 6.4 ± 0.2，分装，115℃灭菌 30 min。

18. 玫瑰红钠琼脂培养基

（1）成分。

胨 5.0 g，玫瑰红钠 0.0 133 g，葡萄糖 10.0 g，琼脂 14.0 g，磷酸二氢钾 1.0 g，硫酸镁 0.5 g，水 1 000 mL。

（2）制法。

除葡萄糖、玫瑰红钠除外，取上述成分，混合，微温溶解，滤过，加入葡萄糖、玫瑰红钠，分装，灭菌。

19. 胆盐乳糖培养基（BL）

（1）成分。

胨 20.0 g，磷酸二氢钾 1.3 g，乳糖 5.0 g，牛胆盐 2.0 g，氯化钠 5.0 g，磷酸氢二钾 4.0 g，水 1 000 mL。

（2）制法。

除乳糖、牛胆盐（或去氧胆酸钠）外，取上述成分，混合，微温溶解，调节 pH 值使灭菌后为 7.4 ± 0.2，煮沸，滤清，加入乳糖、牛胆盐（或去氧胆酸钠），分装，灭菌。

20. 4– 甲基伞形酮葡糖苷酸（MUG）培养基

（1）成分。

胨 10.0 g，磷酸二氢钾（无水）0.9 g，硫酸锰 0.5 mg，磷酸氢二钠（无水）6.2 g，硫酸锌 0.5 mg，亚硫酸钠 40 mg，硫酸镁 0.1 g，去氧胆酸钠 1.0 g，氯化钠 5.0 g，MUG 75 mg，氯化钙 50 mg，水 1 000 mL。

（2）制法。除 MUG 外，取上述成分，混合，微温溶解，调节 pH 值，使灭菌后为 7.3 ± 0.1，加入 MUG，溶解，每管分装 5 mL，灭菌。

21. 抗生素效价测定用培养基Ⅱ

（1）成分。

牛肉浸出粉 1.5 g，胨 6 g，酵母浸出粉 6 g，葡萄糖 1 g，琼脂 15 g，水 1 000 mL。

（2）制法。

除葡萄糖外，混合上述成分，加热溶化后滤过，加葡萄糖溶解后，摇匀，调节 pH 值，使灭菌后为 7.8 ~ 8.0，在 115℃灭菌 30 min，即可。

22. 酵母浸出粉胨葡萄糖琼脂培养基（YPD）

（1）成分。

蛋白胨 10.0 g，琼脂 14.0 g，酵母浸出粉 5.0 g，水 1 000 mL，葡萄糖 20.0 g。

（2）制法。

除葡萄糖外，取上述成分，混合，微温溶解，滤过，加入葡萄糖，分装，灭菌。

23. 磷酸盐缓冲液 (pH 值为 7.8)

（1）成分。

酸氢二钾 5.59 g，磷酸二氢钾 0.41 g，水 1 000 mL。

（2）制法。

取磷酸氢二钾与磷酸二氢钾，加水使成 1 000 mL，滤过，在 115℃灭菌 30 min，即可。

24. pH 值 7.0 氯化钠 – 蛋白胨缓冲液

（1）成分。

磷酸二氢钾 3.56 g，磷酸氢二钠 7.23 g，氯化钠 4.30 g，蛋白胨 1.0 g。

（2）制法。

将各成分加入蒸馏水中，微温溶解，滤清，分装，灭菌。

25. 缓冲蛋白胨水（BPW）

（1）成分。

蛋白胨 10.0 g，氯化钠 5.0 g，磷酸氢二钠（含 12 个结晶水）9.0 g，磷酸二氢钾 1.5 g，蒸馏水 1 000 mL。

（2）制法。

将各成分加入蒸馏水中，搅拌均匀，静置约 10 min，煮沸溶解，调节 pH 值至 7.2 ± 0.2，分装于 500 mL 三角瓶中，高压蒸汽灭菌（121℃，15 min）。

26. 四硫磺酸钠煌绿（TTB）增菌液

（1）基础液。

蛋白胨 10.0 g，牛肉膏 5.0 g，氯化钠 3.0 g，碳酸钙 45.0 g，蒸馏水 1 000 mL。

除碳酸钙外，将各成分加入蒸馏水中，煮沸溶解，再加入碳酸钙，调节 pH 值至 7.2 ± 0.2，高压蒸汽灭菌（121℃，20 min）。

（2）硫代硫酸钠溶液。

硫代硫酸钠（含 5 个结晶水）50.0 g，蒸馏水加至 100 mL，高压蒸汽灭菌（121℃，20 min）。

（3）碘溶液。

碘片 20.0 g，碘化钾 25.0 g，蒸馏水加至 100 mL。

将碘化钾充分溶解于少量的蒸馏水中，再投入碘片，振摇三角瓶至碘片全部溶解为止，然后加蒸馏水至规定的总量，储存于棕色瓶内，塞紧瓶盖备用。

（4）0.5% 煌绿水溶液。

煌绿 0.5 g，蒸馏水 100 mL。溶解后，存放暗处，不少于 1 d，使其自然灭菌。

（5）牛胆盐溶液。

牛胆盐 10.0 g，蒸馏水 100 mL。加热煮沸至完全，高压蒸汽灭菌（121℃，20 min）。

（6）制法。

基础液 900 mL，硫代硫酸钠溶液 100 mL，碘溶液 20.0 mL，煌绿水溶液 2.0 mL，牛胆盐溶液 50.0 mL。临用前，按上述顺序，以无菌操作依次加入基础液中，加入一种成分摇匀后再加入另一种成分。

27. 亚硒酸盐胱氨酸（SC）增菌液

（1）成分。

蛋白胨 5.0 g，乳糖 4.0 g，磷酸氢二钠 10.0 g，亚硒酸氢钠 4.0 g，L– 胱氨酸 0.01 g，蒸馏水 1 000 mL。

（2）制法。

将除亚硒酸氢钠和 L– 胱氨酸以外的各成分加入蒸馏水中，加热煮沸溶解，冷却至 55℃以下，以无菌操作加入亚硒酸氢钠和 1 g/L L– 胱氨酸溶液 10 mL（称取 0.1 g L– 胱氨酸，加 1 mol/L 氢氧化钠溶液 15 mL，使溶解，再加无菌蒸馏水至 100 mL 即成，如为 DL– 胱氨酸，用量应加倍），摇匀，调节 pH 值至 7.0 ± 0.2。

28. 亚硫酸铋（BS）琼脂

（1）成分。

蛋白胨 10.0 g，牛肉膏 5.0 g，葡萄糖 5.0 g，硫酸亚铁 0.3 g，磷酸氢二钠 4.0 g，煌绿 0.025 g 或 5.0 g/L 水溶液 5.0 mL，枸橼酸铋铵 2.0 g，亚硫酸钠 6.0 g，琼脂 18.0 ~ 20.0 g，蒸馏水 1 000 mL。

（2）制法。

将前三种成分加入 300 mL 蒸馏水（制作基础液），硫酸亚铁和磷酸氢二钠分别加入 20 mL 和 30 mL 蒸馏水中，柠檬酸铋铵和亚硫酸钠分别加入 20 mL 和 30 mL 蒸馏水中，将琼脂加入 600 mL 蒸馏水中，搅拌、煮沸溶解，冷至 80℃，先将硫酸亚铁和磷酸氢二钠混匀，倒入基础液中，混匀。将柠檬酸铋铵和亚硫酸钠混匀，倒入基础液中，再混匀。调节 pH 值至 7.5 ± 0.2，随即倾入琼脂液中，混合均匀，冷却至 50 ~ 55℃，加入煌绿溶液，充分混匀后立即倾注平皿。

注意：本培养基不需要高压蒸汽灭菌。在制备过程中不宜过分加热，避免降低其选择性。储存于室温暗处，超过 48 h 会降低其选择性，本培养基宜于当天制备，第二天使用。

29.HE 琼脂

（1）成分。

蛋白胨 12.0 g，牛肉膏 3.0 g，乳糖 12.0 g，蔗糖 12.0 g，水杨素 2.0 g，胆盐 20.0 g，氯化钠 5.0 g，琼脂 18.0 ~ 20.0 g，蒸馏水 1 000 mL，0.4% 溴麝香草酚蓝溶液 16.0 mL，Andrade 指示剂 20.0 mL，甲液 20.0 mL，乙液 20.0 mL。

①甲液的配制：硫代硫酸钠 34.0 g，枸橼酸铁铵 4.0 g，蒸馏水 100 mL。

②乙液的配制：去氧胆酸钠 10.0 g，蒸馏水 100 mL。

③ Andrade 指示剂：酸性复红 0.5 g，1 mol/L 氢氧化钠溶液 16.0 mL，蒸馏水 100 mL。

将复红溶解于蒸馏水中，加入氢氧化钠溶液。数小时后如复红褪色不全，再加氢氧化钠溶液 1 ~ 2 mL。

（2）制法。

将前面七种成分溶解于 400 mL 蒸馏水内作为基础液；将琼脂加入于 600 mL 蒸馏水内，然后分别搅拌均匀，煮沸溶解。将甲液和乙液加入基础液内，调节 pH 值至 7.5 ± 0.2。再加入指示剂，并与琼脂液合并，待冷却至 50 ~ 55℃，倾注平板。

注意：此培养基不需要高压蒸汽灭菌。在制备过程中不宜过分加热，避免降低其选择性。

30. 三糖铁（TSI）琼脂

（1）成分。

蛋白胨 20.0 g，牛肉膏 5.0 g，乳糖 10.0 g，蔗糖 10.0 g，葡萄糖 1.0 g，氯化钠 5.0 g，硫酸亚铁铵（含 6 个结晶水）0.2 g，硫代硫酸钠 0.2 g，琼脂 12.0 g，酚红 0.025 g 或 5.0 g/L 水溶液 5.0 mL，蒸馏水 1 000 mL。

（2）制法。

将除琼脂和酚红以外的其他成分加入 400 mL 蒸馏水中，煮沸溶解，调节 pH 值至 7.4 ± 0.2。另将琼脂加入 600 mL 蒸馏水中，煮沸溶解。

将上述两溶液混合均匀后，再加入指示剂，混匀，分装试管，每管大约 2 ~ 4 mL，高压蒸汽灭菌（121℃、10 min，或 115℃、15 min），灭菌后置成高层斜面，成橘红色。

31. 蛋白胨水、靛基质试剂

（1）成分。

蛋白胨（或胰蛋白胨）20.0 g，氯化钠 5.0 g，蒸馏水 1 000 mL，将上述成分加入蒸馏水中，煮沸溶解，调节 pH 值至 7.4 ± 0.2，分装小试管，高压蒸汽灭菌（121℃，15 min）。

（2）靛基质试剂。

柯凡克试剂：将 5 g 对二甲氨基苯甲醛溶解于 75 mL 戊醇中，然后缓慢加入浓盐酸 25 mL。

欧 – 波试剂：将 1 g 对二甲氨基苯甲醛溶解于 95 mL 95% 乙醇内，然后缓慢加入浓盐酸 20 mL。

（3）试验方法。

挑取小量培养物接种，在（36 ± 1）℃培养 1 ~ 2 d，必要时可培养 4 ~ 5 d。加入柯凡克试剂约 0.5 mL，轻摇试管，阳性者于试剂层呈深红色；或加入欧波试剂约 0.5 mL，沿管壁流下，覆盖于培养液表面，阳性者于液面接触处呈玫瑰红色。

注意：蛋白胨中应含有丰富的色氨酸。每批蛋白胨买来后，应先用已知菌种鉴定后方可使用。

32. 尿素琼脂

（1）成分。

蛋白胨 1.0 g，氯化钠 5.0 g，葡萄糖 1.0 g，磷酸二氢钾 2.0 g，0.4% 酚红溶液 3.0 mL，琼脂 20.0 g，蒸馏水 1 000 mL，20% 尿素溶液 100 mL。

（2）制法。

除尿素、琼脂和酚红外，其他成分加入 400 mL 蒸馏水中，煮沸溶解，调节 pH 至 7.2 ± 0.2，另将琼脂加入 600 mL 蒸馏水中，煮沸溶解。

将上述量溶液混合均匀后，再加入指示剂后分装，高压蒸汽灭菌（121℃，15 min）。冷却至 50 ~ 55℃，加入经过滤除菌的尿素溶液。尿素的最终浓度为 2%。分装于灭菌试管内，放成斜面备用。

（3）试验方法。

挑取琼脂培养物接种，在（36 ± 1）℃培养 24 h，观察结果。尿素酶阳性者由于产碱而使培养基变为红色。

33. 氰化钾（KCN）培养基

（1）成分。

蛋白胨 10.0 g，氯化钠 5.0 g，磷酸二氢钾 0.225 g，磷酸氢二钠 5.64 g，蒸馏水 1 000 mL，0.5% 氰化钾溶液 20.0 mL。

（2）制法。

将除氰化钾以外的成分加入蒸馏水中，煮沸溶解，分装后高压蒸汽灭菌（121℃，15 min）。放在冰箱内使其充分冷却。每 100 mL 培养基加入 0.5% 氰化钾溶液 2.0 mL（最后浓度为 1 ∶ 10 000），分装于无菌试管内，每管约 4 mL，立刻用灭菌橡皮塞塞紧，放在 4℃冰箱内，至少可保存两个月。同时，将不加氰化钾的培养基作为对照培养基，分装试管备用。

（3）试验方法。

将琼脂培养物接种于蛋白胨水内成为稀释菌液，挑取 1 环接种于氰化钾（KCN）培养基。并另挑取 1 环接种于对照培养基。在（36 ± 1）℃培养 1 ~ 2 d，观察结果。如有细菌生长即为阳性（不抑制），经 2 d 细菌不生长为阴性（抑制）。

注意：氰化钾是剧毒药物，使用时应小心，切勿沾染，以免中毒。夏天分装培养基应在冰箱内进行。试验失败的主要原因是封口不严，氰化钾逐渐分解，产生氢氰酸气体逸出，以致药物浓度降低，细菌生长，因而造成假阳性反应。试验时对每一环节都要特别注意。

34. 赖氨酸脱羧酶试验培养基

（1）成分。

蛋白胨 5.0 g，酵母浸膏 3.0 g，葡萄糖 1.0 g，蒸馏水 1 000 mL，1.6% 溴甲酚紫 - 乙醇溶液 1.0 mL，L- 赖氨酸或 DL- 赖氨酸 0.5 g/100 mL 或 1 g/100 mL。

（2）制法。

除赖氨酸以外的成分加热溶解后，分装每瓶 100 mL，加入赖氨酸。L- 氨基酸按 0.5% 加入，DL- 氨基酸按 1% 加入。调节 pH 值至 6.8 ± 0.2。对照培养基不加赖氨酸。分装于无菌的小试管内，每管 0.5 mL，上面滴加一层液状石蜡，高压蒸汽灭菌（115℃，10 min）。

（3）试验方法。

从琼脂斜面上挑取培养物接种，于（36 ± 1）℃培养 18 ~ 24 h，观察结果。氨基酸脱羧酶阳性者由于产碱，培养基应呈紫色。阴性者无碱性产物，但因葡萄糖产酸而使培养基变为黄色。对照管应为黄色。

35. 糖发酵管

（1）成分。

牛肉膏 5.0 g，蛋白胨 10.0 g，氯化钠 3.0 g，磷酸氢二钠（含 12 个结晶水）2.0 g，0.2% 溴麝香草酚蓝溶液 12.0 mL，蒸馏水 1 000 mL。

（2）制法。

葡萄糖发酵管按上述成分配好后，调节 pH 值至 7.4 ± 0.2。按 0.5% 加入葡萄糖，分装于有一个倒置小管的小试管内，高压蒸汽灭菌（121℃，15 min）。

其他各种糖发酵管可按上述成分配好后，分装每瓶 100 mL，高压蒸汽灭菌（121℃，15 min）。另将各种糖类分别配好 10% 溶液，同时高压蒸汽灭菌。将 5 mL 糖溶液加入于 100 mL 培养基内，以无菌操作分装小试管。

注意：蔗糖不纯，加热后会自行水解者，应采用过滤法除菌。

（3）试验方法。

从琼脂斜面上挑取小量培养物接种，于（36 ± 1）℃培养，一般观察 2 ~ 3 d。迟缓反应需观察 14 ~ 30 d。观察结果，蓝色为阴性，黄色为阳性。

36. ONPG 培养基

（1）成分。

邻硝基酚 β-D-半乳糖苷（ONPG）60.0 mg，0.01 mol/L 磷酸钠缓冲液（pH7.5）10.0 mL，1% 蛋白胨水（pH 值为 7.5）30.0 mL。

（2）制法。

将ONPG溶于缓冲液内，加入蛋白胨水，以过滤法除菌，分装于无菌的小试管，每管0.5 mL，用橡皮塞塞紧。

（3）试验方法。

自琼脂斜面上挑取培养物 1 满环接种，于（36±1）℃培养 1 ~ 3 h 和 24 h 观察结果。如果 β-半乳糖苷酶产生，则于 1 ~ 3 h 变黄色，如无此酶则 24 h 不变色。

37. 丙二酸钠培养基

（1）成分。

酵母浸膏 1.0 g，硫酸铵 2.0 g，磷酸氢二钾 0.6 g，磷酸二氢钾 0.4 g，氯化钠 2.0 g，丙二酸钠 3.0 g，0.2% 溴麝香草酚蓝溶液 12.0 mL，蒸馏水 1 000 mL。

（2）制法。

除指示剂外的成分溶解于水，调节 pH 值为 6.8±0.2，再加入指示剂，分装试管，高压蒸汽灭菌（121℃，15 min）。

（3）试验方法。

用新鲜的琼脂培养物接种，于（36±1）℃培养 48 h，观察结果。阳性者由绿色变为蓝色。

38.MRS 培养基

（1）成分。

蛋白胨 10 g，牛肉膏 10 g，酵母粉 5 g，K_2HPO_4 2 g，柠檬酸二铵 2 g，乙酸钠 5 g，葡萄糖 20 g，吐温 80 1 mL，$MgSO_4 \cdot 7H_2O$ 0.58 g，$MnSO_4$ 4 H_2O 0.25 g，（琼脂 15 ~ 20 g），蒸馏水 1 000 mL。

（2）制法。

将以上成分加入到蒸馏水中，加热使完全溶解，调 pH 值至 6.2 ~ 6.4，分装于三角瓶中，121℃，灭菌 15 min。

39. 脱脂乳培养基

（1）成分。

牛奶，蒸馏水。

（2）制法。

将适量的牛奶加热煮沸 20 ~ 30 min，过夜冷却，脂肪即可上浮。除去上层乳脂即得脱脂乳。将脱脂乳盛在试管及三角瓶中，封口后置于灭菌锅中在 108℃条件下蒸汽灭菌 10 ~ 15 min，即得脱脂乳培养基。

40.M17 琼脂培养基

（1）成分。

植物蛋白胨 5 g，酵母粉 5 g，聚蛋白胨 5 g，抗坏血酸 0.5 g，牛肉膏 2.5 g，$MgSO_4 \cdot 7H_2O$ 0.01 g，ß-甘油磷酸二钠 1 g，蒸馏水 1 000 mL。

（2）制法。

将以上成分加入到蒸馏水中，加热使完全溶解，调 pH 值至 6.2 ~ 6.4，分装于三角瓶中，121℃灭菌 15 min。

41. 番茄汁琼脂培养基

（1）成分。

番茄汁 50 mL，酵母抽提液 5 g，肉膏 10 g，乳糖 20 g，葡萄糖 2 g，$K_2HPO_4$2 g，吐温 80 1 g，乙酸钠

5 g，琼脂 15 g，水加至 1 000 mL，pH 值为 6.8 ± 0.2。

（2）制法。

番茄汁的制作：将新鲜番茄洗净，切碎（切勿捣碎），放入三角烧瓶，置 4℃冰箱 8 ～ 12 h，取了后用纱布过滤即成。如一次使用不完，可将其置入 0℃冰箱，可保存四个月。使用时，让其在常温下自然溶解。

将所有成分加入蒸馏水，加热溶解，校正 pH 值为 6.8 ± 0.2。分装烧瓶，高压灭菌 121 ℃、15 ～ 20 min。临用时加热溶化琼脂，冷至 50℃时使用。

42. 乳清琼脂培养基

（1）成分：乳清 500 mL，蒸馏水 500 mL，胰蛋白胨 5 g，葡萄糖 1 g，酵母膏 2.5 g，琼脂粉 20 g，pH 值为 6.5。

（2）制法：将上述各成分加热溶解于乳清中，调整 pH 值为 6.5，加入琼脂，加热溶解，115℃，高压灭菌 20 min，倾注平板。

43. 查氏培养基平板

（1）成分：硝酸钠 3 g，磷酸氢二钾 1 g，硫酸镁（$MgSO_4 \cdot 7H_2O$）0.5 g，氯化钾 0.5 g，硫酸亚铁 0.01 g，蔗糖 30 g，琼脂 20 g，蒸馏水 1 000 mL。

（2）制法：加热溶解，分装后 121℃灭菌 20 min。

44. 马铃薯葡萄糖琼脂培养基

（1）成分：马铃薯（去皮切块）300 g，葡萄糖 20.0 g，琼脂 20.0 g，氯霉素 0.1 g，蒸馏水 1 000 mL。

（2）制法：将马铃薯去皮切块，加入 1 000 mL 蒸馏水，煮沸 10 ～ 20 min，再用纱布过滤，补加蒸馏水至 1 000 mL，调节 pH 值为 7.0 ± 0.2。加入葡萄糖和琼脂，加热熔化，分装后，121℃高压灭菌 20 min。倾注于培养皿前，用少量乙醇溶解氯霉素加入培养基中。

45. 孟加拉红培养基

（1）成分：蛋白胨 5.0 g，葡萄糖 10.0 g，磷酸二氢钾 1.0 g，硫酸镁（无水）0.5 g，琼脂 20.0 g，孟加拉红 0.033 g，氯霉素 0.1 g，蒸馏水 1 000 mL。

（2）制法：将上述各成分加入蒸馏水中，加热熔化，补足蒸馏水至 1 000 mL，分装后，121℃高压灭菌 20 min。倾注于培养皿前，用少量乙醇溶解氯霉素加入培养基中。

46. 营养琼脂培养

制法：按营养肉汤培养基的配方及制法，加入 20.0 g 琼脂，调 pH 值使灭菌后为 7.2 ± 0.2，分装，灭菌。

47. 高氏 1 号琼脂培养基

（1）成分：可溶性淀粉 20 g，KNO_3 1 g，K_2HPO_4 0.5 g，$MnSO_4 \cdot 7H_2O$ 0.5 g，NaCl 0.5 g，$FeSO_4 \cdot 7H_2O$ 0.01 g，琼脂 20 g，pH 值为 7.4 ～ 7.6。

（2）制法：将上述各成分加入蒸馏水中，加热熔化，补足蒸馏水至 1 000 mL，分装后，121℃高压灭菌 20 min。

附录三　微生物限度标准

《中华人民共和国药典》二部（2015 版）微生物限度标准

非无菌药品的微生物限度标准是基于药品的给药途径和对患者健康潜在的危害及中药的特殊性而制订的。药品的生产、贮存、销售过程中的检验，中药提取物及料的检验，新药标准制订，进口药品标准复核，考察药品质量及仲裁等，除另有规定外，其微生物限度均以本标准为依据。

1. 制剂通则、品种项下要求无菌的制剂及标示无菌的制剂应符合无菌检查法规定。

2. 口服给药制剂

2.1 不含药材原粉的制剂

细菌数：每 1 g 不得过 1 000 cfu；每 1 mL 不得过 100 cfu。

霉菌和酵母菌数：每 1 g 或 1 mL 不得过 100 cfu。

大肠埃希菌：每 1 g 或 1 mL 不得检出。

2.2 含药材原粉的制剂

细菌数：每 1 g 不得过 10 000 cfu（丸剂每 1 g 不得过 30 000 cfu）；每 1 mL 不过 500 cfu。

霉菌和酵母菌数：每 1 g 或 1 mL 不得过 100 cfu。

大肠埃希菌：每 1 g 或 1 mL 不得检出。

大肠菌群：每 1 g 应小于 100 个。每 1 mL 应小于 10 个。

2.3 含豆豉、神曲等发酵原粉的制剂

细菌数：每 1 g 不得过 1 00 000 cfu；每 1 mL 不得过 1 000 cfu。

霉菌和酵母菌数：每 1 g 不得过 500 cfu；每 1 mL 不得过 100 cfu。

大肠埃希菌：每 1 g 或 1 mL 不得检出。

大肠菌群：每 1 g 应小于 100 个；每 1 mL 应小于 10 个。

3. 局部给药制剂

3.1 用于手术、烧伤或严重创伤的局部给药制剂应符合无菌检查法规定。

3.2 用于表皮或黏膜不完整的含药材原粉的局部给药制剂

细菌数：每 1 g 或 10 cm^2 不得过 1 000 cfu；每 1 mL 不得过 100 cfu。

霉菌和酵母菌数：每 1 g、1 mL 或 10 cm^2 不得过 100 cfu。

金黄色葡萄球菌、铜绿假单胞菌：每 1 g、1 mL 或 10 cm^2 不得检出。

3.3 用于表皮或黏膜完整的含药材原粉的局部给药制剂

细菌数：每 1 g 或 10 cm^2 不得过 10 000 cfu；每 1 mL 不得过 100 cfu。

霉菌和酵母菌数：每 1 g、1 mL 或 10 cm^2 不得过 100 cfu。

金黄色葡萄球菌、铜绿假单胞菌：每 1 g、1 mL 或 10 cm^2 不得检出。

3.4 耳、鼻及呼吸道吸入给药制剂

细菌数：每 1 g、1 mL 或 10 cm^2 不得过 10 cfu。

霉菌和酵母菌数：每 1 g、1 mL 或 10 cm^2 不得过 10 cfu。

金黄色葡萄球菌、铜绿假单胞菌：每 1 g、1 mL 或 10 cm^2 不得检出。

大肠埃希菌鼻及呼吸道给药的制剂：每 1 g、1 mL 或 10 cm^2 不得检出。

3.5 阴道、尿道给药制剂

细菌数：每 1 g、1 mL 或 10 cm^2 不得过 100 cfu。

霉菌和酵母菌数：每 1 g、1 mL 或 10 cm^2 应小于 10 cfu。

金黄色葡萄球菌、铜绿假单胞菌、梭菌、白色念珠菌：每 1 g、1 mL 或 10 cm^2 不得检出。

3.6 直肠给药制剂

细菌数：每 1 g 不得过 1 000 cfu；每 1 mL 不得过 100 cfu。

霉菌和酵母菌数：每 1 g 或 1 mL 不得过 100 cfu。

金黄色葡萄球菌、铜绿假单胞菌：每 1 g 或 1 mL 不得检出。

3.7 其他局部给药制剂

细菌数：每 1 g、1 mL 或 10 cm^2 不得过 100 cfu。

霉菌和酵母菌数：每 1 g、1 mL 或 10 cm^2 不得过 100 cfu。

金黄色葡萄球菌、铜绿假单胞菌：每 1 g、1 mL 或 10 cm^2 不得检出。

4. 含动物组织（包括脏器提取物）及动物类原药材粉（蜂蜜、王浆、动物角、阿胶除外）的口服给药制剂每 10 g 或 10 mL 还不得检出沙门菌。

5. 有兼用途径的制剂应符合各给药途径的标准。

6. 霉变、长螨者以不合格论。

7. 中药提取物及辅料参照相应制剂的微生物限度标准执行。

《中华人民共和国药典》二部微生物限度标准

非无菌药品的微生物限度标准是基于药品的给药途径及对患者健康潜在的危害而制订的。药品的生产、贮存、销售过程中的检验，原料及辅料的检验，新药标准制订，进口药品标准复核，考察药品质量及仲裁等，除另有规定外，其微生物限度均以本标准为依据。

1. 制剂通则、品种项下要求无菌的制剂及标示无菌的制剂应符合无菌检查法规定。

2. 口服给药制剂

细菌数：每 1 g 不得过 1 000 cfu；每 1 mL 不得过 100 cfu。

霉菌和酵母菌数：每 1 g 或 1 mL 不得过 100 cfu。

大肠埃希菌：每 1 g 或 1 mL 不得检出。

3. 局部给药制剂

3.1 用于手术、烧伤及严重创伤的局部给药制剂应符合无菌检查法规定。

3.2 耳、鼻及呼吸道吸入给药制剂

细菌数：每 1 g、1 mL 或 10 cm^2 不得过 100 cfu。

霉菌和酵母菌数：每 1 g、1 mL 或 100 cm。不得过 10 cfu。

金黄色葡萄球菌、铜绿假单胞菌：每 1 g、1 mL 或 10 cm^2 不得检出。

大肠埃希菌鼻及呼吸道给药的制剂：每 1 g、1 mL 或 10 cm^2 不得检出。

3.3 阴道、尿道给药制剂

细菌数：每 1 g、1 mL 或 10 cm^2 不得过 100 cfu。

霉菌数和酵母菌数：每 1 g、1 mL 或 10 cm^2 应小于 10 cfu。

金黄色葡萄球菌、铜绿假单胞菌、白色念珠菌：每 1 g、1 mL 或 10 cm^2 不得检出。

3.4 直肠给药制剂

细菌数：每 1 g 不得过 1 000 cfu。每 1 mL 不得过 100 cfu。

霉菌和酵母菌数：每 1 g 或 1 mL 不得过 100 cfu。

金黄色葡萄球菌、铜绿假单胞菌：每 1 g 或 1 mL 不得检出。

3.5 其他局部给药制剂

细菌数：每 1 g、1 mL 或 10 cm² 不得过 100 cfu。

霉菌和酵母菌数：每 1 g、1 mL 或 10 cm² 不得过 100 cfu。

金黄色葡萄球菌、铜绿假单胞菌：每 1 g、1 mL 或 10 cm² 不得检出。

4. 含动物组织（包括提取物）的口服给药制剂：每 10 g 或 10 mL 还不得检出沙门菌。

5. 有兼用途径的制剂应符合各给药途径的标准。

6. 霉变、长螨者以不合格论。

附录四 大肠菌群最可能数（MPN）检索表

大肠菌群最可能数（MPN）检索表 [单位：MPN/g(mL)]

阳性管数			MPN	95% 可信限		阳性管数			MPN	95% 可信限	
0.1	0.01	0.001		下限	上限	0.1	0.01	0.001		下限	上限
0	0	0	< 3.0	—	9.5	2	2	0	21	4.5	42
0	0	1	3.0	0.15	9.6	2	2	1	28	8.7	94
0	1	0	3.0	0.15	11	2	2	2	35	8.7	94
0	1	1	6.1	1.2	18	2	3	0	29	8.7	94
0	2	0	6.2	1.2	18	2	3	1	36	8.7	94
0	3	0	9.4	3.6	38	3	0	0	23	4.6	94
1	0	0	3.6	0.17	18	3	0	1	38	8.7	110
1	0	1	7.2	1.3	18	3	0	2	64	17	180
1	0	2	11	3.6	38	3	1	0	43	9	180
1	1	0	7.4	1.3	20	3	1	1	75	17	200
1	1	1	11	3.6	38	3	1	2	120	37	420
1	2	0	11	3.6	42	3	1	3	160	40	420
1	2	1	15	4.5	42	3	2	0	93	18	420
1	3	0	16	4.5	42	3	2	1	150	37	420
2	0	0	9.2	1.4	38	3	2	2	210	40	430
2	0	1	14	3.6	42	3	2	3	290	90	1 000
2	0	2	20	4.5	42	3	3	0	240	42	1 000
2	1	0	15	3.7	42	3	3	1	460	90	2 000
2	1	1	20	4.5	42	3	3	2	1 100	180	4 100
2	1	2	27	8.7	94	3	3	3	> 1 100	420	—

参考文献

[1] 陈剑虹 . 环境微生物 [M]. 北京：科学出版社，2011.
[2] 陈江萍 . 食品微生物检测实训教程 [M]. 杭州：浙江大学出版社，2011.
[3] 范建奇 . 食品微生物基础与实验技术 [M]. 北京：中国质检出版社，2012.
[4] 范建奇 . 食品药品微生物检验技术 [M]. 杭州：浙江大学出版社，2013.
[5] 孙祎敏 . 药品微生物检验技术 [M]. 北京：中国医药科技大学出版社，2013.
[6] 国际食品微生物标准委员会（ICMSF）. 微生物检验与食品安全控制 [M]. 刘秀梅等译 . 北京：中国轻工业出版社，2012.
[7] 郝涤非 . 微生物实验实训 [M]. 武汉：华中科技大学出版社，2011.
[8] 何国庆 . 食品微生物学 [M]. 北京：中国农业大学出版社，2005.
[9] 江汉湖 . 食品微生物学 [M].2 版，北京：中国农业出版社，2005.
[10] 刘天贵 . 食品微生物检验 [M]. 北京：中国计量出版社，2009.
[11] 闵航 . 微生物学 [M] . 杭州：浙江大学出版社，2005.
[12] 叶磊 . 微生物检测技术 [M]. 北京：化学工业出版社，2009.
[13] 张春晖 . 食品微生物检验 [M]. 北京：化学工业出版社，2008.
[14] 张青 . 微生物学 [M]. 北京：科学出版社，2008.
[15] 周德庆 . 微生物学教程 [M]. 北京：高等教育出版社，2002.
[16] 周建新 . 食品微生物学检验 [M]. 北京：化学工业出版社，2011.
[17] 周桃英 . 食品微生物 [M]. 北京：中国农业大学出版社，2009.
[18] 贾英民 . 食品微生物 [M]. 北京：中国轻工业出版社，2007.
[19] 刘用成 . 食品检验技术（微生物部分）[M]. 北京：中国轻工业出版社，2007.
[20] 杨革 . 微生物学实验教程 [M]. 北京：科学出版社，2004.
[21] 郝林 . 食品微生物学实验技术 [M]. 北京：中国农业出版社，2001.
[22] 柳增善 . 食品病原微生物学 [M]. 北京：中国轻工业出版社，2007.
[23] 翁连海 . 食品微生物基础与应用 [M]. 北京：高等教育出版社，2005.
[24] 董明盛 . 食品微生物学 [M]. 北京：中国轻工业出版社，2008.
[25] 中华人民共和国国家标准 . 食品安全国家标准 食品中致病菌限量 .GB29 921–2013.
[26] 中华人民共和国国家标准 . 食品安全国家标准 食品微生物学检验 总则 .GB4 789.1–2016.
[27] 中华人民共和国国家标准 . 食品安全国家标准、食品微生物学检验、菌落总数测定 .GB4 789.2–2016.
[28] 中华人民共和国国家标准 . 食品安全国家标准、食品微生物学检验、大肠菌群计数 .GB4 789.2–2016.
[29] 中华人民共和国国家标准 . 食品安全国家标准、食品微生物学检验、沙门氏菌检验 .GB4 789.2–2016.
[30] 中华人民共和国国家标准 . 食品安全国家标准、食品微生物学检验、致泻大肠埃希氏菌检验 .GB4 789.2–2016.
[31] 中华人民共和国国家标准 . 食品安全国家标准、食品微生物学检验、金黄色葡萄球菌检验 .GB4 789.2–2016.
[32] 中华人民共和国国家标准 . 食品安全国家标准、食品微生物学检验、培养基和试剂的质量要求 .GB4 789.28–2016.